高等职业院校规划教材·计算机应用技术系列

多媒体技术与应用

黄丽民　主　编
刘锡冬　李　茜　副主编
董树霞　吴　娟　孙希燕　参　编

中国铁道出版社
CHINA RAILWAY PUBLISHING HOUSE

内 容 简 介

本书根据新时期人才培养中对“多媒体技术与应用”的具体要求，从设计、开发和应用的角度以循序渐进的方式综合讲述了多媒体理论和应用的关键技术。主要内容包括：多媒体基础、多媒体计算机系统、多媒体文本、多媒体音频、多媒体图形图像、多媒体视频、Authorware 多媒体创作工具、多媒体动画 Flash 8、多媒体与网络、实验实训等内容组成。

本书理论知识介绍以实用性为主，采用基本操作与案例教学相结合的讲授方式，图文并茂、强调实践、重在操作。本书内容丰富、结构合理、覆盖面广、实用性强，并配有习题和实验，使学生上手容易，学习轻松。

本书适合作为高职院校的教材，也可以作为高等院校培养应用型人才的典型教材，以及各类多媒体软件制作培训班的首选教材，同时还是教师及多媒体爱好者进行多媒体编程与开发的重要参考书。

图书在版编目（CIP）数据

多媒体技术与应用 / 黄丽民主编. —北京：中国铁道出版社，2008.7

高等职业院校规划教材·计算机应用技术系列

ISBN 978-7-113-08780-7

Ⅰ.多…　Ⅱ.黄…　Ⅲ.多媒体技术—高等学校：技术学校—教材　Ⅳ.TP37

中国版本图书馆 CIP 数据核字（2008）第 097958 号

书　　名：多媒体技术与应用
作　　者：黄丽民　主编

策划编辑：严晓舟　秦绪好
责任编辑：王占清　　　**编辑部电话：**（010）63583215
封面设计：付　巍　　　**封面制作：**白　雪
编辑助理：王春霞　宋杰卿　　　**责任印制：**李　佳

出版发行：中国铁道出版社（北京市宣武区右安门西街 8 号　　邮政编码：100054）
印　　刷：北京鑫正大印刷有限公司
版　　次：2008 年 8 月第 1 版　　2008 年 8 月第 1 次印刷
开　　本：787mm×1092mm　1/16　**印张：**17.75　**字数：**412 千
印　　数：5 000 册
书　　号：ISBN 978-7-113-08780-7/TP·2811
定　　价：26.00 元

出版说明

自2002年全国职业教育工作会议以来，全国各地区、各部门认真贯彻《国务院关于大力推进职业教育改革与发展的决定》（国发［2002］16 号），加强了对职业教育工作的领导和支持，以就业为导向改革与发展职业教育逐步成为社会共识。2005 年，在北京召开的全国职业教育工作会议上，国务院总理温家宝提出，在今后一个时期，“教育结构调整总的方向是，普及和巩固义务教育，大力发展职业教育，提高高等教育质量”，“把基础教育、职业教育和高等教育放在同等重要位置”。此次讲话精神将职业教育的地位提到了一个新的高度，为大力发展职业教育奠定了思想基础，指明了方向。

作为高等职业教育的重要组成部分，计算机教育和教学也面临着“以就业为导向”的重要转变和改革。为顺应高等职业教育改革和发展的趋势，配合高等院校的教学改革和教材建设，中国铁道出版社联合全国知名职业教育专家和各大职业院校推出了《高等职业院校规划教材》系列丛书。

本套系列教材编写的主要指导思想：

（1）定位明确：整套教材贯穿了“以就业为导向”的思想，面向就业，突出实际应用。

（2）内容先进：教材合理安排经典知识和实际应用的内容，补充了新知识、新技术和新设备。

（3）取舍合理：以高等职业教育的培养目标为依据，注重教材的科学性、实用性和通用性，尽量满足同类专业院校的需求。

（4）体系得当：以岗位职业标准为依据设计教材的体系，体现岗位技能要求，紧密结合生产实际，强化实践环节，培养创新精神。

（5）风格优良：在编写方式和配套建设中体现建设“立体化”精品教材体系的宗旨。为主要课程配套了电子教案、教学大纲、学习指导、习题解答、素材库、案例库、试题库等相关教学资源。

本套教材在编写过程中参考了《中国高职院校计算机教育课程体系 2007》（英文简称为 CVC 2007）中各专业课程体系的参考方案，并根据专业类别划分系列，分为计算机应用技术系列、信息管理技术系列、多媒体技术系列、网络技术系列、软件技术系列、电子商务系列等若干子系列。在本系列丛书的编写和出版过程中，得到了各专业领域知名职业教育专家以及全国各大高等职业院校的大力支持，在此表示衷心感谢。希望本系列丛书的出版能为我国高等职业院校计算机教育改革起到良好的推动作用，欢迎使用本系列教材的老师和同学提出意见和建议，书中如有不妥之处，敬请批评指正。

中国铁道出版社

前言

FOREWORD

多媒体技术是20世纪末迅速崛起和发展起来的一门新技术，它的出现使人们的工作、生活和娱乐方式发生了巨大的变化。目前，多媒体产品的研制与开发和多媒体技术的应用已成为一种产业。针对高职院校的基本特点，在对“多媒体技术与应用”课程的性质、任务、特点及现有教材进行研究、分析的基础上，我们编写了这本教材。

本书从多媒体技术的应用制作角度出发，在学生掌握基本理论知识的基础上，强化实际技能和综合能力的培养。本课程的学习，可使学生掌握多媒体的基本概念和基本理论，掌握多媒体图形图像的处理方法，掌握多媒体音频、视频和动画的编辑、制作方法，还能掌握多媒体课件的制作方法。

本书作者长期从事多媒体应用系统开发和多媒体技术教学，在书中结合自己的教学、工作经验对多媒体技术的基础理论知识和一些常用的多媒体应用软件的使用进行了详细介绍。全书共10章，第1章多媒体基础，介绍了多媒体的基本知识；第2章多媒体计算机系统，介绍了多媒体计算机系统的组成及其标准，重点介绍了多媒体计算机的硬件系统与软件系统；第3章多媒体文本，介绍了文本文字的排版与图形文字的制作；第4章多媒体音频，介绍了多媒体音频素材的编辑与制作；第5章多媒体图形图像，介绍了多媒体图形图像素材数据的处理与制作；第6章多媒体视频，介绍了多媒体视频数据的编辑与制作；第7章Authorware多媒体创作工具，介绍了电子出版物、多媒体应用系统开发的基础工具Authorware；第8章多媒体动画Flash 8，介绍了Flash动画的制作方法；第9章多媒体与网络，介绍了流媒体知识及多媒体网络的知识；第10章实验实训，演示了多媒体图形图像、音频、视频等有代表性的制作过程。

本书以“培养能力、突出实用、内容新颖、系统完整”为指导思想，在内容叙述上力求通俗易懂，注重基本知识与技术的介绍；并制作了大量有代表性的实例，以图文并茂的方式编写，具有很强的可操作性。本书还配有习题和实验，具有很强的实用性。

本书由黄丽民任主编，刘锡冬、李茜任副主编。其中由黄丽民编写第8、9章，刘锡冬编写第1、4章，李茜编写第3、6章，董树霞编写第2、5章，吴娟编写第7章，以上同志还共同参与了第10章的编写，孙希燕编写了第10章实验三的内容。黄丽民进行了本书的组织与统稿工作。

在本书的编写和出版过程中，得到了中国铁道出版社的大力支持和帮助，在此一并感谢。

多媒体技术是一门发展迅速的新技术，虽然在本书的编写过程中，我们参考了大量的技术资料，书稿经反复斟酌，多次修改，但疏漏之处仍在所难免，恳请广大读者提出宝贵意见和建议。

编　者

2008年8月

CONTENTS

目录

第1章 多媒体基础

随着计算机、微电子、通信和数字化音像技术的高速发展，多媒体技术作为一门迅速发展的综合性电子信息技术得到迅速发展。它的出现在很大程度上改善了人类的信息交流方式。多媒体技术是现代科学技术的最新成就，也是当今最受关注的一个热点技术之一。多媒体压缩技术、多媒体存储技术和多媒体检索技术在当今e时代时刻影响着现代人的生活方式。多媒体技术已经渗透到社会生活的各个角落，更方便、更快捷、更有效地为人们的工作和生活服务。

本章要点

- 多媒体的基本概念。
- 六种媒体元素。
- 多媒体的关键技术。

1.1 多媒体技术的发展历程

当前，多媒体计算机系统是一个不断发展、不断完善的系统，在不同的历史时期它具有特定的含义。随着科技的进步，多媒体计算机又被赋予许多新的要求和内容。本节简要介绍多媒体计算机技术的发展历程。

1.1.1 启蒙发展阶段

多媒体计算机技术最早起源于20世纪80年代中期。1983年，美国无线电公司（RCA）的研究中心就开始研究和开发以计算机技术为基础，用标准键盘来存储和检索静态图像、活动图像、声音和其他数据，并推出了交互式数字视频系统DVI。

1984年，美国Apple公司在Macintosh计算机中引入“位映射”图形机理，开始使用鼠标（Mouse）和图标（Icon）。

1985年，微软公司推出Windows，它是一个多任务的图形操作环境，使用鼠标驱动的图形菜单，是一个用户界面友好的多层窗口操作系统。

1985年，美国Commodore公司推出世界上第一台多媒体计算机系统Amiga，后来不断完善，形成一个完整的多媒体计算机系列。为了适应不同用户对技术的需要，提供了一个多任务的Amiga系统。

1986年，Philips和Sony推出了交互式紧凑光盘系统CD-I，同时还公布了CD-ROM的文件格式，并经过国际标准化组织认可作为国际标准。

1.1.2 初期应用和标准化阶段

20 世纪 90 年代以来，多媒体技术从以研究开发为中心转移到以应用为中心，其应用范围包括培训、教育、商业、简报、产品展示、产品、事务咨询、信息出版、销售演示、家庭教育和电子商务等众多领域。

1990 年 10 月，在微软公司召开的多媒体开发工作者会议上提出多媒体 PC 技术规范 1.0，简称标准 1（最低用 20MHz 的 386SX）。

1993 年由 IBM、Intel 等数十家软/硬件公司组成的多媒体个人计算机市场协会发布了多媒体 PC 的性能标准 MPC 2.0，随后 1995 年 6 月，又宣布了 MPC 3.0。随着技术的不断发展，1996 年又发表了 MPC 4.0 的技术标准及后来的 MPC 5.0 等。详细技术规格如表 1-1 所示。

表 1-1 MPC 技术规格

技术规格	MPC 1.0	MPC 2.0	MPC 3.0	MPC 4.0
CPU	80386	80486	Pentium 75MHz	Pentium133MHz
内存容量	2MB	4MB	8MB	16MB
硬盘容量	30MB	160MB	850MB	1.6GB
CD-ROM	1x	2x	4x	10x
声卡	8 位	16 位	16 位	16 位
图像	4 位或 8 位彩色	16 位彩色	24 位彩色	32 位真彩色
分辨率	320 × 200 或 640 × 480	640 × 480	800 × 600	1280 × 1024
软驱	1.44MB	1.44MB	1.44MB	1.44MB
操作系统	Windows 3.x	Windows 3.x	Windows 95	Windows 95

随着计算机硬件技术和多媒体技术的飞速发展，MPC 的标准在不断升级，普通 MPC 的配置已经完全超过了这一标准，并且出现了将多媒体和通信功能集成到了 CPU 芯片中的 MMX 技术，形成了专用的多媒体微处理器，并支持 DVD、具有 TV 功能及集成化网络接口等。

多媒体计算机的关键技术是多媒体数据的压缩编码和解码算法，目前多媒体计算机系统采用的是 ISO 和 CCITT 联合制定的数字化图像压缩国际标准。具体来说有三个标准：

（1）JPEG 标准：ISO 和 CCITT 联合成立了专家组 JPEG，一直致力于建立适用于彩色和单色、多灰度连续色调、静态图像的数字压缩国际标准。该标准在 1991 年通过，全称为“多灰度静态图像的数字压缩编码”。

（2）MPEG 标准：1992 年通过的 MPEG-1 标准用于数字存储多媒体运动图像，其伴音速率为 1.5Mbit/s 的压缩编码，作为 ISO CDIII72 号标准，用于实现全屏幕压缩编码及解码，包括 MPEG 视频、MPEG 音频和 MPEG 系统三个部分。

（3）CCITT H.261（P × 64）标准：确定于 1988 年，是一个面向可视电话和电视会议的视频压缩算法的国际标准。

1.2 多媒体的基本概念

由于多媒体内涵宽，应用领域广，至今无人能给出一个非常准确清楚的定义。一般来说，多媒体的“多”是其多种媒体表现、多种感官作用、多种设备、多学科交汇、多领域应用；“媒”是指人与客观事物的中介；“体”是言其综合、集成一体化。目前，多媒体大多只利用了人的视觉、听觉。“虚拟现实”中也只用到了触觉，而味觉、嗅觉尚未集成进来，对于视觉也主要在可见光部分，随着技术的进步，多媒体的涵义和范围还将扩展。下面将从一般意义上讲述多媒体的基本概念。

1.2.1　什么是多媒体

谈到多媒体，就不可避免地要谈到媒体的概念。媒体是信息表示和传输的载体。在计算机领域中，它包括：存储信息的实体，如磁盘、光盘、磁带、电话线、光缆等，即媒质；传递信息的载体，如数字、文字、声音、图形、图像、视频、动画等，即媒介。

国际电报电话咨询委员会（CCITT）曾对媒体作如下分类：

1．感觉媒体

感觉媒体能直接作用于人的感官，使人能直接产生感觉的一类媒体。例如人的各种语言、音乐，自然界的各种声音、图形、图像，计算机系统中的文字、数据和文件等都属于感觉媒体。

2．表示媒体

表示媒体是为了加工、处理和传输感觉媒体而人为研究、构造出来的一种媒体。其目的是更有效地将感觉媒体从一地向另外一地传送，便于加工和处理。表示媒体有各种编码方式，如语言编码、文本编码、图像编码等。

3．表现媒体

表现媒体是指感觉媒体和用于通信的电信号之间转换用的一类媒体。它又分为两种：一种是输入表现媒体，如键盘、摄像机、光笔、话筒等；另一种是输出表现媒体，如显示器、喇叭、打印机等。

4．存储媒体

存储媒体用于存放表示媒体（感觉媒体数字化后代码），以便计算机随时处理、加工和调用。这类媒体有硬盘、软盘、CD-ROM 等。

5．传输媒体

传输媒体是用来将媒体从一处传送到另一处的物理载体。传输媒体是通信的信息载体，它有双绞线、同轴电缆、光纤等。

在多媒体计算机技术中，通常所说的媒体一般指的是感觉媒体。在国家标准 GB/T 17933—1999《电子出版物术语》中，多媒体的定义是：综合表现音频、视频、图形、图像、动画和文本的信息组合。

1.2.2　多媒体技术的概念

多媒体技术是一门融合了微电子技术、计算机技术、通信技术、数字化声像技术、高速网络技术和智能化技术于一体的综合高新技术。它的出现为人们展现出一个丰富多彩的世界，随着多媒体技术应用不断地发展和深化，必将对人类生活的各个领域以及人们思想观念上产生巨大的作用。所谓多媒体技术就是指利用计算机技术把文本、图形、图像、声音、动画和电视等多种媒体综合起来一体化，使多种信息建立逻辑连接，并能对它们进行获取、压缩、加工处理、存储等，集成为一个系统并具有交互性。

1.2.3 多媒体技术的特征

根据多媒体技术的定义，我们可以看到它有三个显著的特征，即多样性、集成性和交互性，此外还有实时性、非循环性、非纸张输出形式等特征。

（1）多样性是指信息媒体的多样化，在人类用于信息的接收和产生的五个感觉（视、听、触、嗅、味）空间中，前三者占了95%以上的信息量。借助于这些多感觉形式的信息交流，人类对于信息的处理可以说是得心应手。但是计算机以及与之相类似的智能设备都远没有达到人类的水平，在很多方面都必须要把信息加工后才能使用，而且信息只能按照单一的形态进行加工处理。多媒体技术就是要把计算机处理的信息多样化或多维化，使人与计算机的交互具有更广阔、更加自由的空间。通过对多维化信息的变换、组合和加工，极大地丰富了信息的表现力并增强了信息的表现效果。

（2）集成性是计算机在系统级的一次飞跃，主要表现在两个方面。一方面是信息媒体的集成，即将不同的媒体信息（如文字、图形、视频图像、动画和声音）有机地进行同步组合成为一个完整的多媒体信息，共同表达事物。尽管他们可能是多通道的输入或输出，但应该成为一体，多通道统一获取，统一存储与组织。另一方面是显示或表现媒体设备的集成，多媒体系统不仅包括了计算机本身而且包括了像电视、音响、录像机、激光唱机等设备，还应该有集成一体化的多媒体操作系统、适合于信息管理及使用的软件系统和创作工具、高效的各类应用软件等。1+1>2 的系统特性将在多媒体信息系统中得到充分的体现。

（3）交互性是多媒体计算机与其他像电视机、激光唱机等家用声像电器有所差别的关键特征，普通家用声像电器无交互性，即用户只能被动收看，不能介入到媒体的加工处理之中，只是一种单向的沟通或交流方式。而多媒体计算机作为一种强大的工具可以由用户操作控制来解决很多问题。这是多媒体技术的关键特征，从这个角度可以初步判断哪些不是“多媒体”。但是随着多媒体技术的发展，电视等传统的家用声像电器和计算机技术也越来越紧密地结合在一起，使电视用户有一定的控制权限和使计算机画面更加赏心悦目便成了我们改进的目标。基于上述要求，多媒体开发研究大体上可分为两种途径，一方面由于数字化技术在计算机研制中的巨大成功，使声像、通信由传统的模拟方式向数字化方向发展，声像技术和计算机技术结合，声像产品引入微型机控制处理，使声像产品数字化、计算机化、智能化，其代表性产品概念是电视计算机（Teleputer）。另一方面，随着微型机的发展，计算机处理由单纯的正文方式到引入图形、声音、静止图像、动画及视频图像综合处理，向计算机电视（Compuvision）的产品概念发展。他们共同的目标是一致的，即将计算机软/硬件技术、数字化图声像技术和高速通信网技术集成为一个整体，把多种媒体信息的获取、加工、处理、传输、存储、表现于一体。

1.3 多媒体的媒体元素

多媒体的媒体元素是指多媒体应用中可显示给用户的媒体组成。目前，主要包含文本、声音、图形、图像、视频和动画等媒体元素。

1.3.1 文本

文本是计算机文字处理程序的基础，文本数据可以在文本编辑软件里制作。文本文件可分为非格式化文本文件和格式化文本文件。

1．非格式化文本文件

只有文本信息没有其他任何有关格式信息的文件，又称为纯文本文件，简称文本文件。例如，记事本编辑生成的“.TXT”、“.RTF”文件。

2．格式化文本文件

带有各种文本排版信息的文本文件。例如 Word 编辑所生成的“.DOC”文件带有段落格式、字体格式、文章的编号、分栏、边框、文字格式（style）、字的定位（align）、字体（font）、字的大小（size）等格式。

1.3.2　音频

声音是携带信息极其重要的媒体。声音的种类繁多，如人的语音、乐器声、动物发出的声音以及自然界的风声、雨声、雷声等。这些声音有共同的特性，也有它们各自的特性，在用计算机处理这些声音时，一般将它们分成波形声音、语音和音乐三类。波形声音实际上已经包含了所有的声音形式，它可以把任何声音都进行采样量化后保存，并适当地恢复出来，相应的文件是.WAV 或.VOC 文件，人说话的声音也是一种波形，所以和波形声音的文件格式相同。音乐是符号化的声音，乐谱可转化为符号媒体，对应的文件格式是.MID 和.CMF 文件。

声音通常用一种模拟的连续波形表示。波形描述了空气的振动，波形最高点（或最低点）与基线的距离称为振幅，表示声音的强度。波形中两个连续波峰之间的距离称为周期，如图 1-1 所示。波形频率由 1s 内出现的周期数决定，若每秒 1 000 个周期，则频率为 1kHz。频率能反映出声音的音调，声音细尖表示频率高，声音粗低表示频率低。通过采样可将声音的模拟信号数字化，数字化后计算机中保存声音文件的格式有多种，常用的有两种：波形音频文件（WAV）和数字音频文件（MIDI）。

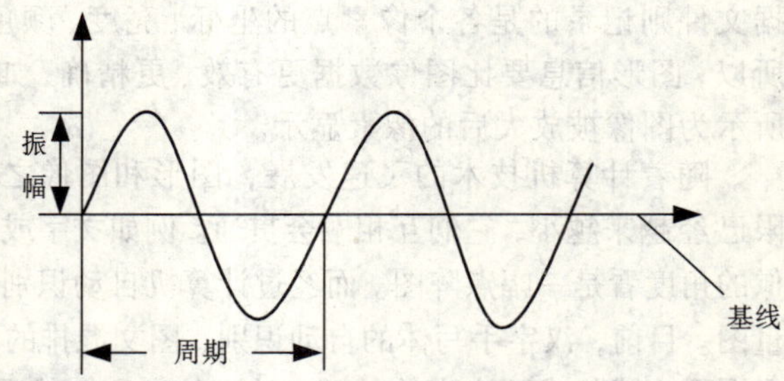

图 1-1　声波的表示

对于声音的处理，主要包括编辑声音和不同存储格式的声音转换。多媒体音频技术主要包括声音的采集、无失真数字化、压缩/解压缩以及声音的播放。

1.3.3　图形

图形一般指用计算机绘制的画面，如直线、圆、圆弧、矩形、任意曲线和图表等。图形的格式是指一组描述点、线、面等几何图形的大小、形状及其位置、维数等的指令集合。在图形文件中只记录生成图的算法和图上的某些特征点，因此也称矢量图。绘图程序通过读取图形格式指令，将其转换为屏幕上可显示的形状和颜色从而生成图形。相邻特征点之间的曲线由诸多小直线连接形成，若曲线围成了一个封闭的图形，可使用着色算法来填充成色块。

用于产生和编辑矢量图形的程序通常称为 Draw，例如 CorelDRAW 等软件。计算机中常用的矢量图形文件有“.3DS”（用于 3D 造型）、“.DXF”（用于 CAD）等。由于图形文件中只保存生成图的算法和图上的某些特征点，因此占用的存储空间很小，并且可以分别控制图形中的各个部分，可以编组处理，也可以分开独立显示，可以随意移动、旋转、缩放、扭曲而不会失真，例如 Office 软件组中的剪贴画，如图 1-2 所示。但矢量图显示时需经过重新计算，因而显示速度相对慢些。

图 1-2 矢量图

1.3.4 图像

图像是指由输入设备捕捉的实际场景画面，或以数字化形式存储的任意画面。静止的图像是一个由像素点构成的矩阵，阵列中的各项数字用来描述构成图像的各个点（称为像素 Pixel）的强度与颜色等信息。这种图像也称为位图（Bit-Mapped Picture，BMP），适用于逼真照片或要求精细细节的图像。

用于生成和编辑位图图像的软件通常称为 Paint 程序。例如，Windows 自带的画图软件及 Photoshop 等软件。图像文件在计算机中的存储格式有多种，如 BMP、TIF、GIF、JPG 等，一般图像文件的数据量都较大。

图形与图像在普通用户看来是一样的，而对多媒体制作者来说是完全不同的。同一幅图，例如一个圆，若采用图形媒体元素，其数据记录的信息是圆心坐标点（x,y），半径 r 及颜色编码；若采用图像媒体元素，其数据文件则记录的是各个像素点的坐标、亮度、颜色信息。所以，图形信息要比图像数据更有效、更精确，如图 1-3 所示为图像被放大后的像素显示。

图 1-3 图像被放大后的像素显示

随着计算机技术的飞速发展，图形和图像之间的界限已经越来越小，它们互相融会贯通。例如文字或线条表示的图形被扫描仪扫描到计算机中，从图像的角度看是一幅点阵图。而经过计算机自动识别出文字或自动跟踪出线条时，点阵图就可形成矢量图。目前，汉字手写体的自动识别、图文混排的印刷体的自动识别等，都是由图像处理技术借用了图形生成技术而产生的。而在地理信息和自然现象的真实感图形表示、计算机动画和三维数据可视化领域构造图形时又都采用了图像信息的描述方法。因此，现在人们不再过多地强调点阵图和矢量图之间的区别，而更注重它们之间的联系。

1.3.5 视频

视频是由一幅幅单独的画面（帧，Frame）组成，这些画面以一定的速率（帧/秒）连续地投射在屏幕上，由于人眼的视觉暂留原理，所看到的影像大约可以暂存在脑海中 1/16s，如果在暂存的影像消失之前，观看另一张连续动作的影像时便能产生活动的画面，使观察者观察到的图像具有连续运动的效果。如果每秒钟播放越多的帧数，用户看来视频播放就越流畅，过低的帧频（低于 15 帧/秒）会导致播放时断时续。电影用 24 帧/秒的帧频就能使观众感到播放顺畅，我国和欧洲大多地区采用的电视标准是 PAL 制，它规定视频每秒播放 25 帧，那么计算机对视频进行数字化处理时，量化、压缩、存储等多项工作必须在 1/25s 内完成。美国、日本、台湾等地使用的 NTSC 标准则规定帧频为 30 帧/秒，每秒播放 30 帧。法国人提出的 SECAM 制 25 帧/秒，应用于俄罗斯、法国、非洲地区等。视频文件的存储格式有 AVI、MPEG、MOV、DAT 等。

1.3.6　动画

动画是活动的画面，实质上是一幅幅静态图像的连续播放。动画的连续播放既指时间上的连续，也是指图像内容上的连续，即播放的相邻两幅图像之间内容相差不大。

传统动画是用画笔画出一张张不动的、但又是逐渐变化着的连续画面，经过摄影机、摄像机或计算机的逐格拍摄或扫描，然后以每秒 24 帧或 25 帧的速度连续播放，这时所画的不动的画面就在银幕上或银屏里活动起来，这种传统方法耗费大量的人力物力。

计算机动画是借助计算机生成一系列连续图像的技术。计算机动画有两种类型：一种是帧动画，一种是造型动画。帧动画是由一幅幅位图组成的连续的画面，好像电影胶片或视频画面一样要分别设计每屏幕显示的画面。造型动画是对每一个运动的物体分别进行设计，赋予每个动画元素一些特征，然后用这些动画元素来构成完整的帧画面。动画元素的行为由脚本来控制。

使用计算机制作动画时，只要做好主动作画面，其余的中间画面可由计算机来完成，不运动的部分直接复制过去，与主动作画面保持一致。当这些画面仅有二维的透视效果时，就是二维动画，如 Flash 软件制作的动画；如果创作出三维空间形象的画面就是三维动画，如果再使其具有真实的光照效果和质感，就成为三维真实动感画，如 3ds max、Maya 等软件制作的动画。存储动画的文件格式有 GIF、FLI、FLC、3DS、AVI、SWF 等。严格来说，AVI 格式并不是一种动画格式，而是一种视频格式。

注意：GIF 是一种比较特殊的图像格式，称为图像交换格式，早期的 GIF 图像只支持黑白、16 色、256 色图像。现在其调色板支持 16M 颜色，即真彩色，采用无损压缩存储，在不影响图像质量的情况下，可以生成很小的文件；最重要的是 GIF 文件可以以动画形式存在，广泛流行于 Internet。

上述各种媒体元素在屏幕上显示时可以以多种组合形式同时表现出来，例如，图形、文字、图像均可以以全画面、部分画面、重叠画面及淡入淡出、拉幕、划像等特殊形式呈现。而媒体元素显示时可以为静态，也可以为动态，即除了动画、视频外，其他媒体形式也可以以动态方式呈现。各种媒体元素可以使用相关的软件自己制作，也可以从现成的数据库中提取。

1.4　多媒体的关键技术

多媒体计算机系统要解决如下关键技术：数据压缩技术、多媒体输入/输出技术、存储技术、通信技术以及虚拟现实技术。

1.4.1　多媒体数据压缩技术

多媒体计算机系统主要采用数字化方式，对声音、文字、图形、图像、视频等媒体进行处理。数字化处理面临的主要问题是巨大的数据量，尤其对动态图形和视频图像，例如一幅分辨率为 640×480 像素的真彩色图像（24 位），其数据量约为 7.37MB。若要达到每秒 25 帧的全动态显示要求，每秒所需的数据量为 184MB，而且要求系统的数据传输率必须达到 184MB/s。如此庞大的数据量不仅难于用普通计算机处理，而且存储和传输都有问题。要使数字化技术实用化，关键是去掉信号数据的冗余性，即数据压缩问题。

在多媒体中，数字音频、视频处理技术主要由三部分组成，其中包括：模拟音频、视频信号的数字化编码，即模/数转换（A/D），数字音频、视频信息的压缩编码（信源编码）以及数字音频、视频信息的存储与传输编码（信道编码）。其中 A/D 转换是将人所能接受的模拟音频、视频信号转换为计算机所能够识别的数字信息，它是数字音频、视频处理技术的基础。信源编码则是将数字化后的音频、视频信号的数据根据不同的应用，按照不同的标准及其算法进行压缩处理，从而达到降低信息传输量的目的，它是数字音频、视频处理技术的关键。编码理论研究已有 40 多年的历史，技术已日趋成熟，在研究和选用编码时，主要有两个问题：一是该编码方法能用计算机软件或集成电路芯片快速实现；二是一定要符合压缩编码/解压缩编码的国际标准。多媒体数据压缩技术是电子成像技术的一场重大变革，甚至可以认为它标志着音频、视频技术已进入一个新时期。

多媒体数据压缩的方法根据不同的依据有不同的分类：

（1）根据质量有无损失分为有损编码和无损编码。

（2）根据其作用于空间域或频率域分为空间方法、变换方法和混合方法。

（3）根据是否自适应分为自适应编码和非自适应编码。

一般来说，每种编码方法都有其自适应的方法。

如图 1-4 所示是以图像和视频压缩方法为例说明多媒体数据压缩方法的分类。

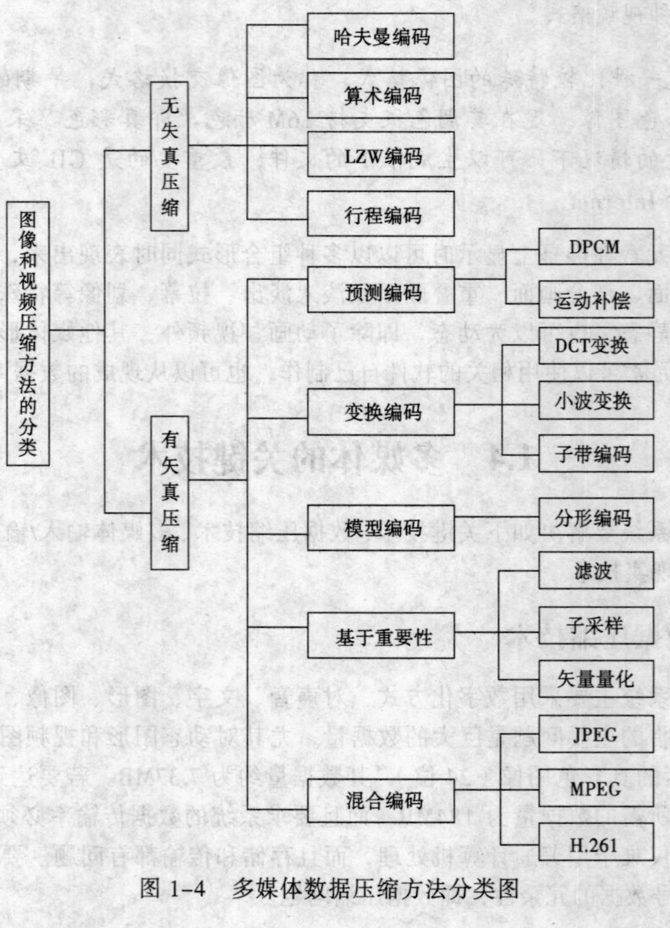

图 1-4 多媒体数据压缩方法分类图

下面介绍几种典型的数据压缩编码方法。

（1）预测编码

预测编码方法是在图像数据和语音信号数据压缩中都得到广泛应用和研究的一种压缩编码方法，是针对数据的统计冗余进行压缩的一种方法。

预测编码有线性预测和非线性预测两类，下面主要讨论线性预测 DPCM 的基本原理。

DPCM 的基本原理是基于图像中相邻像素值之间具有较强的相关性，比如当前像素的灰度或颜色信号，数值上与其相邻像素总是比较接近，除非处于边界状态。每个像素可通过以前已知的几个像素来预测。具体方法是存储以前的内容，找到一个数学模型，用它来预测未来的内容，识别出“未来”与“当前”相同的部分，传送那些不同的部分，由此产生以后的图像，实现数据的压缩。也就是说，预测编码是根据某一模型利用以往的样本值对新样本值进行预测，然后将样本的实际值与其预测值相减得到一个误差值，DPCM 编码时不是对像素点的实际灰度进行编码，而是对预测误差信号进行量化、编码、发送，由此而得名为差值脉冲编码调制法。假如发送端不带量化器，直接对误差值进行编码传送，接收端就可以无误差地恢复误差信号，这个过程就是可逆的无失真的 DPCM 编码。可见，引入量化器会引起一定程度的信息损失，使信号受损。

（2）变换编码

预测编码主要是在时域上进行，变换编码则利用频域中能量较集中的特点，在频域（变换域）上进行。

变换编码的思路是先对信号进行某种函数变换，将数据转换成另一种表示形式，从信号的一种表示空间变换到另一种表示空间，然后在变换后的域上对变换后的信号进行编码。变换编码不是直接对输入信号编码，而是首先将信号映射变换到另一个域中，产生一组变换系数，然后对这些系数量化、编码、传输。在原来域中相关性大、数据冗余度大的信号，在转换到另一域中后，数据相关性会大大减少，冗余量减少，参数独立，数据减少，从而达到数据压缩目的。

变换编码是一种失真编码，采用不同的变换方式，压缩的数据量和压缩速度都不同，典型的例子就是脉冲傅立叶变换，它将时间函数变成频率函数，编码在频率域上进行。

（3）哈夫曼编码

在计算机信息处理中，“哈夫曼编码”是一种一致性编码法（又称“熵编码法”），用于数据的无损压缩。它是根据信源符号出现概率的分布特性而进行的压缩编码。其目的在于在信源符号和码字之间建立明确的一一对应关系，以便在恢复时能准确地再现原信号，同时要使平均码长或码率尽量少。

哈夫曼编码的原理是在编码中，对出现概率大的信源信号赋予短码字，而对于出现概率小的信源信号赋予长码字。如果码字长度严格按照所对应符号出现概率大小的逆序排列，则编码结果平均码字长度一定小于任何其他排列方式。下面以一个实例介绍哈夫曼编码方法。

如图 1-5 所示，有一组信源信号 X1、X2、X3、X4、X5、X6、X7、X8，对其进行编码的步骤如下：

① 将信源符号按概率递减顺序排列。

② 把两个最小概率相加作为新符号的概率，并按①重排。

③ 重复①、②，直到概率为 1。

④ 在每次合并信源时，将合并的信源分别赋“0”和“1”（本例中概率大的赋“0”，概率小的赋“1”）。

⑤ 寻找从每一信源符号到概率为 1 处的路径，记录路径上的“1”和“0”。

⑥ 写出每一符号的“1”“0”序列（从树根到信源符号结点）。

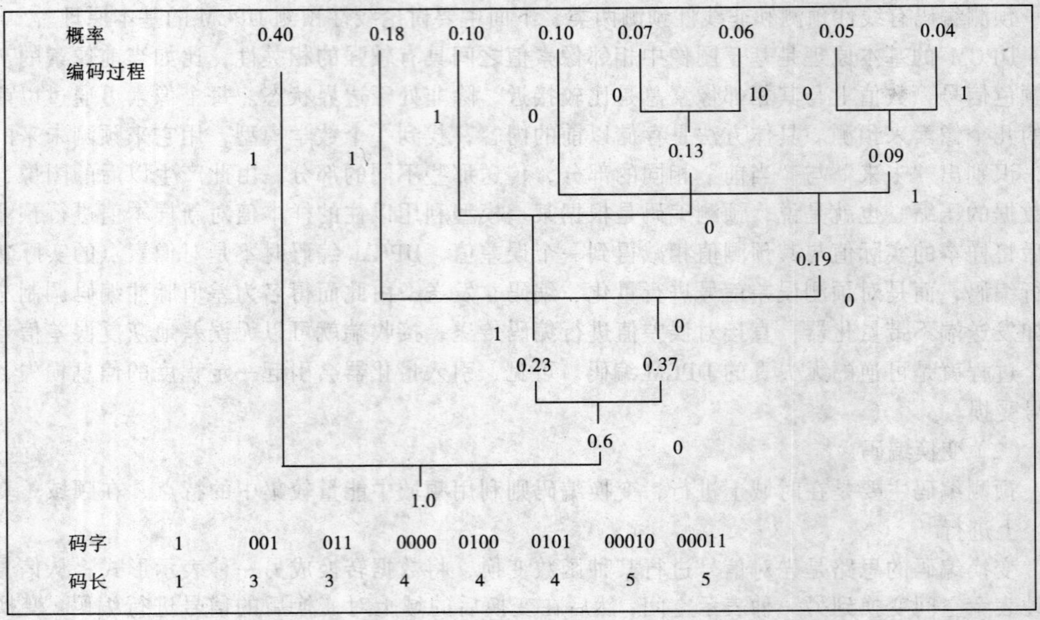

图 1-5 哈夫曼编码的过程

哈夫曼编码过程实际上是构造一个向左倾倒的“码树”，各个终结点分配着信源信号，所以这种编码方法编出的码一定是唯一可译的即时码。当然这种最佳码可能有多种，因为“1”和“0”可以任意调换，而且当有的信源符号概率相等时，选择哪两个符号合并也是任意的。

1.4.2 多媒体输入/输出技术

多媒体输入/输出技术包括媒体变换技术、媒体识别技术、媒体理解技术和综合技术。

媒体变换技术是指改变媒体的表现形式。例如，当前广泛使用的视频卡、音频卡（声卡）都属媒体变换设备。

媒体识别技术是对信息进行一对一的映像过程。例如，语音识别技术和触摸屏技术等。

媒体理解技术是对信息进行更进一步的分析处理和理解信息内容。例如，自然语言理解、图像理解、模式识别等技术。

媒体综合技术是把低维信息表示映像成高维的模式空间的过程。例如，语音合成器就可以把语音的内部表示综合为声音输出。

目前，前两种技术相对比较成熟，应用较为广泛，后两种技术还不成熟，只能用于特定场合。输入/输出技术进一步发展的趋势是：

（1）人工智能输入/输出技术。

（2）外围设备控制技术。

（3）多媒体网络传输技术。

1.4.3　多媒体存储技术

由于多种信息媒体同时存在，计算机需要处理的信息量很大，尤其对动态的声音视频图像更为明显。这些信息即使经过压缩，所需的存储空间仍然十分可观，传统的计算机存储设备如软盘、磁带等，无法满足这种大信息量的要求。20 世纪 70 年代研制出来的光盘是满足上述要求较为理想的存储设备，其中只读式紧凑光盘（Compact Disc-Read Only Memory，CD-ROM）是广泛使用的多媒体信息载体。一张 5 英寸光盘，直径只有 120mm，可以存放 650MB 数据，并且使用方便、价格低廉，不仅便于保存，而且方便信息的交换。

为了便于光盘的生产、使用和推广，几个主要光盘制造公司和国际标准化组织制定了一些有关的规范和标准，主要的规范和标准有以下几个：

（1）CD-DA：1981 年制定红皮书（Red Book），即 CD-DA（Digital Audio）激光数字音频光盘的规范，这个标准是 CD 的最基本标准。

（2）CD-ROM：1985 年制定黄皮书（Yellow Book），经修订，1988 年正式作为国际标准 ISO9660，1991 年又推出了 ISO9660 Ⅱ。

（3）CD-V（Video）：从红皮书发展而来，在影碟机上使用，视频信息可以输出到电视机。

（4）可录 CD：可录 CD（Recordable Compact Disc）盘的橙皮书（Orange Book）标准。可录 CD 分两类，即 CD-MO 和 CD-WO。CD-MO 称为磁光盘，可重写；CD-WO 又称 CD-R，一旦用户写入数据就不能抹掉。

（5）CD-I：1987 年制定绿皮书（Green Book）规范，用于交互式多媒体 CD-I 系统中。1992 年推出第二代 CD-I，可播放交互式视频图像。

（6）CD-ROM XA（Extended Architecture）：1988 年，Philips、SONY 及 Microsoft 制定的 CD-ROM 扩展结构，1991 年又制定 CD-ROM XA Ⅱ规范，对应于 ISO 9660Ⅱ。

（7）Photo-CD 相片光盘：1991 年 Philips 和 Kodak 对外发布 Photo-CD，1992 年制定规范，用于存放数字化的静态照片。

（8）Video CD：1993 年制定的白皮书（White Book）规范，采用 MPEG 压缩算法压缩动态图像。它使 Video CD 节目能够在 CD-I、CD-ROM XA 和 Video CD 播放机上播放。

MPEG-1 的视频质量是家用录像机的质量，它的技术促成了 VCD 产业。MPEG-2 的视频质量是广播级质量，由于采用 MPEG-2 标准的视频数据量很大，为了解决其存储问题，研制了 DVD（Digital Video Disc），并于 1995 年完成标准化方案。DVD 盘片尺寸与 CD 相同，容量最高的双层双面盘可达 17GB。单面单层 DVD 盘能够存储 4.7GB 的数据，可存储 133min 的 MPEG-2 视频，其分辨率与现在电视相同，单面双层盘面的容量为 8.5GB。

1.4.4　多媒体通信技术

20 世纪 90 年代，随着数据通信的快速发展，局域网（LAN）、综合业务数字网（ISDN）、以异步传输模式（ATM）技术为主的宽带综合业务数字网（B-ISDN）和以 IP 技术为主的宽带 IP 网，为实施多媒体网络通信奠定了技术基础。人们已不满足于普通的电话通信业务，不满足于只能传送正文的电子邮件服务，需要图形、静止图像和视频图像的传输和交换功能，其中最关键的就是视频图像的通信。

多媒体通信的关键技术主要是：

（1）声音、视频、动画等的传输技术。

（2）数据压缩和解压缩技术。

（3）解决多媒体实时同步问题。

（4）解决协议和标准化问题。

多媒体通信技术主要应用于可视电话系统、远程视频会议系统、远程医疗、视频点播系统、远程教育系统、多媒体终端、分布式多媒体应用系统等。

（1）可视电话系统

理想的多媒体通信方式是人们在任何地点、任何时间都可以通过网络进行多媒体信息交换。电话交换网的显著特点是建立呼叫后，处于不同地点的两个用户就可以通过交换机形成一个直接通路的信息交换。在传统的电话线上只能传输模拟信号的声音，要传输数字化信息，则必须利用调制解调器转换。ISDN 的应用为动态图像的传输开辟了广阔的前景，而 CCITT 制定的 H.261 标准规定了视频编码传输速度，保证了可视电话朝着动态图像的方向飞速发展。

（2）视频会议系统

视频会议系统是一种位于两个或多个地点的多用户之间的视听会话型电信会议业务。视频会议系统在军事、政治、商贸、医疗等部门有广泛的应用。

在视频会议系统工作时，各个会议点的多媒体终端将反映各个会场的主要场景、人物及有关资料的图像、图片以及发言者的声音，同时进行数字化压缩；根据视频会议的控制模式，经过数字通信系统，沿指定方向进行传输；同时，在各个会议点的多媒体计算机上，经过数字通信系统实时接收解压缩多媒体会议信息，并在其监视器上显示出指定会议参加方的会议室场景、人物图像、图片和语音。

多媒体视频会议的网络形式多样化，包括 LAN、WAN、ISDN、Internet 以及 B-ISDN，ATM 等，每种网络的带宽和传输协议是不同的，而视频会议系统不同种类的信号也有不同的传输特性和要求。

1.4.5 虚拟现实技术

虚拟现实（Virtual Reality，VR）是由计算机生成的具有临场感觉的环境，它是一种全新的人机交互系统。虚拟现实能对介入者——人产生各种感官刺激，如视觉、听觉、触觉、嗅觉等，给人一种身临其境的感觉，同时人们能以自然方式与虚拟环境进行交互操作，它强调作为介入者——人的亲身体验，要求虚拟环境是可信的，即虚拟环境与人对其理解相一致。

虚拟现实技术本质是一种高度仿真地模拟人在现实生活中视觉、听觉、动作等行为的交互技术。它用计算机加上先进的外围设备，模拟生活中的一切，模拟过去发生的事件或可能将要发生的事件，以利于人们的决策、了解或进行其他工作。

一个典型的虚拟现实系统由头盔式立体显示器、数据手套和计算机构成。实现 VR 的关键技术包括实时、限时三维动画技术；临场感技术（包括宽视场立体显示技术、给予自然方式的人机交互技术等）；快速、高精度三维跟踪技术；辨识技术；传感技术等。目前，解决上述关键技术还存在不少困难，表现在 VR 必须满足很多相互矛盾的要求，如高质量的图形绘制与即时刷新的矛盾；计算速度与计算精度的矛盾；大容量数据存储与高速数据存取的矛盾；全彩色和高分辨率显示与绘制速度的矛盾等。

虚拟现实技术结合了人工智能、多媒体、计算机动画等多种技术，它的应用包括模拟训练、军事演习、航天仿真、娱乐、设计与规划、教育与培训、商业等领域，发展潜力不可估量。有人认为，虚拟现实技术是继人工智能之后计算机技术的又一次革命。

1.5　多媒体技术的未来

多媒体技术从 20 世纪 60 年代的初始用于语音通信到现在的远程教育、远程培训、远程购物、远程娱乐、会议电视、视频点播（VOD）、宽带 Internet/Intranet 接入，经历了很多的历程。总的来看，多媒体技术正向两个方向发展：一是网络化发展趋势；二是多媒体终端的部件化、智能化和嵌入化。

1. 多媒体技术的网络化发展趋势

未来宽带多媒体技术的发展脉络已经非常清晰——从以 PC 技术为主体的计算机多媒体应用，到通信领域的各种多媒体实现以及未来数字 3C（消费类家用电器、通信、计算机）时代多网合一的融合，宽带多媒体技术都是毋庸置疑的核心技术。网络环境的改善和传输带宽的增加，尤其是 IPv6 网络的建设和数字多媒体芯片被广泛用于各类数字 3C 产品，为宽带多媒体技术带来了前所未有的发展契机。宽带多媒体技术的不断创新和广泛应用必将直接影响整个电子信息产业的未来走向。从以下几个方面不难看出，基于宽带的多媒体应用和未来将会出现的应用将对人们的生活产生深远的影响。

可视会议系统使远程面对面的会谈成为现实，人们可以在听到声音的同时看到图像，共享图像，既节约开支，又提高了效率。宽带多媒体技术还可更加充分广泛地应用于商务交流与技术协作、客户服务、跨国应用、远程教学和技术培训、远程医疗与会诊等。基于 Web 的实时、互动沟通技术和服务的多媒体应用正在极大地改变人们的工作方式，引发新一轮的因特网应用变革。

近来，数字电视的兴起为数字时代揭开了序幕。数字时代的家居是集生活、娱乐、小型办公、安防为一体的智能化、多媒体化家居环境。通过因特网，家庭用户可以享受视频娱乐节目，观看各种视频新闻、资料、图书等，通过可视电话与亲朋好友进行面对面的交流，还可以如同在现场一样参与各种活动。宽带多媒体技术还应用在视频点播及广播、网络电视、电子杂志等多个领域，其在现代信息社会的发展趋势不可阻挡。

在因特网多媒体信息服务尚未完全普及的今天，第三代移动通信技术、更高级的图像编码技术为移动多媒体服务提供了技术基础，为通过手机、PDA、数字手表等享受各种各样的多媒体信息服务提供了可能。2004 年，针对移动多媒体应用领域的“星光奥运计划”的第一代产品——“星光移动一号”诞生并投入市场。这颗超强功能的数字多媒体芯片，把音乐和真人真唱的声音合成在一起，满足了当今市场对手机多媒体业务的需求，实现了 3G 音乐应用的突破。

蓝牙技术的开发应用，使多媒体网络技术无线化。综合原有的各种多媒体业务，将会使计算机无线网络异军突起，掀起网络时代的新浪潮，使得多媒体技术无所不在，各种信息唾手可得。

2. 多媒体终端的部件化、智能化和嵌入化发展趋势

目前，多媒体计算机硬件体系结构和多媒体计算机的视频音频接口软件不断改进，但要满足未来多媒体网络化环境的要求，还需对软件做进一步的开发和研究，使多媒体终端设备具有

更高的部件化和智能化，对多媒体终端增加如汉语语音的识别和输入、自然语言理解和机器翻译、图形的识别和理解、机器人视觉等智能。

从目前的发展趋势看可以把这种芯片分成两类：一类是以多媒体和通信功能为主；另一类是以通用 CPU 计算功能为主，融合多媒体和通信功能，主要用在多媒体计算机中。

近年来，随着多媒体技术的发展，TV 与 PC 技术的竞争与融合越来越引人注目，而数字机顶盒技术适应了 TV 与 PC 融合的发展趋势，延伸出“信息家电平台”的概念，代表了当今嵌入化多媒体终端的发展方向。嵌入式多媒体系统可应用在人们生活与工作的各个方面，在工业控制和商业管理领域，如智能工控设备、ATM 机、IC 卡等；在家庭领域，如数字式电视、网络空调等消费类电子产品。此外，嵌入式多媒体系统还在医疗类电子设备、多媒体手机、掌上计算机、车载导航器、娱乐、军事方面等领域有着巨大的应用前景。

从长远观点来看，进一步提高多媒体计算机系统的智能性是不变的主题。发展智能多媒体技术包括各个方面，如文字的识别和输入；汉语语音识别和输入；自然语言的理解和机器翻译；知识工程和人工智能等。对应这些问题，已有的成果已很好地应用到多媒体计算机系统开发中，并且任何一点新的突破都可能对多媒体技术发展产生很大的影响。

本章小结

本章回顾了多媒体技术的发展历程，侧重介绍多媒体技术发展过程中几个重要的事件；介绍了多媒体的基本概念，包括媒体及多媒体技术的定义；讨论了多媒体技术的三个重要特点，即多样性、交互性、集成性；介绍了多种媒体元素的特点，从外观到本质加以区分和识别；介绍了多媒体的关键技术以及应用，最后展望了多媒体技术的未来和发展前景。

思考与练习

一、填空题

1. 1985 年，________公司推出世界上第一台多媒体计算机________，后来不断完善，形成一个完整的多媒体计算机系列。
2. 根据多媒体技术的定义，可以看到它有三个显著的特征，即________、________和________，这也是它区别于传统计算机系统的特征。
3. ________标准是 CD 的最基本标准，1987 年制定________规范，用于交互式多媒体 CD-I 系统中。1992 年推出第二代 CD-I，可播放交互式视频图像。
4. ________是适用于彩色和单色、多灰度连续色调、静态图像的数字压缩国际标准。________标准用于数字存储多媒体运动图像，其伴音速率为 1.5Mbit/s 的压缩编码，作为 ISO CDIII72 号标准，用于实现全屏幕压缩编码及解码，包括________、________和________三个部分。
5. DVD 盘片尺寸与 CD 相同，容量最高的双层双面盘可达 17GB。单面单层 DVD 盘能够存储________的数据，存储 133 分钟的 MPEG-2 视频，其分辨率与现在电视相同，单面双层盘面的容量为________。

二、选择题

1. ________是由计算机生成的具有临场感觉的环境，它是一种全新的人机交互系统。能对介入者——人产生各种感官刺激，如视觉、听觉、触觉、嗅觉等，给人一种身临其境的感觉。

   A. 虚拟现实　　B. 人工智能
   C. 多媒体协同工作　　D. 视频会议

2. 为了解决________的存储问题，研制了 DVD（Digital Videl Disc），并于 1995 年完成标准化方案。

   A. MPEG-1　　B. MPEG-2
   C. MPEG-3　　D. MPEG-4

3. 我国采用的电视标准是 PAL 制，它规定视频每秒播放________帧，美国使用的 NTSC 标准则规定每秒播放________帧。

   A. 24　　B. 25
   C. 30　　D. 32

三、思考题

1. 什么是多媒体技术？简述其主要特点。
2. 除了本章介绍的多媒体技术标准以外，你还了解哪些多媒体技术标准？制定标准对多媒体技术有何意义？
3. 叙述一下哈夫曼编码的过程。
4. 试从一两个应用实例出发，谈谈多媒体技术的应用对人类社会的影响。

第2章 多媒体计算机系统

多媒体计算机系统是一个能综合处理多媒体信息的计算机系统，由多媒体硬件系统和多媒体软件系统组成。多媒体硬件系统其核心是一台高性能的计算机系统，主要组成部分除需要较高配置的计算机主机硬件以外，通常还需要音频、视频、视频处理设备、光盘驱动器、各种媒体输入/输出设备等。多媒体软件系统是指支持多媒体系统运行、开发的各类软件和开发工具及多媒体应用软件的总和。硬件是多媒体系统的基础，软件是多媒体系统的灵魂。

本章要点

- 多媒体计算机系统的组成及其标准。
- 多媒体硬件系统。
- 多媒体软件系统。

2.1 多媒体计算机系统的组成及标准

多媒体计算机系统是一个能综合处理多媒体信息的计算机系统，由多媒体硬件系统和多媒体软件系统组成。为了实现使不同厂商生产的产品能够兼容，多媒体生产厂家组织了交互式多媒体协会（IMA）。IMA 主要解决产品的兼容性的问题，即开发与各种硬件平台兼容的应用软件和标准。

2.1.1 多媒体计算机系统的组成

多媒体计算机系统（见图 2-1）由多媒体硬件系统和多媒体软件系统组成。多媒体硬件系统的核心是一台高性能的计算机，外部设备主要由能够处理音频、视频和存储的设备组成。

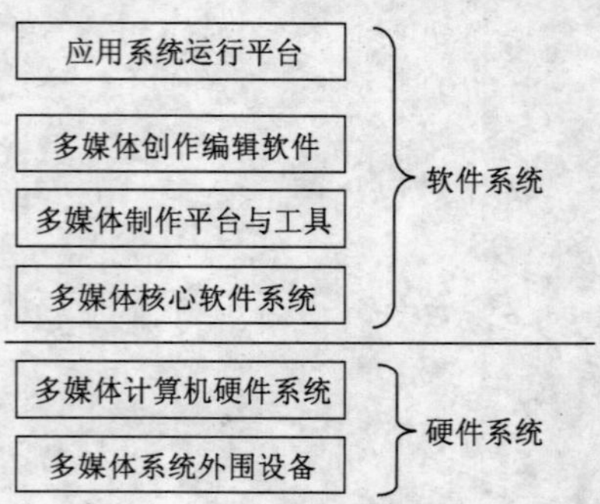

图 2-1 多媒体计算机系统

第一层为多媒体外围设备，包括各种媒体、视听输入/输出设备及网络。

第二层为多媒体计算机硬件与各种外部设备的控制接口卡。其中包括多媒体实时压缩和解压缩专用的电路卡。

第三层为多媒体驱动程序、操作系统。该层软件为系统软件的核心，除与硬件设备打交道（驱动、控制这些设备）外，还要提供输入/输出控制界面程序，即 I/O 接口程序。而操作系统则提供对多媒体计算机的硬件、软件控制与管理。

第四层是多媒体制作平台和媒体制作工具软件，支持应用开发人员创作多媒体应用软件。设计者利用该层提供的接口和工具采集、制作媒体数据。常用的有图像设计与编辑系统，二维、三维动画制作系统，声音采集与编辑系统，视频采集与编辑系统以及多媒体公用程序与数字剪辑艺术系统等。

第五层为多媒体编辑与创作系统。该层是多媒体应用系统编辑制作的环境，根据所用工具的类型，有的是脚本语言及解释系统，有的是基于图标导向的编辑系统，还有的是基于时间导向的编辑系统。通常除编辑功能外，还具有控制外设播放多媒体的功能。设计者可以利用这层的开发工具和编辑系统来创作各种教育、娱乐、商业等应用的多媒体节目。

第六层为多媒体应用系统的运行平台，即多媒体播放系统。该层可以在计算机上播放硬盘上的节目，也可以单独播放多媒体的产品，如消费性电子产品中的 CD-I 等。多媒体应用系统放到存储介质中，如光盘，就可成为多媒体产品，可作为商品销售。

以上六层中，一、二层构成多媒体硬件系统，其余四层是软件系统。软件系统又包括系统软件（如操作系统）和应用软件。

2.1.2　多媒体计算机系统（MPC）标准

多媒体个人计算机（Multimedia PC，MPC）是在现有 PC 基础上加上一些硬件板卡、设备及相应软件使其具有综合处理声、文、图信息的功能。交互式多媒体计算机协会 IMA（Interactive Multimedia Association）是多媒体产业供应商和最终用户组成。其主要支持者是 Microsoft、Tandy、NEC 等公司。IMA 制定了 MPC 平台标准（见表 2-1），主要解决两个问题：应用软件和工具软件在各种软、硬件平台上的兼容性；数据交换的兼容性。

表 2-1　MPC 技术规格

技术规格	MPC 1.0	MPC 2.0	MPC 3.0	MPC 4.0
CPU	80386	80486	Pentium 75MHz	Pentium133MHz
内存容量	2MB	4MB	8MB	16MB
硬盘容量	30MB	160MB	850MB	1.6GB
CD-ROM	1x	2x	4x	10x
声卡	8 位	16 位	16 位	16 位
图像	4 位或 8 位彩色	16 位彩色	24 位彩色	32 位真彩色
分辨率	320 × 200 或 640 × 480	640 × 480	800 × 600	1280 × 1024
软驱	1.44MB	1.44MB	1.44MB	1.44MB
操作系统	Windows 3.x	Windows 3.x	Windows 95	Windows 95

随着技术的不断发展，后来又发表了 MPC 5.0 的技术标准。随着计算机硬件技术和多媒体技术的飞速发展，MPC 的标准规范还在不断升级，并且出现了将多媒体和通信功能集成到了

CPU 芯片中的 MMX 技术，形成了专用的多媒体微处理器，并支持 DVD、具有 TV 功能及集成化网络接口等。

2.2 多媒体计算机硬件系统的组成

构成多媒体硬件系统除了需要较高配置的计算机主机硬件以外，通常还需要音频、视频、视频处理设备、光盘驱动器、各种媒体输入/输出设备等（见图 2-2）。

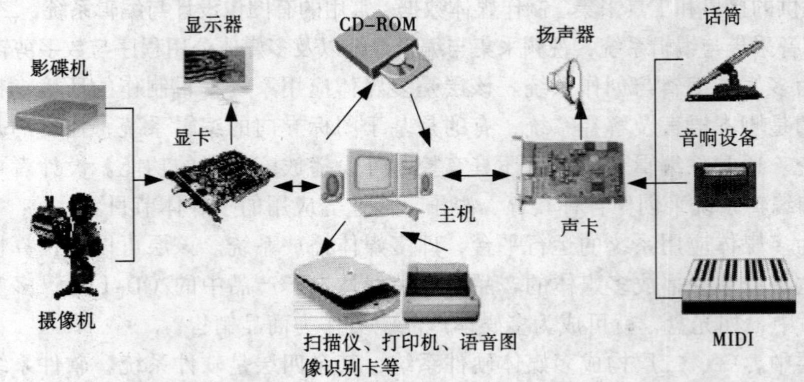

图 2-2 多媒体硬件系统基本组成

1. 主机

多媒体计算机主机可以是中、大型机，也可以是工作站，然而目前更普遍的是多媒体个人计算机，即 MPC（Multimedia Personal Computer）。

2. 多媒体接口卡

多媒体接口卡是插接在计算机上用来解决各种媒体数据的输入输出的问题。常用的接口卡有声卡、显示卡、视频压缩卡、视频捕捉卡、视频播放卡、光盘接口卡等。

3. 多媒体外部设备

多媒体外部设备的工作方式一般为输入和输出。按其功能又可分如下四类：

（1）视频、音频输入设备（摄像机、录像机，扫描仪，传真机、数字相机、话筒等）。

（2）视频、音频播放设备（电视机、投影电视、大屏幕投影仪、音响等）。

（3）人机交互设备（键盘、鼠标、触摸屏、绘图板、光笔及手写输入设备等）。

（4）存储设备（磁盘，光盘等）。

需要指出的是，开发多媒体应用程序比运行多媒体应用程序需要的硬件环境更高。基本原则是多媒体开发者使用的硬件设备要比用户的速度更快，功能更强，外部设备更多。

2.2.1 主机

1. CPU

CPU 是中央处理单元的缩写，或称做微处理器。微型电子计算机的 CPU 是由一块大规模集成电路芯片组成。CPU 作为计算机系统的核心，其内部结构可以分为控制器、运算器和寄存器三个部分。其中运算器主要完成各种算术运算（如加、减、乘、除）和逻辑运算（如逻辑加、逻辑乘和非运算）；而控制器只是读取各种指令，并对指令进行分析，作出相应的控制。通常，在 CPU 中还有若干个寄存器，它们可直接参与运算并存放运算的中间结果。实际上，处理器的作用和人的大脑相似，因为它负责处理、运算计算机内部的所有数据，而主板上的芯片组则更像是心脏，它控制着数据的交换。

CPU 是计算机的核心部件，随着其设计、制造技术的不断提高和发展，推动了微机系统的迅速发展。目前，微机的性能在某些方面已经达到甚至超过了小型机。主频是 PC 振荡晶体的频率，以 MHz 为单位。振荡晶体产生出适当的振荡频率，使主板工作于某个速度上。因此，CPU 与主频一起决定 PC 机的运算速度。

2. 内存储器

计算机有两种基本的内存储器类型。第一种类型是 ROM（Read Only Memory，只读式内存），为了持久存储数据，ROM 常用于存储计算机中重要的信息。理论上认为，此种类型的内存是只能读取而不允许擦写。第二种类型就是 RAM（Random Access Memory，随机存取内存），RAM 允许随机地读写内存中的数据，临时存储运行程序需要的数据，在计算机中断电后，这些存储在 RAM 中的数据将全部丢失。

并非所有的 ROM 内存都是只读的，例如常用于主板 BIOS 的 EEPROM，它不是只读的，而是可擦写的。可擦写的 ROM 带给了我们许多好外，例如，主板生产商可以通过发布最新主板 BIOS 的升级程序，用户只需下载并运行这些程序就可能升级主板的 BIOS，而不必拿着主板到产商那去升级 BIOS。

RAM 主要可分为 DRAM 和 SRAM 等类型。静态随机存储器 SRAM 不需要充电来保持数据的完整性，其存取速度高于动态随机存储器 DRAM，但成本高，因此常用作容量较小的 CPU 与 DRAM 之间的高速缓冲存储器（Cache）。DRAM 需要定时充电，即通常所说的刷新，来保持数据的完整性，通常用来组成大容量的内存储器。

内存最基本的单位是内存“细胞”，我们把它称之为 DRAM 基本单元，图 2-3 所示是 DRAM 一个基本单位的结构示意图。每个 DRAM 基本单元代表一个“位”，也就是一个比特（bit）。所有的 DRAM 基本单元都是由一个晶体管和一个电容器组成。一个电容器可以存储一定量的电子或者是电荷。

但是电容有一个特性，那就是不能持久的储存电荷，所以内存需要不断定时刷新，才能保持暂存的数据。电容器可以由电流来充电，当然这个电流是有一定限制的，否则会把电容击穿。同时电容的充放电需要一定的时间，虽然对于内存基本单位中的电容充电时间很短，只有大约 0.2～0.18μs，但是这个期间内存是不能执行存取操作的。

RAM 基本单元不能被单独寻址，因为字节才是内存中最小的可寻址单元，否则现在的内存将会更加复杂。每个 DRAM 基本单元连接到一个列线（Row line）和一个行线（Column line），由列地址和行地址定义的唯一地址。每八个基本单元组成一个字节（8bit），它可代表的二进制状态有 256 种。这样，二进制数据就存储在由许多行及列组成的像栅格一样的矩阵里。

DRAM 控制器负责向 DRAM 芯片输出行地址还是列地址，行与列地址的信息由 RAS（Row Address Select）或 CAS（Column Address Select）信号确定，如图 2-4 所示。当 CPU 处理信息时，需要将信息存储到 RAM 中。如果需要将数据“写”到 RAM 中，则处理器会发出一个“写”信号到 CPU 中，通过系统总线，到达 RAM 单元。这些 RAM 单元然后就按行或列地址将这些信息数据存储到指点定的“栅格”中。当 CPU 需要读取 RAM 中的数据，则会向 RAM 发出请求信号，这些信号中包含地址信息，以确定数据在那些栅格中的位置。

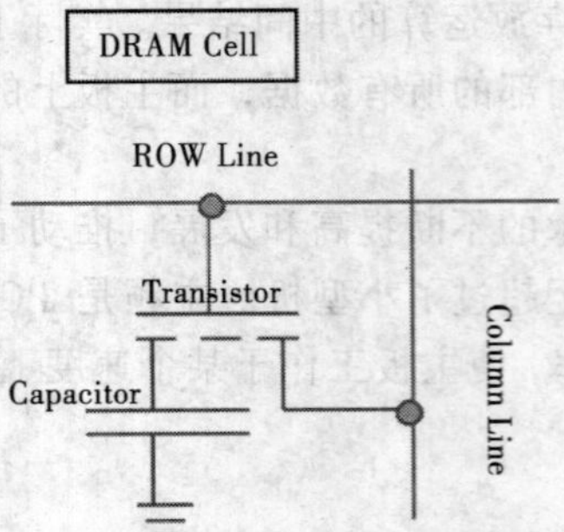

图 2-3　DRAM 基本单元

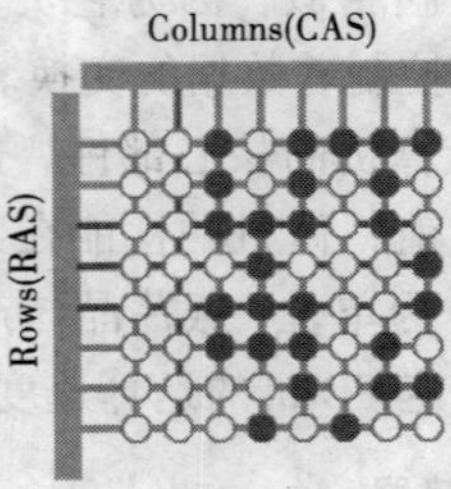

图 2-4　DRAM 基本单元由列和行来寻址

3. 高速缓存

主板上外部静态存储器 SRAM（Static RAM）的速度比 DRAM 快两三倍，因此常称为外部高速缓存 Cache。

Cache 的出现主要是为了解决 CPU 运算速度与内存读写速度不匹配的矛盾，因为 CPU 运算速度要比内存读写速度快很多（虽然两者速度都在不断提升），这样会使 CPU 花费很长时间等待数据到来或把数据写入内存。好比有一个仓库（内存），如果运输能力（CPU 运算能力）很强，有很多货车，但是装卸能力（内存读写速度）很差，那可能很多车会空等很长时间，这样就极大地浪费了资源和时间。

由于 Cache 的读写速度要比系统内存快很多，于是人们将 Cache 用于 CPU 和 RAM 之间。系统工作时，将运行时要经常存取的一些数据从系统内存存储到 Cache 中，而 CPU 会首先到 Cache 中去读取数据（或写入数据），如果 Cache 中没有所需数据（或 Cache 已满，无法再写入），则再对系统内存进行读写，另外 Cache 在空闲时也会与内存交换数据。这就好比在仓库与货车之间增加了一条高速的运输带，很大提高了整体的效能。Cache 的容量越大，运算性能提高越明显，这在图形、图像处理时特别有用。

4. 主板

计算机在运行时，对系统内存、存储设备和其他 I/O 设备的操作与控制都必须通过主板来完成，因此计算机的整体运行速度和稳定性在相当程度上取决于主板的性能。

主板是微机系统中最大的一块电路板，它的英文名字叫做 Mainboard 或 Motherboard。主板上布满了各种电子元件、芯片、芯片组、插槽、接口等。它为 CPU、内存和各种功能（声、图、通信、网络、TV、SCSI 等）卡提供安装插座（槽）；为各种存储设备、打印设备和扫描等 I/O 设备以及数码相机、摄像头、Modem 等多媒体和通信设备提供接口，实际上微机通过主板将 CPU 等各种器件和外部设备有机地结合起来形成一套完整的系统。

芯片组（Chipset）是主板的核心组成部分在很大程度上决定了主板的功能。按照在主板上的排列位置的不同，通常分为北桥芯片和南桥芯片。北桥芯片提供对 CPU 的类型和主频、内存、ISA/PCI/AGP 插槽、ECC 纠错等支持，通常在主板上靠近 CPU 插槽的位置，由于此类芯片的发热量一般较高，所以在此芯片上装有散热片。南桥芯片则提供对 KBC（键盘控制器）、RTC（实时时钟控制器）、USB（通用串行总线）、Ultra DMA/33（66）EIDE 数据传输方式和 ACPI（高级能源管理）等的支持。其中北桥芯片起着主导性的作用，也称为主桥（Host Bridge）。

从总体来看，主板所能支持的内存最大容量由 CPU 寻址能力、芯片组支持能力、主板物理架构等方面决定。由于在 Pentium 机中，与 CPU 连接的地址总线只有 32 位，也就是说 CPU 所能寻址的空间有 4GB，而到了 Pentium II，其地址位就达到 36 位，这样空间就变为 64GB 了，从此可以看出，现行的 CPU 所支持的内存容量足以满足目前的内存需要。因此，芯片组的支持能力成为内存容量扩充的关键。

5. 总线结构

计算机系统中各部件的协同工作直接关系到系统的整体性能，而部件间的联系是通过总线（BUS）来实现的。总线是计算机内部传输指令、数据和各种控制信息的高速通道，是计算机硬件的一个重要组成部分。总线结构的发展是与 CPU 的发展相关联的，其目的是为了让数据传输率与 CPU 的速度相匹配。总线的性能以总线的时钟、带宽及相应的总线数据传输率来衡量。

（1）内部总线

根据总线功能，总线可以分为用于传输地址的地址总线，用于传送指令的指令总线，用于传输数据的数据总线，用于传输控制信号的控制总线。这些总线都在 CPU 内部，统称为 CPU 内部总线或微处理总线。

（2）外部总线

用于连接 CPU、主存和 I/O 控制器的总线称为外部设备总线或外部总线，简称为总线。常见的总线有 ISA（工业标准体系接口）总线、PCI（外部设备互连）总线、SCSI（小型计算机系统接口）总线等。现在，ISA 总线已逐步被淘汰。SCSI 总线原来用于小型计算机中，后来被微机采用，现主要用于服务器中。

PCI（Peripheral Component Interconnect，外围设备互连）是现代计算机最重要的接口之一。它不仅用于 PC，在许多数字设备上也使用了 PCI 技术。PCI 在 CPU 和外设之间提供了一条独立的数据通道，让每种设备都能直接与 CPU 取得联系，让图形、视频、音频、通信设备都能同时工作。

PCI-Express 是最新的总线和接口标准，它原来的名称为“3GIO”，是由 Internet 公司提出的，很明显 Internet 公司的意思是它代表着下一代 I/O 接口标准。这个新标准将全面取代现行的 PCI 和 AGP，最终实现总线标准的统一。它的主要优势就是数据传输速率高，目前最高可达到 10GB/s 以上，而且还有相当大的发展潜力。

6. 计算机与外部设备的接口及标准

接口，顾名思义就是设备与计算机或其他设备连接的端口。它其实是一组电气连接和信号交换标准。接口主要是用来传送电气信号的，信号中间，有一部分我们称为数据，是最重要的信号，其他信号都是为传输数据服务的。数据的传输方式基本分为两种，一种是只有一条线（有时为一对线）用来传送数据，这种叫串行传输。言外之意是被传数据排成一串，走了前面才能走后面。RS-232 就是这种接口；串行接口的特点是传输稳定、可靠、传输距离长，但数据传输速率较低。如果用几条线来同时传输数据，这就叫做并行接口（Parallel Port）。并行通信的特点是数据传输速率较大，协议简单，易于操作；但是，由于并行接口在传输时容易受到干扰、传输距离短、有时会发生数据丢失等问题，所以并口设备的连接电缆一般比较短，否则不能保证正常使用。

在计算机行业中最早出现的接口标准是 RS-232 标准，这个标准直到现在还在我们的个人计算机上使用，这就是我们用来外接鼠标或调制解调器（Modem）的 COM1，COM2 接口。除了传统接口形式外，随着计算机技术的发展，现在又出现了许多新的接口标准。如 USB 和 FireWire（又称火线）等。USB（Universal Serial Bus）是一种通用串行总线接口，它最大的好处在于能支持多达 127 个外设，并且可以独立供电（可从主板上获得 500mA 的电流），并且支持热拔插（开机状态下插拔），真正做到即插即用。USB 接口可同时支持高速和低速 USB 外设的访问。目前可以通过 USB 接口连接的设备有扫描仪、打印机、鼠标、键盘、外置硬盘、数码相机、音箱，甚至还有显示器，具有很好的通用性。USB2.0 标准传输速率更高达 480MB/s。

2.2.2 多媒体外部设备

1. 扫描仪、数码相机和打印机

扫描仪和数码相机是一种可将静态图像输入到计算机里的图像采集设备，打印机是多媒体计算机系统的重要输出设备。这三种设备将在第 5 章中有详细介绍。

2. 光盘刻录机

由于光盘刻录机（见图 2-5）具有大容量（640MB）、每 MB 字节成本极低、记录介质在几乎所有 PC 上都可用（目前 CD-ROM/DVD-ROM 驱动器已成为 PC 的标准配置）、记录可靠（碟片理论上可保存 100 年以上）等明显的优点，光盘刻录机便成为可移动存储设备的选购焦点。在本节中主要向大家介绍一下光盘刻录机的性能指标。

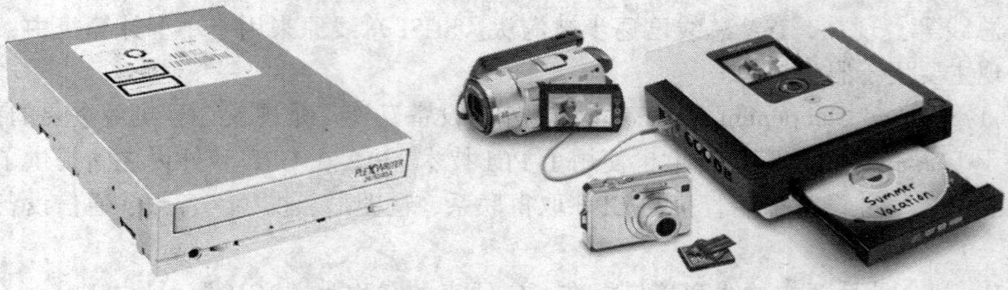

图 2-5 光盘刻录机

（1）光盘刻录机的速度

就是读取速度和写入速度，而后者才是刻录机的重要技术指标。市场上常见的有 8X、10 X、12X、16X、24X 的读取速度和 2X、4X、5X、6X、8X 的写入速度。在实际的读取和写入时，由于光盘的质量或刻录的稳定度，读取的速度会降为 6X、4X 甚至 1X，刻录的速度也会降至 2X 或 1X。当然，高速就意味着更少的刻录时间。

（2）接口方式

光盘刻录机按接口方式分，内置的有 SCSI 接口和 IDE 接口，外置的有 SCSI、并口、以及目前最新的 USB 接口等。SCSI 接口（无论外置内置）在 CPU 资源占用和数据传输的稳定性方面要好于其他接口，系统和软件对刻录过程的影响也低很多，因而它的稳定性和刻录质量最好。但 SCSI 接口的刻录机价格较高，还必须另外购置 SCSI 卡。IDE 接口的刻录机价格较低，兼容性较好，可以方便地使用主板的 IDE 设备接口，数据传输速度也不错，不过对系统和软件的依赖性较强，刻录质量要稍逊于 SCSI 接口的产品。而其他接口的刻录机并不常见。

（3）资料缓冲区的大小

缓存的大小是衡量光盘刻录机性能的重要技术指标之一，刻录时数据必须先写入缓存，刻录软件再从缓存区调用要刻录的数据，在刻录的同时后续的数据再写入缓存中，以保持要写入数据良好的组织和连续传输。如果后续数据没有及时写入缓冲区，传输的中断则将导致刻录失败。因而缓冲的容量越大，刻录的成功率就越高。市场上的光盘刻录机的缓存容量一般在 512KB～2MB 之间，最大的有 8MB 缓存的产品，建议选择缓存容量较大的产品，尤其对于 IDE 接口的刻录机，缓存容量更重要。

（4）兼容性

兼容性分为硬件兼容性和软件兼容性，前者是指支持的 CD-R 的种类，CD-R 分金盘、绿盘和蓝盘；后者是指刻录软件，光盘刻录机是要有相应的驱动程序才工作的，要尽量选择型号较普遍的、产量大的机器，这样支持的刻录软件才多。

（5）使用寿命和刻录方式

刻录机的寿命用平均无故障运行时间来衡量，一般的刻录机寿命都在 12～15 万小时左右，这是指光盘刻录机使用寿命，如果不间断地刻录，大概寿命在 3 万小时左右。

（6）刻录机的支持格式

一般的刻录机都支持整盘刻录（Disk At Once，DAO）、轨道刻录（Track At Once，TAO）、飞速刻录（On The Fly，OTF）、区段刻录（Session At Once，SAO）、封装写入（Packet Writing，PW）等方式。目前绝大多数新出品的 CD-R/CD-RW/DVD-R 都支持这几种刻录方式，不过这些方式还需要刻录软件的支持。

而最新的 CD-RW 刻录机将支持 CD-UDF 格式，在支持 CD-UDF 格式的软件环境下，CD - RW 刻录机具有和软驱一样的独立盘符，用户无需使用专门的刻录软件，就可像使用软驱、硬盘一样直接对 CD-RW 刻录机进行读写操作了，这样就大大简化了光盘刻录机的操作，给用户带来了极大的方便。

（7）刻录方式

除整盘刻写、轨道刻写和多段刻写三种刻录方式外，刻录机还应支持增量包刻写（Incremental Packet Writing）刻录方式。增量包刻录方式是为了减少追加刻录过程中盘片空间的浪费而由 Philips 公司开发出的。其最大优点是允许用户在一条轨道中多次追加刻写数据，增量包刻录方式与软硬盘的数据记录方式类似，适用于常需备份的少量数据。而且它有一种机制，当数据传输速度低于刻录速度时，不会出现“缓冲存储器欠载运行错误”而报废光盘，即它可以等待任意长时间，让缓存存储足够数据。

4. 视频采集卡

视频采集卡分为广播级视频采集卡，如图 2-6 所示。专业级视频采集卡，民用级视频采集卡，他们的区别主要是采集的图像指标不同。

视频采集卡又称视频捕捉卡，它可以获取数字化视频信息，并将其存储和播放出来。很多视频采集卡能在捕捉视频信息的同时捕捉音频，使音频部分和视频部分在数字化时同步保存、同步播放。一些视频采集卡还提供了硬压缩功能，采集速度快，成功地实现了 30 帧/秒、全屏幕、视频的数字化抓取，但在回放时，还需要相应的硬件才能实现。视频采集卡不但能把视频图像以不同的视频窗口大小显示在计算机的显示器上，而且还能提供许多特殊效果，如：冻结、淡出、旋转、镜像以及透明色（即允许选择一个变成透明的颜色）处理。

图 2-6　视频采集卡

广播级视频采集卡的最高采集分辨率一般为 768×576（均方根值）PAL 制，或 720×576（CCIR-601 值）PAL 制 25 帧/秒，或 640×480/720×480 NTSC 制 30 帧/秒最小压缩比一般在 4:1 以内。这一类产品的特点是采集的图像分辨率高，视频信噪比高。缺点是视频文件庞大，每分钟数据量至少为 200MB。广播级模拟信号采集卡都带分量输入/输出接口，用来连接 BetaCam 摄/录像机。此类设备是视频采集卡中最高档的，用于电视台节目制作。

专业级视频采集卡的级别比广播级视频采集卡的性能稍微低一些。两者分辨率是相同的，但压缩比稍微大一些，其最小压缩比一般在 6:1 以内。输入/输出接口为 AV 复合端子与 S 端子。此类产品适用于广告公司，多媒体公司制作节目及多媒体软件。

民用级视频采集卡的动态分辨率一般最大为 384×288，PAL 制 25 帧/秒 320×240；NTSC 利 30 帧/秒。（个别产品的静态捕捉分辨率为 768×576），输入端子为 AV 复合端子与 S 端子，绝大多数不具有视频输出功能。另外，有一类视频捕捉卡是比较特殊的，这就是 VCD 制作卡，从用途上来说它是应该算在专业级，而从图像指标上来说他只能算做民用级产品。它的分辨率为 352×288，PAL 制 25 帧/秒，NTSC 制 30 帧/秒 320×288，。它采集的视频文件为 MPEG 文件，采用 MPEG-1 压缩算法，所以文件尺寸较小，但视频指标低于 AVI 文件。

根据不同的应用、不同的适用环境和不同的技术指标，目前有多种规格的视频采集卡。从 Broadway 视频采集卡的性能参数，可以归纳出以 PC 为硬件环境的视频采集卡的主要功能和技术指标。

（1）接口

视频采集卡的接口（见图 2-7）包括视频与 PC 的接口和与模拟视频设备的接口。目前 PC 视频采集卡通常采用 32 位的 PCI 总线接口，它插到 PC 主板的扩展槽中，以实现采集卡与 PC 的通信与数据传输。采集卡至少要具有一个复合视频接口（Video In）以便与模拟视频设备相连。高性能的采集卡一般具有一个复合视频接口和一个 S－Video 接口。一般的采集卡都支持 PAL 和 NTSC 两种电视制式。

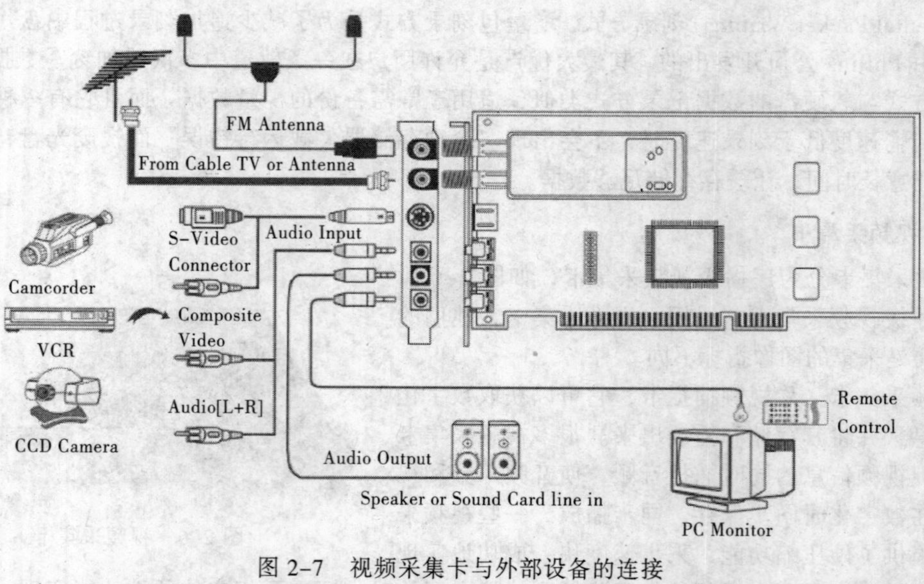

图 2-7 视频采集卡与外部设备的连接

需要注意的是视频采集卡一般不具备电视天线接口和音频输入接口，不能用视频采集卡直接采集电视射频信号，同时也不能直接采集到模拟视频中的伴音信号。要采集伴音 PC 上必须要装有声卡，视频采集卡通过 PC 上的声卡获取数字化的伴音并把伴音与采集到的数字视频同步到一起。

（2）功能

在 PC 上通过视频采集卡可以接收来自视频输入端的模拟视频信号，对该信号进行采集、量化成数字信号，然后压缩编码成数字视频序列。大多数视频采集卡都具备硬件压缩的功能，在采集视频信号时首先在卡上对视频信号进行压缩，然后才通过 PCI 接口把压缩的视频数据传送到主机上。一般的 PC 视频采集卡采用帧内压缩的算法把数字化的视频存储成 AVI 文件，高级的视频采集卡还能直接把采集到的数字视频数据实时压缩成 MPEG-1 格式的文件。

由于模拟视频输入端可以提供不间断的信息源，视频采集卡要采集模拟视频序列中的每帧图像，并在采集下一帧图像之前把这些数据传入 PC 系统。因此，实现实时采集的关键是每一帧所需的处理时间。如果每帧视频图像的处理时间超过相邻两帧之间的相隔时间，则要出现数据的丢失，即丢帧现象。采集卡都是把获取的视频序列先进行压缩处理，然后再存入硬盘，也就是说视频序列的获取和压缩是在一起完成的，免除了再次进行压缩处理的不便。不同级别的采集卡具有不同质量的采集压缩性能。

（3）驱动和应用程序

视频采集卡一般都配有硬件驱动程序以实现 PC 机对采集卡的控制和数据通信。根据不同的采集卡所要求的操作系统环境，各有不同的驱动程序。只有把采集卡插入了 PC 的主板扩展槽并正确安装了驱动程序以后才能正常工作。采集卡一般都配有采集应用程序以控制和操作采集过程。也有一些通用的采集程序，数字视频编辑软件如 Adobe Premiere 等也带有采集功能，但这些应用软件都必须与采集卡硬件配合使用，即只有采集卡硬件正常安装和驱动以后才能使用。

5．显示器

（1）CRT（阴极射线管）显示器

CRT 显示技术经过几十年的发展，已经是一个相对较为成熟的技术。

① CRT 显示器如何显示彩色。彩色 CRT 显示器技术基于如下规律：任何颜色都可以用红、绿、蓝即 RGB 这三种基本色的适当组合来表示。显示器屏幕包含三种磷，分别对应三种基本色。显示器内的电子器件使用三种电子束，分别对应三种磷。通过变化电子束的强度，就能调整每种磷发出的基本色浓度，从而显示出视觉光谱的任何一种颜色。

荫罩是显像管的造色机构，是安装在荧光屏内侧的上面刻蚀有 40 多万个孔的薄钢板。大多数彩色显示器是使用一组三个电子枪来显示彩色，荫罩孔的作用在于保证三个电子束共同穿过同一个荫罩孔，准确地激发彩色荧光粉，使红、绿、蓝色光束分别激发红、绿、蓝色荧光粉。

② 逐行/隔行显示。隔行显示是每隔一行显示一行到底后再返回显示刚才未显示的行。而逐行显示是顺序显示每一行。隔行显示器在低分辨率下其实也是逐行显示的，只有在分辨率增高到一定程度才改为隔行显示。在相同的刷新频率下，隔行显示的图像会比逐行显示闪烁和抖动的更为厉害。分辨逐行与隔行显示器的方法很简单，将显示模式定在较高分辨率下，如 1 024 × 768，刷新频率调为 70Hz，这时注意观察显示器的边角，如产生严重的闪烁或抖动，则多半是隔行显示器。要注意的是选定分辨率要在显示器可接受的范围内，如有些显示器在 1 024 × 768 分辨率下只能提供 60Hz 的刷新频率，若硬要调至 70Hz，则图像有可能出现混乱。

③ 点距。点距是同一像素中两个颜色相近的磷光体间的距离。点距越小，显示出来的图像越细腻。几年前的显示器的点距多为 0.31mm 和 0.39mm，如今大多数显示器采用的都是 0.28mm

的点距。另外某些显示器采用更小的点距来提高分辨率和图像质量。采用 0.25mm（Sony 的特丽珑和三菱的钻石珑显示器）、0.26mm 和 0.27mm 的也不少，还有采用 0.22mm 的高档显示器。

④ 刷新频率。刷新频率越低，图像闪烁和抖动的就越厉害，眼睛疲劳得就越快。因为 60Hz 正好与日光灯的刷新频率相近，所以当显示器处于 60Hz 的刷新频率时会产生令人难受的频闪效应。而当采用 70Hz 以上的刷新频率时可基本消除闪烁。因此，70Hz 的刷新频率是在显示器稳定工作时的最低要求。现在的显示器多为多频显示器——就是能支持一定范围刷新频率的显示器。

⑤ 带宽。带宽是造成显示器性能差异的一个比较重要的因素。带宽决定着一台显示器可以处理的信息范围，就是指特定电子装置能处理的频率范围。工作频率范围早在电路设计时就已经被限定下来了，由于高频会产生辐射，因此高频处理电路的设计更为困难，成本也高得多。而增强高频处理能力可以使图像更清晰。所以，加宽带宽能处理的频率更高，图像也更好。每种分辨率都对应着一个最小可接受的带宽。如果带宽小于该分辨率的可接受数值，显示出来的图像会因损失和失真而模糊不清。一般来说，可接受带宽的一般公式为：可接受带宽 = 水平像素 × 垂直像素 × 刷新频率 × 额外开销（一般为 1.5）。表 2–2 列出了在几种常见分辨率和刷新频率下的可接受带宽。

表 2-2　几种常见分辨率和刷新频率下的可接受带宽

分 辨 率	刷新频率/Hz	可接受带宽/MHz	分 辨 率	刷新频率/Hz	可接受带宽/MHz
640 × 480	60	27	1024 × 768	60	71
640 × 480	70	32	1024 × 768	70	83
640 × 480	75	35	1024 × 768	75	88
640 × 480	85	39	1024 × 768	85	100
800 × 600	60	43	1280 × 1024	60	118
800 × 600	70	50	1280 × 1024	70	138
800 × 600	75	54	1280 × 1024	75	147
800 × 600	85	61	1280 × 1024	85	167

⑥ 分辨率。一般来说，只要显示器的带宽大于某分辨率下的可接受带宽，它就能达到这一分辨率。一台显示器在 75Hz 的刷新频率下所能达到的分辨率才是它真正的分辨率。把分辨率调至厂商宣布的标准，再将刷新频率改为 75Hz，如能正常显示，就是符合标准的。

（2）液晶显示器

目前，液晶显示（Liquid Crystal Display，LCD）技术正呈现出了强劲的发展势头，大有取代 CRT 显示器的趋势。LCD 具有 CRT 显示器所无法相比的优点。首先，液晶显示器有超大平坦的有效显示区，比同尺寸的 CRT 显示器的有效面积大得多。其次，它采用了阵列显示技术，因此节能效果好得多。另外，它采用的矩阵技术在亮度和对比度方面有很大提高，同时有效地减小了眩光和反光，使之具有清晰的图像和平滑均匀的显示效果。

2.3　多媒体计算机软件系统的组成

多媒体软件系统是指支持多媒体系统运行、开发的各类软件和开发工具及多媒体应用软件的总和。硬件是多媒体系统的基础，软件是多媒体系统的灵魂。由于多媒体技术涉及到种类繁多的硬件，又要处理形形色色差异巨大的各种媒体信息，因此能够有机地组织和管理这些硬件，方便合理地处理和应用各种媒体信息，是多媒体软件的主要任务。

2.3.1 多媒体计算机软件系统的层次结构

多媒体软件可以划分成不同的层次（见图 2-8），这种发展并没有绝对的标准。一般来说，多媒体软件可以分为：驱动程序，支持多媒体的操作系统，多媒体素材准备和制作软件，多媒体编辑创作软件和多媒体应用软件。具体分类如下：

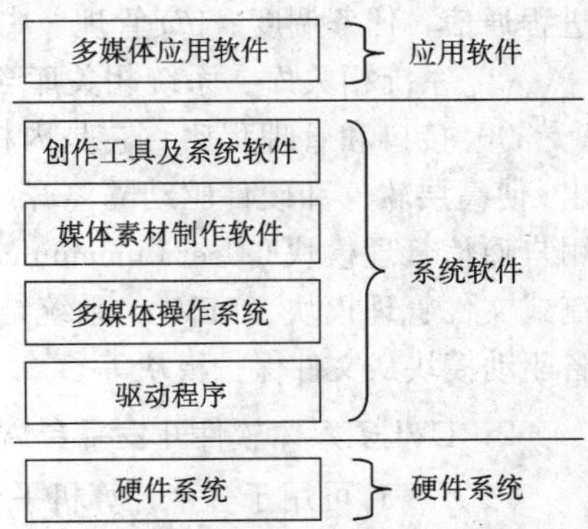

图 2-8 媒体软件层次结构图

1. 硬件系统

硬件系统处于多媒体计算机系统中的最底层，是软件层次的基础，硬件系统在上一节中已经进行了详细介绍，在此不再赘述。

2. 驱动程序

是最底层硬件的软件支撑环境，直接与计算机硬件相关的，完成设备初始化、各种设备操作、设备的打开和关闭、基于硬件的压缩/解压缩、图像快速变换及功能调用等。通常驱动软件有视频子系统、音频子系统、及视频/音频信号获取子系统。这种软件一般随硬件提供。

3. 多媒体操作系统

实现多媒体环境下多任务调度，保证音频视频同步控制及信息处理的实时性，提供多媒体信息的各种基本操作和管理，具有对设备的相对独立性和可操作性。操作系统还具有独立于硬件设备的特点和较强的可扩展性。

4. 多媒体素材制作软件

为多媒体应用程序进行数据准备的程序，主要为多媒体数据采集软件，作为开发环境的工具库，供设计者调用。

5. 多媒体创作工具及系统软件

用来集成、处理和统一管理文本、声音、图像、动画、视频等多种媒体信息的编辑工具。

6. 多媒体应用软件

是在多媒体创作平台上设计开发的面向应用领域的软件系统。

2.3.2 多媒体操作系统

多媒体操作系统是软件系统最主要的部分，是一个“大管家”，它管理着计算机系统的硬件资源和软件资源，大多的软件都是在操作系统的基础上运行的。多媒体系统运行、开发也必须在操作系统的支持和管理下进行，可以说，没有多媒体操作系统，就没有多媒体。

多媒体操作系统是指“除具有一般操作系统的功能外，还具有多媒体底层扩充模块，支持高层多媒体信息的采集、编辑、播放和传输等处理功能的系统”。多媒体操作系统提供了多种媒体之间的同步和多媒体运作环境。多媒体操作系统有以下几种。

1. CD-I 光盘实时操作系统 CD-RTOS

一个 CD-I 多媒体系统中，为了支持多种数据媒体和支持多种输入/输出设备实现多媒体算机系统的功能，专门研制了一个多任务实时操作系统 CD-RTOS。它是处于应用程序和硬设备之间的程序，主要由三部分组成。

① CD-RTOS 内核：CD-RTOS 内核是操作系统购核心。它负责处理多任务管理、进程管理、进程通信、任务调度、I/O 管理、中断处理和系统服务的请求及任务同步等。

② 系统相关库：系统相关库含有高级存取和数据同步程序、数字函数、I/O 和其他程序。

③ 接口和管理程序：它是内核程序和设备驱动程序之间的接口，用来快速处理输入和输出，使高层软件和硬件驱动隔离开。它包括光盘文件管理模块（Compat Discfile Manager，CDFM）、用户通信管理模块（User Communication Manager，UCM）、非易失性 RAM 文件管理模块（NRF）、流式文件管理模块（PFM）、系统结构状态描述模块（Configuration Status Desciption，CSD）、设备驱动模块从文件保护模块等。

2. DVI 多媒体软件开发平台 AVSS / AVK

（1）AVK 可用于多个计算机平台及多种不同的操作系统，可移植性好，而 AVSS / RTX 必须在特殊的 DOS 环境下运行。

（2）为了实时响应，AVK 对主机的依赖性比 AVSS 大大减少。

（3）AVK 具有极好的可扩充性，当系统硬件升级或改善时仍可运行，同时，播放数据的视频数据的数目不受限制。

AVK 进一步的研究方向是能在更多类的操作系统环境下运行，从而使 AVK 在其他的硬件环境下也能正常工作。

3. Windows 多媒体操作系统

Windows 多媒体操作系统之所以能迅速占领市场，并成为 UL 界的标准，是由于它提供了标准化图形用户界而 GUI，采用了统一的应用程序界面、统一的操作方式、统一的编程接口和开发工具软件包。目前 PC 上的多媒体操作系统主要是微软的 Windows 2000，Windows XP 等。Windows 中的多媒体操作主要有以下两种。

（1）对象的链接与嵌入（Object Linking and Embeding，OLE）

利用 OLE 技术可以使不同的应用程序共享数据，并能方便地在不同文档之间交换数据。例如在一个文件中插入多媒体对象，如一个表格、一段声音、一幅图像等数据，当在相应的应用程序中打开文件时，如果系统配有与产生这些多媒体数据相应的硬件和程序，用户就可以看到该文件中的表格和图像、或者听到声音、甚至欣赏到视频片断，并对这些多媒体数据进行编辑。

（2）剪切板的使用

利用剪切板可以临时存储和交换所裁剪的图形、图像、文本、音频及视频等多媒体对象。Windows 扩展了多媒体功能，使用更方使、可靠性更高、速度更快、娱乐性更强，并实现真正的 Web 集成。主要体现在：支持 Intel MMX 技术并引入最新多媒体技术和编程（标准的有线电视、广播和电视广播），可使用数字相机和其他数字图像设备，支持 DVD 和数字音频，可更快地在计算机上播放流媒体文件等。

2.3.3　多媒体素材制作及多媒体创作工具

1. 多媒体素材制作软件

多媒体素材制作软件是为多媒体应用程序进行数据准备的程序，主要为对多媒体数据进行采集，作为开发环境的工具库，供设计者调用。

多媒体素材包括文字、声音、图形、图像、动画、视频、程序等。

多媒体素材中的文字主要有两种：一种是文本文字；另一种是图像文字。前者多使用字处理软件（例如：书写器、Word 等），通过录入、编辑、排版以后生成，也可采用联机手写输入、扫描输入和语音输入。而后者多需要使用绘图工具软件（例如：画笔、Photoshop 等）来生成。

声音素材的采集和制作可以有以下两种方式：利用一些软件光盘中提供的声音文件；通过计算机中的声卡，从麦克风中采集语音生成 WAV 文件，通过计算机中的声卡即可，形成 MIDI 文件；使用专门的软件抓取 CD 或 VCD 光盘中的音乐。

图形图像的采集主要有五种途径：用软件创作，扫描仪扫描，数码相机拍摄，数字化仪器输入，从屏幕、动画、视频中捕捉。常见的图像创作工具软件有：Windows 附件中的“画图”是一个功能全面的小型绘图程序；AutoCAD 用于三维造型；CorelDRAW、Freehand、Illustrator 等用户绘制矢量图形等。

常用的动画素材制作软件有 Autodesk 公司的 Animation（二维动画）和 3ds Max（三维动画），Macromedia 公司出品的 Flash 动画制作软件等。

视频素材的采集方法很多。最常见的是用视频采集卡配合相应的软件（如 Ulead 公司的 Media Studio 以及 Adobe 公司的 Premiere）来采集录像带上的素材。

2. 多媒体创作工具、开发环境

用来集成、处理和统一管理文本、声音、图像、动画、视频等多种媒体信息的编辑工具。

近年来，随着多媒体应用系统需求的日益增长，许多公司对多媒体创作工具及其产品都非常重视，并集中人力进行开发。从而使得多媒体创作工具日新月异。每一种多媒体创作工具都提供了不同的应用开发环境，功能与特色也各不相同。

依据多媒体创作工具的创作方法及特点的不同，多媒体创作工具可分为以下四大类。

（1）以时间为基础的多媒体创作工具

以时间为基础的多媒体创作工具是以时间轴上的事件或对象为基本多媒体元素。用这种多媒体创作工具制作出来的多媒体节目类似于电影或卡通片。它们是以看得见的时间轴来决定事件的顺序与对象显示上演的时间段。这种时间关系可以许多频道的形式出现，以便安排多种对象同时呈现。

这类工具通常都会有一个控制播放的面板，类似于一般录音机软件的控制面板。在这类创作工具中，各种事件按时间路线组织。使用这类创作工具创作多媒体节目，操作简单，形象直观，在一个时间段内，可任意调整多媒体素材的属性，能制作像电影之类的较精细的多媒体节目。缺点是需对每一个素材的呈现时间作精确的安排、调试，工作量很大。这类多媒体创作工具的典型产品有 Director 和 Action 等。

（2）以图标为基础的多媒体创作工具

以图标为基础的多媒体创作工具的基本多媒体单元是图标，也就是说，它将各种多媒体事件和对象高度集成为多个图标。一般情况下，多媒体创作工具提供一条流程线，供放置不同类型的图标使用。它使用流程图隐去“构造”程序，多媒体节目开发表现为流程线的编排，相对简化了多媒体创作的过程。

用这种多媒体创作工具制作多媒体节目的过程主要是编排图标及其分支、循环等并最终构成流程图，这有点像程序设计，但比用传统设计高效简单得多。因此，可以说这种多媒体创作工具是一个高效的面向对象、可视化开发环境，简化了多媒体制作的过程且调试方便，但不适合于制作精细电影或卡通片之类多媒体节目。这类多媒体创作工具的典型产品有 Authorware 和 IconAuthor 等。

（3）以页式或卡片为基础的多媒体创作工具

以页式或卡片为基础的多媒体创作工具的基本多媒体单元是页或卡片，也就是说，它提供一种将多媒体事件与对象连接于页面或卡片的工作环境。一页或一张卡片便是数据结构中的一个节点，它类似于教科书中的一页或数据袋中的一张卡片。只是这种页面或卡片的数据比教科书中的一页或数据袋中的一张卡片的数据更为多样化。这类多媒体创作工具以面向对象的方式来处理多媒体元素，利用超文本、超媒体来组织这些基本元素，从而形成多媒体作品。优点是便于组织和管理多媒体素材。缺点是当要处理的内容非常多时，卡片或页面数量过大，不利于维护或修改。这类多媒体创作工具的典型产品有 ToolBook 和 HyperCard 等。

（4）以传统语言为基础的多媒体创作工具

多媒体创作工具的本质功能是管理和组织多媒体素材，所有这些功能显然可以用传统语言来实现。但使用计算机高级语言制作多媒体节目需要大量编程，调试困难，只是在特殊情况下使用。Visual C++、C++ Builder、Visual Basic 等均具有较强的多媒体开发功能。

本书中将在第 7 章将以 Authorware 为例详细介绍多媒体创作工具。

本 章 小 结

多媒体计算机系统是一个能综合处理多媒体信息的计算机系统，由多媒体硬件系统和多媒体软件系统组成。作为一个完整的多媒体计算机系统，它应该包括六个层次的机构：

第一层为多媒体外围设备。

第二层为多媒体计算机硬件与各种外部设备的控制接口卡。

第三层为多媒体驱动程序、操作系统。

第四层是媒体制作平台和媒体制作工具软件，支持应用开发人员创作多媒体应用软件。

第五层为多媒体编辑与创作系统。

第六层为多媒体应用系统的运行平台。

多媒体计算机系统中硬件是多媒体系统的基础，软件是多媒体系统的灵魂。由于多媒体技术涉及到种类繁多的硬件，又要处理形形色色差异巨大的各种媒体信息，因此，能够有机地组织和管理这些硬件，方便合理地处理和应用各种媒体信息，是多媒体软件的主要任务。

思考与练习

一、选择题

1. ________是计算机的核心部件。

A. 内存　　B. CPU　　C. 硬盘　　D. 显示器

2. ________允许随机地读写内存中的数据，临时存储运行程序需要的数据，如果计算机断电后，这些存储在 RAM 中的数据将全部丢失。

A. RAM　　B. ROM　　C. 硬盘　　D. 光盘

3. RAM 基本单元不能被单独寻址，因为________才是内存中最小的可寻址单元。

A. bit　　B. 扇区　　C. 字　　D. Byte

4. ________是主板的核心组成部分。

A. 北桥　　B. 南桥　　C. 芯片组　　D. 总线

5. ________是计算机内部传输指令、数据和各种控制信息的高速通道，是计算机硬件的一个重要组成部分。

A. 接口　　B. CPU　　C. 内存　　D. 总线

6. 下列设备哪种不属于输出设备________。

A. 显示器　　B. 扫描仪　　C. 硬盘　　D. 扬声器

7. 一般外部 Cache 位于________中。

A. 主板　　B. 辅助存储器　　C. 主存储器　　D. 寄存器

8. ________是直接存取的存储设备。

A. 磁盘　　B. 扫描仪　　C. 打印机　　D. 键盘显示终端

二、填空题

1. 多媒体计算机系统是一个能综合处理多媒体信息的计算机系统，由多媒体________和________组成。
2. CPU 作为计算机系统的核心，其内部结构可以分为________、________和寄存储器三个部分组成。
3. ________是显像管的造色机构，是安装在荧光屏内侧的上面刻蚀有 40 多万个孔的薄钢板。
4. 多媒体操作系统是指________。

三、思考题

1. 多媒体计算机系统的层次结构是如何划分的？
2. DRAM 为什么要刷新？
3. 内存有哪几种？有什么区别和联系？
4. 列举几种多媒体操作系统，并说明各有什么样的特点。
5. 数码相机与传统模拟摄像机相比具有哪些优点？
6. 结合当前计算机技术的发展趋势，谈谈多媒体计算机系统的最新发展。

第3章 多媒体文本

在多媒体素材中，文本的地位十分重要。文本在多媒体文件和多媒体程序中应用广泛，从严肃的公文文案，日常接触最多的电子文档到软件中的菜单、按钮，都离不开适宜的文字。通过对文本显示方式的组织，多媒体应用系统还可以使现实的信息更容易理解。

文本就是指各种文字，它的常见属性包括：字体、字号、色彩以及间距等。建立文本的软件很多，也有许多的文本格式，有时需要进行文本各式转换。文字编辑包括了对文字的格式（Style）、文字的定位（Align）、字体（Font）、字的大小（Font Size）以及由这四种变化的各种组合形成。

也可以利用相应的软件（如 PowerPoint、ImageReady）使文本产生动画，形成动态按钮或动态文本。在适当的位置，动画文本可以起到强调的作用或者达到活泼的效果。

还可以利用特定的软件（如 COOL 3D）制作三维效果文字，以增强文字的立体感。

本章要点

- 掌握多媒体文本的分类。
- 了解文本文字的特点。
- 掌握图形文字制作软件。
- 掌握系统字体添加方式。

3.1 多媒体文本分类

在多媒体素材中，包含两类文本素材，一种是文本文字，另一种是图形文字。在本节中将分别对这两类文字进行简单介绍，并且给出二者的区别。

3.1.1 文本文字

文本文字可以在文本编辑软件中制作、添加格式和进行排版。常见的文本编辑软件有 Word、写字板、记事本等。这些编辑软件都可以接收输入的字母或汉字字符，在屏幕上显示出来，并可以进一步对它们进行格式编排。

将汉字输入到计算机中的方法很多，如键盘输入、手写输入、声音输入（见图 3-1、3-2）等。各种输入法中，键盘输入法使用最为广泛，而键盘输入又分为西文标准键盘输入和汉字整字键盘输入、汉字整字键盘是一种专用的设备，每个汉字对应一个键，因此操作简单直观，但键盘盘面字数太多查找困难，另外它是一种专用设备，一般的计算机并不配备，因此，使用较多的还是标准西文键盘输入法。

为了能直接使用西文键盘输入汉字，必须为汉字设计相应的编码，即用英文字母和数字串来代替汉字，一种好的汉字编码方案应该具有容易记忆、字母数字串短、重码少的特点。

常见的汉字编码有：国标码、区位码、拼音码、拼形码以及形音码等。现在我们常使用的五笔输入法属于拼形码，而像全拼输入法、微软拼音、紫光拼音等均属于拼音码。

图 3-1　手写输入板

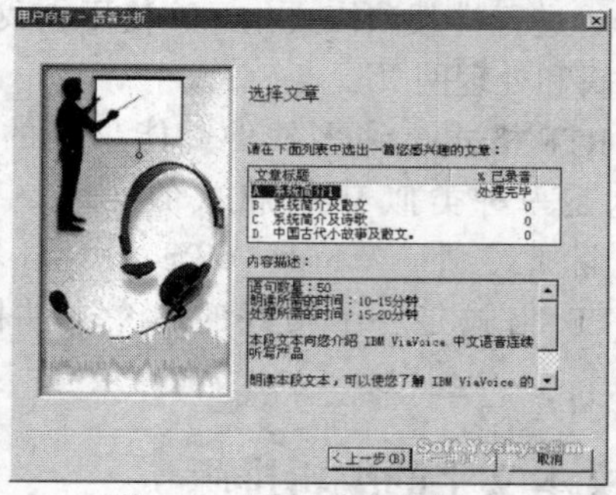

图 3-2　语音输入软件

3.1.2　图形文字

图形文字一般是由图形处理软件创建的，如 Photoshop、Firework、COOL 3D 等。利用这一类软件，可以制作出五光十色的特效文字。我们可以给文字赋予丰富的色彩，将文字扭曲、变形以产生特殊效果，或者给文字添加立体感等。现在人们已经不再满足于枯燥单一的文本，多媒体的推广普及使人们对文本的美观要求越来越高。因此，除了掌握文本文字处理软件处，我们还要掌握几个图形文字制作软件，才能跟上高速发展的当代社会步伐。

关于图形文字的制作，我们会在 3.2 节详细讲述。

3.1.3　二者的区别

文本文字和图形文字的主要区别在于：

（1）产生文字的软件不同。文本文字是用字处理软件产生，而图形文字需要使用绘图工具软件生成。

（2）文件的格式不同。文本文字为文本格式，而图形文字为图像格式。图像格式所需存储空间一般都比文本格式大。

（3）屏幕显示效果不同。中文文本格式可能在不同的平台上显示效果不同，甚至出现乱码以至无法观看，而图形文字则不会出现这样的问题。

3.2　文 本 文 字

本节介绍多媒体文字的一种类型——文本文字，并且以最常见的文本文字编辑软件 Word 为例，简单介绍了文本文字的编辑和排版方法。

3.2.1　文本文字类型

对于文本文件的格式，想必大家都有所了解，如 TXT、DOC、RTF、WPS、HTML、HELP，等。目前最常用的为前三种，如图 3-3 所示。

图 3-3 文本类型

（1）TXT 格式是最原始的文档格式，是使用 Windows 附件中的“写字板”编辑保存的文本文件格式，是纯文字的。

（2）DOC 格式是由 Word 创建、编辑、保存的文本文件格式。Word 是目前最为常用的文本编辑软件，是 Office 的组件之一。在 Word 中可以插入图片、添加背景、进行排版和格式化等，使用它我们可以编排出精美的文档，方便地编辑和发送电子邮件，编辑和处理网页。

（3）RTF 格式是许多软件都能识别的格式，它是 Rich Text Format（富文本格式）的缩写。这是一种类似 DOC 格式的文件，有很好的兼容性，使用“写字板”就能打开并进行编辑。除此之外，Word、WPS、Excel 等软件都可以打开这种格式的文件。对普通用户而言，RTF 格式是一个很好的中介文件格式，用于在不同程序之间进行格式化文本文档的传送。

3.2.2 文本文字的编辑排版

文字的排版一般包含以下内容：

（1）字体的格式（普通、粗体、斜体、下画线等）。

（2）文字的排列（左对齐、居中、两端对齐）。

（3）字体（宋体、黑体等，依据安装字库的不同而有所差异）。

（4）文字的大小（以磅或字号为单位）。

（5）文字的颜色（在调色板中设置）。

在 Word 中可以进行常见格式的排版，也可以完成类似专业书籍的排版格式化工作。下面我们就以 Word 2003 为例，介绍完成一篇学术论文的排版工作。

1. 新建文档

文档的创建可以采用下述方法。

（1）双击 Word 图标，将会自动创建一个空白的新文档。

（2）在已经打开的 Word 中，选择“文件”→“新建”命令，在屏幕右侧弹出的如图 3-4 所示的“新建文档”对话框中选择“空白文档”，Word 就会创建一个新的空白文档。

除了上述两种方法之外，还有很多其他创建新文档的方法，就不再一一赘述。

2. 导入文字

在空白页面上，输入所需的文字内容，如图 3-5 所示。

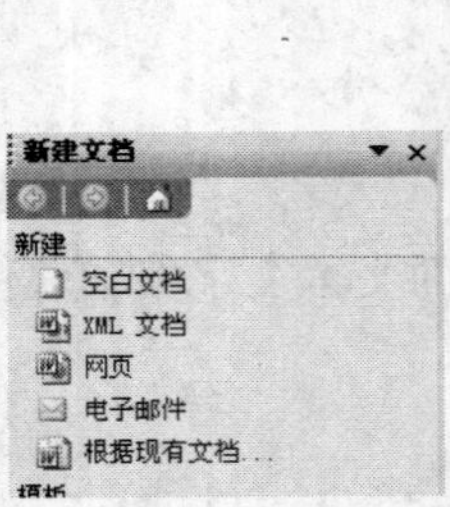

图 3-4 “新建文档”对话框

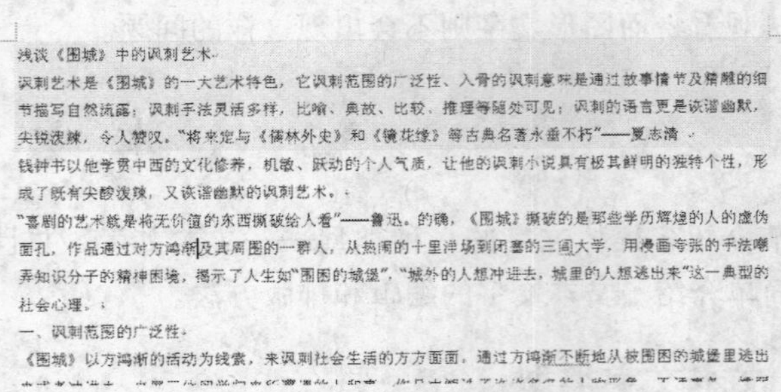

浅谈《围城》中的讽刺艺术

讽刺艺术是《围城》的一大艺术特色，它讽刺范围的广泛性、入骨的讽刺意味是通过故事情节及精雕的细节描写自然流露；讽刺手法灵活多样，比喻、典故、比较、推理等随处可见；讽刺的语言更是诙谐幽默，尖锐泼辣，令人赞叹。“将来定与《儒林外史》和《镜花缘》等古典名著永垂不朽”——夏志清

钱钟书以他学贯中西的文化修养，机敏、跃动的个人气质，让他的讽刺小说具有极其鲜明的独特个性，形成了既有尖酸泼辣，又诙谐幽默的讽刺艺术。

“喜剧的艺术就是将无价值的东西撕破给人看”——鲁迅。的确，《围城》撕破的是那些学历辉煌的人的虚伪面孔，作品通过对方鸿渐及其周围的一群人，从热闹的十里洋场到闭塞的三闾大学，用漫画夸张的手法嘲弄知识分子的精神困境，揭示了人生如“围困的城堡”，“城外的人想冲进去，城里的人想逃出来”这一典型的社会心理。

一、讽刺范围的广泛性

《围城》以方鸿渐的活动为线索，来讽刺社会生活的方方面面，通过方鸿渐不断地从被围困的城堡里逃出

图 3-5 输入所需文字

3．设置段落格式

选择“编辑”→“全选”命令，或者在文本左侧空白区域内三击，选中整篇文章。然后选择“格式”→“段落”命令，在弹出的“段落”对话框中选择“特殊格式”下拉列表框中的“首行缩进”选项，“度量值”为“2 字符”；在“间距”选项区域中选择段后距离为“0.5 行”，在“行距”下拉列表框中选择“单倍行距”。“段落”对话框以及最终结果如图 3-6、3-7 所示，可将段落设置结果与图 3-5 进行对比。

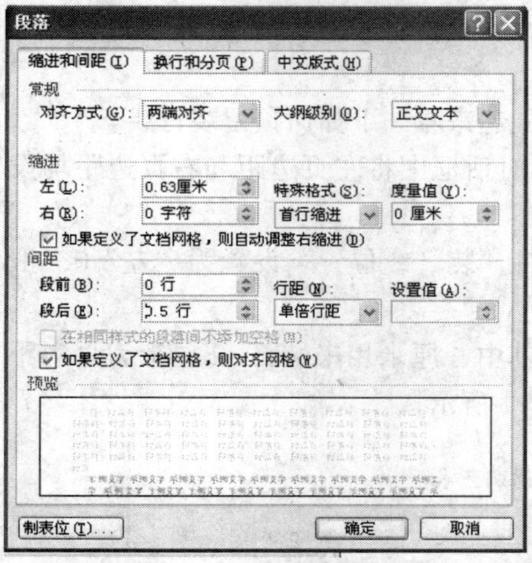

图 3-6　“段落”对话框

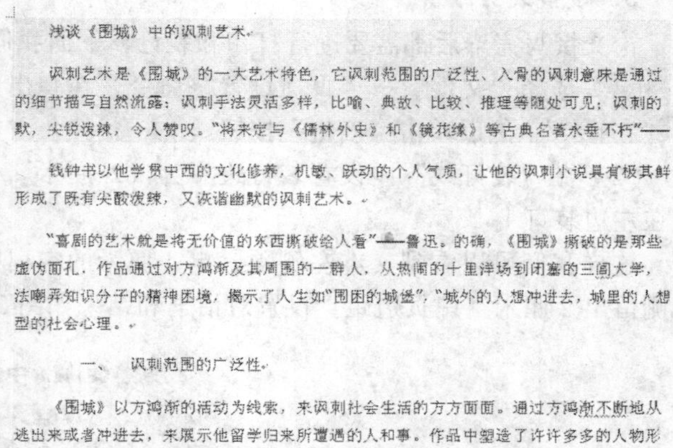

图 3-7　段落设置结果

4．设置标题

有两种方法可以对标题进行设置，我们分别来看一下。

方法一：手动设置

利用 Word 工具栏内的格式工具栏，通过选择其中的图标工具进行手动设置。

（1）按住鼠标左键拖动选中文章标题，在格式工具栏内单击“字体”下拉列表框，选择其中的“黑体”选项。

（2）在右侧“字号”的下拉菜单内，选择字号大小为“小三”。

（3）再向右为“加粗”按钮，单击将标题加粗。

（4）最后，在对齐栏内左键单击“居中”按钮。结果如图 3-8 所示。

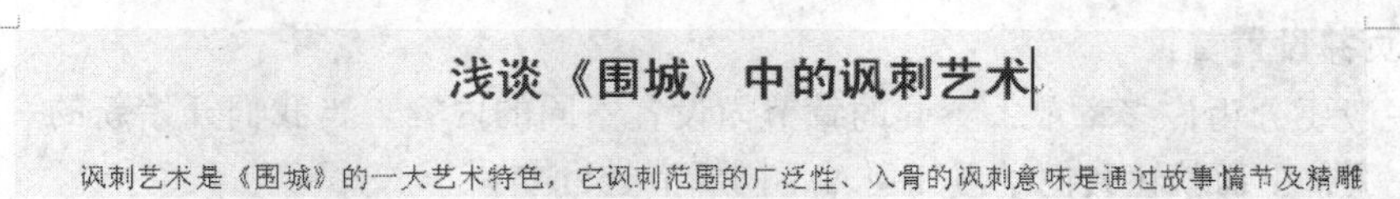

图 3-8　标题设置结果

方法二：利用“样式”工具

利用格式工具栏中的“样式”工具，可以快速的对标题或文本进行格式化。

（1）按住鼠标左键拖动选中文章标题，在格式工具栏内单击“样式”下拉菜单，或者选择“格式”→“样式和格式”命令。

（2）在下拉菜单或弹出的菜单内选择你所需要的标题格式，单击，如图 3-9、3-10 所示。

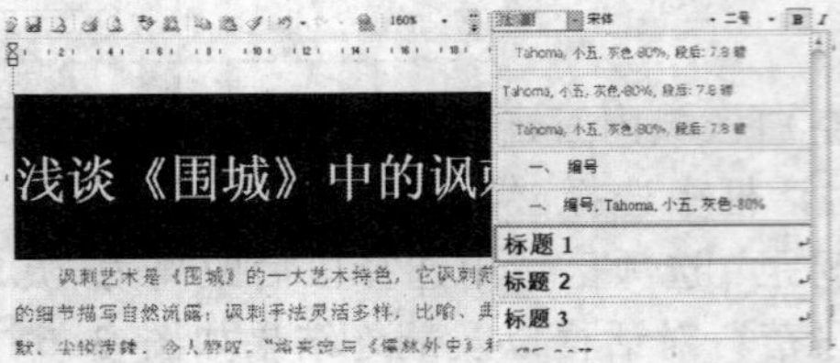

图 3-9　工具栏内“样式”工具示例

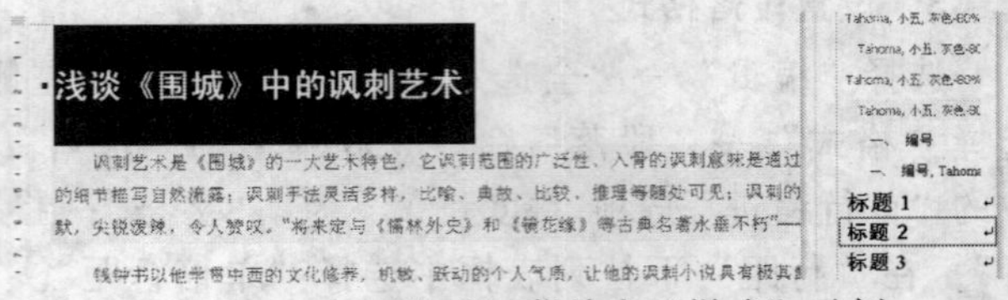

图 3-10　“格式”菜单内“样式”示例

还可以用同样的方法对子标题进行设置。

5. 设置装订线

论文撰写完毕后都需要进行打印和装订，下面我们一起来看一下如何预留装订线。

（1）选择“文件”→“页面设置”命令，在弹出的对话框中将左页边距和右页边距均设置为“2 厘米”，然后单击“确定”按钮。

（2）在“装订线”内设置装订边界为“2 厘米”，将“装订线位置”设置为“左”（一般都是在左边装订）。

这样我们可以看到文本左侧预留出 4 厘米的空白（其中 2 厘米用来装订，2 厘米为页边距），右侧留出 2 厘米空白页边距。设置对话框和结果如图 3-11 所示。

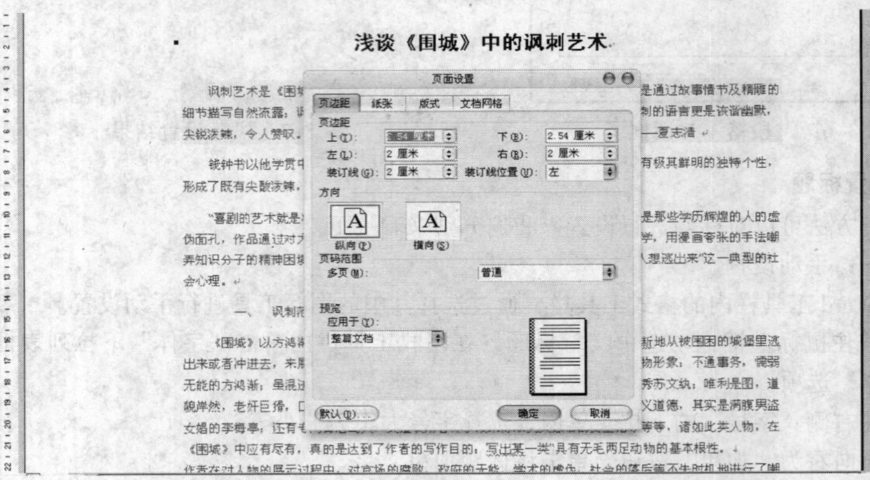

图 3-11　设置装订线结果

6. 分页并设置首页

论文一般要分为许多章节，不同的章节内设置不同的内容。当我们开始新的一章时，一般需要另起一页，下面就让我们学习如何对不同章节进行分页。

（1）在需要另起一页的位置处单击鼠标左键。

（2）选择“插入”→“分隔符”命令，在弹出的对话框内选择“分页符”单选按钮，如图 3-12 所示，单击“确定”按钮后即可将光标后的文本另起一页。

同样的方式，将光标定位在文本最前面，此时选择分页符，可以空出一个空白首页，进行论文封面的编辑，首页中文本格式的设置参看本节 3、4，结果如图 3-13 所示。

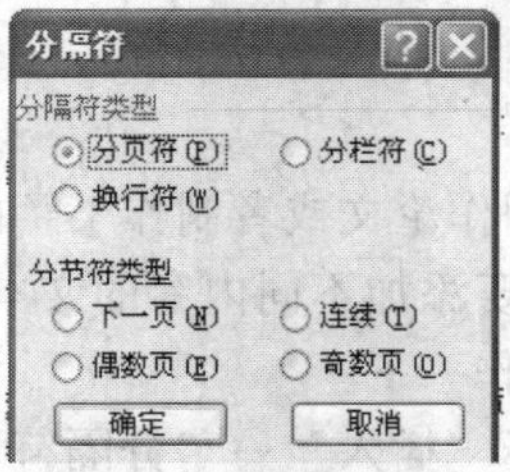

图 3-12 设置分页符

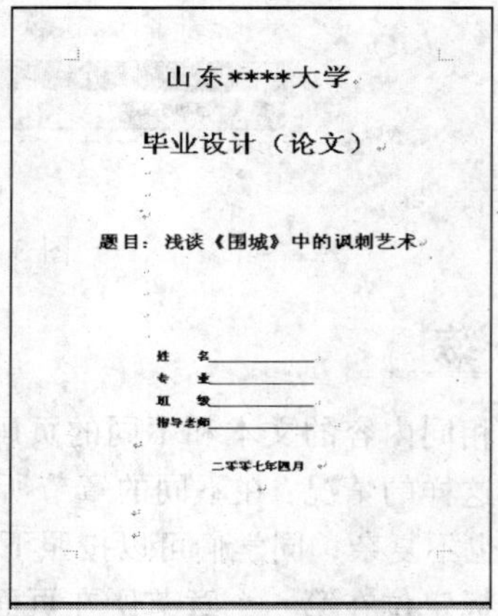

图 3-13 为文本设置首页

7. 设置页眉页脚

我们在论文编辑中还需要进行页眉页脚的设置，方法如下：

（1）选择“视图”→“页眉和页脚”命令，弹出“页眉和页脚”对话框。

（2）此时正文文本变为不可编辑的灰色，而被虚线内的页眉部分可编辑，在框内输入页眉内容。

（3）单击“页眉和页脚”工具栏内的“在页眉和页脚之间切换”按钮，转到页脚，在页脚虚线框内输入页脚内容。

（4）编辑结束后，单击“页眉和页脚”工具栏内的“关闭”按钮，设置完成。

此时可以看到论文所有页面上都添加了相同的页眉和页脚。编辑过程如图 3-14、3-15 所示。

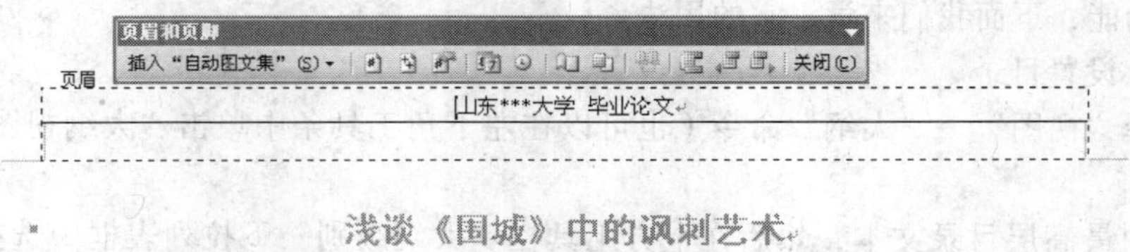

图 3-14 设置页眉

图 3-15 设置页脚

除了可以在页眉页脚中添加相同内容之外，还可以添加不同页码。方法如下：

（1）在图 3-16 上，将“03 级 4 班 王洪”的字样下移一行，回到上一行，在格式工具栏中单击“居中”按钮。

（2）单击“页眉和页脚”工具栏内的“插入页码”和“插入页数”按钮，可以看到系统在虚线框内自动添加了当前页码“1”和共有页数“3”。

（3）分别在两个数字两边填上文本“第 页 共 页”，设置过程如图 3-16 所示。

（4）设置结束后，单击工具栏内的“关闭”按钮。

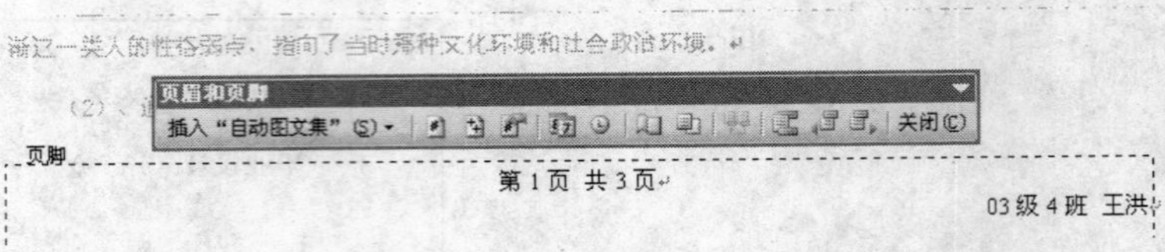

图 3-16 设置页码

练一练

除了设置相同内容的文本和不同的页码之外，我们在制作论文或者制作书籍的过程中，还有可能会遇到这样的情况：在不同的章节所在的页面上，需要添加不同内容的文本页眉或页脚，这个制作过程也不复杂，同学们可以按照下面的步骤自己操作一下：

（1）将光标定位在第一个章节所在页面的最前面，选择“插入”→“分隔符”命令，在弹出的对话框里单击“分栏符”按钮，然后选择“连续”单选按钮。

（2）将光标依次定位在第二章、第三章……最前面，重复（1）。

（3）选择“视图”→“页眉和页脚”命令，在第一章所在页面的页眉虚线框内输入内容。

（4）依次单击工具栏中的“显示下一项”，直到进入第二章所在页面的页眉虚线框内，选择工具栏中的“链接到前一个”命令，断开当前页眉和之前页眉之间的链接。

（5）在虚线框内输入第二章所需页眉文本。

（6）重复（4）、（5）直到所有章节设置完毕。

页脚可以用同样的方法进行设置。

8. 生成目录

在论文编写的最后，我们往往要为写好的论文生成目录，以方便别人阅读。Word 带有自动生成目录的功能，下面我们来学习它的用法。

第一步，设置目录

（1）选择“视图”→“大纲”命令（也可以在左下角工具条中单击“大纲视图”图标），进入大纲视图。

（2）选中最高层目录文本，然后在上方工具栏“大纲级别”下拉列表框中选择“显示级别1”选项（如果是下层目录，可以选择“显示级别 2”选项等）。

（3）重复（2），设置各级目录。设置结果如图 3-17 所示。

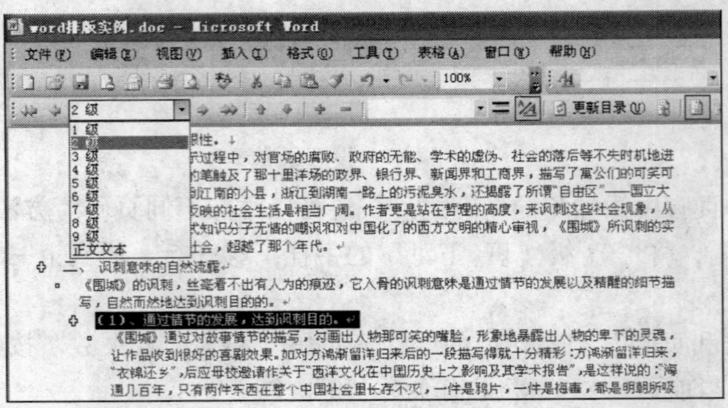

图 3-17 设置目录结果

第二步，生成目录

（1）选择“视图”→“页面”命令，回到页面视图下。

（2）将光标定位在文本最前面，选择“插入”→“分隔符”命令，选择“分页符”单选按钮，制作一个空白首页。

（3）将光标定位在空白首页，选择“插入”→“引用”→“索引和目录”命令，切换到“目录”选项卡，如图3-18所示。

（4）在“目录”选项卡中设置显示级别为“2”（与文章实际目录级数相对应），还可以设置目录的样式，是否“显示页码”等，设置结束后，点击“确定”按钮。

（5）目录自动生成在首页，在目录上面一行输入“索引目录”，选择字体、字号，并置为居中对齐。

（6）目录生成结束，当按住【Ctrl】键单击目录项时即可转到目录指示内容所在的页面。生成目录结果如图3-19所示。

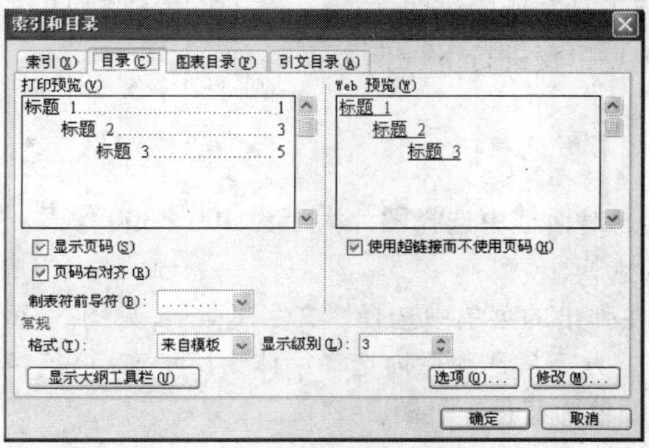

图3-18　索引和目录

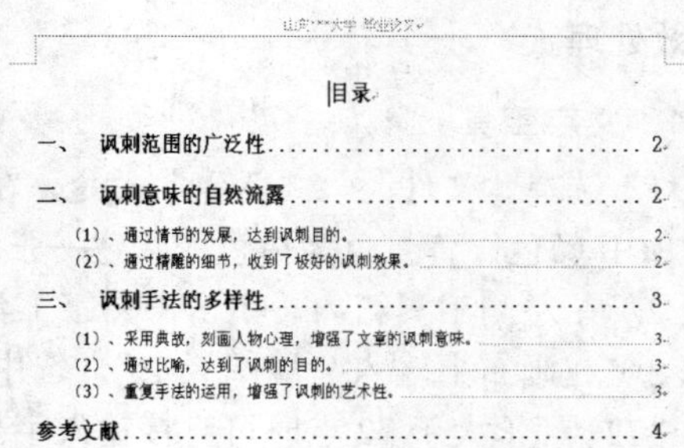

图3-19　生成目录结果

第三步，更新目录

在修改论文或文章的过程中，常常会出现目录的文字内容或目录所指示的页面发生改变的情况，这个时候就需要对目录进行更新。更新方法非常简单，选中目录，单击右键，选择“更新域”，在弹出的对话框中选择所需选项，点击“确定”按钮，更新完毕。

到此为止，一个简单的小论文的排版过程就结束了，同学们可以自己再利用之前的Word知识对它进行一下美化。需要特别注意的是，在页面文本中可以进行的美化如添加自选图形，添加图片等，同样可以在页眉/页脚中进行。直接在页眉/页脚上双击，就进入了可编辑状态，这时可以进行所有编辑美化工作。

同学们再在前面添加两页空白首页，一页用来编辑“内容摘要”，一页用来编辑论文封面，然后用我们之前的知识对封面和摘要进行格式化。最后，选择“文件”→“保存”命令，选择一个文件夹将论文保存起来就可以啦。这样，一个完整的论文排版就结束了。

3.3　图形文字

本节介绍多媒体文字的一种类型——图形文字。多媒体图形文字的制作包括了平面图形文字制作和三维图形文字制作两部分，本节挑选了两个最常见的图形文字编辑软件Adobe

Photoshop 和 Ulead COOL 3D，以这两个软件为例，分别介绍了平面图形文字制作和三维图形文字的制作方法。

3.3.1 用 Photoshop 制作平面特效字

Photoshop 是美国 Adobe 公司开发的数字图像处理软件，是一流的图像设计与制作工具。Photoshop 是一个功能强大而且知名度也很高的平面制作软件，即便没有使用过的人也一定听到过它的大名，我们除了可以用它制作精美绝伦的图片之外，还可以用它做出各色眩酷的特效字。

关于 Photoshop 的具体功能我们还会在后面的章节详细介绍，在这里我们先通过几个简单实例提前感受一下。

在 Photoshop 中的文字工具有四种（见图 3-20），利用“文字工具”和“直排文字工具”可以直接在图片上输入横排或竖排文字，而利用“横向文字蒙版工具”和“直排文字蒙版工具”所输入的文字会形成文字选区（选区的概念会在第 5 章介绍），以便进行下一步的特效处理。

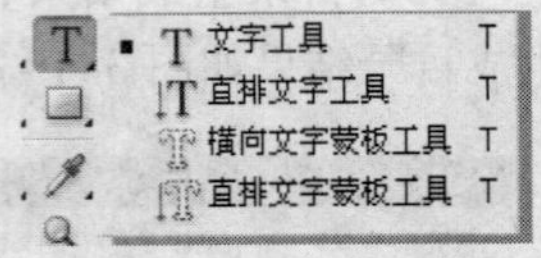

图 3-20 文字工具

1. 文字工具

（1）选择“文件”→“新建”命令，在弹出的对话框中选择图片大小为 400×300 像素、模式为 RGB 颜色、背景色为白色，新建一张画布。

（2）在左侧工具箱内，单击“文字工具”，在弹出的菜单中选择“文字工具”（见图 3-20）。

（3）在画布上输入“海阔天空”，选中，在上方工具选项栏内选择字体为“华文新魏”，大小为“72 点”（大于 72 点时可直接输入字号），颜色为蓝色（见图 3-21）。

图 3-21 文字工具栏

（4）选择工具选项栏上的“创建文字变形”按钮，在弹出的对话框中可以选择对文字进行拉伸或扭曲等的变形效果（见图 3-22）。

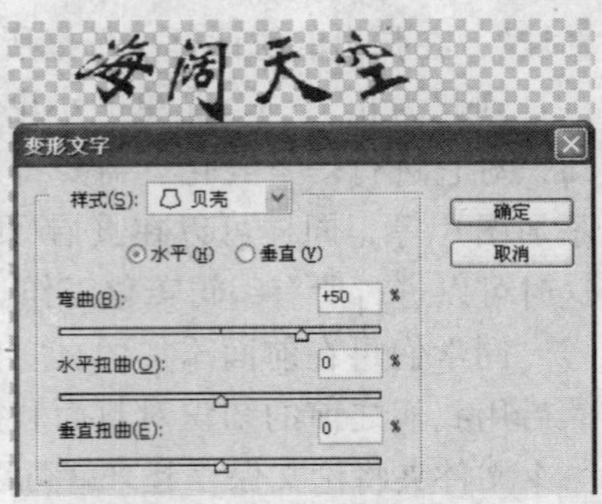

图 3-22 文字变形

（5）选择“文件”→“保存”命令，保存图片。

2. 文字蒙版工具

（1）在工具箱中设置背景色为黑色，选择“文件”→“新建”命令，新建一张画布，RGB 颜色、300×200 像素、背景色。

（2）选择“横向文字蒙版工具”，选择“隶书”、大小 120 点，输入“火焰”，所输入的文字形成选区（见图 3-23）。

（3）在工具箱中选择“渐变工具”，选取前景色为黄色、背景色为红色，然后在“火焰”选区内自上而下垂直拖动渐变线，对文字进行黄色到红色的填充（见图 3-24）。

（4）选择“图像”→“旋转画布”→“90 度（逆时针）”命令。

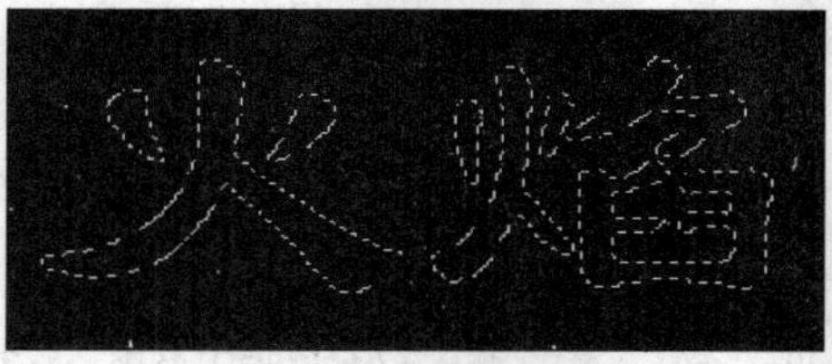

图 3-23　选区文字

图 3-24　渐变填充

（5）选择"滤镜"→"风格化"→"风"命令，在弹出的对话框中选择"风"、"从右"（见图 3-25）。

（6）选择"滤镜"→"扭曲"→"波纹"命令，在弹出的对话框中设置数量为 120，大小为中，使吹出的风出现波纹状弯曲，制造腾起的火苗的效果。

（7）选择"滤镜"→"模糊"→"高斯模糊"命令，在弹出的对话框中设置模糊数量为 1.5；

（8）选择"图像"→"旋转画布"→"90 度（顺时针）"命令。

（9）经高斯模糊过的图像色彩不再鲜明，因此，选择"图像"→"调整"→"色阶"命令，通过拖动左右的滑块来调整图像中的色彩（见图 3-26）。

（10）保存调整好的图像，火焰字制作完成。

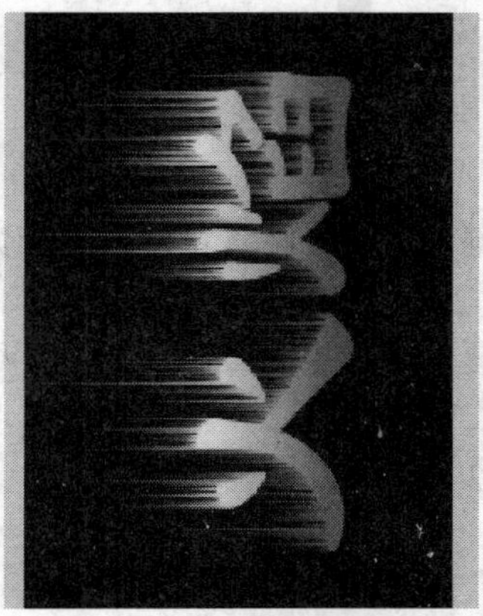

图 3-25　旋转后添加"风"效

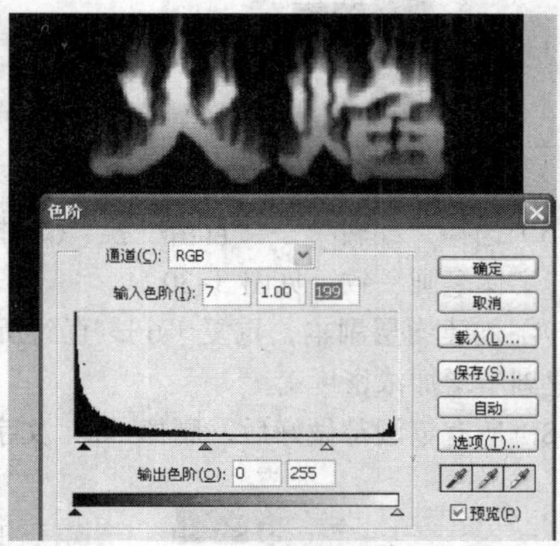

图 3-26　调整色阶后的最终效果

注意：经过这个例子我们可以发现，与文字工具不同的是，利用文字蒙版工具可以对所输入的文字形成选区，在选区内可以进行多样的色彩填充和扭曲变形等特效。

在下面的"练一练"中，我们自己动手体验一下利用文字蒙版工具制作特效字。

练一练

（1）选择"文件"→"新建"命令，新建一个 RGB 图像文件。

（2）选择"横向文字蒙版工具"，输入"边框字"三个字，设置字体和大小，文字形成选区。

（3）选择渐变工具，在上方工具栏中选择自己喜欢的渐变色，在文字选区中从左至右拖动，对文字着色。

（4）选择"选择"→"修改"→"扩展"命令，设置选区扩展六个像素。

（5）选择"选择"→"修改"→"扩边"命令，设置对象框边界为一个像素。

（6）再次选择渐变工具和自己喜欢的渐变色，使用渐变工具从上至下拖动，给边框着色。

（7）保存图片，效果如图 3-27 所示。

图 3-27　边框字效果

3．画笔工具

（1）选择“文件”→“新建”命令，新建一张画布，RGB 颜色、430×400 像素、白色。

（2）选择“文字工具”，输入大写字母“F”，字体为 Airal Back，240 点，黑色（见图 3-28）。

（3）在工具箱内选择“画笔”工具，在上方工具选项栏内找到青草笔触，设置大小为 50 像素。

（4）新建图层，选择前景色为草绿色，用画笔在空白处涂抹，然后更换鹅黄色，更改笔触大小为 60 像素，在原来基础上涂抹。

（5）更换青草可能的各种颜色，交替涂抹（见图 3-29）。

图 3-28　F

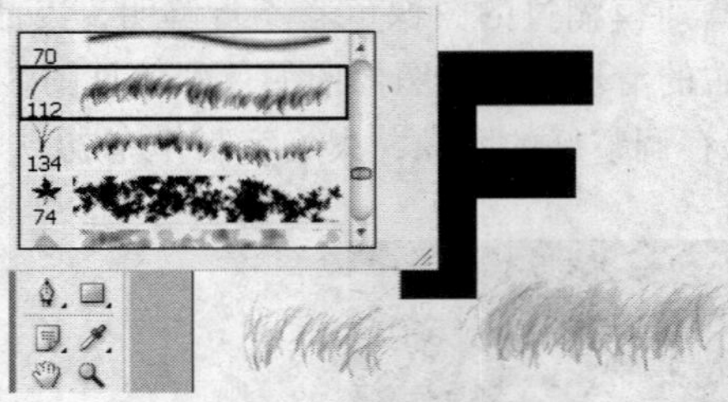

图 3-29　画笔笔触

（6）选择“编辑”→“自由变换”（或按【Ctrl+T】组合键）命令，将青草的方位和大小调整到与字体笔画一致（见图 3-30）。

（7）创建图层副本，重复（6），直到所有笔画都被青草覆盖（如果觉得不够浓密还可以通过创建副本增加浓密度）。

（8）所有笔画都做好后，删掉“F”文字图层，效果见图 3-31。

图 3-30　自由变换

图 3-31　青草字

4．立体字

（1）在工具箱中设置背景色为黑色，选择“文件”→“新建”命令，新建一张画布，RGB 颜色、500×300 像素、背景色。

（2）选择“文字工具”，输入“photo”，选择 cooper std 字体，填充白色，设置大小为 120 点。

（3）选择将文字层转换为普通图层（要对文字进行样式设置或者添加滤镜效果时，都需要先将文字层像素化）。

（4）选择“图层”→“图层样式”→“斜面和浮雕”命令，设置参数如图 3-32 所示。

（5）将前景色设为白色、背景色设为灰色，进入“图层”→“图层样式”中的“渐变叠加”选项卡，设置白色到灰色的渐变，如图 3-33 所示。

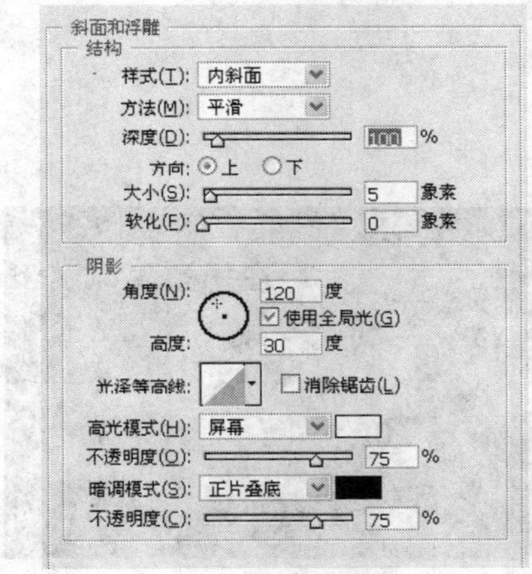

图 3-32　图层样式设置

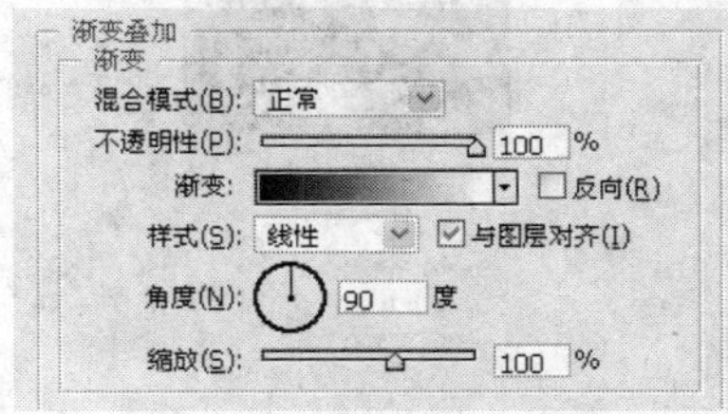

图 3-33　图层样式设置

（6）选择“选择”→“修改”→“缩放”命令，设置缩边 4 像素。

（7）建立一个新的图层，用白色填充。选择“滤镜”→“杂色”→“添加杂色”命令，设置数量为 40%、“高斯分布”、“单色”，按【Ctrl+F】组合键两次（按两次【Ctrl+F】组合键是当前设置的滤镜被应用两次）。

（8）选择“滤镜”→“杂色”→“蒙尘与划痕”命令，设置半径为 1px，阀值为 130，然后选择“滤镜”→“风格化”→“浮雕”命令：高设置为 3，数值为 130%。

（9）选择“图像”→“调整”→“亮度/对比度”命令，在弹出的对话框中设置亮度为+70、对比度为-20，取消选区，效果如图 3-34 所示。

图 3-34　中间效果

（10）选择“图层”→“图层样式”→“斜面和浮雕”命令，切换到“内阴影”选项卡，设置参数如图 3-35、3-36 所示。

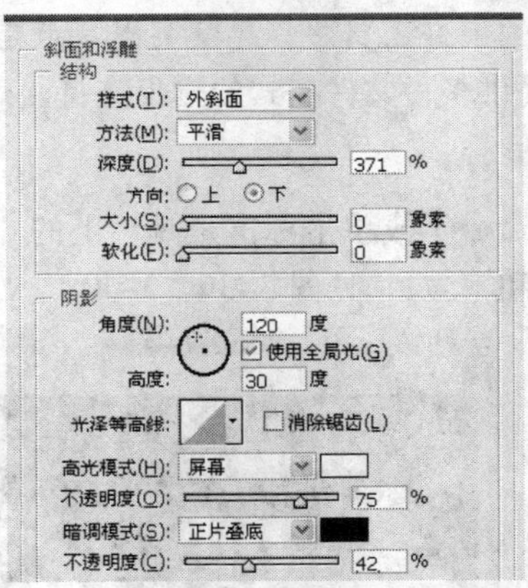

图 3-35　图层设置

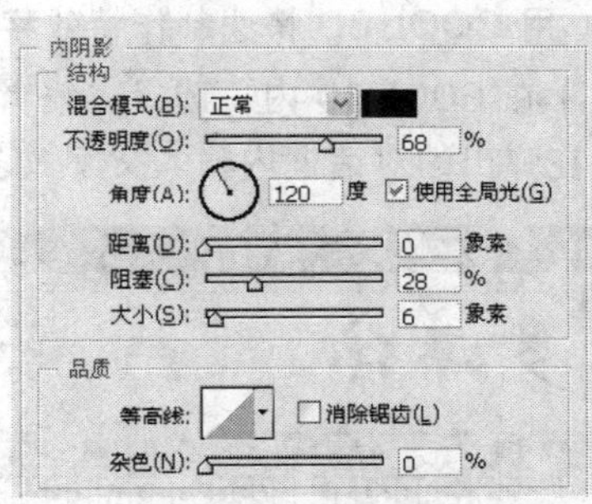

图 3-36　图层设置

（11）选择“图层”→“合并可见图层”命令，将所有层合并为一层。

（12）选择“滤镜”→“渲染”→“镜头光晕”命令（见图 3-37），重复几次，用鼠标拖动预览框内的十字将光晕。

（13）保存图片，最终效果如图 3-38 所示。

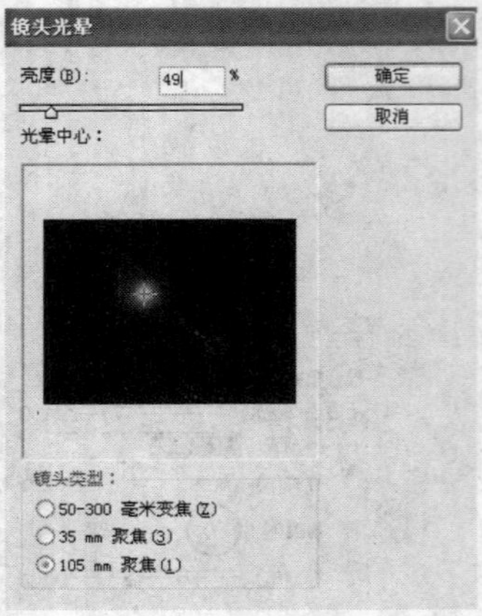

图 3-37　镜头光晕

图 3-38　最终效果

3.3.2　用 COOL 3D 制作三维立体字

Ulead COOL 3D 是一个非常著名的 3D 文字、动画文字制作工具。这个工具以操作简单、功能强大，以创作出的文字华丽而著称。该工具的突出特点是提供了极为丰富的样式模板文件，你只需要输入自己的文字，然后直接套用模板文件即可快速创建出专业效果的动态文字。由于程序提供了丰富的特效插件，加上可以自由控制模板文件中的字符和效果，这样创建属于自己的专业动画文件和 3D 文字将是非常简单的。由于提供所见即所得的套用方式，这样就可以在几分钟内轻松创建出一个也许使用 Photoshop 需要半小时才能完成的效果图形。该工具的另一个优点是可以很好地支持中文字体，这正是我们所需要的。

COOL 3D 可以运行于 Windows 系列的大多数操作系统下，程序的运行需要 DirectX 6 或更新版本的驱动支持。由于 Windows NT 不支持 DirectX 6，所以程序并不能在这个环境下使用。另外，程序对 CPU 的运算和系统的显示能力有较高的要求。

COOL 3D 是共享软件，可以说是目前制作特效文字的最好工具之一，其突出特点是提供的模板文件极为丰富，提供了良好的动态文字制作功能，提供多种文件格式的输出支持。

1. 用 COOL 3D 快速制作特效字

（1）在 COOL 3D 内，选择“编辑”→“插入文字”命令（或单击标准工具栏上的“插入文字”），在弹出的对话框内输入文字“多媒体”，设置字体和字号，（见图 3-39、3-40）。

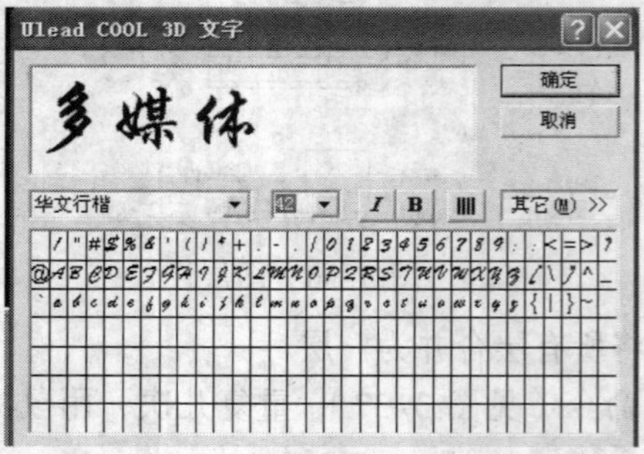

图 3-39　插入文本对话框

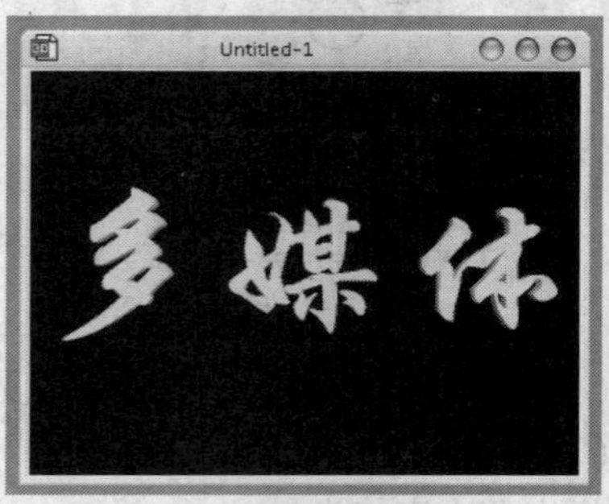

图 3-40　生成字

（2）返回主界面以后，如果文字大小不合适，可以单击工具栏的“编辑文字”按钮，再次打开插入文字对话框，选定字体进行修改。如果要调整文字的高度和宽度，可以单击工具栏中的“大小”按钮，然后用鼠标拖动文字至合适的大小，在调整的过程中，可以按住【Shift】键缩放宽高比例。

（3）打开 COOL 3D 后，“百宝箱”会出现在主界面下方，或选择“查看”→“百宝箱”命令，打开的百宝箱（见图 3-41）。选中“百宝箱”中的“光线与颜色”选项，这时在右侧会列出相关的样式，右击一个合适的样式，在弹出的快捷菜单中选择“应用”命令，即可将光线效果赋予文字。

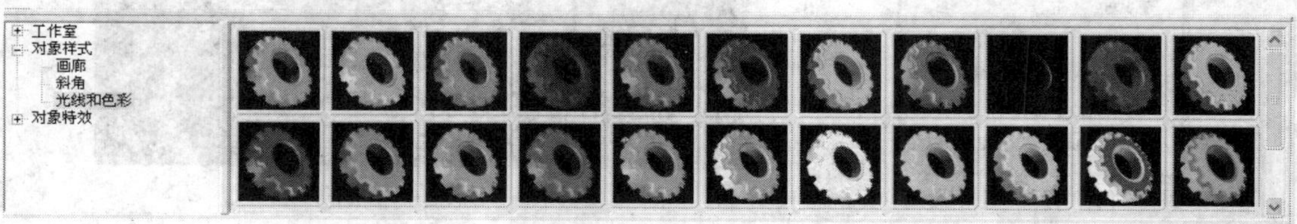

图 3-41　百宝箱

（4）在“百宝箱”中双击“工作室”展开下拉列表，选中“动画”选项，这时右侧会列出运动样式，然后双击其中一个合适的运动样式就可以为文字添加一个动画效果。这样，文字就动起来了。

（5）在百宝箱中，选择“工作室”，然后选择“背景”，右边的图示会变成背景样式，选择一个样式作为你所创建的动态三维文字的背景（见图 3-42）。

（6）单击工具条上的播放键，预览刚才已经设定好的动画效果。

（7）选择“图像”→“尺寸”命令，弹出“尺寸”对话框，选择“自定义”单选按钮调节图像的宽度和高度，或者选择“标准”单选按钮下拉列表中直接选择一种标准的动画格式（见图 3-43）。

图 3-42　添加背景

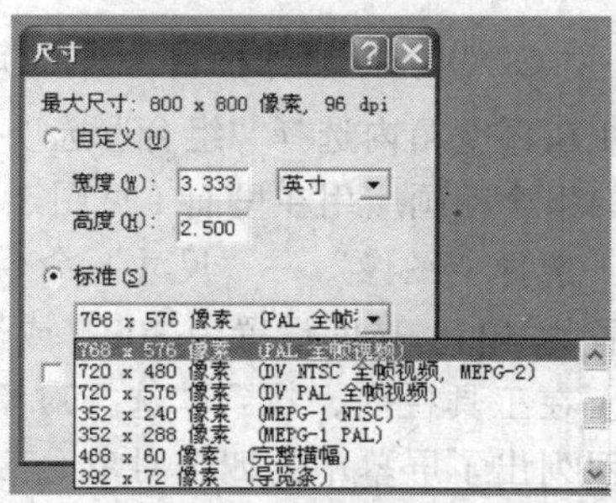

图 3-43　修改图片尺寸

（8）选择“文件”→“创建视频文件”→“GIF 动画文件”命令，或选择“文件”→“创建图像文件”→“BMP”命令，在打开的对话框中指定文件的名称和存放位置，导出保存。

（9）带有路径的动态三维特效文字制作完成。

2. 用 COOL 3D 制作火焰字

我们在前面学习了用 Photoshop 来制作火焰字，但它的制作过程比较复杂，而且制作出的图像是静态的。而利用 COOL 3D 可以很容易地制作出动态的火焰字。下面我们就来学习利用 COOL 3D 的神奇文字特效，制作一些熊熊燃烧的动画文字。

（1）打开 COOL 3D，新建一个图像文件，选择“图像”→“尺寸”命令，打开“尺寸”对话框，单击“自定义”单选按钮，将宽度设置为 400，高度设置为 200（见图 3-44）。

（2）在界面下方“百宝箱”中选择“工作室”中的“背景”项，为图像选择一个背景。然后选择“编辑”→“插入文字”命令，在弹出的对话框内输入“熊熊燃烧”，字体为隶书、字号为 20（见图 3-45）。

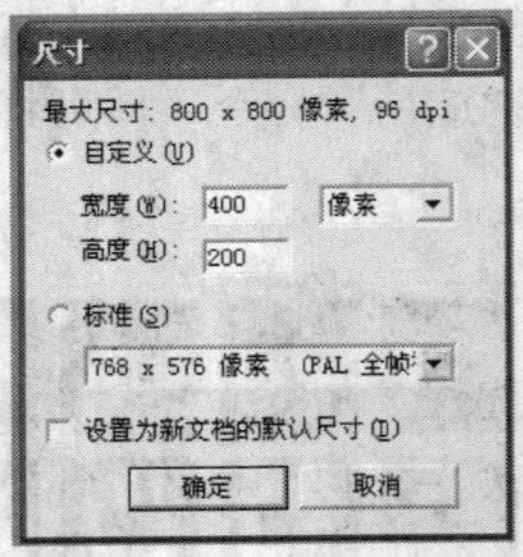

图 3-44　设置图片尺寸

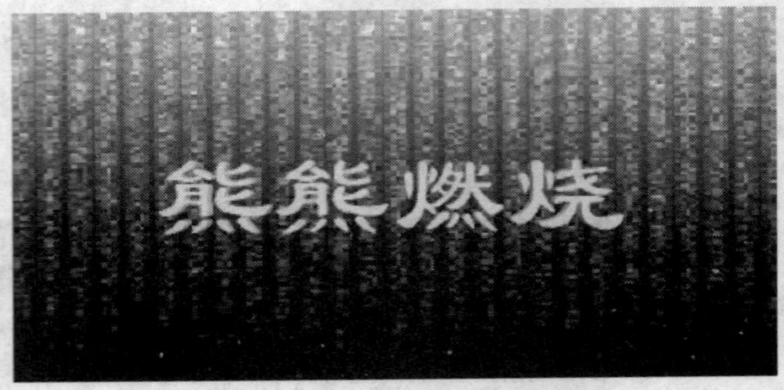

图 3-45　背景和文字

（3）单击主工具栏中的“移动对象”工具，将文字移动到工作区的下方。

（4）展开百宝箱中的“对象样式”，单击“光线和色彩”选项，双击应用到文字中。

（5）选择百宝箱中的“整体效果”，单击“火焰”选项，双击其中一种火焰特效，将它应用到文字中（见图 3-46）。

（6）选择工具栏中的“时间轴”，将帧数目设置为 50，单击“播放”按钮即可预览这段文字动画了。

（7）选择“文件”→“创建动画文件”→“GIF 动画文件”命令，打开“另存为 GIF 动画文件”对话框，选择好保存的文字及文件名，保存。

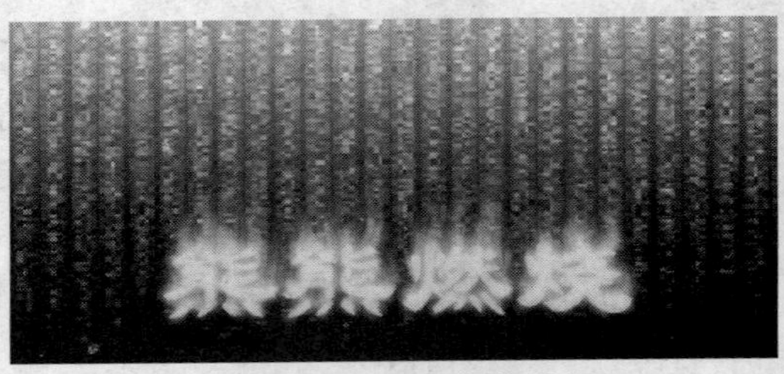

图 3-46　火焰字制作效果

3. 用 COOL 3D 制作栏目片头

（1）在百宝箱内选择“组合”选项，然后选中其中的一种组合，双击后系统自动新建文件，将所选的组合动画应用在里面（见图 3-47）。

（2）选择“图像”→“尺寸”命令，打开“尺寸”对话框，选择“自定义”单选按钮，将宽度设置为 400，高度设置为 300，或选择“标准”单选按钮，然后选择“DV PAL 全帧视频”。

（3）在工具栏内，找到“选择对象”下拉列表框，单击下三角按钮，可以发现下拉列表中罗列出了屏幕中的四个对象（三处文字和一处背景图像），当选中其中某个对象时，表示激活了这个对象，此时可以对它进行编辑修改（见图 3-48）。

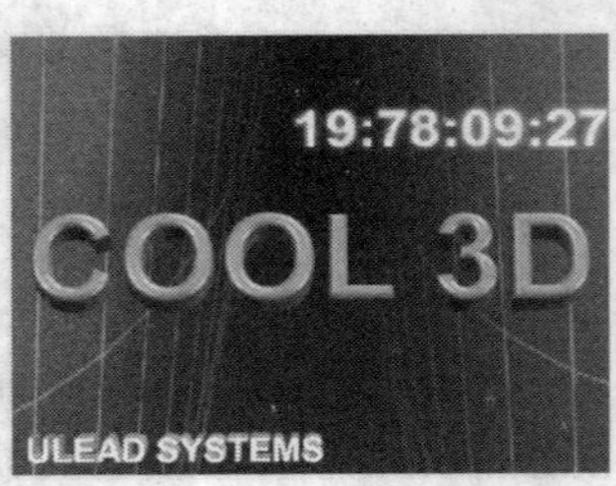

图 3-47　应用“组合”

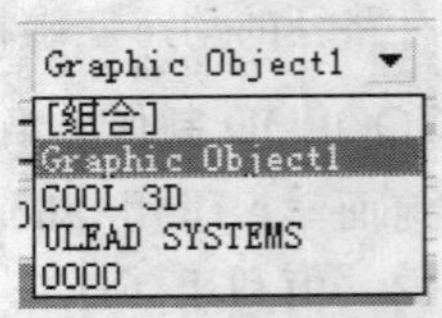

图 3-48　对象列表

（4）选择“COOL 3D”选项，在右侧工具栏内选择“编辑文字”按钮，在弹出的对话框内输入“社会经纬”，设置字体为隶书、字号 8（见图 3-49）。

（5）同样的方法，选择“ULEAD SYSTEMS”选项，进入“编辑文字”对话框，根据自己的需要和喜好，进行修改和设置。

（6）进入百宝箱中，选择“画廊”项，在右侧样式中为文字挑选一个合适的文字纹理，双击应用（还可以根据自己的喜好进入“工作室”的“动画”中，修改文字的运动方式等），设置结果如图 3-50 所示。

图 3-49　修改对象

图 3-50　设置“画廊”样式

（7）在工具栏中，可以对片头的播放速度进行设置。在其中，列出了每秒钟的帧数和片头一共播放多少帧，可以根据个人需求进行设置，如果希望播放速度加快，可以将“帧数目”减小，反之，则加快，一般 PAL 制式的电视节目帧速率为 25 帧/秒，而 NTSC 制式的为 30 帧/秒。

（8）按照前面例子的方法进行导出保存，图 3-51 展示出动画过程中的几帧画面。

图 3-51　“社会经纬”栏目片头

练一练

按照刚才所讲的例子，自己制作一个奥运宣传栏目片头，几帧参考画面如图 3-52 所示。

图 3-52　“奥运 2008”栏目片头

3.4　系统字体

在我们使用计算机进行文本编辑、处理和美化的时候，常常遇到一个问题，就是我们所使用的 Windows 系统本身提供的字体太少。那么这个问题如何解决呢？Windows 系统本身提供的字体又存放在系统的什么位置呢？本节将给大家介绍这种隐藏在系统内部，虽然不会常长被提起但又是进行文字处理时一定会用到的——系统字体。掌握了本节内容，就可以轻松的把自己喜欢的各种特殊字体添加为系统字体了。

Windows 系统中的字体是一种极其重要的资源，所有的内容显示，都离不开相应的字体支持。很多朋友可能会认为字体无非就是安装与删除，并没有什么奥妙。但事实上，如果系统字体出现了问题，轻则显示异常，重则系统或程序无法正常运行。所以，要想掌握 Windows 操作系统，了解 Windows 系统字体是十分重要的。

1. Windows 字体基本操作

在 Windows 操作系统中，对字体的操作非常简单。打开“控制面板”，双击“字体”图标，打开字体管理程序，当前系统安装的字体都位列其中，双击某个字体文件，将会弹出该字体的属性窗口，除了显示了该字体的名称、大小、版本等基本信息以外，还分别列出了英文 26 个字母与阿拉伯数字的字体样式（见图 3-53、3-54）。

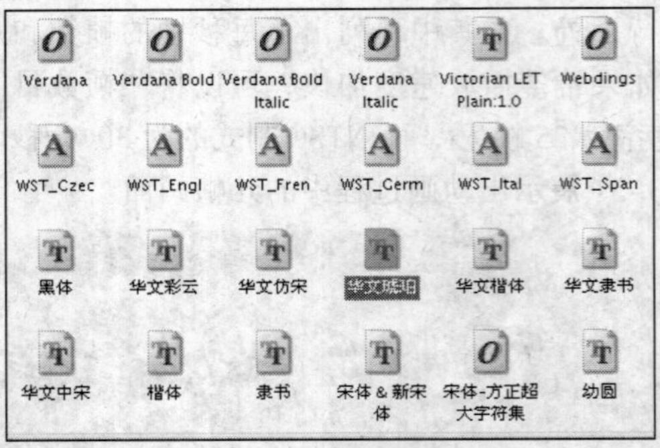

图 3-53　字体管理程序中的部分字体

图 3-54　“华文琥珀”字体信息

如果要安装新字体，在字体管理程序选择“文件”→“安装新字体”命令，在弹出的“添加字体”对话框中浏览到新字体所在文件夹，该字体将会自动出现在“字体列表”中，单击“确定”按钮，该字体就会被立即安装至系统中（见图 3-55）。

如果要删除某个字体，在字体管理程序中选中该字体，按【Delete】键或选择右键快捷菜单中的“删除”命令，在弹出的对话框中单击“确定”按钮，即可将字体删除。

注意：不能删除当前系统中的默认字体，否则删除后系统中将会出现乱码。

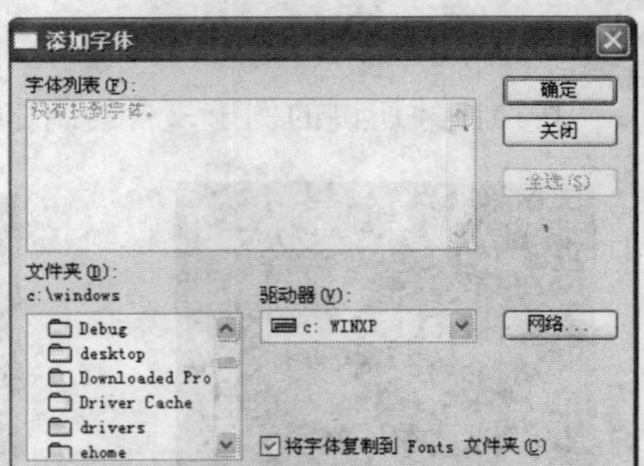

图 3-55　添加新字体

2. 让 Windows 字体变彩色

在 Windows 系统的桌面上，单击鼠标右键，从快捷菜单中选择“属性”命令，会弹出“显示属性”对话框，选择“外观”选项卡，单击“高级”按钮，接着可以打开“高级外观”对话框。在“项目”下拉列表中，可以设置 Windows 系统中各种控件的颜色、大小等，如图 3-56 所示。

但是尽管这个对话框为我们提供了很多定制控件的方案，但是要定义控件中某一个部位的颜色，例如想要把菜单中的文字变成红色，使用这个对话框是没有办法做到的。但是通过修改注册表，就可以达到这个目标了。

（1）在桌面上单击“开始”按钮，选择“运行”命令，在弹出的对话框内输入“regedit”，单击“确定”按钮进入“注册表编辑器”窗口（见图 3-57）。

图 3-56　“高级外观”对话框

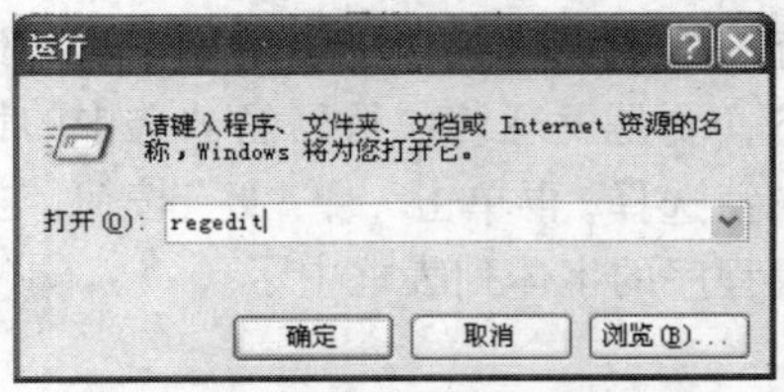

图 3-57　“运行”对话框

（2）打开“注册表编辑器”窗口，从左侧栏中依次选择“HKEY_CURRENT_USER\Control Panel\Colors”子项，在右边窗格中会出现很多项（见图 3-58），这些项都是设置系统控件属性的。

（3）双击“MenuText”项，在弹出的对话框中设置菜单中文字的颜色即可（见图 3-59）。

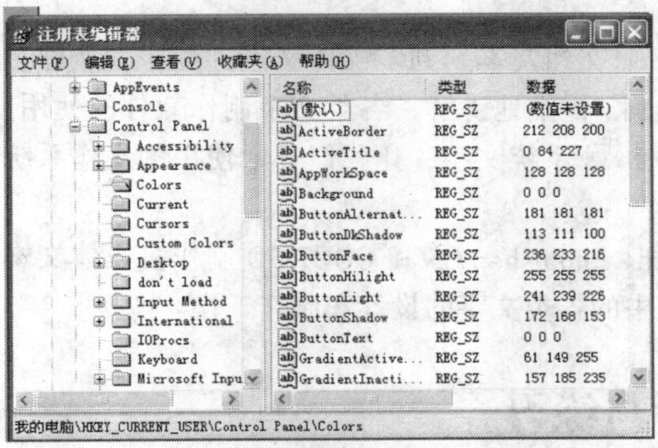

图 3-58　注册表编辑器

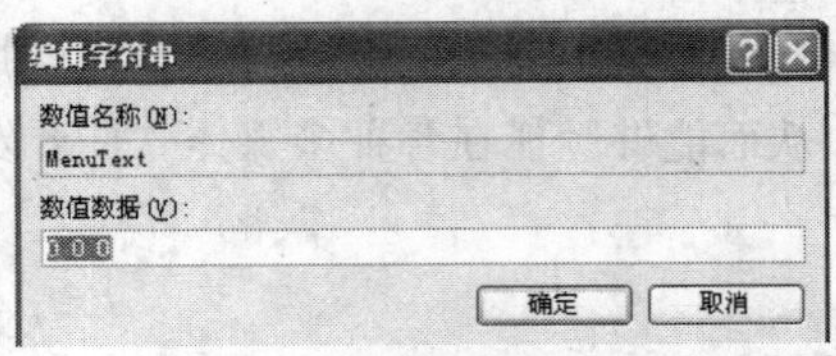

图 3-59　字体色彩键值

注意：Windows 系统中按照 RGB（红绿蓝）三色分量来给出色彩，三色值的范围均为 0～255，0 0 0 为黑色，255 255 255 为白色，其余均为三色按不同比例调匀的中间色。比如，设置 255 0 0，可以使系统字体变为正红色；设置 0 0 255，可以使系统字体变为正蓝色等。

5. 系统字体与应用程序（以 Photoshop 为例）

在日常应用中，我们有时候需要将从网上下载的或从其他渠道获得的新字体安装到系统中，而安装新字体的目的通常都是在利用像 Photoshop 这类应用程序进行美术设计时能够取得更丰富的效果。一般情况下，已经安装在 Windows 系统的字体文件一般都会正确显示在像 Photoshop 这类应用程序的字体列表框中。但如果先安装 Photoshop 应用程序，而那些特殊字体文件后安装到系统中的话，那么这些后安装的特殊字体文件可能无法正确显示到 Photoshop 应用程序的字体列表框中。遇到这种情况时，我们可以参考下面的操作步骤。

（1）运行 Photoshop，从弹出的程序编辑界面中单击“编辑”菜单，在弹出菜单中选择“预置”命令，再从级联菜单中选择“常规”命令，打开如图 3-60 所示的参数设置对话框。

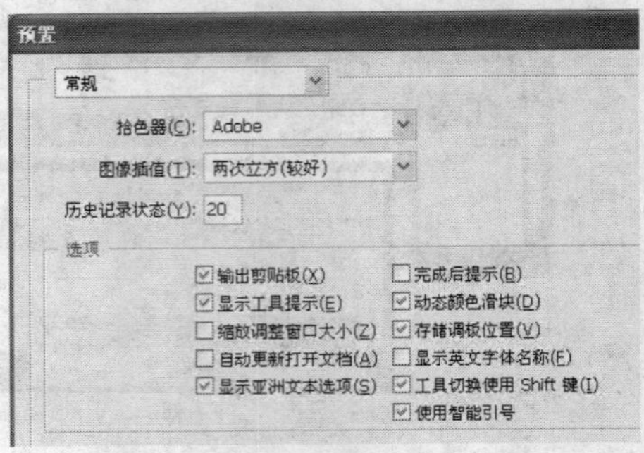

图 3-60 “预置”对话框

（2）在该参数设置对话框的“选项”选项区域处，检查一下“显示英文字体名称”复选框是否处于选中状态，要是发现该项目已经被选中的话，我们只要将其取消选择，再单击一下“好”按钮，这样就能使后安装的特殊字体文件正确地显示在 Photoshop 应用程序的字体列表框中了。

本 章 小 结

文本在各类多媒体文件和多媒体程序中都是不可或缺的一个组成元素，合适的文本格式设置能够让文案更规范化，漂亮的文本文字设计能够让作品更美观，富有动感的文本动画效果能够让重点更突出。通过对文本显示方式的组织，多媒体应用系统还可以使信息更容易理解。

本章系统地介绍了各类文本制作软件，按照文档文本，到多媒体文本的顺序，从静态文本文字到静态图像文字在到动态三维特效字，全面、详细地讲解了各类文字制作软件的使用方法。除此之外，我们还在最后添加了如何设置 Windows 系统文字，让我们日常使用的操作系统内的文字也丰富多彩起来。

通过本章的学习，大家应该掌握使用 Word、Photoshop CS 和 COOL 3D 制作多媒体文本的方法，从而能够胜任在各种多媒体软件开发过程中的各类文字的设计和制作工作。

思考与练习

一、填空题

1. 在多媒体素材中，包含________和________两类文本素材。
2. 在 Word 中，可以利用________菜单下的________命令来为文档创建页眉页脚。
3. 在图形文字制作软件中，可以利用________制作平面特效字，利用________制作三维立体字。
4. COOL 3D 是一个非常著名的 3D________、________文字制作工具。

二、选择题

1. 下列哪个不属于文本文件类型________。

   A. DOC　　B. BMP　　C. TXT　　D. WPS

2. 下列哪个描述是不正确的________。

   A. 选择“文件”→“页面设置”命令，可以设置页边距、装订线等

   B. 除了可以在页眉页脚中添加相同内容之外，还可以添加不同页码

   C. 目录生成结束，当按住【Shift】键单击目录项时即可转到目录指示内容所在的页面

   D. 更新目录的方法：选中目录，单击鼠标右键，选择“更新域”

3. 下列那个描述是不正确的________。

   A. COOL 3D 可以在几分钟内创建出一个也许使用 Photoshop 需要半小时才能完成的效果图形

   B. 通过选择“图层”→“图层样式”→“斜面和浮雕”命令，可以利用 Photoshop 来创建立体字

   C. 在制作中，与文字工具不同的是，利用文字蒙版工具可以对所输入的文字形成选区

   D. 在 COOL 3D 的“百宝箱”中可以完成所有的创建三维特效字所需的设置

4. 下列哪个描述是正确的________。

   A. 可以为系统添加新的字体，系统中的默认字体也可以随意的删除

   B. 在注册表编辑器中可以修改系统字体的颜色

   C. 可以在系统“控制面板”的“区域和语言选项”中设置系统字体

   D. Windows 系统按照 CMYK 来给出字体颜色

三、思考题

1. 文本文字和图形文字的区别？
2. 如何在 Photoshop 中应用系统新安装的字体？

第4章 多媒体音频

声音是携带信息的重要媒体，是多媒体开发的一个重要的内容。使用语音表达信息清楚快捷，音乐可以烘托气氛，给人以感官享受。因此音频的获取与制作是多媒体开发者需要具备的必不可少的技能。

本章要点

- 音频数字化。
- MIDI 音频。
- 音频压缩。
- 音频处理软件 Cool Edit 应用。

4.1 多媒体音频简介

音频是多媒体技术的重要特征之一。PC 虽然自从问世以来就带有扬声器，但它只能实现一些简单的发声功能，且产生的声音十分单调。自从配备了声卡，计算机才能真正实现声音录放和合成功能，为计算机的应用开辟了一个图文声像结合的新世界。

音频是携带信息的重要媒体。音频可以增强对其他媒体类型信息的理解，例如，配音可以加强对文本的理解与记忆，一段动听的音乐可以烘托气氛，增强图像的表现效果。

在计算机多媒体技术中，音频的种类主要有波形音频和 MIDI 音频。

4.1.1 波形音频

声音是由于空气振动引起耳膜的振动，由人耳所感知。自然界的声音是一个随时间而变化的连续信号，可以近似的看成是一种周期性的函数。通常用模拟的连续波形描述声波的形状，单一频率的声波可以用一条正弦波表示。振幅和频率不变的声音信号称为单音，单音一般只能由专用电子设备产生。日常生活中我们听到的自然界的声音一般都属于复音，其声音信号由不同的振幅与频率合成而得到。

1. 音频数字化原理

由于音频信号是一种连续变化的模拟信号，而计算机只能处理和记录二进制的数字信号，因此，由自然音源得到的音频信号必须经过一定的变化和处理，变成二进制数据后才能送到计算机进行再编辑和存储。

把模拟信号转换成数字信号的过程称为模/数转换，它主要包括。

（1）采样：在时间轴上对信号数字化，即每间隔一段时间在模拟声音波形上取一个幅度值，采样的时间间隔称为采样周期。

（2）量化：在幅度轴上对信号数字化，即把采样得到的表示声音强弱的模拟电压用数字表示。由于模拟电压的幅值仍然是连续的，而用数字表示音频幅度时，只能把某一幅度范围内的电压用一个数字表示。

（3）编码：按一定格式记录采样和量化后的数字数据。

脉冲编码调制（Pulse Code Modulation，PCM）是一种模数转换的最基本编码方法。CD-DA 采用的就是这种编码方式。

音频信号数字化的过程首先用一组脉冲采样时钟信号与输入的模拟音频信号相乘，相乘的结果即输入信号在时间轴上的数字化。然后对采样以后的信号幅值进行量化。最简单的量化方法是均衡量化，这个量化的过程由量化器来完成。对经量化器 A/D 变换后的信号再进行编码，即把量化的信号电平转换成二进制码组，就得到了离散的二进制输出数据序列 $x(n)$，n 表示量化的时间序列，$x(n)$的值就是 n 时刻量化后的幅值，以二进制的形式表示和记录。如图 4-1 所示。

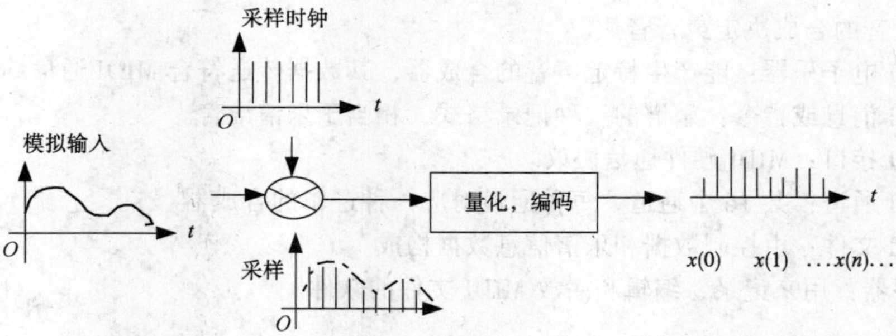

图 4-1　音频数字化过程

2. 数字音频的技术指标

（1）采样频率：采样频率是指一秒钟内采样的次数。采样频率的选择应该遵循奈奎斯特（Harry Nyquist）采样理论：如果对某一模拟信号进行采样，则采样后可还原的最高信号频率只有采样频率的一半，或者说只要采样频率高于输入信号最高频率的两倍，就能从采样信号系列重构原始信号。因为人耳所能听到的频率范围为 20Hz 到 20kHz，所以实际的采样过程中，为了达到好的效果，就采用 44.1kHz 作为高质量声音的采样频率。如果达不到这么高的频率，声音恢复的效果就会差一些，例如电话声音的质量等。

CD 激光唱盘采样频率为 44.1kHz，可记录的最高音频为 22kHz，这样的音质与原始声音相差无几，也就是我们常说的超级高保真音质。采样的三个标准频率分别为：44.1kHz、22.05kHz 和 11.025kHz。

（2）量化位数：量化位是对模拟音频信号的幅度轴进行数字化，它决定了模拟信号数字化以后的动态范围。由于计算机按字节运算，一般的量化位数为 8 位和 16 位。量化位越高，信号的动态范围越大，数字化后的音频信号就越可能接近原始信号，但所需要的存储空间也越大。如表 4-1 所示为两种量化位数对比。

表 4-1 两种量化位数对比

量 化 位	等 份	动态范围/dB	应 用
8	256	48～50	数字电话
16	65536	96～100	CD-DA

（3）声道数：有单声道和双声道之分。双声道又称为立体声，在硬件中要占两条线路，音质、音色好，但立体声数字化后所占空间比单声道多一倍。

4.1.2 MIDI 音频

电子合成音乐（Musical Instrument Digital Interface，MIDI）是乐器数字接口的缩写，是数字音乐的国际标准，它是音乐与计算机结合的产物。MIDI 不是把音乐的波形进行数字化采样和编码，而是将数字式电子乐器的弹奏过程记录下来，如按了哪一个键、力度多大、时间多长等等。当需要播放这首乐曲时，根据记录的乐谱指令，通过音乐合成器生成音乐声波，经放大后由扬声器播出。

1. MIDI 术语

（1）音乐合成器：用来产生并修改正弦波形并叠加，然后通过声音产生器和扬声器发出特定的声音。泛音的合成决定声音音质。

（2）MIDI 电子乐器：能产生特定声音的合成器，其数据传送符合 MIDI 通信约定。

（3）MIDI 消息或指令：乐谱的一种记录格式，相当于乐谱语言。

（4）MIDI 接口：MIDI 硬件通信协议。

（5）MIDI 通道：共 16 个通道，每种通道对应一种逻辑的合成器。

（6）MIDI 文件：由控制数据和乐谱信息数据构成。

（7）音序器：用来记录、编辑和播放 MIDI 文件的软件。

2. 计算机上 MIDI 音乐的产生过程

MIDI 电子乐器通过 MIDI 接口与计算机相连。这样，计算机可通过音序器软件来接收 MIDI 电子乐器发出的一系列指令。这一系列指令可记录到以 MID 为扩展名的 MIDI 文件中。在计算机上音序器可对 MIDI 文件进行编辑和修改。最后，将 MIDI 指令送往音乐合成器，由合成器将 MIDI 指令符号进行解释并产生波形，然后通过声音发生器送往扬声器播放出来，如图 4-2 所示。

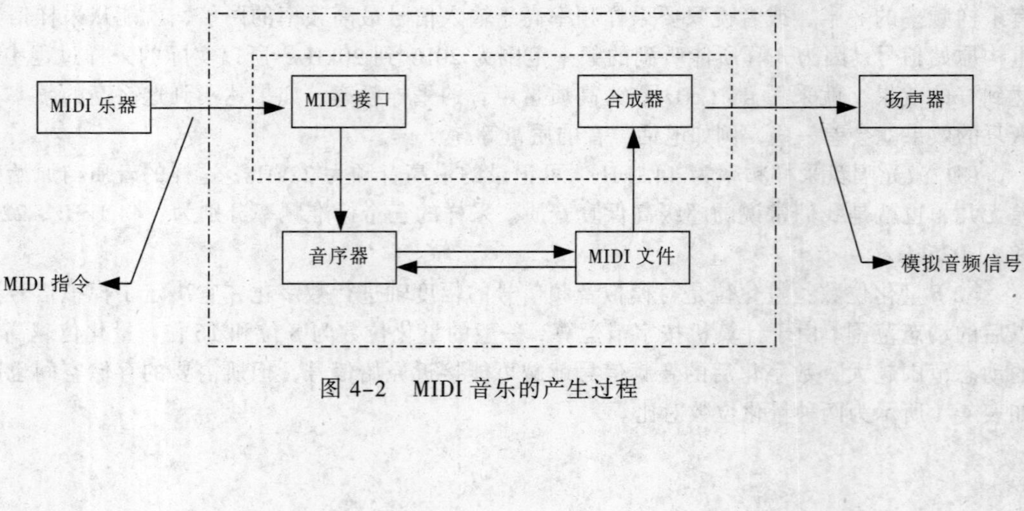

图 4-2 MIDI 音乐的产生过程

MIDI 合成的方式有两种：频率调制合成和波形表合成。

（1）频率调制合成（Frequency Modulation，FM）

通过硬件产生正弦信号，再经处理合成音乐。合成的方式是将波形组合在一起，理论上可以有无限多组波形，但实际上做不到。其泛音的合成与模拟比较困难，实际的质量不高。

（2）波形表合成（Wavetable）

其原理是在 ROM 中存储各种实际乐器的声音样本，需要时调用相应样本来合成该乐器的乐音。ROM 的容量越大，合成效果越好，价格也越贵。

4.2　多媒体音频文件

多媒体音频包括音乐语音和各种音响效果，在多媒体作品制作中占有重要的地位。不同的文件类型都有其特有的应用领域，不同的压缩方式也决定了音频文件所占据的存储空间以及失真度。

4.2.1　音频文件类型

在多媒体技术中，存储声音的文件格式有许多种，下面介绍常用的几种。

1. WAV 格式

WAV 格式是微软公司开发的一种声音文件格式，也叫波形声音文件，是最早的数字音频格式，被 Windows 平台及其应用程序广泛支持。WAV 格式支持许多压缩算法，支持多种音频位数、采样频率和声道，采用 44.1kHz 的采样频率，16 位量化位数跟 CD 一样，但是对存储空间需求大，不便于交流和传播。

2. MIDI

MIDI 是 Musical Instrument Digital Interface 的缩写，又称作乐器数字接口，是数字音乐/电子合成乐器的统一国际标准。它定义了计算机音乐程序、数字合成器及其他电子设备交换音乐信号的方式，规定了不同厂家的电子乐器与计算机连接的电缆和硬件及设备间数据传输的协议，可以模拟多种乐器的声音。在 MIDI 文件中存储的是一些指令，把这些指令发送给声卡，由声卡按照指令将声音合成出来。

3. CD 音乐格式

CD 音乐格式扩展名为 CDA，其取样频率为 44.1kHz，16 位量化位数，跟 WAV 一样，但 CD 存储采用了音轨的形式，又叫“红皮书”格式，记录的是波形流，是一种近似无损的格式。

4. MP3

MP3 全称是 MPEG-1 Audio Layer 3，它在 1992 年合并至 MPEG 规范中。MP3 能够以高音质、低采样率对数字音频文件进行压缩。换句话说，音频文件（主要是大型文件，比如 WAV 文件）能够在音质丢失很小的情况下（人耳根本无法察觉这种音质损失）把文件压缩到更小的程度。

5. MP3Pro

MP3Pro 是由瑞典 Coding 科技公司开发的，其中包含了两大技术：一是来自于 Coding 科技公司所特有的解码技术，二是由 MP3 的专利持有者法国汤姆森多媒体公司和德国 Fraunhofer 集成电路协会共同研究的一项译码技术。MP3Pro 可以在基本不改变文件大小的情况下改善原先的 MP3 音乐音质。它能够用较低的比特率压缩音频文件的情况下，最大程度地保持压缩前的音质。

6. WMA（Windows Media Audio）

WMA 是微软在互联网音频、视频领域的力作。WMA 格式是以减少数据流量但保持音质的方法来达到更高的压缩率目的，其压缩率一般可以达到 1:18。此外，WMA 还可以通过 DRM（Digital Rights Management）方案加入防止复制，或者加入限制播放时间和播放次数，甚至是播放机器的限制，可有力地防止盗版。

7. MP4

MP4 采用的是美国电话电报公司（AT&T）所研发的以“知觉编码”为关键技术的 a2b 音乐压缩技术，由美国网络技术公司（GMO）及 RIAA 联合公布的一种新的音乐格式。MP4 在文件中采用了保护版权的编码技术，只有特定的用户才可以播放，有效地保证了音乐版权的合法性。另外 MP4 的压缩比达到了 1:15，体积较 MP3 更小，但音质却没有下降。不过因为只有特定的用户才能播放这种文件，因此其流传与 MP3 相比差距甚远。

8. SACD（SA 即 SuperAudio）

SACD 是由 Sony 公司正式发布，它的采样率为 CD 格式的 64 倍，即 2.8224MHz。SACD 重放频率带宽达 100kHz，为 CD 格式的 5 倍，24 位量化位数，远远超过 CD，声音的细节表现更为丰富、清晰。

9. QuickTime

QuickTime 是苹果公司于 1991 年推出的一种数字流媒体，它面向视频编辑、Web 网站创建和媒体技术平台，QuickTime 支持几乎所有主流的个人计算平台，可以通过互联网提供实时的数字化信息流、工作流与文件回放功能。现有版本为 QuickTime 1.0、2.0、3.0、4.0 和 5.0，在 5.0 版本中还融合了支持最高 A/V 播放质量的播放器等多项新技术。

10. DVD Audio

DVD Audio 是新一代的数字音频格式，与 DVD Video 尺寸以及容量相同，为音乐格式的 DVD 光碟，取样频率可选择 48kHz/96kHz/192kHz 和 44.1kHz/88.2kHz/176.4kHz，量化位数可以为 16、20 或 24 比特，它们之间可自由地进行组合。低采样率的 192kHz、176.4kHz 虽然是二声道重播专用，但它最多可收录到六声道。而以二声道 192kHz/24b 或六声道 96kHz/24b 收录声音，可容纳 74 分钟以上的录音，动态范围达 144dB，整体效果出类拔萃。

11. RealAudio

RealAudio 是由 Real Networks 公司推出的一种文件格式，最大的特点就是可以实时传输音频信息，尤其是在网速较慢的情况下，仍然可以较为流畅地传送数据，因此 RealAudio 主要适用于网络上的在线播放。现在的 RealAudio 文件格式主要有 RA（RealAudio）、RM（RealMedia，RealAudio G2）、RMX（RealAudio Secured）等三种，这些文件的共同性在于随着网络带宽的不同而改变声音的质量，在保证大多数人听到流畅声音的前提下，令带宽较宽敞的听众获得较好的音质。

12. VOC 文件

VOC 文件在 DOS 程序和游戏中常会遇到这种文件，它是随声霸卡一起产生的数字声音文件，与 WAV 文件的结构相似，可以通过一些工具软件方便地互相转换。

13. AU 文件

在 Internet 上的多媒体声音主要使用 AU 文件。AU 文件是 UNIX 操作系统下的数字声音文件，由于早期 Internet 上的 Web 服务器主要是基于 UNIX 的，所以这种文件成为互联网上唯一的标准声音文件。

14. AIFF（AIF）

AIFF 是苹果公司开发的声音文件格式，被 Macintosh 平台和应用程序所支持。

15. Amiga 声音（SVX）

Amiga 是 Commodore 所开发的声音文件格式，被 Amiga 平台和应用程序所支持，不支持压缩。

16. MAC 声音（SND）

MAC 是 Apple 计算机公司所开发的声音文件格式，被 Macintosh 平台和多种 Macintosh 应用程序所支持，支持某些压缩。

4.2.2 音频文件容量

模拟波形文件被数字化后音频文件的存储量（未经压缩）为：

存储容量（字节）=采样频率×量化精度/8×声道数×时间

公式中"除以 8"是为了把二进制数换算成以字节为单位。计算机中通常用 8 位（bit）二进制数构成一个字节（byte）作为数据处理的基本单位。

一段持续 1 分钟的双声道声音，若采样频率为 44.1kHz，量化精度为 16 位，数字化后需要的存储容量为：

$$44.1\times10^3\times16/8\times2\times60=10.584\text{MB}$$

由此可见，数字波形文件数据量大，需要压缩。

4.2.3 音频压缩技术

音频压缩技术的作用其一是采用一定的格式来纪录数字数据，其二是采用一定的算法来压缩数字数据以减少存储空间和提高传输效率。压缩算法包括有损压缩和无损压缩，有损压缩指解压后数据不能完全复原，要丢失一部分信息。压缩编码的基本指标之一就是压缩比，它通常小于 1。压缩越多，信息丢失越多、信号还原后失真越大。根据不同的应用，应该选用不同的压缩编码算法。

$$\text{音频数据压缩比}=\frac{\text{压缩后的音频数据量}}{\text{压缩前的音频数据量}}$$

音频信号的压缩编码方式可分为波形编码、参数编码和混合编码三种。

1. 波形编码

对于音频信号，通常采用波形编码方法。其算法简单，易于实现，可以获得高质量的语音。常见的三种波形编码方法为。

（1）脉冲编码调制（PCM），实际为直接对声音信号作 A/D 转换。只要采样频率足够高，量化位数足够多，就能使解码后恢复的声音信号有很高的质量。

（2）差分脉冲编码调制（DPCM），只传输声音预测值和样本值的差值，以此降低音频数据的编码率。

（3）自适应差分编码调制（ADPCM），是 DPCM 方法的进一步改进，通过调整量化步长，对不同频段设置不同的量化字长，使数据得到进一步的压缩。

2. 参数编码

参数编码方法通过建立起声音信号的产生模型，将声音信号用模型参数来表示，再对参数进行编码，在声音播放时根据参数重建声音信号。参数编码法算法复杂，计算量大，压缩率高，还原声音的质量不高。

3. 混合编码

混合编码是把波形编码的高质量和参数编码的低数据率结合在一起，取得较好效果。

如表 4-2 所示列出了 1min 的双声道音频采用不同采样频率和精度所需的存储容量以及常用的编码方法。

表 4-2 几种不同的数字化声音信息

采样频率/kHz	量化精度	所需存储容量/MB	数据速率/KB/s	常用编码方法	质量与应用
44.1	16	10.094	88.2	PCM	相当于激光唱片质量，应用于最高质量要求的场合
22.5	16	5.047	44.1	ADPCM	相当于调频广播质量，可应用于伴音及各种声响效果
	8	2.523	22.05	ADPCM	
11.025	16	2.523	22.05	ADPCM	相当于调幅广播质量，可用于伴音或解说
	8	1.262	11.025	ADPCM	

4.3 多媒体音频硬件设备

多媒体音频的处理不仅与软件有关，而且与硬件环境有关，高性能的声音处理软件必须与高性能的声音适配器一起使用，才能真正发挥强大的作用。

4.3.1 声卡及声卡的工作原理

音频卡是处理各种类型数字化声音信息的硬件，多以插件的形式安装在微机的扩展槽上，也有的与主板集成在一起，其结构与功能如图 4-3 所示。音频卡又称声音卡，简称声卡。

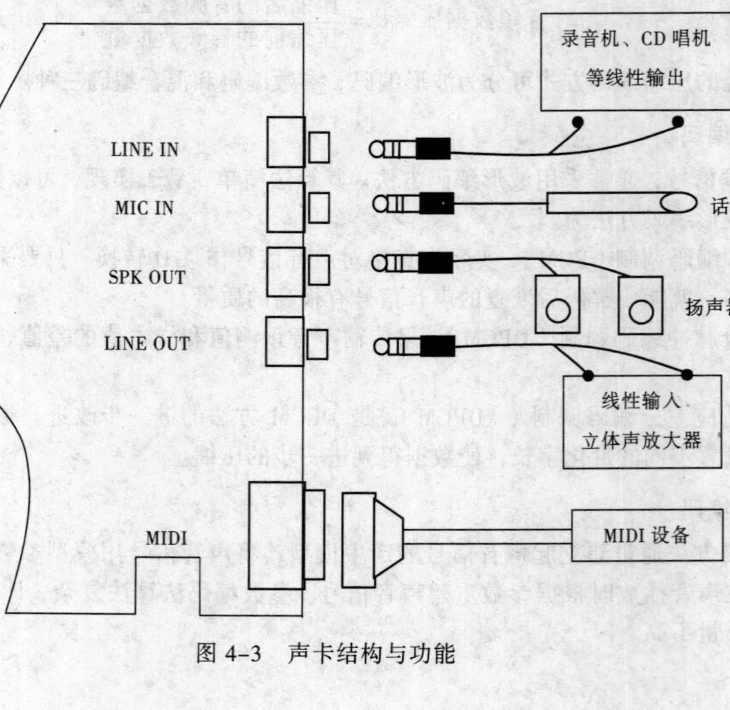

图 4-3 声卡结构与功能

1. 音频卡的功能

音频卡使计算机能够处理音频信号。音频卡的关键技术包括数字音频、音乐合成和 MIDI。以 Creative 的 16 位声卡 SB16（见图 4-4）为例，主要功能为。

图 4-4　Creative Labs SB4740 16 位声卡

（1）数字音频的播放

音频卡的主要技术指标之一是数字化量化位和立体声声道的多少。早期的音频卡是 8 位。SB16 支持 16 位立体声声道。可以播放 CD－DA 唱盘及回放 WAVE 文件。

（2）录制生成 WAVE 文件

音频卡配有话筒输入、线性输入接口。数字音频的音源可以是话筒、收录音机和 CD 唱盘等，可选择数字音频参数，如不同的采样率、量化位和压缩编码算法等。在音频处理软件的控制下，通过音频卡对音源信号进行采样、量化、编码成 WAVE 格式的数字音频文件，通过软件还可对 WAVE 文件进行进一步编辑。

（3）MIDI 和音乐合成

通过 MIDI 接口可获得 MIDI 信息。SB16 采用 FM 频率合成的方法实现 MIDI 乐声的合成以及文—语转换（Text-to-Speech）合成。

（4）多路音源的混合和处理

借助混音器可以混合和处理不同音源发出的声音信号，混合数字音频和来自 MIDI 设备、CD 音频、线性输入、话筒及 PC 扬声器等的各种声音。录音时可选择输入来源或各种音源的混合，控制音源的音量、音调。

2. 音频卡的工作原理

声卡的工作原理其实很简单，麦克风和喇叭所用的都是模拟信号，而计算机所能处理的都是数字信号，声卡的作用就是实现两者的转换。从结构上分，声卡可分为模数转换电路和数模转换电路两部分，模数转换电路负责将麦克风等声音输入设备采集到的模拟声音信号转换为计算机能处理的数字信号；而数模转换电路负责将计算机使用的数字声音信号转换为喇叭等设备能使用的模拟信号。其核心部件是 DSP（数字信号处理器），它负责大部分的运算。

4.3.2 MP3

MP3 就是采用国际标准 MPEG 中的第三层音频压缩模式，对声音信号进行压缩的一种格式，中文也称“电脑网络音乐”。MPEG 中的第三层音频压缩模式比第一层和第二层编码要复杂得多，但音质最高，可与 CD 音质相比。MP3 播放器是利用数字信号处理器 DSP（Digital Sign Processer）来完成处理传输和解码 MP3 文件的任务的。DSP 掌管随身听的数据传输、设备接口控制、文件解码回放等活动。DSP 能够在非常短的时间里完成多种处理任务，而且此过程所消耗的能量极少（这也是它适合于便携式播放器的一个显著特点）。

MP3 的工作原理我们可以概括如下：首先将 MP3 歌曲文件从内存中取出并读取存储器上的信号→到解码芯片对信号进行解码→通过数模转换器将解出来的数字信号转换成模拟信号→再把转换后的模拟音频放大→低通滤波后到耳机输出口，输出后就是我们所听到的音乐了。

MP3 的突出优点是：压缩比高，音质较好，制作简单，交流方便。虽然 MP3 对原始信号进行了高压缩比处理，但因为去除的大多是一些无关紧要的信号，因此单纯从听感上说，MP3 压缩几乎对音质没有影响。事实上制作精良的 MP3 音乐碟，在专门的数字随身听中播放，完全可以达到普通 CD 唱机播放 CD 唱片的音质水平。但最吸引人的还是 MP3 制作和交流上的方便，只要有一台计算机，就可将 CD 节目录入计算机硬盘，然后压制成 MP3 格式，也可直接从 Internet 上下载 MP3 音乐，网上有大量的 MP3 音乐，还可把你自己制作的 MP3 音乐上网交流。良好的音质和丰富的节目源将使 MP3 成为最佳的大众音乐媒体。当然，MP3 的高压缩比是以牺牲细微的音质换来的，无疑会对音质产生一定的影响，对一般人和爱好者不会产生影响。

4.4 多媒体音频制作

人们在多媒体产品制作过程中常想随心所欲地修改编辑自己的声音，把唱跑调的音拉回来，这都要借助于音频编辑软件。由于声音文件存储格式的不同，音频编辑软件分为两大类，即波形声音处理软件与 MIDI 软件。前者声音是以波形方式被记录下来，以时间为横轴振幅为纵轴，比较直观，音频的编辑大多采用该种方法。像 Windows 自带的录音机中就使用波形法来记录声音，它可以做一些简单的录音、剪切、混合等操作，但这远远不能满足我们的需要。音频数据的编辑除了包括声音的剪辑（删除片段、插入声音、混入声音），还包括特殊效果的添加等操作，像著名的音频编辑软件 Sound Forge、Wave Edit、Cool Edit 等都具有高品质的音乐采样能力、完美的声音与音效的处理效果。

4.4.1 音频数据采集

音频数据的采集主要可以采用以下几种方法。

- 使用声卡录制、采集声音信息，并以文件的方式存储在计算机中。
- 使用声卡及 MIDI 设备在计算机上创作乐曲。
- 从 CD 音乐光盘抓取音轨。

下面详细介绍一下使用 Windows 自带的“录音机”采集声音的具体步骤：

（1）将麦克风插入计算机声卡中标有 MIC 的接口上。

（2）设置录音属性。

双击“控制面板”中“声音和音频设备”图标，切换到“声音和音频设备属性”对话框中的“音频”选项卡，在“录音”选项区域中选择相应的录音设备。如图 4-5 所示。

（3）决定录音的通道。

声卡提供了多路声音输入通道，录音前必须正确选择。方法是双击桌面的右下角状态栏中的喇叭图标，打开“主音量”对话框，选择“选项”→“属性”命令，在“调节音量”列表框内选择“录音”单选按钮，选中要使用的录音设备——麦克风。如图 4-6 所示。

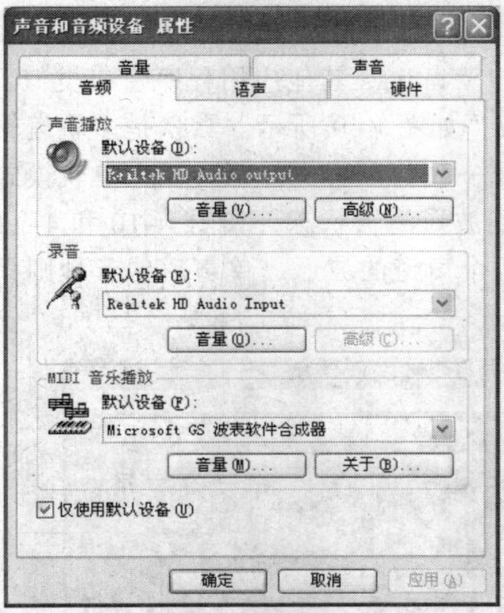

图 4-5 “声音和多媒体属性”对话框

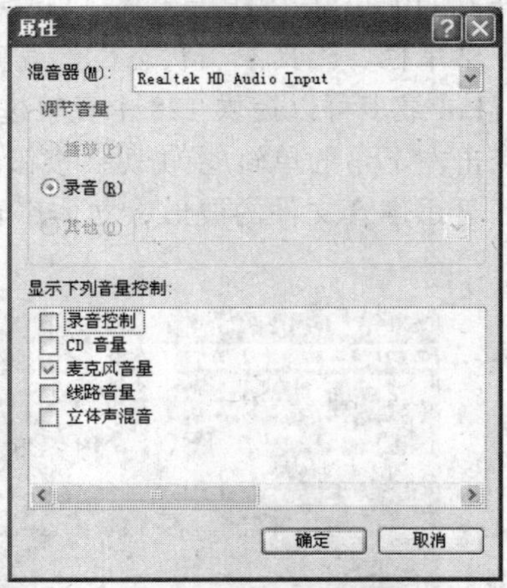

图 4-6 “属性”对话框

（4）录音。

从“开始”菜单中运行录音机程序，界面如图 4-7 所示，单击红色的“录音”按钮，就能录音了。录音完成后，按“停止”按钮，并选择“文件”菜单中的“保存”命令，将文件命名保存。

在“另存为”对话框中单击“更改”按钮，出现选择声音格式的对话框，可从中选择合适的声音品质，其中“格式”下拉列表框是选择不同的编码方法。如图 4-8 所示。

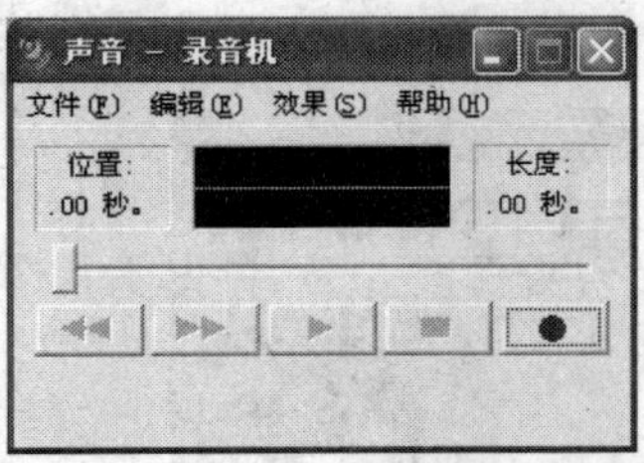

图 4-7 录音机界面

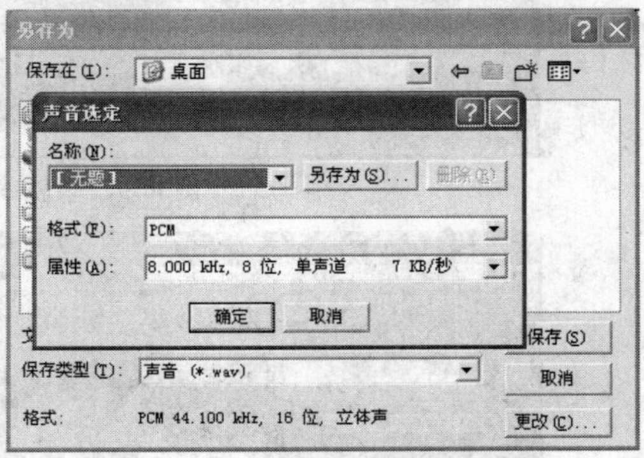

图 4-8 选择声音编码方法

Windows 自带的“录音机”小巧易用，但是录音的最长时间只有 60s，并且对声音的编辑功能也很有限，因此在声音的制作过程中不能发挥太大的作用。

4.4.2 音频编辑软件 Cool Edit Pro

1. Cool Edit Pro 2.1 的主要功能

Cool Edit Pro 2.1 是一个集录音、混音、编辑于一体的多轨数字音频编辑软件。使用 Cool Edit Pro 2.1 可以对 2GB 以下文件及超过 25 种文件格式做录制、播放、转换、编辑等功能；还能提供多种特效，如：回响效果、多次敲击延迟、3D 环绕效果、合音效果、失真效果放大、降低噪音、调整音调等；使用它还可以生成噪声、低音、静音、电话信号等声音；其他功能有自动静音检测和删除、自动节拍查找等。

2. Cool Edit Pro 2.1 的应用程序界面

打开 Cool Edit Pro2.1 应用程序以后，其界面与 Windows 其他应用程序窗口类似，主要有标题栏、菜单栏、工具条、状态栏、编辑区等组成，如图 4-9 所示。默认是多轨编辑模式。Cool Edit Pro 最多可以提供 128 个音轨进行混音，每一轨的声音文件都可以在单轨模式下进行编辑。点击左上角的单轨/多轨切换按钮可以切换到波形编辑状态，如图 4-10 和 4-11 所示。在编辑区显示声音文件的波形，立体声音频显示两个声道的波形，单声道的音频则只有一个波形。

图 4-9　多轨编辑模式窗口

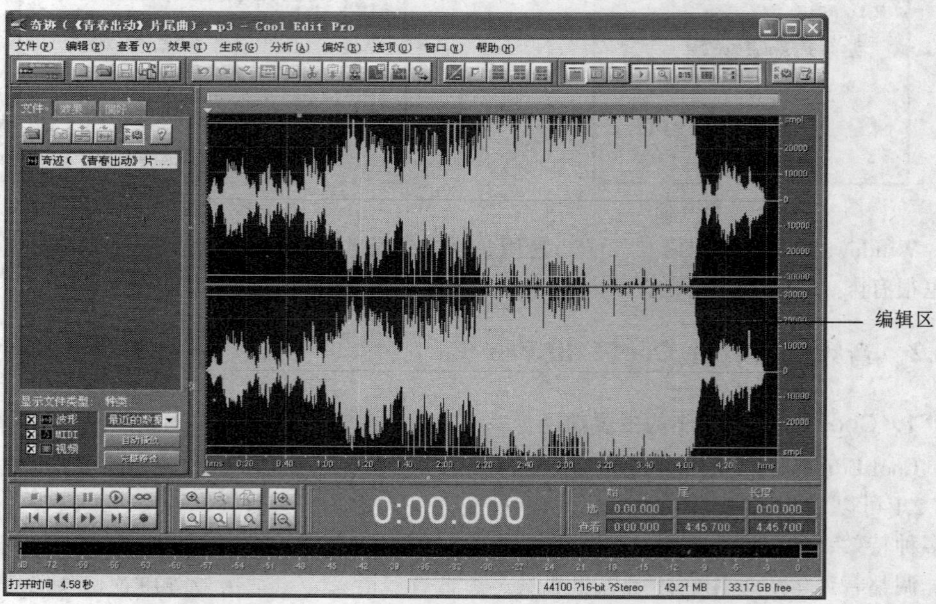

图 4-10　单轨编辑模式窗口（双声道）

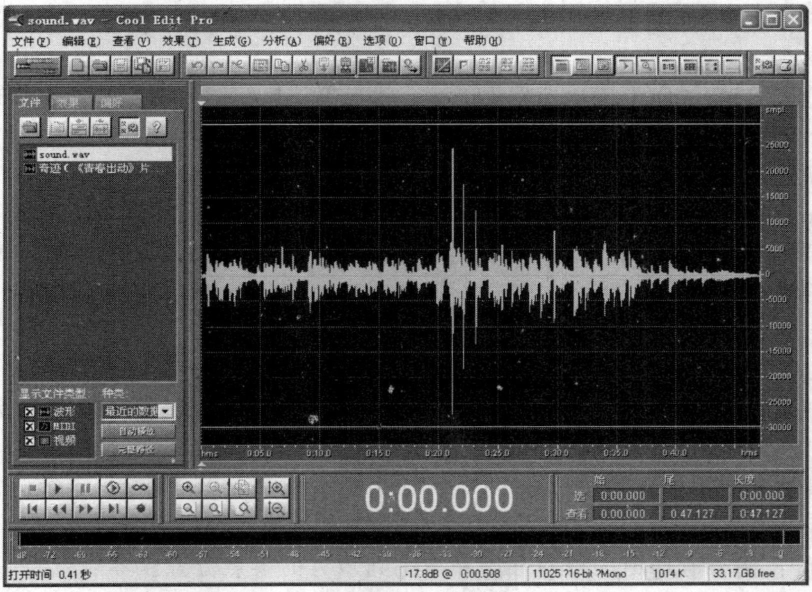

图 4-11　波形编辑状态下窗口（单声道）

3. Cool Edit Pro 2.1 的工具栏和菜单功能

Cool Edit Pro 2.1 总共有 10 个一级菜单："文件"、"编辑"、"查看"、"效果"、"生成"、"分析"、"偏好"、"选项"、"窗口"、"帮助"和三十多个工具。以下简单介绍主要菜单和工具的功能，以备在学习时参考。

（1）文件

此菜单中包含了常用的"新建"、"打开"、"关闭"、"存储"、"另存为"等命令。

追加：是将打开的音频文件接在已打开的文件尾部，这样二个音频文件就拼接成一个大的音频波形文件了。

从视频提取声音：是从视频文件中把声音取出。

从 CD 提取声音：是从 CD 中把声音提取出。

恢复保存：则是重新载入以前最后一次存盘的文件，当前的所有操作全部忽略。其实这一步可以用先关闭该文件（不存盘），然后再打开该文件来实现。

关闭：就是关闭当前波形文件的意思。

全部关闭：关闭所有的波形文件（包括正在使用的文件和在当前任务中没有使用的文件）和任务（指多轨操作时的整个工作环境，称它为"任务"）。

另存复制：就是把当前正在处理的文件做一个备份存下来。

保存选取区域：是将当前波形文件选中的部分存盘。

清理硬盘空间：在进行音频编辑时，免不了要产生一些临时和垃圾文件，可以在这里清空它。

（2）编辑

此菜单中包含了一些常用的复制、粘贴、删除、格式转换等命令。

开启撤销/重做：打开撤销/重做功能。

重复最后一次操作：不论你打开任何文件（包括当前文件）都能在该文件上重复上一次的操作命令。

设置当前剪贴板：COOL Edit 自己有五个，再加 Windows 的一个，一共有六个剪贴板可以选择，但一次只能选一个。

粘贴为新的：将剪贴板中的文件粘帖为新文件。

混合粘贴：将剪贴板中的波形内容混合到当前波形文件中。使用该命令时可以选择混音的方式。比如插入、重叠、替换、调制等方式，还可以选择将要被混频的波形数据是来自剪贴板还是已建立的波形文件。

复制为新的：将当前文件或当前文件被选中的部分复制成为一个新波形文件，并在原文件名后加上“(2)”以作表示。

插入多轨工程：将当前波形文件或当前文件被选中的部分在多轨窗口中插入为一个新轨。

选取全部波形：此操作也可以双击鼠标左键来完成。

删除静音：删除多少分贝以下、多少时间以上的小电平信号。注意，删除小信号后当前文件时间会变短。

零点定位：调节所选中区域的开始和结尾到最近的零点位置。零点就是一个有效的正弦波与中心线的交叉点（振幅为 0 的位置）。这就相当于所选区域的开头和结尾正好处在无声的状态，当进行复制、粘贴等工作时，对原波形文件的整体破坏也减至最小。

确定节拍：可以迅速的帮您找到音乐中一个完整的拍子的开始和结尾点。

调节采样率：调节声卡播放当前音频文件时所采用的采样率，而并非修改当前文件的采样率。当改变采样率后，时间轴上的时间标尺会有所变化，采样率取低时，时间延长，反之缩短。

转换音频格式：用此命令转换后当前文件的采样率将会被改变（播放时间不会变），文件大小也会改变，且处理时间也较长（大约 2～4 分钟）。可以在采样率、声道数及分辨精度（量化位数）参数上进行选择，在选择 8 位量化时，还可以选择抖动参数。

（3）查看

多轨操作窗：按下此菜单项就转到多轨编辑状态。

波形编辑窗：显示波形。

频谱编辑窗：显示频谱，与波形显示只能两者选一。

其余均为打开/关闭各子窗口及快捷工具栏命令。

（4）效果

这部分功能包含了在编辑处理音频时要用到的如反相、倒置、动态、延时、混响、滤波（均衡）、降噪、失真、变调等大部分的功能，还能调用 Directx 的插件效果器。

反相：将波形的上半周和下半周互换。

倒置：将波形或被选中波形的开头和结尾反向。

静音：生成零振幅的信号。

波形振幅：是对音高的处理，该菜单里还有八个选项，各自都有一些厂家预制的方案设置。

DirectX：是指支持 Direct 的效果器插件。

变速/变调：改变声音的速度和频率。

延迟效果器：主要是对延时混响效果的处理，有十一个子菜单，基本能再现所有场合的声音，也有一些厂家预制的参数设置。

滤波器：设置波形的衰减和增益。

特殊处理：有三个子菜单，脑电波同步效果、数字回旋、失真效果。

噪音消除：可以自动寻找当前波形所选区域中的咔嗒、噼啪之类的声音，并清除。也可以将噪音信号先提取，再在原信号中将符合该噪音特征的信号删除，得到一个几乎无噪音的音频信号。

（5）生成

该菜单项可以生成噪音、静音、电话信号等声音。

静音：生成静音。

音调：可用于生成电话信号音。

噪波：用于生成噪音信号。

电话信号：用于生成类似电话拨号音的信号。

（6）分析

显示频谱分析仪：用于显示/隐藏频谱分析仪。

显示相位分析仪：用于显示/隐藏相位分析仪。

波形统计：可用于分析和统计波形。

（7）偏好

消除人声，淡入，淡出，房间混响，以上四种特效必须经过下一条命令编辑才可以使用，编辑的过程相当于设置了批处理命令，适用于经常使用该特效的用户。

其他三个菜单项（选项、窗口、帮助）同于 Windows 其他应用程序，在此不详述。

4．在 Cool Edit Pro 2.1 中录音

录制音频之前首先要准备好麦克风，可以把麦克风插在声卡的 MIC 插孔里，最好使用一个话筒放大器，接入声卡的 LINE IN，用于放大声音信号。然后选择录音设备和录音通道，方法前面已经讲述过了。

回到 Cool Edit Pro 2.1 环境中开始录音。如果是多轨操作模式，选中要录音的那一轨，点亮“R”“S”“M”中的“R”，表示此轨是在录音范围之中。单击左下角的录音按钮（红色）就可以开始录音了，如图 4-12 所示。

图 4-12　多轨模式下的录音

在单轨模式下，直接使用“文件”→“新建”命令就可以打开如图 4-13 所示的对话框，根据需要设置好要录制音频的属性，单击“确定”按钮，就打开了新建文件窗口，然后单击左下角红色录音按钮就开始录音了。

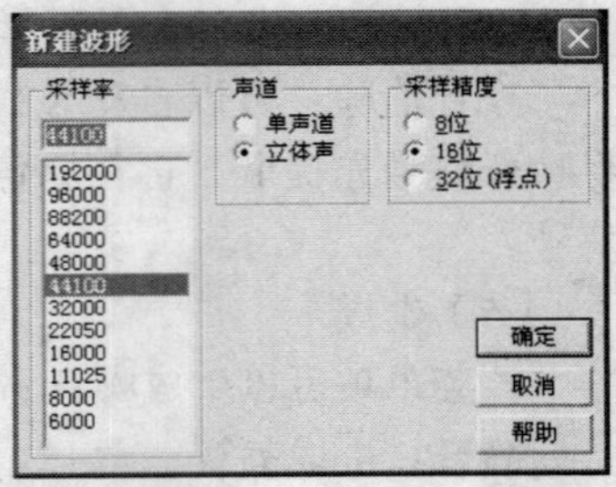

图 4-13　设置声音文件属性

5. 音频编辑的基本功能

在单轨编辑模式下，我们可以可视化地编辑某一段声音，完成诸如复制、剪切、粘贴、追加、混合、转换声音格式等操作。

(1) 如何对波形文件混音

打开某一声音文件，选取其中一段，选择“编辑”→“复制”命令，然后选中要被混合的波形位置，选择“编辑”→“混合粘贴”命令，打开如图 4-14 所示的对话框，此时要混频的文件来自剪贴板，有四种混音的方式可以选择，还可以选择左右声道的音量。如果要混频的波形来自其他文件，则需选择其他文件。

(2) 如何转换音频格式

如果在编辑过程中要改变某个声音文件的采样频率、量化精度、声道数，可以选择“编辑”→“转换音频格式”命令，打开如图 4-15 所示的对话框，根据需要选择所需的参数即可。

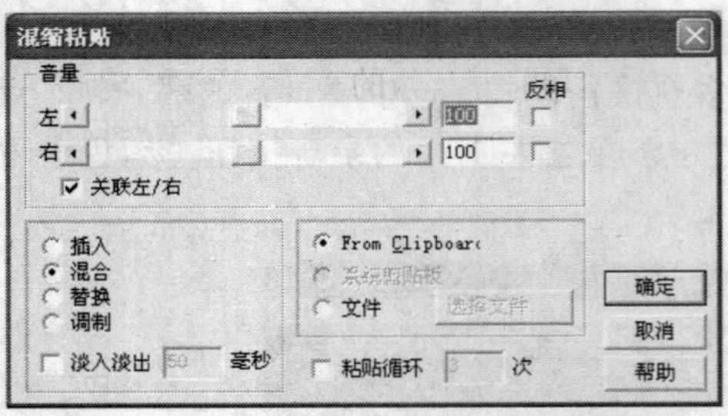

图 4-14　“混合粘贴”对话框

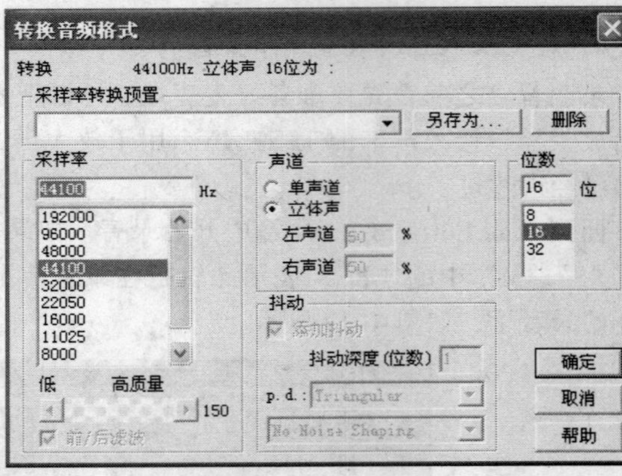

图 4-15　“转换音频格式”对话框

(3) 如何在多轨模式下混音

如果要给朗诵的声音配上背景音乐或者让几种不同乐器的声音同步播放，可以点击左上角的按钮切换到多轨编辑模式，选择其中一个音轨，使用“插入”→“音频文件”命令，即为该音轨插入一段声音，用同样的方法可以在其他音轨中也插入声音。单个音轨的音量偏大或偏小可以通过单击右键，在弹出的快捷菜单中选择“调节音频块音量”命令打开如图 4-16 所示窗口，上下调整滑块位置就可以改变该音轨的音量了。

图 4-16　调节音轨音量

6. 音频特殊效果的编辑

(1) 倒置效果

该特效可以调转波形文件的数据顺序，使声音从后向前播放。选择要进行例放的波形区域，选择“效果”→“倒置”命令。

(2) 房间混响

该特效是指模拟在三维空间的回声效果，有多个命令可以选择。在“常用效果器”级联菜单中有“房间回声”、“回声”、“混响”、“完美混响”、“简易混响”多个命令，可以根据需要选择，调整响应的混响时间、缓冲参数，也可以使用厂家预设的参数。在“房间回声”中还可以模拟房间的大小、墙壁的衰减因数、声源的位置等，完全可以再现现场的声音效果，如图 4-17 所示。

(3) 合唱效果

该效果可以模拟出一组人合唱的音效，可以设置声音的浓度（即合唱人数）、最大延迟、回授等，如图 4-18 所示。

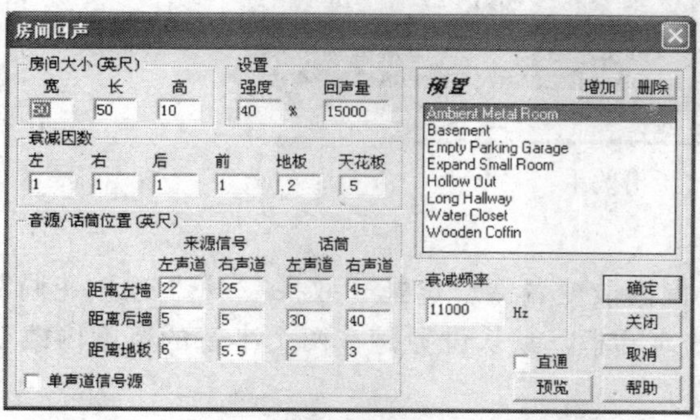

图 4-17　“房间回声”对话框设置

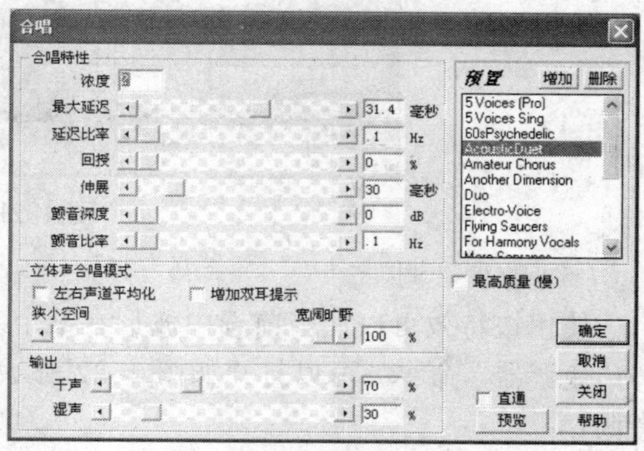

图 4-18　“合唱”对话框

(4) 淡入与淡出

该特效可以为波形文件制造一种淡入（声音由小到大）或淡出（声音由大到小）的效果，

主要通过调整声波的振幅来实现的。操作步骤为：选择要进行淡入/淡出的波形，选择“效果”→“波形振幅”→“渐变”命令，打开如图 4-19 所示的对话框，将左右声道波形的初始值调至最低值即可得到淡入效果，如图 4-20 所示；将左右声道波形的结束值调至最低可得到淡出效果，如图 4-21 所示。

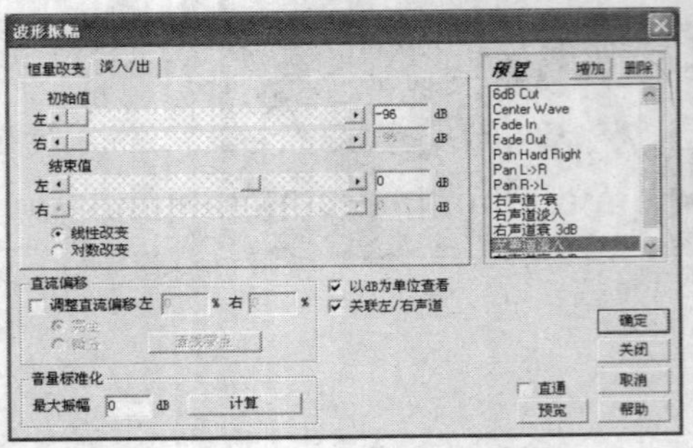

图 4-19 “波形振幅”对话框

图 4-20 淡入效果

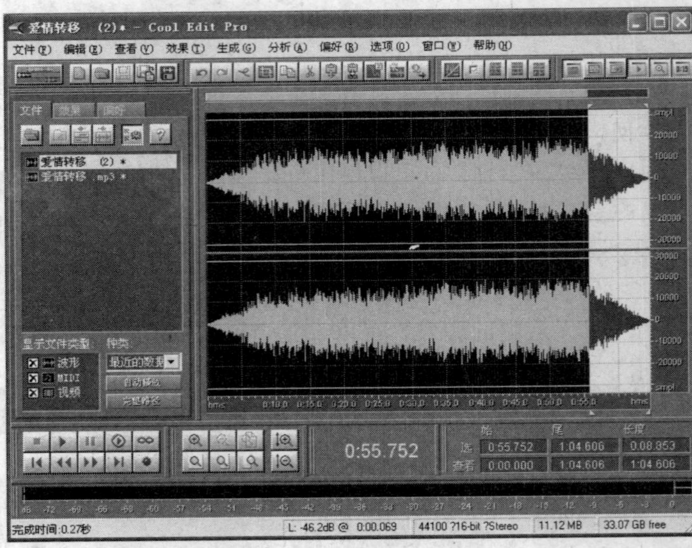

图 4-21 淡出效果

（5）改变音调

使用该特效可以使当前选中波形在某个范围内改变音调。选择“效果”→“变速/变调”→“变调器”命令，可以打开如图 4-22 所示的对话框。默认设置是在两个半音的范围内改变音调。

（6）改变声音速度

该特效用于改变所选区域的声音速度，主要通过改变声音的频率实现，减慢为拉伸波形时间延长，声音听感上浑厚一些；加快则为压缩波形时间缩短，声音听感上尖细一些。使用“效果”→“变速/变调”→“变速器”命令即可打开“变速”对话框，如图 4-23 所示。可以左右调整滑块的位置控制速度。

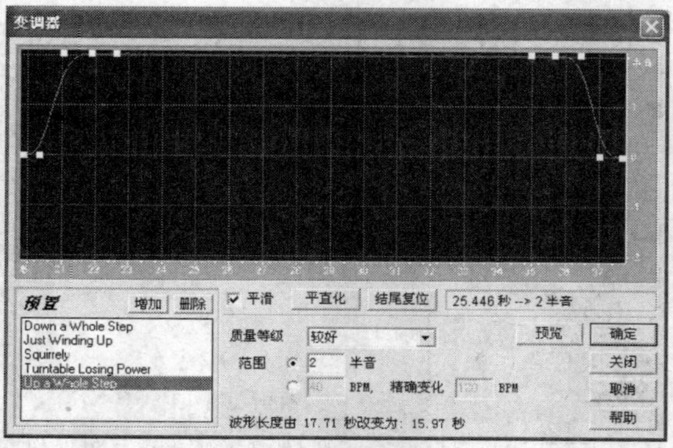

图 4-22　“变调器”对话框

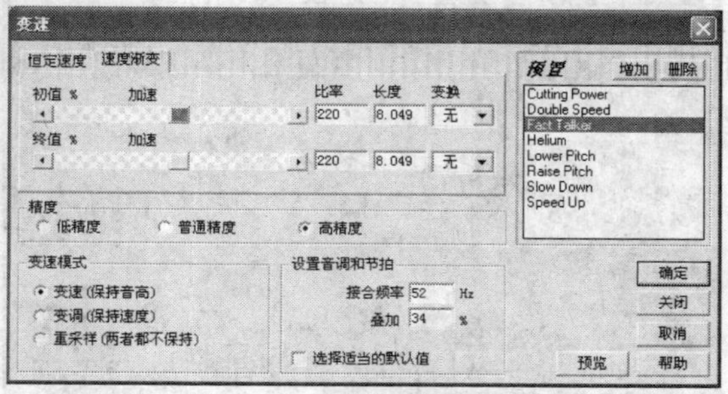

图 4-23　“变速”对话框

7. 提取音乐伴奏

对于伴奏和人声分别在左右两个声道的文件，像 DAT、MPEG 和部分 AVI 文件，可以通过该方法提取音乐伴奏。步骤如下：

（1）在多轨界面，右键单击音轨 1，从弹出的快捷菜单中选择“插入”→“视频文件”命令，找到所要的歌曲文件，插入到音轨 1 中。如图 4-24 所示。

图 4-24　插入视频文件

（2）歌曲文件插入完毕后，音轨 1 中插入了视频图像，音轨 2 插入了音频波形。单击“播放”按钮预览，这时存在单声道的人声。要想消去人声，右键单击“音轨 2”，从弹出的快捷菜单中选择“调整音频块声相”命令。如图 4-25 所示。打开“声相”对话框，在右边的文本框内输入 100 或-100（抑制左或右声道）。

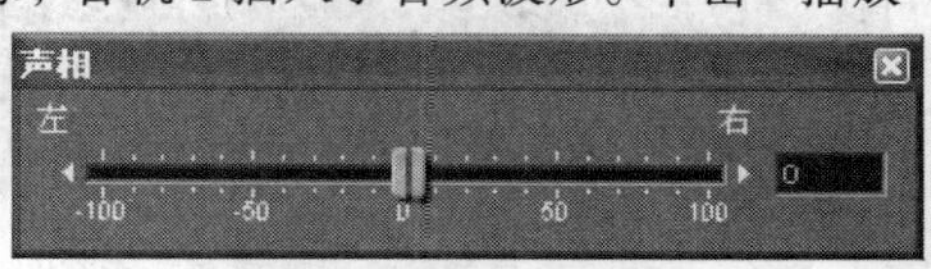

图 4-25　调整声相

（3）此时人声没有了，右键单击音轨 2，从弹出的快捷菜单中选择“单声道混缩”菜单。混缩创建完成后，Cool Edit Pro 自动进入单轨界面，如图 4-26 所示。

（a）　　（b）

图 4-26　单声道混缩前后

（4）在单轨界面上对音频波形进行音量标准化，选择“效果”→“波形振幅”→“音量标准化”命令。如图 4-27 所示，打开“标准化”对话框，在“%”前的文本框内输入“100”，然后单击“确定”按钮，让它自动处理完成。

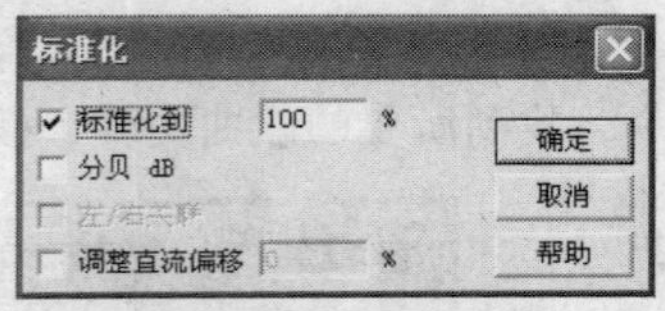

图 4-27　音量标准化

（5）在单轨界面上右键单击音频波形，从弹出的快捷菜单中选择“插入到多轨中”命令，将单声道转换为双声道，如图 4-28 所示。

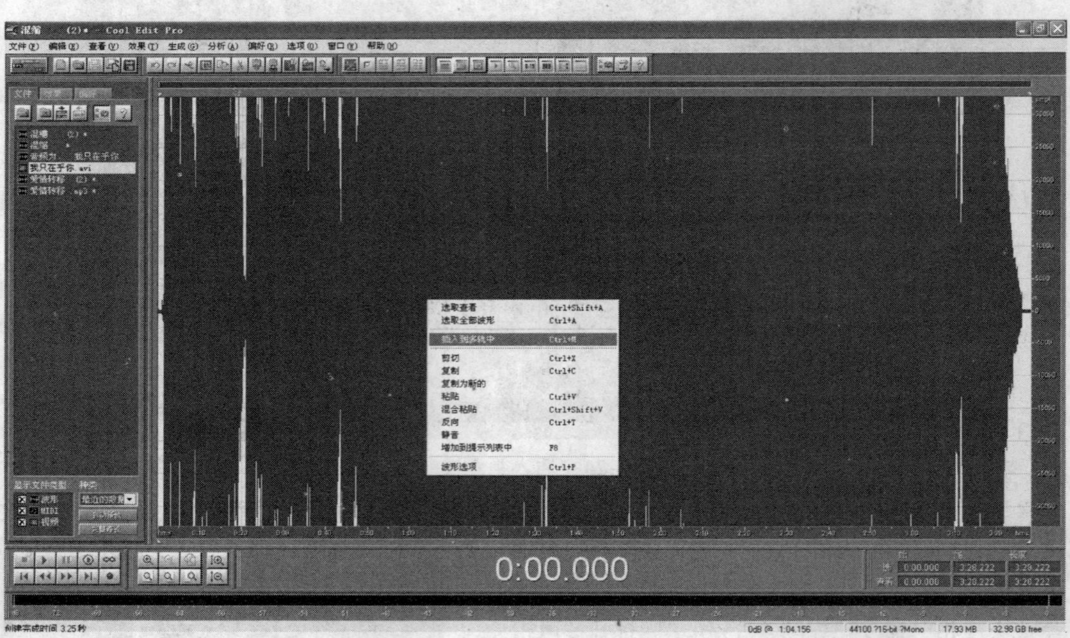

图 4-28　插到多轨中

（6）切换到多轨界面，在音轨 3 中插进了伴奏波形。如果波形块起始位置不在时间轴的零点处，可以在波形块上按住鼠标右键不放，把波形块拖动到时间轴的零点处；然后用鼠标右键单击音轨 2，从弹出的快捷菜单中选择“音块静音”命令，接着单击“播放”按钮预览，此时人声已消去。

（7）最后存盘，选择“文件”→“另存为”命令，把伴奏音频以 MP3 或 WAV、WMA 等格式存入硬盘中。也可以在其他音轨中录音，加入自己翻唱的歌曲。

对于人声和伴奏音混合在一起的声音文件，如 MP3 等，可采用以下介绍方法提取音乐伴奏，但是提取效果不是很干净。步骤如下：

（1）在波形编辑模式下打开 MP3 歌曲文件，如图 4-29 所示。

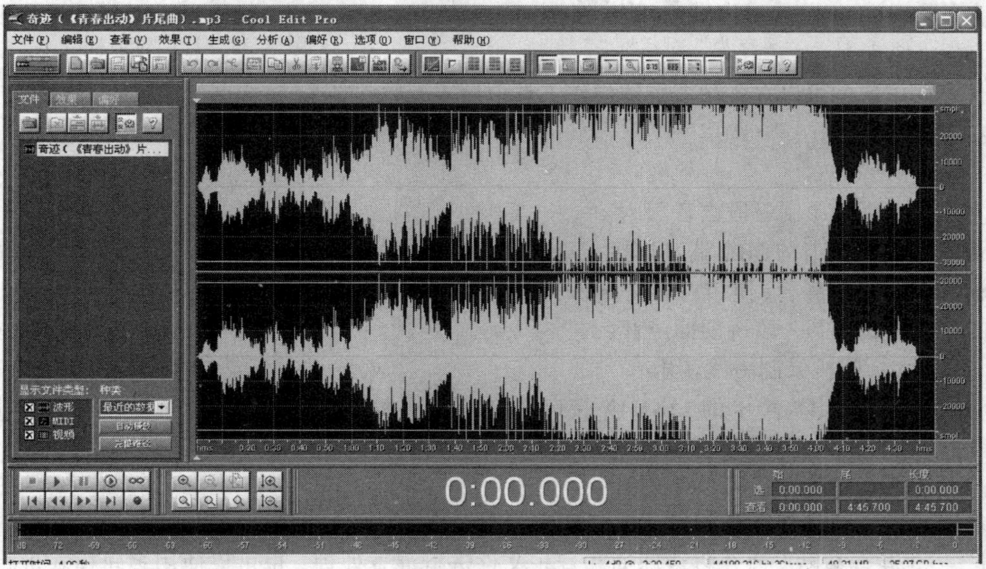

图 4-29　波形编辑模式下打开的 MP3 文件

（2）全选两个声道的波形，选择“效果”→“波形振幅”→“声道重混缩”命令。使用预置的 Vocal Cut 选项，如图 4-30 所示。

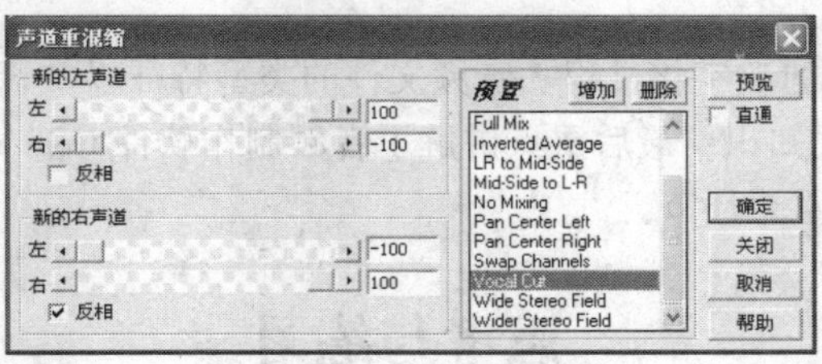

图 4-30　“声道重混缩”对话框

（3）混缩结束后将文件另存。

8. 音频文件的保存和应用

音频文件编辑好以后就可以保存了，在 Cool Edit Pro 2.1 中提供了“保存”、“另存为”、“另存复制”、“保存选取区域”、“全部保存”多个命令，还可以在保存的过程中转换音频格式，有 WAV、DBL、MP3、AU、WMA、PCM 等多种格式可以选择，如图 4-31 所示。还可以在保存之前，单击“选项”按钮调整该压缩方式的参数，如图 4-32 所示。

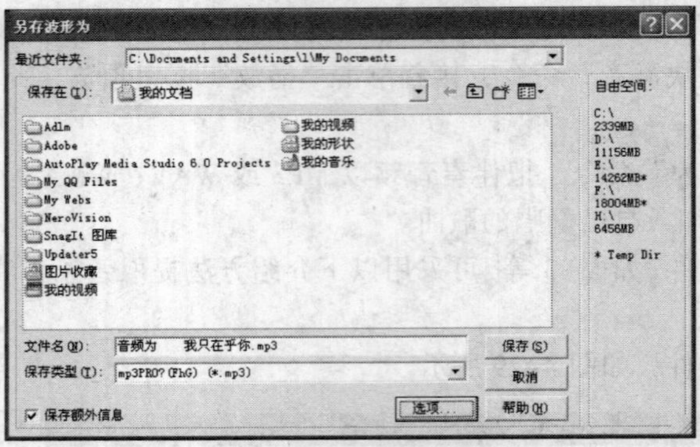

图 4-31 “另存为”对话框

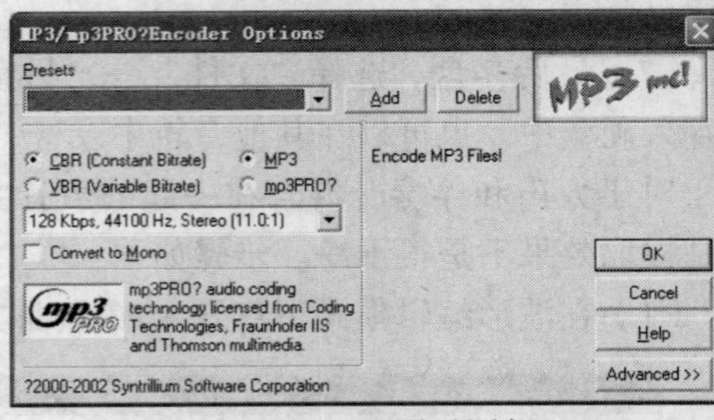

图 4-32 选项对话框

保存好以后就可以在各种多媒体创作工具中导入音频数据了。

练一练

（1）用麦克风录制一段语音

将麦克风与声卡的 MIC 端口连接，双击桌面右下角的喇叭，打开声音控制，确保麦克风和线形输入选项不为静音，使用 Windows 操作系统附带的录音机软件或使用 Cool Edit Pro 2.1 选择合适的声音格式录制一段诗朗诵声音。

（3）用 CD 唱机录制一段音乐

将 CD 唱机输出与声卡的 LINE IN 接口连接，打开 Cool Edit Pro 2.1 软件，选择“文件”→“新建”命令，单击“录音”按钮，录制一段音乐，作为诗朗诵的配乐。

（4）使用 Cool Edit Pro 2.1 编辑音频

对诗朗诵音频软件进行剪辑，剪掉开头无用的部分，添加回响效果，去除杂音，最后选择“编辑”→“混合粘贴”命令将诗朗诵和音乐文件进行混音处理，也可以使用多轨模式进行混缩保存。

本 章 小 结

本章介绍了音频文件的数字化过程、音频文件的类型特征以及音频压缩技术；介绍了硬件设备声卡以及 MP3 的相关知识；最后重点讲解了音频制作软件 Cool Edit Pro 2.1 的用法，音频制作是多媒体软件开发的重要环节。

思考与练习

一、填空题

1. 音频信号的压缩编码方式可分为________、________和________三种。
2. 采样的三个标准频率分别为________、________和________。
3. MIDI 合成的产生方式有两种________合成和________合成。
4. 模拟波形数字被数字化后音频文件的存储量（未经压缩）为：
____。

二、选择题

1. ________格式其取样频率为 44.1kHz，16 位量化位数，存储采用了音轨的形式，又叫“红皮书”格式，记录的是波形流，是一种近似无损的格式。

   A. WAV　　B. MIDI　　C. CD　　D. MP3

2. ________格式在 1992 年合并至 MPEG 规范中。能够以高音质、低采样率对数字音频文件进行压缩。换句话说，音频文件能够在音质丢失很小的情况下（人耳根本无法察觉这种音质损失）把文件压缩到更小的程度。

   A. WAV　　B. MP4　　C. CD　　D. MP3

三、思考题

1. 简述音频数字化原理。
2. 写出你所熟悉的音频格式，哪些格式是可以在 Cool Edit Pro 2.1 处理的？
3. 简述计算机上 MIDI 音乐的产生过程。
4. 在 Cool Edit Pro 中，如何实现淡入/淡出效果的设置？
5. 在编辑声音的过程中，假设需要反复使用某一操作，怎样设置更为方便？
6. 在 Cool Edit Pro 中，希望在当前文件后增加另一段声音文件，如何操作？
7. 在 Cool Edit Pro 中，如何转换音频文件的采样频率？
8. 当前有一段视频电影，左声道为英文配音，右声道为中文配音，如何在 Cool Edit Pro 中提取出英文配音并生成 mp3 文件？

第5章 多媒体图形图像

计算机中的图可以分为图形和图像两种类型，图形一般指用计算机绘制画面，如直线、圆、圆弧、任意曲线和图表等；图像则是指由输入设备捕捉的实际场景画面或以数字化形式存储的任意画面。图形的输入信息是数据或模型。最常用的输入设备就是最基本的计算机输入设备：键盘和鼠标。而图像则是计算机借助外部设备（例如扫描仪、数码相机等）输入图像像素。

本章要点

- 图形图像的概念区别和文件类型。
- 图像处理中的色彩学知识。
- 多媒体图像硬件设备。
- 图像制作软件 Photoshop CS2。

5.1 简 介

在计算机科学中，图形和图像是两个概念，图形一般指用计算机绘制画面，如直线、圆、圆弧、任意曲线和图表等；图像则是指由输入设备捕捉的实际场景画面或以数字化形式存储的任意画面。

5.1.1 图形

图形的应用已经有数年的历史。早在两千多年前，就出现了欧几里德几何，后来又出现了立体几何、解析几何和样条几何，广泛应用于数学和建筑学中，对科学和教育事业起了很大的作用。

所谓计算机图形是指计算机产生的图形，它的实质就是输入的信息是数据，经计算机图形系统处理以后，输出的结果便是图形，如图5-1所示。

图 5-1 图形

例如，若我们输入一个圆的圆心坐标及半径，计算机图形系统便产生并输出一个圆形。至于当数据输入到计算机系统以后，计算机图形系统是如何将其转换为图形的则是计算机科学研究工作者所研究的问题。围绕这一问题，早在20世纪60年代就已形成了一门计算机的分支学科，称之为计算机图形学（Computer Graphics）。随着研究的不断深入，计算机图形学有了很大的发展，从简单平面图形的产生，如线段、圆弧等，到空间曲线、曲面的产生，到具有真实感表面的图形产生均得到了较为圆满的解决。

计算机图形处理的主要内容有：

① 几何变换，如平移、旋转、缩放等

② 曲线和曲面的拟合

③ 建模或造型

④ 隐线、隐面消除

⑤ 明暗处理和纹理产生

⑥ 着色

图形处理技术主要应用领域在计算机辅助设计和制造、计算机教育、计算机艺术、计算机模拟、计算机可视化、计算机动画和虚拟现实等。

5.1.2 图像

图像是人类所感受到的一种形象化的信息，其最大的特点就是直观可见、形象生动。所以图像是人类用来表达和传递信息的重要手段。

计算机图像又称数字图像，它是计算机应用领域中的另一个重要分支。计算机图像处理系统与计算机图形系统的工作方式完全不同，系统的输入信息是图像，经处理后的输出仍然是图像，如图 5-2 所示。

图 5-2　图像

显然，输入图像与输出图像是有所不同的，计算机图像处理系统一般是对输入的图像（又称原始图像）进行某些处理后再进行输出。

研究计算机图像处理的基本原理和方法的学科称为计算机图像处理学，它包含以下几个方面的内容。

（1）图像的计算机表示与存储方法研究。这是计算机处理图像的基础，现实中的图像是一种模拟信号，而计算机中存储信息是二进制数字信息，所以任何一幅现实中的图像要用计算机来处理，首先必须用计算机来表示（称为数字化）并存储于计算机内。现在这一步一般都由硬件装置来完成，如彩色扫描仪、数码相机等。

（2）对存储于计算机内的图像进行增强处理。它包括使图像中的某些部分变得更加突出或更加淡化，消除图像中某些部分（阴影、噪点等）。

（3）研究编码算法，使图像的存储和传输变得更为有效。

（4）图像的复原处理。它用来改善质量以降低的图像。从表面上看与图像的增强处理类似，都是为了提高图像质量，但它与图像增强有着本质的区别，图像复原是力图恢复图像的本来面目；而图像增强只是用一种试探的方式去改善图像质量，以适应人眼观察图像的某种需要。

（5）进行图像分析。包括对图像的分割、图像的识别与描述等。对图像进行分割是将整幅图像分割成几个有意义的部分，以便计算机图像处理系统进行识别和描述。

从表面上看，计算机图形与计算机图像都与图相关，使人们容易混淆，但实际上有着本质的区别，这表现在以下几个方面。

（1）计算机图形是矢量型的，而计算机图像是点阵式的或者说是由像素组成的。

（2）计算机图形系统是从数据到图形的处理过程，而计算机图像处理系统则是从图像到图像的处理过程。

（3）计算机图形与计算机图像有一定的联系，经过处理可以相互转换，如用着色算法对计算机图形着色（Render）后即生成一幅计算机图像，反之对一幅计算机图像进行矢量化即可得到该图像中的一些轮廓图形。

5.1.3 位图与矢量图

1. 位图

位图也叫点阵图。无论是图形文件还是图像文件最终都要通过显示器显示，一般显示器都采用光栅扫描显示。电子束在荧光屏上有规律地从左到右、从上到下扫描。反映在荧光屏上为若干个点。每个点称为一个像素。荧光屏上所有点形成一幅图像。如果把每一点的亮值（亮暗程度或色彩）都单独记录，用数据点（位）的值“映射”成图像，就得到位图。若把原始的数据点亮值逐一写入到文件中去，便形成了未经压缩的图像文件。

Photoshop 主要处理的是位图图像。当处理位图图像时，可以优化微小细节，进行显著改动，以及增强效果。位图图像，亦称为点阵图像或绘制图像，是由像素（图片元素）的单个点组成的。这些点可以进行不同的排列和染色以构成图样。当放大位图时，可以看见赖以构成整个图像的无数单个方块。扩大位图尺寸的效果是增多单个像素，从而使线条和形状显得参差不齐。然而，如果从稍远的位置观看它，位图图像的颜色和形状又显得是连续的。由于每一个像素都是单独染色的，可以通过以每次一个像素的频率操作选择区域而产生近似相片的逼真效果，诸如加深阴影和加重颜色。缩小位图尺寸也会使原图变形，因为此举是通过减少像素来使整个图像变小的。同样，由于位图图像是以排列的像素集合体形式创建的，所以不能单独操作（如移动）局部位图。

2. 矢量图

矢量图，也称为面向对象的图像或绘图图像，繁体版本上称之为向量图，在数学上定义为一系列由线连接的点。矢量文件中的图形元素称为对象，每个对象都是一个自成一体的实体，它具有颜色、形状、轮廓、大小和屏幕位置等属性。既然每个对象都是一个自成一体的实体，就可以在维持它原有清晰度和弯曲度的同时，多次移动和改变它的属性，而不会影响图例中的其他对象。这些特征使基于矢量的程序特别适用于图例和三维建模，因为它们通常要求能创建和操作单个对象。基于矢量的绘图同分辨率无关。这意味着它们可以按最高分辨率显示到输出设备上。

矢量图以几何图形居多，图形可以无限放大，不变色、不模糊。常用于图案、标志、VI、文字等设计。常用软件有：CorelDRAW、Illustrator、FreeHand、XARA 等。

3. 位图与矢量图的关系

位图和矢量图是计算机图形中的两大概念，这两种图形都被广泛应用到出版，印刷，互联网等各个方面，它们各有优缺点，两者各自的好处几乎是无法相互替代的，因此长久以来矢量图跟位图在应用中一直是平分秋色。

位图的色彩变化丰富，在编辑上可以改变任何形状的区域的色彩显示效果，相应的要实现的效果越复杂，需要的像素数越多，图像文件的大小、长宽和体积越大。

矢量图的轮廓的形状更容易修改和控制，但是对于单独的对象，色彩上变化的实现不如位图方便、便捷。另外，支持矢量格式的应用程序也远远没有支持位图的多，很多矢量图形都需要专门设计的程序才能打开浏览和编辑。

矢量图可以很容易的转化成位图，但是位图转化为矢量图却并不简单，往往需要比较复杂的运算和手工调节。

矢量图和位图在应用上也是可以相互结合的，比如在矢量文件中嵌入位图实现特别的效果，再比如在三维影像中用矢量建模和位图贴图实现逼真的视觉效果等。

5.2　图 像 文 件

图形和图像是人们比较容易接受的信息载体，是多媒体技术的重要组成部分，一幅图像可以形象生动的直观的表现大量信息。具有文本和声音所无法比拟的优点。本节将介绍图像的采集与存储，图像文件的类型和图像的压缩技术。

5.2.1　图像文件的采集与存储

计算机不能直接处理连续的图像，必须将连续图像转换为数字形式。通常称转换前的连续图像叫物理图像。物理图像转化为数字图像的过程叫做图像采集或图像的数字化。

如图 5-3 所示，数字图像采集系统主要包括三个基本单元，即成像系统，用于检测整个景物反射、折射光线的强度的图像传感器；采样子系统，对成像系统检测数据进行扫描采集的扫描驱动硬件；量化器，将连续信号进行量化，以适应于计算机处理的模数转换器。成像系统的种类很多，常见的有扫描仪、CID（Charge-Injection Device）摄像机、CCD（Charge-Couple Device）摄像机等，其中 CCD 摄像机是目前工业上用最广泛的一种成像系统，它主要由镜头、CCD 芯片及驱动电路组成。

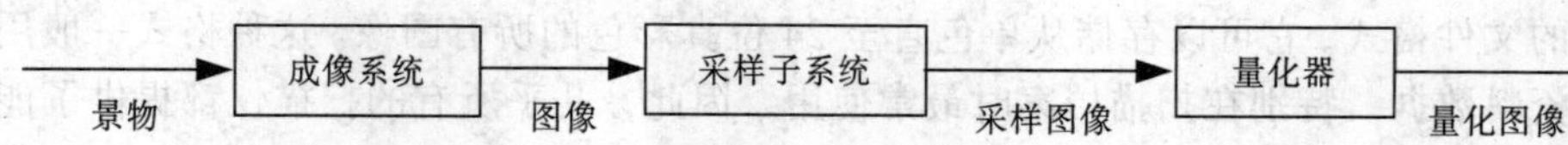

图 5-3　数字图像采集系统

5.2.2　图像文件类型

图像在存储媒体（如磁盘、光盘）时的存储类型，称为文件类型。图像文件的存储类型有多种，如 BMP、TIF、JPEG 等。

1. BMP

BMP 为 Bitmap 的缩写，又称位图，是一种依赖于具体设备、最为普遍的点阵图像格式，也是 DOS 与 Windows 相兼容的标准 Windows 点阵式图像格式。BMP 位图格式可以以每像素 1 位（二值图像）、4 位（16 色）、8 位（256 色）或 24 位（真彩色）的方式存储图像。BMP 格式文件可以采用压缩存储，压缩方法为 RLE，其压缩效率不如 PCX 或其他格式高，但 BMP 格式相对易于理解、方便处理。大多数情况，数字图像处理都是对 RGB 格式点阵数据进行处理。

2. PCX 文件

PCX 是由 Z－soft 的 PC Paintbrush 软件所建立的格式，是 MS-DOS 下常用的格式。在 Windows 系统尚未普及时。MS-DOS 下的绘图、排版、游戏软件多用 PCX 格式，从最早的 16 色，发展至今已可达 16.77×106 万色。PCX 文件采用行程编码方法压缩图像数据。

3. GIF 文件

Graphics Interface Format（GIF）是 CompuServe 公司制订的格式。在 CompuServer 公司开放使用权限后广为应用，且适用于各式操作平台，各种软件均有支持。该格式能储存成背景透明化的形式，并且可将数张图像存成一个文件，形成动态效果。此外，GIF 采用 LZW 压缩格式，压缩比高，磁盘空间占用较少，一般用来存储索引色的图像，所以文件尺寸不大，用在网络上传输时，能大大节省传输时间，由于这两个特性，GIF 文件广泛应用在互联网网上的 HTML 文件及其他的网上服务。

GIF 格式最大只能保存 8 位色的数码图像，所以它最多只能用 256 色来表现物体。尽管如此，这种格式仍在网络上应用非常广泛，这和 GIF 图像文件短小、下载速度快、可组成动画等优势是分不开的。

4. JPEG（JPG）

Join Photographic Experts Group（JPEG）格式，普遍应用在兼容式互联网上的 HTML 文件中要使用连续色调的图像上。不像 GIF 格式，JPEG 格式可以保存 RGB 图像上所有的颜色信息。JPEG 同样是一种压缩格式，可以有效地保存必要的与排除图像在显示时不需要的颜色信息。

因为 JPG 会排除颜色信息，所以它是一种有损压缩，所保存的图像质量和压缩的程度有关，选择高度压缩的形式，图像质量会降低；选择低度压缩的形式，会使图像的质量较好。

5. TIFF 文件

Tagged-Image File Format（TIFF）是 Microsoft 公司和 Aldus 公司合作开发的一种灵活的不依赖于系统的文件格式，它可以存储从单色直至 24 位真彩色的所有图像。这种格式一般用于说明标准点阵资料数据。特别在扫描档案时最常使用，因此，几乎所有的扫描仪都提供了能保存 TIFF 格式文件的控制软件，绝大多数桌面印刷软件和文字处理软件都可以直接读取和使用 TIFF 格式图像。

6. TGA 文件

24 位了 Truevision Targa 文件格式，是随着 Truevision 高质量 PC 显示适配器而出现的。有好几种类型的 Targa 文件，最常用的一种用 24 位代表一个像素，R、G、B 分量各占一个字节，所以一个 Targa 文件需要占用很大的存储空间。

7. PICT 文件

PICT 文件特性主要是描述灰阶（Gray Scale）及黑白的图像文件格式。存储时可以选择不同的分辨率和压缩率。几乎所有的软件都支持这种格式，但当置入 Illustrator 5.0C 时，就只能将 PICT 文件格式作为模板，即只是一个绘图背景。

8. PDF 文件

全名是 Adobe Portable Document Format，由 Adobe 公司发明，主要用于不同操作平台如 Mac、PC 和 Umax 的文件沟通。

当文件跨平台、跨地域进行传输时，建议保存为这种格式，你只需要一个名为 Adobe Acrobat Reader 这样的程序，就可以阅读它的内容。存为 PDF 文件后，会把文件所有的元素压缩在一个文档中，这样，你就可以很方便的使用 Acrobat Reader 看到所有的内容。不过，目前只有 PostScript Level III 可以直接输出 PDF 文件。

9．PNG

PNG（Portable Network Graphics）是一种新兴的网络图像格式。在 1994 年底，由于 Unysis 公司宣布 GIF 拥有专利的压缩方法，要求开发 GIF 软件的作者须缴一定费用，由此促使免费的 PNG 图像格式的诞生。PNG 一开始便结合 GIF 及 JPG 两家之长，在 1996 年 10 月 1 日由 PNG 向国际网络联盟提出并得到推荐认可标准，并且大部分绘图软件和浏览器开始支持 PNG 图像浏览。

PNG 吸取了 GIF 和 JPG 二者的优点，存储形式丰富，兼有 GIF 和 JPG 的色彩模式；它的另一个特点能把图像文件压缩到极限以利于网络传输，但又能保留所有与图像品质有关的信息，因为 PNG 是采用无损压缩方式来减少文件的大小，这一点与牺牲图像品质以换取高压缩率的 JPG 有所不同；它的第三个特点是显示速度很快，只需下载 1/64 的图像信息就可以显示出低分辨率的预览图像；第四，PNG 同样支持透明图像的制作，使用透明图像制作网页图像的时候很有用。

PNG 的缺点是不支持动画应用效果。Macromedia 公司的 Fireworks 软件的默认格式就是 PNG。现在，越来越多的软件开始支持这一格式，而且在网络上也开始流行。

10．PSD 文件

这是著名的 Adobe 公司的图像处理软件 Photoshop 的专用格式 Photoshop Document（PSD）。PSD 其实是 Photoshop 进行平面设计的一张“草稿图”，它里面包含有各种图层、通道、遮罩等多种设计的样稿，以便于下次打开文件时可以修改上一次的设计。在 Photoshop 所支持的各种图像格式中，PSD 的存取速度比其他格式快很多，功能也很强大。

5.2.3　图像压缩技术

1．图像压缩原理

可以把黑白数字图像看作一个矩阵，其行和列的交点标识为图像中的一个点，相应的矩阵单元则表示该点的灰色梯度。这种数字陈列的单元称为图像单元或像素。数字转化图像就是由这样的一连串单元组成的。

对于彩色图像来说，每个像素由红（R）、绿（G）和蓝（B）三种颜色表示。为了有效地编码，彩色像素可分成灰度（Y）和色度（U 和 V）。因此可以将彩色图像看做是对应于三个成分的三个矩阵。为得到高的压缩比，U 和 V 的处理不同于 Y，各个矩阵都可以用与黑白图像相同的方法进行编码。

图像压缩可以分成两种类型：无失真的压缩和有失真的压缩。前者能够精确地生成原始图像；后者则有不容易引起注意的失真。因为数据的压缩都可以看成是一种变换，所以解压缩（数据恢复）被看作是一种反变换。实现变换的方法称为编码技术。

图像压缩技术指标主要有三个。

（1）图像压缩比，指压缩前后所需的图像存储量之比。

（2）实现压缩的算法难易程度或速度。

（3）重现精度，指重现时的图像与原图像相比较有多少失真。第三个指标涉及到人们的主观判断，可以区分两幅图像的优劣，在多数场合下，则还需要有其他的客观指标来区分。

2. JPEG 静态图像压缩标准

JPEG（Joint Photographic Experts Group）是联合图片专家小组的缩写。在图像采集、处理与传输的硬件中，为了使不同厂商的产品具有图像压缩共同的依据和兼容性，各公司都重视建立通用的图像压缩标准。1986 年由 CCITT 和 ISO 两个国际组织联合成立了一个联合专家小组简称 JPEG，致力于建立适合于彩色和单色多灰度的连续色调静态图像的压缩标准，1991 年形成 ISO/IEC10918 文件，1992 年正式成为一个适用于连续色调、多级灰度、彩色或单色静态图像数据压缩国际标准。

JPEG 标准采用了混合编码方法。它定义了两种基本压缩算法：

（1）基于空间线性预测技术，即差分脉冲码调制（DPCM）的无失真压缩算法。

（2）基于 DCT 的有失真压缩算法。并进一步应用游程编码和熵编码。

JPEG 标准的应用目标是：

（1）压缩比及图像保真度可在较大的范围内调节，供用户选择。

（2）可用于任何连续色调数字图像，不限制图像的内容。

（3）在一定能力 CPU 上即可实现，复杂的软件本身要易于操纵。

3. 无失真预测编码压缩算法

JPEG 选择了一种简单的线性预测编码方法，具有重建图像质量好的优点。对于中等复杂程度的彩色图像，无失真预测编码、解码可达到大约 2∶1 的压缩比。

4. 基于 DCT 的有失真压缩

基于 DCT 的压缩编码算法包括两种层次的系统：基本系统和增强系统。而且这种算法还定义了二种工作方式：顺序方式和累进方式。基本系统采用顺序工作方式，只采用哈夫曼编码，解码器中只存储两套哈夫曼表。增强系统除包含基本系统外，还可采用自适应二进制算术编码。

DCT 编码的基本过程：首先进行 DCT 正变换，再对 DCT 系统进行量化，并分别对量化后的系数进行差分编码或游程编码，最后再进行熵编码。

5. 压缩比和图像质量

JPEG 标准的压缩编码与解码是有失真的，主要原因是变换后系数的量化而引起失真。压缩的效果与图像内容本身有较大的关系，高频成分少的图像比高频成分多的图像可获得更高的压缩比，而图像仍有较好的质量。对于给定的质量因子（分为 1～255 级），采用相应的编解码参数，达到相应的压缩效果。

5.3 图像处理中的色彩学知识

在视觉上，色彩是无法用一般的量值来衡量的，只能用三个特殊的物理量即色相、亮度和饱和度（纯度）来衡量。色相、亮度和饱和度就是色彩的三属性，也称色彩三要素。

人眼的视觉是主观视感对客观色存在的反映，视觉包括光觉和色觉，也就是亮度视觉和彩色视觉基色（Primary Color）。基色是指互为独立的单色，任何一种基色都不能由其他两种基色混合产生。

色彩管理就是要解决各种设备间的色彩转换匹配问题。我们知道，色彩的度量有多种方法，而每一种方法都是在一个特定的色彩模型中来进行。

5.3.1　色彩的三要素

1. 色相

色相即色彩的相貌，是色彩最基本的特征，也是色与色彼此相互区分最明显的特征。可见光不同波长的辐射在视觉上就表现为不同的色相。例如，红、橙、黄、绿、青、蓝、紫即为不同光谱波长的色相，都表示一个特定波长的色光给人的特定色彩感受。

色相由刺激人眼的光谱成分所决定。色彩主波长相同，色相便相同；主波长不同，色相就有差别。红色（R）的色感是 700nm 的主波长反射的结果。如在这个红色颜料中加入不同量的白、灰或黑，可得出灰艳、亮暗不同的色彩，但这些色彩仍然属于一个色相，因为主波长因素未变。

将光谱色的色带作弧状弯曲，加上不存在于光谱中的洋红色（magenta，谱外色），可形成一个色相循环渐变的圆形封闭圈，称为色相环。由于连续的色相环既难以命名，又难以管理，所以将连续变化的色相环均匀分段，以每段中间的色彩作为该段的色彩代表，构成各种分段的色相环。如图 5-4 所示为简单的六色色相环。

色相环直观的将色光三原色、色料三原色以图形显示，并体现了互补色的关系，对色彩设计和色彩处理都是非常重要的。

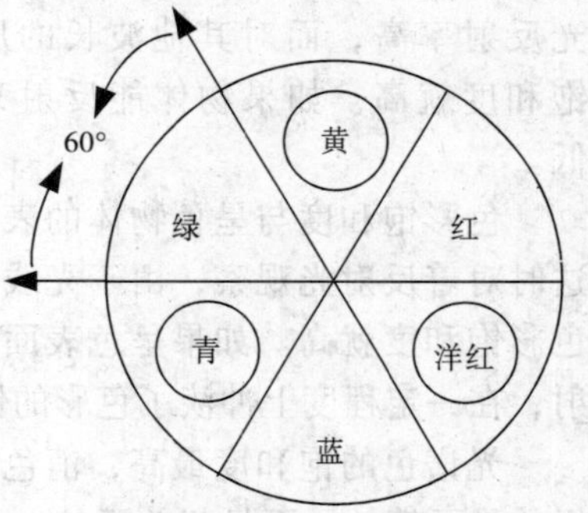

图 5-4　六色色相环

2. 亮度

亮度也称为明度。一般地说，色彩的亮度是人眼所感受到色彩的明暗程度。人眼对明暗的改变很敏感。反射光很小的变化，甚至小于 1%的变化，人眼也能感觉出来。

通常，各种色彩的亮度取决于人眼所感受的辐射能量。由于它们反射（透射）光量的不同，就会产生明暗强弱的差异，可用反射率（透射率）来表示。相同色彩物体或消色物体表面的反射率越高，它的亮度就越高。也就是指各个色彩物体在明亮程度上，越接近白色则亮度越高，越接近黑色则亮度越低。

根据人眼的光谱光效率函数，不同色相的光谱色即使反射率相同，亮度也各不相同。其中，黄色、橙黄、黄绿等色的亮度最高，橙色比红色的亮度高，蓝色与青色要暗些。所以，亮度并不单纯是一个物理学的量度，还是一个心理的量度。

由于亮度的差别，同一种色相具有不同色彩，如同一种绿色，可以分为明绿、淡绿、暗绿等。正是色彩有明暗差异，画面才能显示出层次，才有立体感。

白色颜料是反射率高的物质，如果在其他颜料中加入白色，可以提高混合颜色的亮度。黑色颜料是反射率极低的物质，在其他颜色中混入黑色，可以降低混合颜色的亮度。在颜色中加入白色或黑色颜料后，除了会发生亮度变化外，往往还能引起色彩的另一个属性饱和度的变化。

人们能比较准确地判断颜色的明暗对比。根据研究，人眼能分辨明暗层次的数目约在 600 种左右。但是，由于光适应作用，要准确判断某一颜色的绝对亮度却是困难的。此外，人眼分辨亮度差别的精确性还决定于景物总体亮度水平。亮度太大或太小时，人眼分辨亮度差别的能力就会降低，只有在亮度适中的场合，人眼的亮度分辨力才处于最佳状态。

彩色原稿经扫描分色，在分色片上就是以亮度形式被记录下来的。亮度值的大小直接决定了色量的多少。

3. 饱和度

饱和度（Chroma 或 Saturation，简写为 C 或 S），也称为纯度或彩度，是指反射或透明光线接近光谱色的程度，或者说是表示离开相同亮度中性灰色的程度。可见光谱中的单色光是饱和度最高的彩色光。饱和度一般以色彩中的含单色光成分的比例乘以百分数来表示。

在纯色中加入白色或黑色后，就会降低颜色的饱和度。所以饱和度可理解为含颜色多少的程度，也可说是含“灰”的程度。具体地说，饱和度的高低是纯色与非彩色混合比例高低的结果。若饱和度高，则含中性灰色量少；若饱和度低，则含中性灰色量多。

高饱和度颜色的色相表现明显，低饱和度色彩则色相不明显，所以，高亮度浅色、极灰或极暗的颜色往往难以分辨其色相。

物体色的饱和度取决于该物体表面反射光谱色光的选择性。物体对光谱某一较窄波段的光反射率高，而对其他波长的反射率很低或没有反射，则表明它有很高的光谱选择性，其饱和度就高。如果物体能反射某一色光，同时也能反射一些其他色光，则该色的饱和度就低。

色彩饱和度与呈色物体的表面结构有关。如果呈色表面结构光滑，表面反射光单向反射，这时对着反射光观察，由于光线亮得耀眼，饱和度较低，而在其他方向，由于反射白光很少，色彩饱和度就高。如果呈色表面结构粗糙，表面反射光呈漫反射，在任何方向上都有白光的反射，在一定程度上冲淡了色彩的饱和度。

光谱色的饱和度最高，消色的饱和度为 0。不同光谱色与等亮度消色之间能分辨的饱和度级数是不等的，而且相差还较大。其中红色最多，有 25 级，而黄色最少，只有 4 级。

4. 颜色三属性的相互关系

颜色的色相、亮度及饱和度都是人在观察色彩时的视觉心理量，是人们的主观颜色感觉。虽然三属性分别与主波长、光强以及光谱能量分布有关，但它们并不是光的物理属性，其表现形式与度量都取决于人类的视觉。

颜色的三个属性是相互独立的，但不能单独存在。它们之间的变化是相互联系、相互影响的。其中，色相和饱和度又称为色度，对色感的描述只有色相与饱和度有重要意义。

某种颜色中加白可提高其亮度，加黑会降低其亮度。而随着白和黑的增加，在颜色亮度改变的同时，颜色的饱和度也会变化，白量和黑量越多饱和度越低。

颜色的色相、亮度、饱和度只有在亮度适中的时候才能充分体现出来。在中等亮度下，一般人眼能够分辨的色彩总数在 10 000 种左右。丰富的彩色印刷品可表现 2 000 多种不同的色相。在亮度极低的场合，色彩变成了暗色，这是就很难区别色彩的色相和饱和度。如果在极亮的光照下，人眼接受的刺激的程度已达到了极限，使人产生了耀眼的感觉，这时也无法分辨色彩的一切属性。

5.3.2　色彩的基色

三基色（Tri-Chrominance Primary）是根据人眼对彩色视觉的大量实验得出的。实验证明选择红色、绿色和蓝色这三种互相独立的基色，按照不同比例混合，可以配出的大部分与自然界色彩相符的颜色，能引起人眼各种不同的彩色感。同样绝大多数颜色也可以分解成红、绿、蓝三种色光。

将三种基色光，按时间顺序轮流透射到同一表面上，只要轮换速度足够快，由于视觉残留特性，同样会产生相加混色的效果。人眼就辨别出各自不同的颜色。

根据三基色原理，任意给定的彩色光 F 的配色关系式为：

$$F=R[R]+G[G]+B[B]$$

其中：系数 R、G、B 称为（绝对）三色系数，[R]、[G]、[B]表示各个基色的单位量。以上配色关系又称为 RGB 彩色空间。

5.3.3　色彩模型

在彩色图像复制的过程中，要做到从扫描、显示、输出到印刷的色彩统一，就必须实行标准化、规范化、数据化的色彩管理。色彩管理包括输入设备间的色彩匹配、原稿色彩与显示器色彩之间的匹配、输出设备间的色彩匹配、显示器色彩与印刷品色彩之间的匹配以及原稿与印刷品之间的色彩匹配五个部分。

自 20 世纪初开始，色彩度量空间的研究日臻完善。而今，随着计算机技术的发展和普及，色彩模型及其相互转化和管理的技术日趋成熟。

1. RGB 色彩模型

色彩混合的基本定律表明：自然界任何一种色彩均可用红、绿、蓝三种原色光混合产生，这在几何上能够以 R、G、B 这三个互相垂直的轴所构成的空间坐标系统来表示，称为 RGB 三维模型，或 RGB 色空间。对于任何一种色彩，都可以用一定比例的红光、绿光和蓝光匹配得到。

RGB 光用 256 个层次值度量，给三个通道都指定一个值描述其层次。0 对应于无光，而 255 对应于各种通道来说，分别为纯红、纯绿、纯蓝。三个通道均为 255 时，产生白光。红为 255、绿和蓝为 0 时，将模拟出纯红光的效果。

在 RGB 空间中，因为对色光作相加，所以被称为加色模型如图 5-5 所示。由黑到某一色彩，用来产生该色彩的光量度量。

在色彩管理中，RGB 系统是不可缺少的表色系统。它出现在许多场合，如应用于显示器，使用 RGB 数值来驱动 RGB 电子枪发射电子，并分别激发荧光屏上的 RGB 三种色彩的荧光粉发出不同亮度的光线，并通过相加混合产生各种色彩；应用于扫描仪，通过吸收原稿经反射或透射而发送来的光线中的 RGB 成分，来表示原稿的色彩。

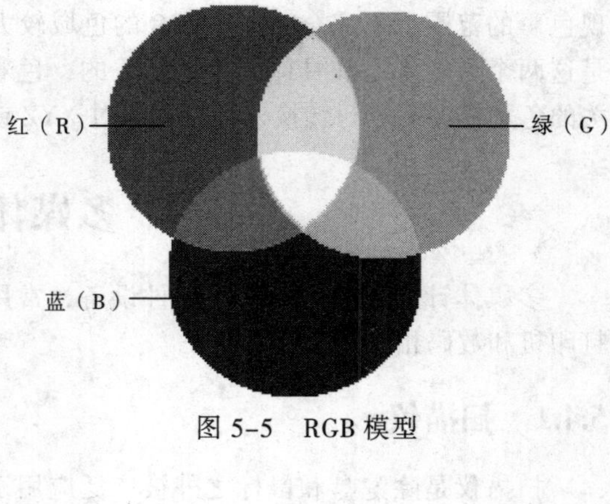

图 5-5　RGB 模型

显然，不同的扫描仪扫描同一幅图像，会得到不同色彩的图像数据；不同型号的显示器显示同一幅图像，也会有不同的色彩显示结果。因此，RGB 色彩模型称为与设备相关的色彩模型。RGB 色彩的重要性还在于图像被转换为 CMYK 模式后，为了及时看到处理的效果，必须临时把 CMYK 数据转换为 RGB 数据显示在屏幕上。

2. CMYK 色彩模型

印刷工业是通过青（C)、洋红（M)、黄（Y）三色油墨的不同网点面积率的叠印来表现丰富多彩的色彩和色调的，这就是 CMYK 色彩模型。

以色彩减色法为基础的基本色彩是青、洋红、黄，但它的实用模型却是 CMYK，这是因为目前还没有生产出足够纯度的油墨，这三种彩色油墨不能混合出所有色彩来，其中尤以产生纯灰色最为困难。

按色料减色混合原理，青、洋红和黄三种减色主色混合应该产生与 RGB 色彩模型相同数量的色彩。CMY 色彩空间以吸收光线量的多少为基础来形成不同的色彩。理论上，纯青、纯洋红和纯黄色的组合应该吸收所有色彩，产生黑色。等量的青、洋红和黄色混合后得到不同程度的灰色。但是，由于油墨不纯，CMY 三种油墨混合只能产生一种深棕色，印刷时需加上黑墨才能产生纯黑色。由于这一原因，通常需要在 CMY 模型的基础上增加一种色彩，最理想的自然是黑色，这就是四色套印工艺采用 CMYK 模型的理由。基于上述原因，可以认为 CMY 色彩模型就是 CMYK 色彩模型。CMYK 的不同色彩可能具有同一色调值，即转为灰度时灰度值相同。

实际印刷中，一般采用 CMYK 四色印刷，在印刷的中间调至暗凋增加黑版。即使增加了黑印版，有助于提高印刷密度，但这一模型仍不可能复制所有色彩。用四色印刷不可能印出可见光谱的所有色彩。一般来说，所用的油墨为青色、洋红色、黄色和黑色（即 CMYK)。像素值用四种油墨各自的百分比表示，CMYK 标度为 0%～100%，不是 255～0。

CMYK 色彩模型是和设备或印刷过程相关的，因工艺方法、油墨的特性、纸张的特性等，不同的印刷条件产生不同的印刷结果。因此，CMYK 色彩模型称为与设备有关的表色空间。而且，CMYK 具有多值性，也就是说对同一种具有相同绝对色度的色彩，在相同的印刷过程前提下可以用多种 CMYK 数字组合来表示和印刷出来。这种特性给色彩管理带来了很多麻烦，同样也给控制带来了很多的灵活性。

在印刷过程中，必然要经过一个分色的过程。所谓分色就是将计算机中使用的 RGB 色彩转换成印刷使用的 CMYK 色彩。在转换过程存在两个复杂的问题：其一，是这两个色彩模型在表现色彩的范围上不完全一样，RGB 的色域较大而 CMYK 则较小，因此，需要进行色压缩；其二，是这两个色彩都是和具体的设备有关的，色彩本身没有绝对性. 因此，需要通过一个与设备无关的色彩模型来进行转换，即可以通过 XYZ 或 LAB 色彩模型来进行转换。

5.4 多媒体图像硬件设备

多媒体计算机离不开图像硬件设备，常用的多媒体计算机的图像硬件设备主要有扫描仪、打印机和数码相机等。

5.4.1 扫描仪

扫描仪是除键盘和鼠标之外被广泛应用于计算机的输入设备。利用扫描仪输入照片可以建立电子影集；可以建立自己的网站；可以扫描手写信函再用 E-mail 发送出去以代替传真机；还可以利用扫描仪配合 OCR 软件输入报纸或书籍的内容，免除键盘输入汉字的辛苦。

1. 工作原理

扫描仪内部基本组成部件是光源、光学透镜、感光元件，还有一个或多个的模/数转换电路。感光元件一般是电荷耦合器（CCD）排列成横行，电荷耦合器里的每一个单元对应着一行里的一个像素。在扫描一副图像的时候，光源照射到图像反射回来，穿过透镜到达感光元件，每一个电荷耦合器把这个光信号转换成模拟信号（即电压），同时量化出像素的灰暗程度，接着模拟—数字转换电路再把模拟信号转换成数字信号进行保存。

2. 性能指标

（1）光学分辨率

光学分辨率是扫描仪最重要的性能指标之一，它直接决定了扫描仪扫描图像的清晰程度。扫描仪的分辨率通常指每英寸长度上的点数，即 dpi 来表示，市场上售价在 1 000 元以下的扫描仪其光学分辨率通常为 300 × 600 dpi，而价格在 1 000～2 000 元之间的扫描仪其光学分辨率通常为 600 × 1 200 dpi。另外，除了光学分辨率之外，扫描仪的包装箱上通常还会标注一个最大分辨率，光学分辨率为 300 × 600 dpi 的扫描仪一般为 4 800 dpi，而 600 × 1 200 dpi 的则更高达 9 600 dpi，这实际上是通过软件在真实的像素点之间插入经过计算得出的额外像素，从而获得的插值分辨率。插值分辨率对于图像精度的并无提高，事实上只要软件支持而计算机配置够高，则这种分辨率可以做到无限大。从个人用户的应用角度来看，300 × 600dpi 的扫描仪就能够满足需要，但 600 × 1 200 dpi 的产品价格与其相差不大，为了应付一些特殊的需求，还是推荐选择 600 × 1 200 dpi 的扫描仪。

（2）色彩深度、灰度值

正如显示卡输出图像有 16bit、24bit 色的分别一样，扫描仪也有自己的色彩深度值，较高的色彩深度位数可以保证扫描仪反映的图像色彩与实物的真实色彩尽可能一致，而且图像色彩会更加丰富。扫描仪的色彩深度值一般有 24bit、30bit、32bit、36bit 几种，一般光学分辨率为 300 × 600 dpi 的扫描仪其色彩深度为 24bit、30bit，而 600 × 1 200 dpi 的为 36bit，最高的有 48bit。灰度值是指进行灰度扫描时对图像由纯黑到纯白整个色彩区域进行划分的级数，编辑图像时一般都使用到 8bit，即 256 级，而主流扫描仪通常为 10bit，最高可达 12bit。

（3）感光元件

感光元件是扫描图像的拾取设备，相当于人的眼睛，其重要性不言而喻，也是我们要进行重点介绍的部分。目前扫描仪所使用的感光器件有三种：光电倍增管，电荷耦合器（CCD），接触式感光器件（CIS 或 LIDE）。

光电倍增管实际上是一种电子管，感光材料主要是金属铯的氧化物及其他一些活性金属（主要是镧系金属）氧化物的搀杂物，用这种材料制成的光电阴极，在光线的照射下能够发射电子，经栅极加速放大后冲击阳极，形成电流。在各种感光器件中，光电倍增管是性能最好的一种，无论是灵敏度、噪声系数还是动态范围都遥遥领先于其他感光器件，更可贵的是它的输出信号在相当大范围上保持着高度的线性，使输出信号几乎不用做任何修正就可以获得准确的色彩还原。同时，光电倍增管的温度系数极低，可以忽略不计，因此它几乎不受周围环境温度的影响。不过光电倍增管在各种感光器件中是生产成本最高的，而且由于一次只能扫描一个像素，因此扫描速度很慢，扫描一张图需要几十分钟，所以现在它一般只使用在昂贵的专业滚筒式扫描仪上。

接触式感光元件，又称 CIS 技术，是最近一两年内新出现的名词，这项技术的推广相当迅速，现在几乎每家扫描仪生产厂商都推出了数款使用 CIS 作感光元件的扫描仪。其实，这种技术与 CCD 技术几乎是同时出现的，它使用的感光材料一般是硫化镉，但由于尺寸太大，无法使用镜头成像，只能依靠贴近目标来识别目标，因此光学分辨率最高只能达到 200dpi，曾广泛用在低档手持式黑白扫描仪上，但随着扫描仪彩色化、高精度化，CIS 迅速从扫描仪市场上销声匿迹了。1998 年后，CIS 技术有了重大突破，极限分辨率被提高到 600dpi，再加上其生产成本只有 CCD 的 1/3，所以得到广泛应用。不过就性能而言，接触式感光器件存在着严重的先天不足，首先由于不能使用镜头，只能贴近稿件扫描，其实际清晰度远远达不到标准指标，而且没有景深，不能扫描立体物体。

（4）扫描仪的接口

扫描仪的接口是指与计算机主机的连接方式，通常分为 SCSI、EPP、USB 三种，后两种是近几年才开始使用的新型接口。

USB 接口是最新的接口，它的优点和 EPP 并口一样，只是速度更快（USB 接口最高传输速率 2Mbit/s）、使用更方便（支持热插拔），它的缺点与其他 USB 设备一样，因为没有 USB 在 DOS 环境的驱动程序，所以不支持 DOS 系统，不过现在只支持 DOS 系统的应用软件已经很少了，而其中的扫描、图像编辑软件就更少了，这应该不是大问题。

3. 分类

图像扫描仪一般分为平板式、手持式和滚筒式三种。

（1）平板式扫描仪

平板式扫描仪（见图 5-6）是应用最广泛的扫描仪。平板式扫描仪在扫描时，图像平铺在台面上，由步进电机带动 CCD 作直线运动进行扫描。平板式扫描仪的工作性能比较可靠，使用寿命长，产品安装和使用方便，价格也较便宜。平板式扫描仪更多地应用于办公自动化领域，如图文档案管理、图文排版、汉字扫描录入、计算机传真复印等。

图 5-6 平板式扫描仪

（2）手持式扫描仪

手持式扫描仪本身不带传动机构，由手动方式拖动扫描仪扫描图像。手持式扫描仪只能扫描小幅图像，如照片。手持式扫描仪的扫描速度目前大致相当，实际的扫描速度和所使用的主机速度及软件有关，手持式扫描仪用手拖动时不能过快，否则就会丢失图像数据。

（3）滚筒式扫描仪

滚筒式扫描仪是目前最精密的扫描仪器，它一直是高精密度彩色印刷的最佳选择。它也叫做电子分色机，它的工作过程，是将正片或原稿用分色机扫描存入计算机，因为“分色”后的图档是以 C、M、Y、K 或 R、G、B 的形式记录正片或原稿的色彩信息，这个过程就被叫成“分色”或“电分”（电子分色）。而实际上，“电分”就是我们所说的用滚筒式扫描仪扫描。

滚筒式扫描仪与平板式扫描仪的主要区别，是它采用 PMT（光电倍增管）光电传感技术，而不是 CCD，能够捕获到正片和原稿的最细微的色彩。一台 4 000 dpi 分辨率的滚筒式扫描仪，按常规的 150 线印刷要求，可以把一张 4×5 的正片放大 13 倍（4 000/300=13 倍）。现在的滚筒式扫描仪可以与苹果机或 PC 相连接，扫描得到的数字图像可用 Photoshop 等软件作需要的修改和色彩调整。

5.4.2　打印机

打印机是一种复杂而精密的机械电子装置，而无论哪种打印机，其结构基本上都可分为机械装置和控制电路两部分，这两部分是密切相关的。机械装置包括打印头、字车机构、走纸机构、色带传动机构、墨水（碳粉）供给机构以及硒鼓传动机构等，它们都是打印机系统的执行机构，由控制电路统一协调和控制，而打印机的控制电路则包括 CPU 主控电路，驱动电路，输入输出接口电路及检测电路等。

虽然打印机的外观千变万化，打印出来的图形、色彩也各不相同，究其原理，我们可将常用的打印机分为三种类型：针式打印机、喷墨打印机和激光打印机。

1．针式打印机

针式打印机（见图 5-7）之所以得名，关键在于其打印头的结构。打印头的结构比较复杂，大致说来，可分为打印针，驱动线圈，定位器，激励盘等。简单的说，针式打印头的工作过程是这样的：当打印头从驱动电路获得一个电流脉冲时，电磁铁的驱动线圈就产生磁场吸引打印针衔铁，带动打印针击打色带，在打印纸上打出一个点的图形。因其直接执行打印功能的是打印针，所以这类打印机被称为针式打印机。

针式打印机的具体工作原理：由主机送来代码，经过打印机输入接口电路的处理后送至打印机的主控电路，在控制程序的控制下，产生字符或图形的编码，驱动打印头打印一列的点阵图形，同时字车横向运动，产生列间距或字间距，再打印下一列，逐列进行打印；一行打印完毕后，启动走纸机构进纸，产生行距，同时打印头回车换行，打印下一行；上述过程反复进行，直到打印完毕。

2．喷墨打印机

喷墨打印机是继针式打印机之后发展起来的一种高速打印设备，通过喷嘴将很小的黑色或彩色的墨滴喷射到打印纸上，在强电场作用下把墨滴高速喷射在纸上形成图像或文字，如图 5-8 所示。喷墨打印机可以打印出高质量的文本、输出混合图像、文字以及请柬、贺卡等，可以输出与相片相媲美的图像。现在的喷墨打印机分为单色和彩色两种，市场上彩色喷墨打印机占多数，可以打印出彩色的文本来，以吸引消费者。喷墨打印机和针式打印机是截然不同的，喷墨打印机在打印时悄然无声，而且速度较快。

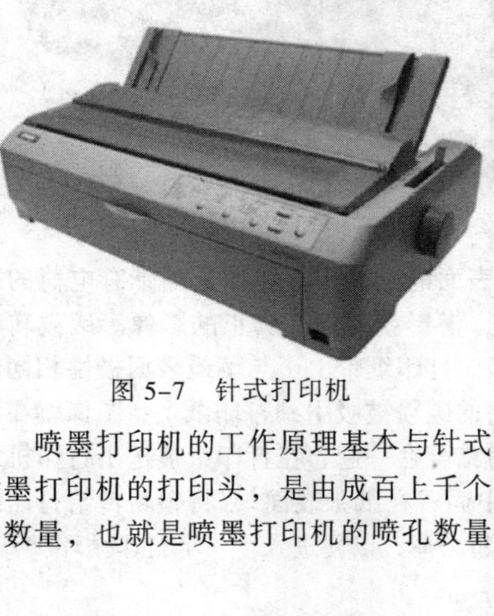

图 5-7　针式打印机

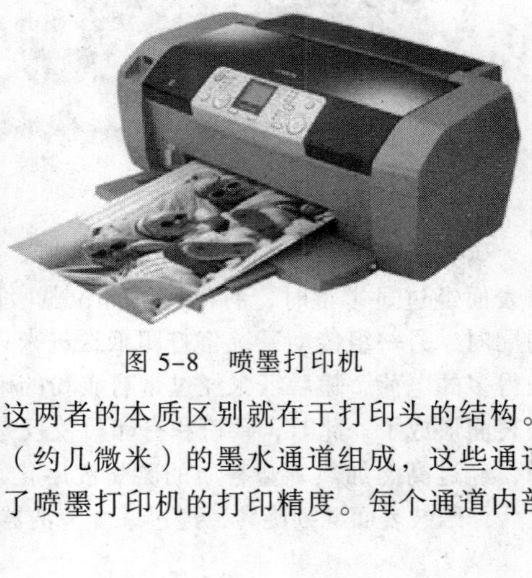

图 5-8　喷墨打印机

喷墨打印机的工作原理基本与针式打印机相同，这两者的本质区别就在于打印头的结构。喷墨打印机的打印头，是由成百上千个直径极其微小（约几微米）的墨水通道组成，这些通道的数量，也就是喷墨打印机的喷孔数量，它直接决定了喷墨打印机的打印精度。每个通道内部都附着能产生振动或热量的执行单元。当打印头的控制电路接收到驱动信号后，即驱动这些执行单元产生振动，将通道内的墨水挤压喷出；或产生高温，加热通道内的墨水，产生气泡，将墨水喷出喷孔；喷出的墨水到达打印纸，即产生图形。这就是喷墨打印头的基本原理。而喷墨打印机的控制原理，工作方式基本与针式打印机相同。

3. 激光打印机

激光打印机是一种非击打式打印机，其优点是针式和喷墨打印机所不具备的。激光打印机具有输出速度快、成本低而且输出的文本质量高的特点。在市场上激光打印机是结构最复杂、文件质量最细腻的打印设备，如图 5-9 所示。可以说激光打印机是利用电子成像技术来完成打印的，其工作原理为：当打印机开始工作时，激光束就进行扫描，将要打印的图像或文本快速的扫射到一个感光面上，由于是用激光束来工作的，被激光束照到的地方就产生充电现象，将那些细小的颗粒，如碳粉吸附到介质上，同时纸张要经过一个热量很高的滚筒，这样碳粉就固定到介质上了，就形成了图像和文本。彩色打印机使用碳粉为青、洋红、黄和黑等颜色。它的输出质量高，可以和复印机媲美。

激光打印机的核心技术就是所谓的电子成像技术，这种技术结合了影像学与电子学的原理，核心部件是一个可以感光的硒鼓，如图 5-10 所示。激光发射器所发射的激光照射在一个棱柱形反射镜上，随着反射镜的转动，光线从硒鼓的一端到另一端依次扫过（中途有各种聚焦透镜，使扫描到硒鼓表面的光点非常小），硒鼓以 1/300 英寸或 1/600 英寸的速度转动，扫描又在接下来的一行进行。硒鼓是一只表面涂覆了有机材料的圆筒，预先带有电荷，当有光线照射时，受到照射的部位会发生电阻的变化。计算机所发送来的数据信号控制着激光的发射，扫描在硒鼓表面的光线不断变化，有的地方受到照射，电阻变小，电荷消失，也有的地方没有光线射到，仍保留有电荷，最终，硒鼓表面就形成了由电荷组成的潜影。

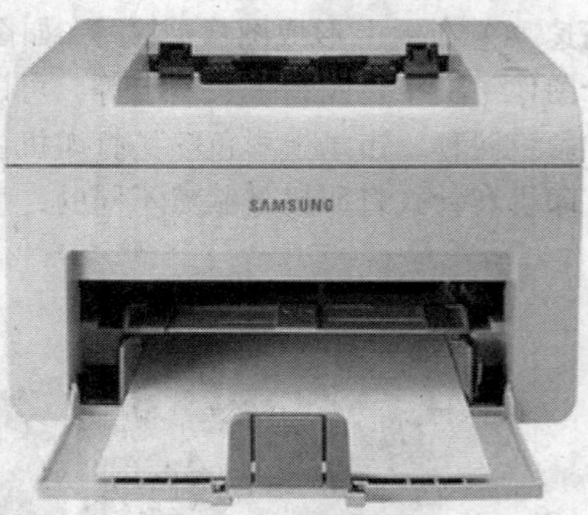

图 5-9 激光打印机

图 5-10 硒鼓

碳粉是一种带电荷的细微塑料颗粒，其电荷与硒鼓表面的电荷极性相反，当带有电荷的硒鼓表面经过显影辊时，有电荷的部位就吸附了碳粉颗粒，潜影就变成了真正的影像。硒鼓转动的同时，另一组传动系统将打印纸送进来，经过一组电极，打印纸带上了与硒鼓表面极性相同但强得多的电荷，随后纸张经过带有碳粉的硒鼓，硒鼓表面的碳粉被吸引到打印纸上，图像就在纸张表面形成了。此时，碳粉和打印机仅仅是靠电荷的引力结合在一起，在打印纸被送出打印机之前，经过高温加热，塑料质的碳粉被熔化，在冷却过程中固着在纸张表面。 将碳粉传给打印纸之后，硒鼓表面继续旋转，经过一个清洁器，将剩余的碳粉去掉，以便进入下一个打印循环。

5.4.3　数码照相机

传统相机使用胶卷作为其记录信息的载体，而数码相机的“胶卷”就是其成像感光器件，而且是与相机一体的，是数码相机的心脏。感光器是数码相机的核心，也是最关键的技术。数码相机的发展道路，可以说就是感光器的发展道路。目前数码相机的核心成像部件有两种：一种是广泛使用的 CCD（电荷耦合）元件；另一种是 CMOS（互补金属氧化物导体）器件。

电荷耦合器件图像传感器 CCD（Charge Coupled Device）使用一种高感光度的半导体材料制成，能把光线转变成电荷，再通过模数转换器芯片转换成数字信号，数字信号经过压缩以后由相机内部的闪速存储器或内置硬盘卡保存，因而可以轻而易举地把数据传输给计算机，并借助于计算机的处理手段，根据需要和想象来修改图像。

互补性氧化金属半导体 CMOS（Complementary Metal-Oxide Semiconductor）和 CCD 一样同为在数码相机中可记录光线变化的半导体。CMOS 的制造技术和一般计算机芯片没什么差别，主要材料是硅和锗这两种元素所做成的半导体，使其在 CMOS 上共存着带 N（带负电）和 P（带正电）级的半导体，这两个互补效应所产生的电流即可被处理芯片纪录和解读成影像。然而，CMOS 的缺点就是太容易出现杂点，这主要是因为早期的设计使 CMOS 在处理快速变化的影像时，由于电流变化过于频繁而会产生过热的现象。

数码相机的产品类型可以理解为数码相机的适用人群分类，根据数码相机最常用的用途可以简单分为专业单反相机和普通卡片相机。

1. 单反相机

单反数码相机（见图 5-11）指的是单镜头反光数码相机，即 Digital 数码、Single 单独、Lens 镜头、Reflex 反光的英文缩写 DSLR。目前市面上常见的单反数码相机品牌有：尼康、佳能、宾得、富士等。

图 5-11　单反相机

在单反数码相机的工作系统中，光线透过镜头到达反光镜后，折射到上面的对焦屏并结成影像，透过接目镜和五棱镜，我们可以在观景窗中看到外面的景物。与此相对的，一般数码相机只能通过 LCD 屏或者电子取景器（EVF）看到所拍摄的影像。显然直接看到的影像比通过处理看到的影像更利于拍摄。

在 DSLR 拍摄时，当按下快门按钮后反光镜便会往上弹起，感光元件（CCD 或 CMOS）前面的快门幕帘便同时打开，通过镜头的光线投影到感光原件上感光，然后后反光镜立即恢复原状，观景窗中再次可以看到影像。单镜头反光相机的这种构造，确定了它是完全透过镜头对焦拍摄的，它能使观景窗中所看到的影像和胶片上永远一样，它的取景范围和实际拍摄范围基本上一致，有利于直观地取景构图。

单反数码相机的一个很大的优点就是可以更换不同规格的镜头，这是单反相机天生的优点，是普通数码相机不能比拟的。

另外，现在单反数码相机都定位于数码相机中的高端产品，因此在关系数码相机摄影质量的感光元件（CCD 或 CMOS）的面积上，单反数码的面积远远大于普通数码相机，这使得单反数码相机的每个像素点的感光面积也远远大于普通数码相机，因此每个像素点也就能表现出更加细致的亮度和色彩范围，使单反数码相机的摄影质量明显高于普通数码相机。

2. 卡片相机

卡片相机（见图 5-12）在业界内没有明确的概念，一般指那些外形小巧、机身相对较轻而且设计时尚的数码相机。其中索尼 T 系列、奥林巴斯 AZ1 和卡西欧 Z 系列等都属于这一类。

图 5-12　卡片相机

卡片数码相机可以被随身携带；而在正式场合把它们放进西服口袋里也不会坠得外衣变形；女士们的小手包再也不难找到空间挤下它们；在其他场合把相机塞到牛仔裤口袋或者干脆挂在脖子上也是可以接受的。

虽然它们功能并不强大，但都具备最基本的曝光补偿功能，再加上区域或者点测光模式，卡片数码相机还是能够完成一些摄影创作。至少对画面的曝光可以有基本控制，再配合色彩、清晰度、对比度等选项，很多漂亮的照片也可以由卡片数码相机拍摄出来。

卡片式相机具有时尚的外观、大屏幕液晶屏、小巧纤薄的机身，操作便捷的优点。缺点是手动功能相对薄弱、超大的液晶显示屏耗电量较大、镜头性能较差。

5.5　图像制作软件——Photoshop CS2

在众多图像处理软件中，Adobe 公司推出的专门用于图形、图像处理的软件 Photoshop 以其强大的功能、高集成度、适用面广和操作简便而著称。它不仅提供强大的绘图工具，还可以直接绘制艺术图形，能直接从扫描仪、数码相机等设备采集图像，并对它们进行修改、调整。而且还可以对多幅图像进行合并增加特殊效果，使现实生活中很难遇见的景像十分逼真地展现；同时还可以改变图像的颜色模式，并能在图像中制作艺术文字等。

Photoshop 的专长在于图像处理，而不是图形创作。图像处理是对已有的位图图像进行编辑加工处理以及运用一些特殊效果，其重点在于对图像的处理加工；图形创作软件是按照自己的构思创意，使用矢量图形来设计图形，这类软件主要有 Adobe 公司的另一个著名软件 Illustrator。Adobe Photoshop 为当今世界上一流的图像设计与制作工具。其优越性能令其产品望尘莫及。目前，Adobe Photoshop 已成为出版界中图像处理的专业标准。

5.5.1　选择工具

创建选区在 Photoshop 中是经常性的工作，例如，要对图像的局部进行处理，则需要先将这部分图像选中，如果要复制或移动图像的某一个局部时，也必须将这一部分图像选中。

1. 选择工具

创建选区的方法有很多，可以通过选择命令创建选区，也可以直接使用工具箱中的选择工具来进行创建。通常使用工具箱中矩形选择工具组、套索工具组、魔棒工具来创建选区，如图 5–13 所示。

图 5–13　选择工具

- 矩形选框工具：矩形选框工具是画图程序中的常见工具，它用于从图像中选择矩形或正方形区域。
- 椭圆形选框工具：类型于矩形工具，但是它从图像中选择椭圆形或圆形区域。
- 单行选框/单列选框工具：用于从图像中选择横向一行或纵向一列像素。
- 套索工具：拖动套索工具能够选择图像中任意形状的一部分。利用套索工具能够确切地选择拖动过程中所围住的图像区域。
- 多边形套索工具：单击图像中的不同点，它们将成为直边选区轮廓的端点。使用多边形套索工具是获得任意形状选区的好方法。
- 磁性套索工具：如果希望选择的图像区域不包含背景元素，可以利用磁性套索工具沿着相应区域的边缘单击。然后，在元素的边缘移动就可以选择图像区域。
- 魔棒工具：魔棒工具可以通过在区域中单击选择具有相似颜色的连续区域。

2. 羽化效果

羽化可以用来从图像中删除一个元素，同时保持背景不变，以下步骤介绍了羽化的具体过程和效果。原图如图 5–14 所示，我们想要得到玫瑰花如梦如幻般的感觉，中心为清楚的玫瑰，玫瑰的周围是虚的效果，那么就可以用羽化效果得到。

（1）设置羽化值为 30px，用椭圆选框工具选择一个选区轮廓，如图 5–15 所示。

图 5–14　玫瑰花原图

图 5–15　利用椭圆选框工具选择选区

（2）对图像进行反向选择，选择“选择”菜单中的“反向”命令，得到如图 5–16 所示选区。

（3）删除选区内的像素，就会得到图 5–17 效果图。

图 5-16　图像反选

图 5-17　效果图

练一练

（1）打开 5.5.1 中 1 原图，利用魔棒工具将以下原图中的背景删除（见图 5-18）。

原图

效果图

图 5-18　5.5.1 练习（1）原图和效果图

（2）打开 5.5.1 中 2 原图，利用磁性套索工具和羽化效果做出如下效果图（见图 5-19）。

原图

效果图

图 5-19　5.5.1 练习（2）原图和效果图

5.5.2　绘画工具

Photoshop 的绘画工具包括画笔工具、铅笔工具、历史画笔工具、历史记录艺术画笔等。

Photoshop 绘图的优势在于，只需要设置画笔的参数，就能得到不同类型的线条，并可以将一个图案定义为画笔的形状，从而得到用传统绘图方法无法得到的效果。

1. 绘画工具

绘画工具使用彩色的线条进行绘画，大多数情况下使用前景色绘画。当然也可以使用画笔调板中的动态颜色选项创建多色的线条。下面介绍几种绘图工具：

- 画笔：画笔工具可以按指定的粗细画线条。可以使线条更尖或更模糊，但通常会比较柔和，也就是说，边界会与背景有所混合。

通常，画笔工具应用连续的颜色流，而在用户停止拖动时停止绘画。然而，如果单击工具选项栏中的喷枪图标，激活喷枪功能，在用户按住鼠标按钮的期间，甚至是不移动光标的这段期间，颜色也会不断产生。

- 铅笔：与画笔工具相同，铅笔也是使用前景色以任意粗细绘制线条。但通常画笔工具画出的线条都比较柔和，铅笔线条通常是硬边的，在铅笔线条和背景色之间没有任何交叉。

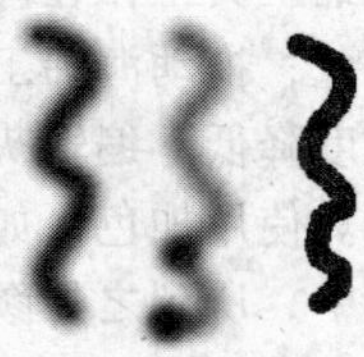

图 5-20　画笔和铅笔线条效果

提示：如图 5-20 所示，第一条是用软笔并关掉喷枪选项的情况下绘制的；第二条是打开喷枪设置，并设置流量为 50% 的效果；最后一条用铅笔工具。使用喷枪设置和降低流量值产生几种不同的画笔。

- 画直线：利用画笔或铅笔工具可以非常容易地画出直线。画直线时，只需要在拖动画笔或铅笔工具的过程中按住【Shift】键。

注意：如果觉得按住【Shift】键的方法太受限制，那么 Photoshop 也提供了直线工具（它是形状工具的一个变种），它可以用来绘制直线。这是一个非常灵活的工具，还可以用来绘制基于矢量的图层或基于像素的线条，甚至可以添加箭头。

2. 使用涂抹工具绘画

涂抹工具通过相互推挤颜色实现颜色的涂抹。在 Photoshop 中，“涂抹”工具的性能在一定程度上依赖工具选项栏上的“强度”和“手指绘画”选项。

强度：涂抹工具就是重复几百次地复制图像，拖动的距离以笔尖形状计量。其效果就是在画笔形状内挤压颜色。强度值决定每次复制的强度。所以值越高，压挤颜色的速度就越快。如果压力设置为 100%，则表示无限，意味着涂抹工具将从拖动的起始点绘制颜色，直至拖动的终点。

手指绘画：选中该选项时，涂抹工具由涂抹少许前景色开始，最终与图像的色彩融合。

图 5-21（a）、（b）、（c）、（d）显示了涂抹工具的效果。

（a）强度值为 50%

（b）强度值为 80%

（c）强度为 50% 的手指绘画涂抹

（d）强度为 80% 的手指绘画涂抹

图 5-21　涂抹工具的使用效果

3. 使用海绵工具涂抹

海绵工具工作在两种模式下。使用去色，当设置为去色，拖动海绵工具的过程中，所到之处颜色的饱和度降低。编辑灰度图像时，该工具能够减小对比度。使用加色，如果选择加色，拖动海绵工具的过程中，所到之处颜色的饱和度提高。编辑灰度图像时，该工具能够增强对比度。

无论选择哪种模式，流量值设置得越高，产生的效果越明显。图 5-22 显示了图像在流量值为 80% 的情况下应用两种模式产生的不同效果。

图 5-22　海绵工具涂抹效果图

注意：海绵工具应用在一个矩形选区上，左边的区域颜色增强，右边的区域缺失了一部分颜色。当使用海绵工具的时候，会发现在选项栏中打开喷枪设置会很有用。这样，就可以增强所产生的效果。当觉得图像中的某一块区域需要应用更多的海绵效果时，在原位按住光标，观看 Photoshop 喷枪所产生的效果，当觉得达到所需的效果时，开始移动光标。

4. 画笔大小和形状

每一种工具都表现为不同的大小和形状，也就是我们所说的“笔尖”。画笔笔尖的不同样式称为“画笔形状”。

对于当前的绘画或编辑工具，Photoshop CS2 提供了很多种修改画笔形状的便利方法。

（1）右击：右击图像窗口中的任何位置，将显示一个带有与之画笔形状的小调板及所有的选项菜单，如图 5-23 所示。滚动画笔形状列表，单击想使用的那个，然后按【Enter】键隐藏调板，也可以按【Esc】键隐藏调板并保持画笔形状不变。

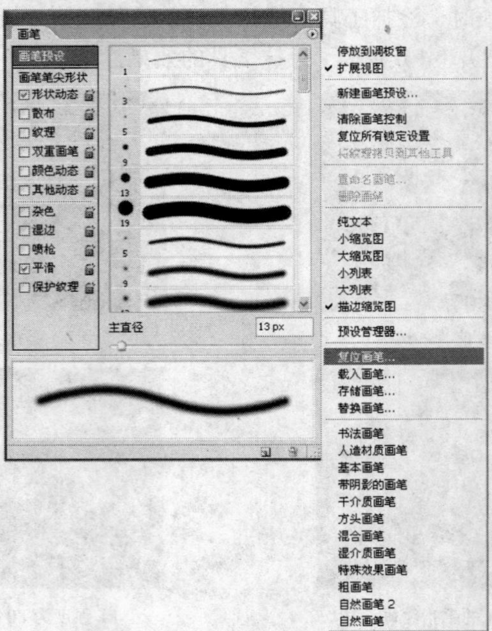

图 5-23　画笔形状列表

（2）画笔调板：选择“窗口”→“画笔”命令或者按【F5】键将显示画笔调板。画笔的主要优点是可以定义自己的画笔形状并调整不同的现有动态值。

（3）管理直径：在屏幕上的复位调板或画笔调板中，可以改变画笔的大小。这些值以像素为单位，表示画笔画出的线条最宽是多少。

图 5-24　练一练效果图

练一练

利用所学的绘画工具制作下面的熊猫图像，最终效果如图 5-24 所示。

5.5.3　图层的应用

图层可以想象成是一张张叠加起来的透明画纸，若图层上没有图像，就可以一直看到下面各层的图像。在 Photoshop 中，图层的操作是许多制作的基础和核心，通过图层的操作，可以很容易地合成图像，产生特殊效果。

在 Photoshop 中的任何操作与处理都是基于图层的。常见的图层操作包括选择图层、显示/隐藏图层、创建新图层、删除图层、改变图层顺序、改变图层不透明度、锁定图层属性、合并图层、链接图层等。

图 5-25　“图层”调板

1.“图层”调板

“图层”调板（见图 5-25）中主要工具如下：

（1）图层混合模式和不透明度

图层混合模式用于设置当前图层与其他图层叠合在一起的效果，在“图层”调板的“图层混合模式”下拉列表框中可选择当前图层的混合模式，这些混合模式的作用与画笔混合模式类似。如图 5-26（a）、（b）所示分为将“图层 1”的混合模式设置为“正片叠底”、“强光”后的效果。

（a）“正片叠底”混合模式

（b）“强光”混合模式

图 5-26　混合模式效果图

“图层”调板中的“不透明度”文本框用于设置当前图层的不透明度。数值越大，则越不透明，反之就越透明。如图 5-27（a）、（b）所示分别为将“图层 1”的不透明度设置为 65%、50%时的效果。

（a）不透明度为 65% 的效果图　　（b）不透明度为 50% 的效果图

图 5-27　不透明度效果图

（2）图层锁定

"锁定透明像素"按钮：单击该按钮，可使当前图层中的透明区域保持透明。

"锁定图像像素"按钮：单击该按钮，在当前图层中不能进行图形绘制及其他命令的操作。

"锁定位置"按钮：单击该按钮，可以将当前图层中的图像锁定不被移动。

"锁定全部"按钮：单击该按钮，在当前图层中不能做任何修改操作。

（3）显示/隐藏图层

单击"指示图层可视性"图标，可以显示或隐藏对应的图层。显示该图标时，该图层显示，否则隐藏。

（4）图层操作按钮

图层操作按钮在"图层"调板的最下方，其中主要按钮如下。

"添加图层样式"按钮。　　"添加图层蒙版"按钮

"创建新组"按钮　　"添加新的填充或调整图层"按钮。

"创建新图层"按钮　　"删除图层"按钮

2. 图层的基本操作

图层的基本操作包括创建图层、复制图层、删除图层、合并图层等，下面将分别介绍。

（1）创建图层

在对图像进行处理时，根据需要，往往要在"图层"调板中创建新的图层。Photoshop 提供了多种建立图层的方法。

① 将选区发送到图层上

如果要将图像中选中的一部分添加到另一个图像中，最简单的方法是按住【Ctrl】键并拖动选择对象，并将它放到新的图像窗口中，如图 5-28 所示。Photoshop 将创建一个新图层。

提示：按住【Ctrl】键并拖动图像中选中的部分，将它拖动到不同的图像窗口，形成一个新图层。正如图层调板中可以看到的，橙子已经移到一个新的图层当中。

放下选择对象时，选取轮廓将消失。由于图像位于独立的图层上，因此不需要选区轮廓。利用移动工具就可以移动选区。

如果要将选区复制到当前图像窗口新的图层上，那么需要选择"图层"→"新建"→"通过拷贝的图层"命令，或者按【Ctrl + J】组合键。

② 建立图层的其他方式

“复制”选区，然后将它粘贴到另一个图像上，Photoshop 会将粘贴的选区作为新的图层。

要建立空白的图层，那么需要选择“图层”→“新建”→“图层”命令或按【Ctrl+Shift+N】组合键，或者单击“图层”调板下端的“创建新图层”按钮。

（2）复制图层

要复制当前激活的图层，选择“图层”→“复制图层”命令。这种方法比较麻烦。更简单的方法是将要复制的图层名称拖动到图层调板下端的“创建新图层”按钮上。

为复制的图层设置名称或将图层复制到另一幅图像中时，按住【Alt】键并将图层拖动到“创建新图层”按钮。它将显示如图 5-29 所示的对话框。

图 5-28　将选区发送到图层

图 5-29　复制图层对话框

（3）背景图层

背景图层是图层中的最底层，它是完全不透明的，代表图像的基础部分。背景图像是最底层的图像。所有元素都不能位于背景图层之下，背景图层的像素无法变为透明，除非先将背景图层转换为浮动层。混合模式和样式都不能应用到这个图层，背景图层的不透明度与填充方式也不能改变，当背景图层是当前图层时，这些选项都是灰的。

（4）链接图层

链接图层的功能是可以将链接的图层作为一组，从而便于对图像编辑和处理。在“图层”调板中选择需要链接的图层（多个图层链接，按下【Ctrl】键的同时选择图层），单击图层调板中的链接图标。此时就将所有具有链接图标的图层链接在一起了。如图 5-30 所示。若要取消链接，单击图层下面的链接图标即可。

（5）合并图层

在图像的编辑过程中，往往会遇到很多图层的复制图像，此时可使用合并图层功能将多个图层组合为一个图层进行编辑。在“图层”调板中，可以选择以下三种方式对图层进行合并。

① 合并链接图层：可以将“图层”调板中链接起来的所有图层合并成一个图层。单击“图层”调板右上角的三角按钮，在弹出的调板菜单中选择“合并链接图层”选项或按【Ctrl+E】组合键，即可将有链接图标的图层合并为一个图层，如图 5-31 所示。

图 5-30　链接图层

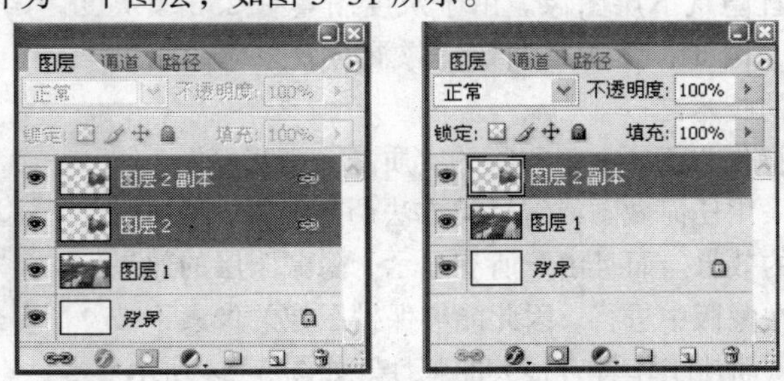

图 5-31　合并链接图层前后的“图层”调板

② 合并可见图层：用于将图像窗口中所有显示出来的图层进行合并，而未显现出的图层则不合并。选择“图层”→“合并可见图层”命令，或在“图层”菜单中选择“合并可见图层”命令，即可将所有可见图层合并为一个图层，如图 5-32 所示。

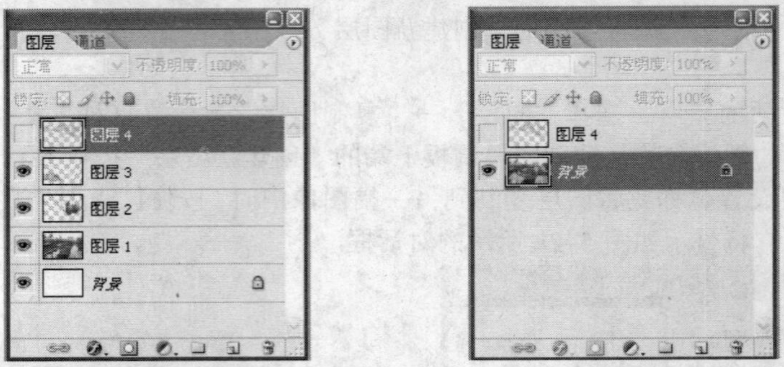

（a）　　　　（b）

图 5-32　合并可见图层前后的“图层”调板

③ 拼合图层：用于将“图层”调板中所有图层进行合并，并将未显示出的图层扔掉。在一个被拼合的图像中，所有可见图层都将被合并在“背景”图层中，这样可以减少文件的大小。在合并多个图层时，先将其链接为一组，然后选择“图层”→“拼合图层”命令，即可将所有图层合并为一个图层，如图 5-33 所示。

（a）　　　　（b）

图 5-33　拼合图层前后的“图层”调板

3. 图层蒙版

图层蒙版是 Photoshop 图层工具的精华，使用图层蒙版可以创建出多种梦幻般的图像，图层蒙版的原理是使用一张具有 256 级色阶的灰度图（即蒙版）来屏蔽图像，灰度图中的黑色区域将隐藏其相对应的本层图像，从而达到显示下层图像的目的，而图中的白色区域则能够显示本层图像且隐藏下层图像。由于灰度图具有 256 级灰度，因此能够创建过渡非常细腻、逼真的混合效果，因此，蒙版是制作图像混合效果时应用最为广泛的技术之一。

在操作方面，由于蒙版的实质是一张灰度图，因此可以采用任何做图或编辑类方法调整蒙版，从而得到需要的效果。而且由于所有显示、隐藏图层的效果操作均在蒙版中进行，因此能够保护图像的像素不被编辑，从而使工作具有很大的弹性。如图 5-34 所示。

图 5-34　图层蒙版

对比 Layers 面板与图像窗口所显示的效果，可以看出：图层蒙版中的黑色区域，可以隐藏图像对应的区域从而显示底层图像。图层蒙版中的白色部分，可以显示当前图层的图像的对应区域，遮盖住底层图像。图层蒙版中灰色部分，一部分显示底层图像，一部分显示当前层图像，从而使图像在此区域具有半隐半现的效果。

练一练

根据光盘中所给 5.5.3 素材，运用“图层样式”和“图层蒙版”进行修饰，制作一幅书签效果图，最终效果如图 5-35 所示。

图 5-35　5.5.3 练一练效果图

5.5.4 通道的应用

通道是 Photoshop 图像处理的基本概念，它的主要功能是用于保存图像的颜色、选中区域和透明度等信息。

打开一幅图像，Photoshop 会自动地创建颜色信息通道。一个图像文件可能包含三种通道，颜色通道、Alpha 通道、专色通道。

颜色通道用来保存图像颜色的数据。它的数目由图像颜色模式所决定，RGB 颜色模式的图像有四个通道，一个 RGB 模式的图像，它的每一个像素的颜色数据是由红（R）、绿（G）、蓝（B）这三个通道来记录的，而这三个色彩通道组合定义后合成了一个 RGB 主通道，如图 5-36 所示。因此改变 R、G、B 各通道之一的颜色数据，都会马上反映到 RGB 主通道中。而在 CMYK 模式的图像中，颜色数据则分别由青色（C）、洋红色（M）、黄色（Y）、黑色（K）四个单独的通道组合成一个 CMYK 的主通道，如图 5-37 所示。

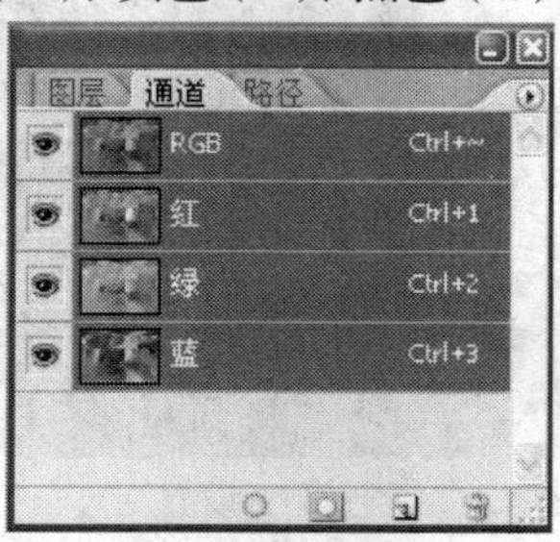

图 5-36　RGB 模式主通图

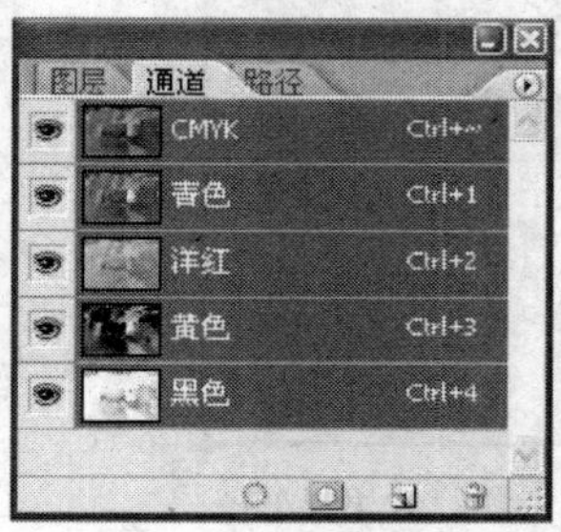

图 5-37　CMYK 模式主通道

Alpha 通道（见图 5-38）也是需要用户自行创建的通道，主要功能则是制作与保存选区，一些在图层中不易得到的选区，只有在 Alpha 通道中才可以得到。

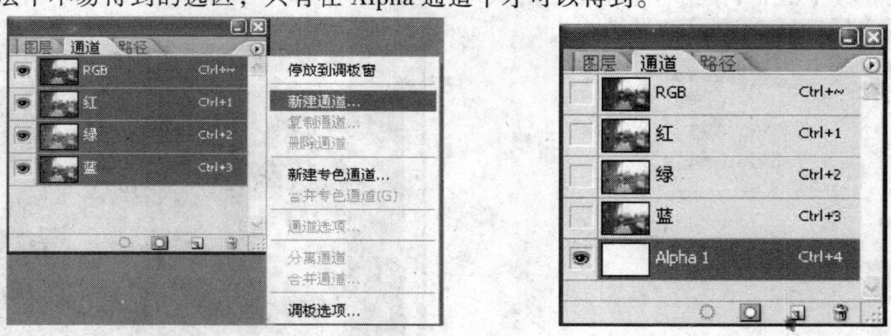

（a）　　　　（b）

图 5-38　自行创建的 Alpha 通道

下面金属字实例就是利用 Alpha 通道，加以滤镜效果处理而成的。具体过程如下：

（1）建立新文件，切换到通道调板，单击调板下端的“建立新通道”按钮，建立一个新通道 Alpha 1，如图 5-39 所示。

（2）输入文字，如“金月亮”，调整好位置后按【Ctrl+D】组合键，然后选择“滤镜”→“模糊”→“高斯模糊”命令，如图 5-40 所示。

图 5-39 建立一个新通道 Alpha 1

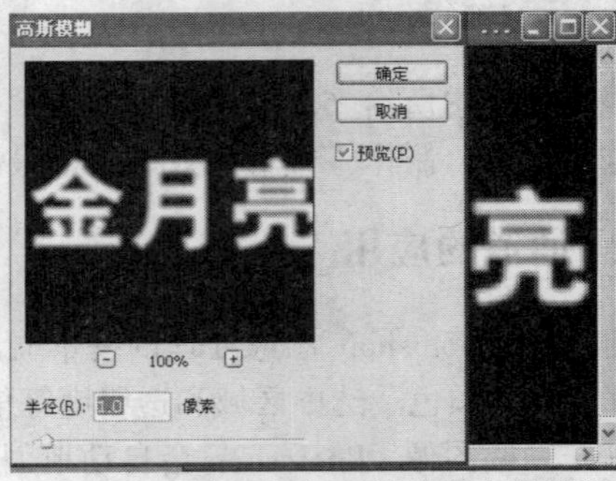

图 5-40 输入文字，并进行高斯模糊

（3）然后按住【Ctrl】键，单击通道 Alpha 1，弹出该通道的选择，如图 5-41 所示。

（4）选择“线性渐变”工具，然后从字的左上角拖动到右下角，出现如图 5-42 所示的效果。

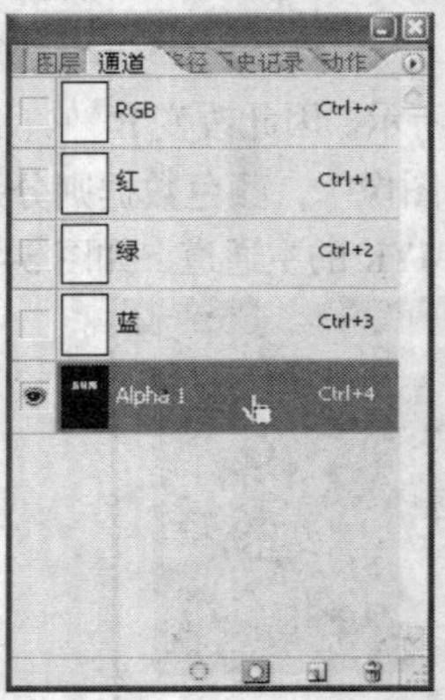

图 5-41 选择 Alpha 1 通道

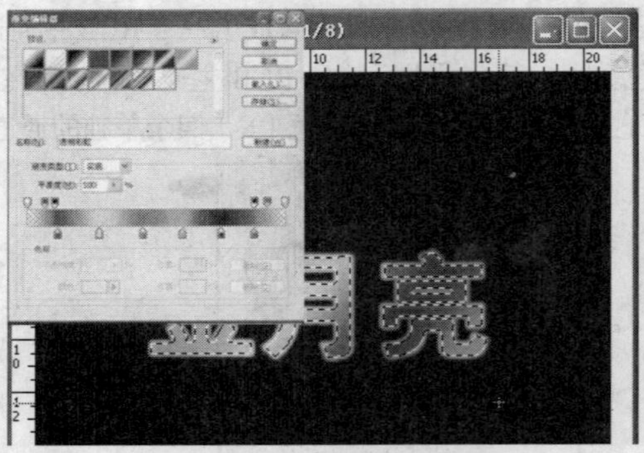

图 5-42 进行渐变设置

（5）按【Ctrl+M】组合键（调整曲线的快捷键），调整曲线如图 5-43 所示。

（6）按【Ctrl+A】组合键（全选），【Ctrl+C】组合键（复制），然后切换到“图层”面板，选择背景层，按【Ctrl+V】组合键（粘贴），如图 5-44 所示。

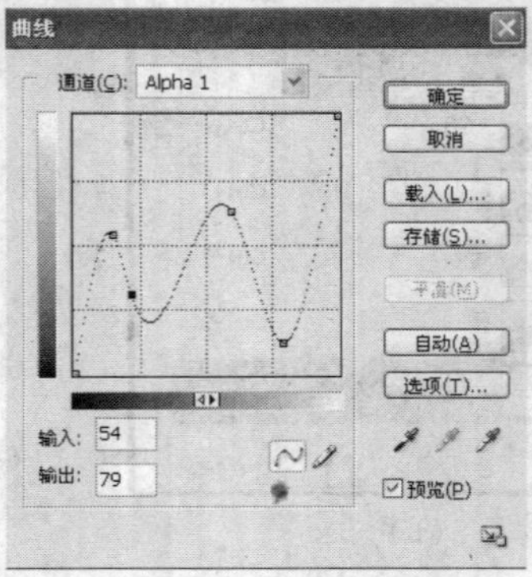

图 5-43 调整曲线

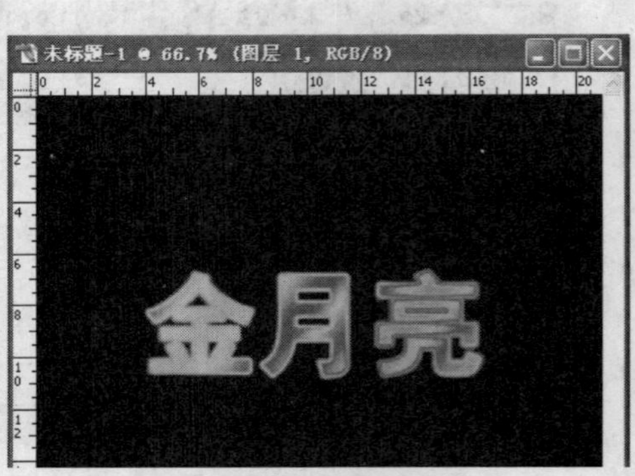

图 5-44 通道图层调整后效果

（7）选择“图像”→“调整”→“色彩平衡”命令，分别调整暗调：+19，0，–92；中间调：+7，0，–35；高光：+19，0，–83。完成效果如图 5–45 所示。

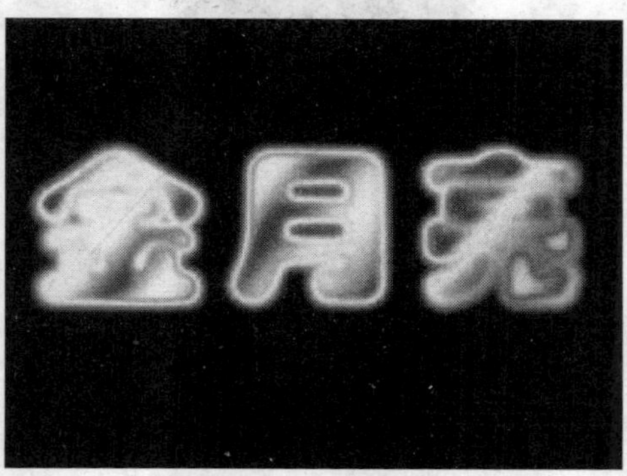

图 5–45　效果图

练一练

打开 5.5.4 素材中的练一练，利用调换通道的顺序调整下面图片（见图 5–46），使其得到逼真的效果。

图 5–46　5.5.4 练一练效果图

提示：将通道分离，然后合并，在合并通道时可将 R 和 G 通道互换就可纠正原图，达到真实效果。

5.5.5　路径的应用

用钢笔工具创建的对象称为路径。路径是由两部分构成的：节点和节点间的路径段。节点定义了每条路径段的节点和终点。路径可以由许多节点和节点段来实现。

路径在 Photoshop 中起着非常重要的作用，不仅可以用于绘制图形，而且在大多数情况下制作精确的选区时都必须使用路径来完成。

如图 5–47 所示的路径、节点被选中为实心方块，否则为空心；在节点两侧的小方块为控制柄，节点与节点之间的是路径段。

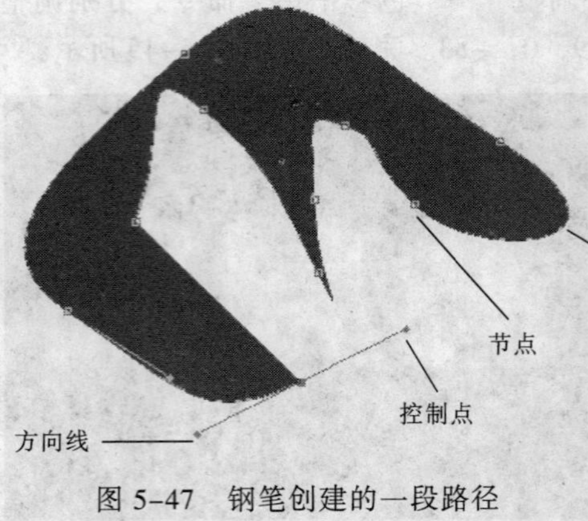

图 5-47　钢笔创建的一段路径

拖动控制点可以改变方向线的长短和方向，而方向线的改变直接会影响到路径段的方向和弧度。

路径工具包括：钢笔工具、自由钢笔工具、增加节点工具、删除节点工具和转换节点工具。

练一练

利用路径工具绘制如图 5-48 所示标识图。

图 5-48　标识图

5.5.6　文字工具

Photoshop CS2 的文字工具将产生矢量文字，并且利用文字工具还可以创建给予文字的选区轮廓或工作路径，将每个字符转换为独立的矢量对象，或者创建文字的位图版本。

在绘图或排版程序中，文字工具主要有两种用途：使用工具创建文字或者通过选中字符编辑现有的文字。

在 Photoshop 中创建文字。

（1）通过在工具箱中单击文字工具图标或者按【T】键选择文字工具。Photoshop 将激活文字工具，并在图像窗口中显示文字光标，在选项栏上显示文字控件，如图 5-49 所示。

（2）从选项栏和调板中选择字体、字体大小和其他格式属性。

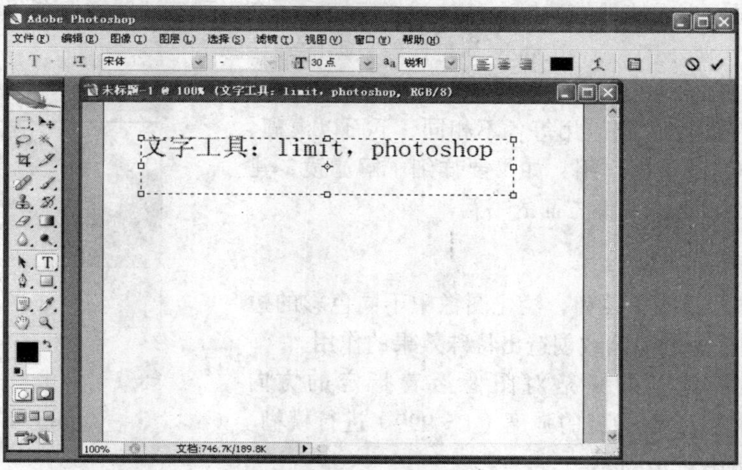

图 5-49　文字调板

（3）在图像窗口中单击或者拖动。如果单击，Photoshop 将键入的第一个字符放置在闪烁的插入标志所在位置上，就如同在字处理程序中一样。按【Enter】键开始输入新的一行文字，也可以继续输入，文字串会随着输入而不断加长。如果到了窗口的边缘可能就看不到文字了。

另外，可以拖动文字工具绘制一个框架，从而在其中创建段落文字，这个框架称为边界框，它用于放置文字。现在，文字就被限制在框架中，当到达边界框的边缘时会自动换行。如果通过这种方式创建文字，就可以应用标准的段落格式设置属性，例如对齐、段落间距等。

（4）输入文字。

（5）编辑文字。要改变字符格式，首先选择要修改的字符，方法是在字符周围拖动，然后设置新的字符格式属性。如果没有选择任何文字，段落属性会影响边界框中的所有文字。

（6）单击工具栏右端的确认按钮提交文字。也可以单击其他工具，让 Photoshop 知道已经结束了对文字图层的处理。提交文字只是退出对文字的编辑。

在图像中创建第一个文字时，Photoshop 会建立用于放置文字的新图层，在开始输入的同时，图层名将从“图层 n”改为你所输入的前 30 个字符。而如果你不喜欢将你所输入的文字作为图层名，可以在图层调板中双击并输入新的名字来改变图层名。

练一练

根据以上所学知识利用 Photoshop CS2，设计一自我介绍网页布局。

5.5.7　滤镜

滤镜（Filter）在 Photoshop 中，用滤镜来处理图片，是使用了数学的“矩阵”运算，把每一点的资料和设定好的矩阵参数进行运算，得到一些特殊的效果。例如我们使用“墨水轮廓”滤镜，就可以让本来的图片变成有墨水轮廓的图片，如果要把画面变得模模糊糊，就要用到“模糊”滤镜，滤镜还可以让图片变成像石头上的浮雕，创造出原始风味的图案。

滤镜是 Photoshop 预设的特殊效果，Photoshop 的所有滤镜都按类别设在“滤镜”菜单中。应用滤镜产生的效果各不相同，只有通过不断的实践积累，才能够灵活运用滤镜，为图像锦上添花。

Photoshop 同样也支持外挂滤镜。外挂滤镜安装后，会出现在“滤镜”菜单的底部。外挂滤镜的种类有很多，如 KPT、Eye Candy 都是比较典型的外挂滤镜。

Photoshop CS2 内置有 17 组滤镜，每个滤镜的作用效果、参数含义、设置、实例应用等各不相同，下面以模糊、抽出滤镜为例介绍滤镜的作用，如果要详细了解滤镜，建议参考专门的 Photoshop 滤镜方面的书籍。

1. 模糊滤镜

主要是使选区或图像柔和，淡化图像中不同色彩的边界，以达到掩盖图像的缺陷或创造出特殊效果的作用。

（1）“动感模糊”滤镜是对图像沿着指定的方向（-360 度～+360 度），以指定的强度（1～999）进行模糊。

参数设置如图 5-50 所示。

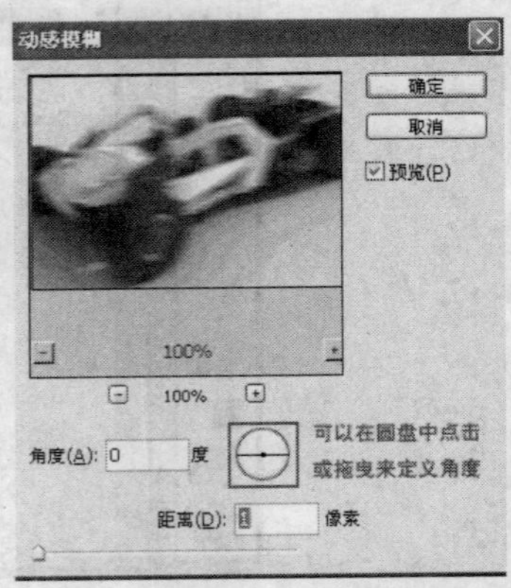

图 5-50 “动感模糊”滤镜参数设置

- 角度：设置模糊的角度。
- 距离：设置动感模糊的强度。

效果如图 5-51（a）、5-51（b）所示。

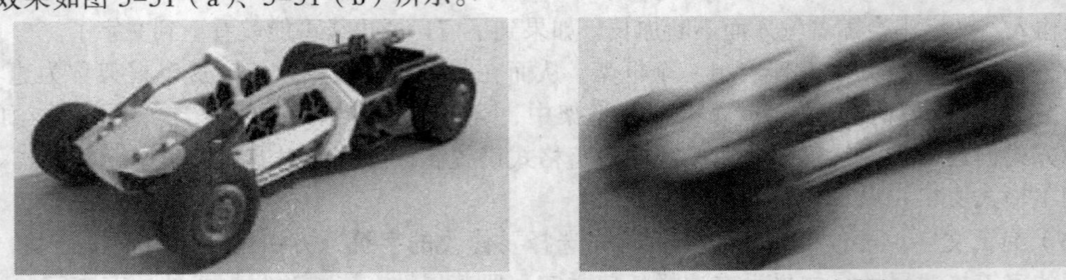

（a）原图　（b）效果图

图 5-51 “动感模糊”滤镜

（2）“高斯模糊”滤镜是按指定的值快速模糊选中的图像部分，产生一种朦胧的效果。

参数设置如图 5-52 所示。

半径：调节模糊半径，范围是 0.1 到 250 像素。

效果如图 5-53（a）、5-53（b）所示。

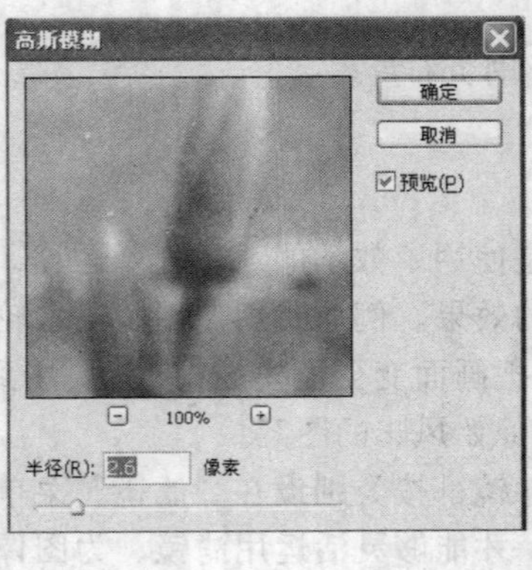

图 5-52 “高斯模糊”滤镜参数设置

（a）原图　（b）效果图

图 5-53 “高斯模糊”滤镜

（3）“模糊”滤镜可以产生轻微模糊效果，可消除图像中的杂色，如果只应用一次效果不明显，可重复应用。

效果如图 5-54A、5-54B 所示。

（a）原图　　（b）效果图

图 5-54　“模糊”滤镜

（4）“径向模糊”滤镜是模拟移动或旋转的相机而产生的模糊，参数设置如图 5-55 所示。

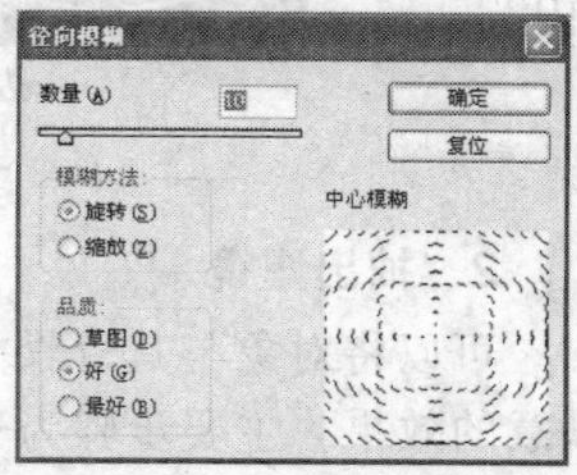

图 5-55　径向模糊参数设置

- 数量：控制模糊的强度，范围 1 到 100。
- 旋转：按指定的旋转角度沿着同心圆进行模糊。
- 缩放：产生从图像的中心点向四周发射的模糊效果。
- 品质：有三种品质草图，好，最好，效果从差到好。

效果如图 5-56（a）、（b）、（c）所示。

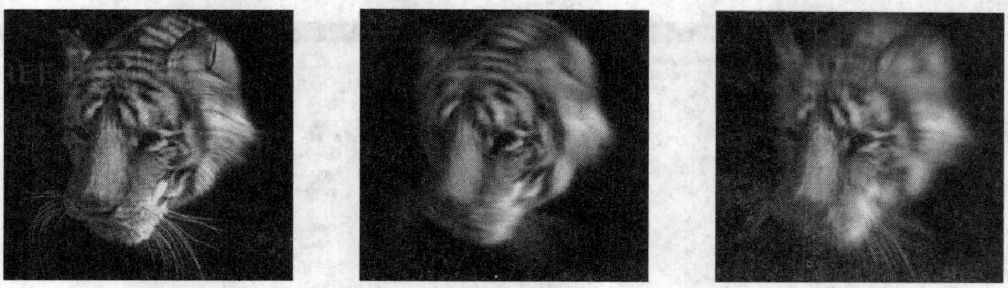

（a）原图　　（b）旋转效果图　　（c）缩放效果

图 5-56　“径向模糊”滤镜

（5）“特殊模糊”滤镜可以产生多种模糊效果，使图像的层次感减弱，参数设置如图 5-57 所示。

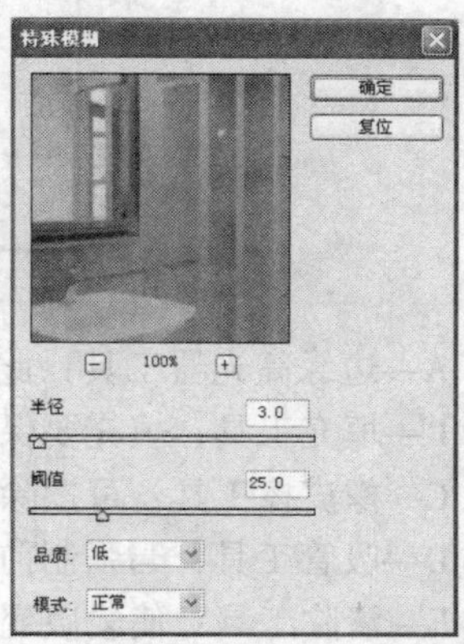

图 5-57　特殊模糊滤镜参数设置

- 半径：确定滤镜要模糊的距离。
- 阀值：确定像素之间的差别达到何值时可以对其进行消除。
- 品质：可以选择高，中，低三种品质。
- 正常：此模式只将图像模糊。
- 边缘优先：此模式可勾画出图像的色彩边界。
- 叠加边缘：前两种模式的叠加效果。

效果如图 5-58（a）、5-58（b）、5-58（c）、5-58（d）所示。

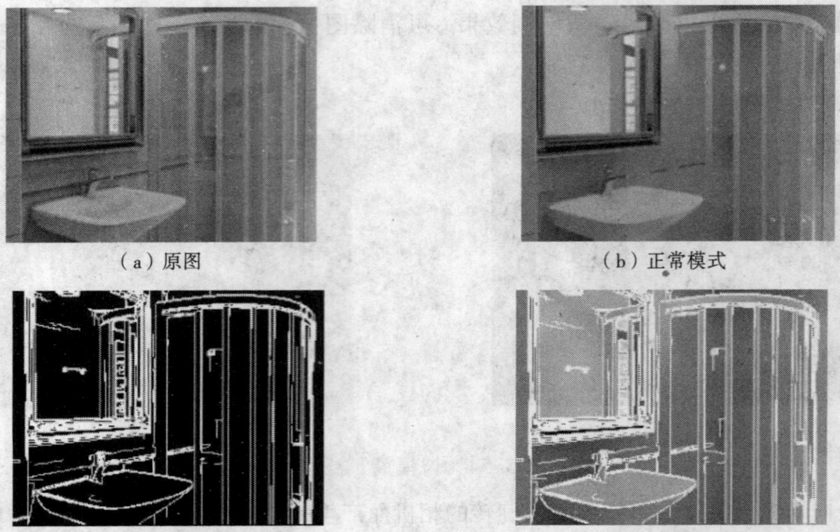

（a）原图　（b）正常模式

（c）边缘优先　（d）叠加边缘

图 5-58　“特殊模糊”滤镜

2. 抽出滤镜

可以将对象与其背景分离，无论对象的边缘是多么细微和复杂，使用抽出滤镜都能够得到满意的效果。主要步骤为先标记出对象的边缘并对要保留的部分进行填充，可以进行预览，然后对抽出的效果进行修饰，参数设置如图 5-59 所示。

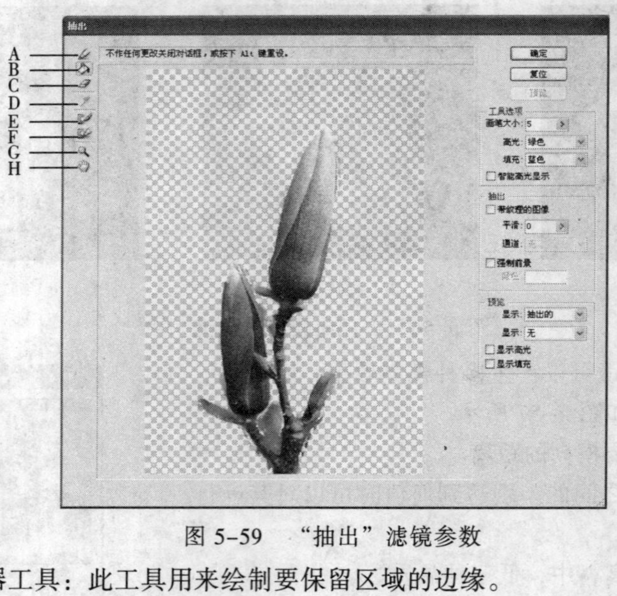

图 5-59　“抽出”滤镜参数

A—边缘高光器工具：此工具用来绘制要保留区域的边缘。

B—填充工具：填充要保留的区域。

C—橡皮擦工具：可擦除边缘的高光。

D—吸管工具：当强制前景被勾选时可用此工具吸取要保留的颜色。

E—清除工具：使蒙版变为透明的，如果按住【Alt】键则效果相反。

F—边缘修饰工具：修饰边缘的效果，如果按住【Shift】键使用可以移动边缘像素。

G—缩放工具：可以放大或缩小图像。

H—抓手工具：当图像无法完整显示时，可以使用此工具对其进行移动操作。

画笔大小：指定边缘高光器、橡皮擦、清除和边缘修饰工具的宽度。

高光：可以选择一种或自定一种高光颜色。

填充：可以选择一种或自定一种填充颜色。

智能高光显示：根据边缘特点自动调整画笔的大小绘制高光，在对象和背景有相似的颜色或纹理时勾选此项可以大大改进抽出的质量。

平滑：平滑对象的边缘。

通道：使高光基于存储在 Alpha 通道中的选区。

强制前景：在高光显示区域内抽出与强制前景色颜色相似的区域。

颜色：指定强制前景色。

显示：可从右侧的列表框中选择预览时显示原稿还是显示抽出后的效果。

显示：可从右侧的列表框中选择抽出后背景的显示方式。

显示高光：勾选此项，可以显示出绘制的边缘高光。

显示填充：勾选此项，可以显示出对象内部的填充色。

效果如图 5-60（a）、5-60（b）（标记边缘并填充保留区）、5-60（c）（抽出后的效果）所示。

（a）原图　（b）标记边缘并填充保留区　（c）抽出后的效果

图 5-60　抽出滤镜效果图

练一练

根据 5.5.8 所给素材创建如图 5-61 浪漫经典婚纱宣传栏。

图 5-61　浪漫经典婚纱宣传栏效果图

5.5.8　综合实例运用

本实例利用选择工具选择正圆，然后将图层设置为需要的图层样式，并对选区加以适当的滤镜和蒙版来修饰球体，达到最终理想的效果。具体的操作过程如下：

（1）素材的准备和选区的建立

首先打开 5.5.8 中的报纸素材图像，如图 5-62 所示，在 Photoshop CS2 中打开这个图像，并建立一个新图层。选择“椭圆”选框工具，按【Shift+Alt】组合键在新图层中建立一个正圆选区而后把它放到图像中合适的位置，如图 5-63 所示。

图 5-62　报纸原图

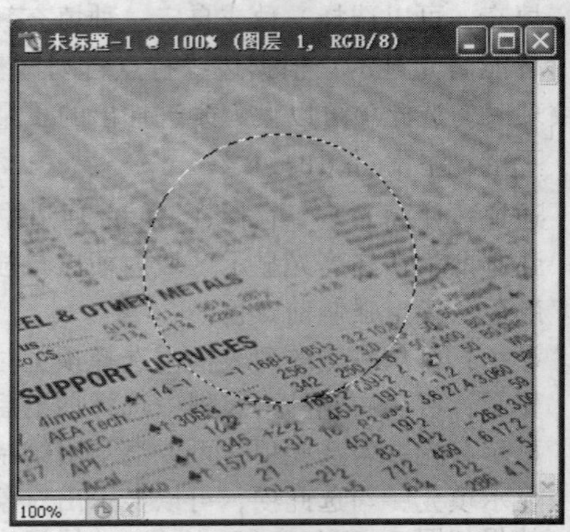

图 5-63　创建选区

（2）用设定的前景色填充球体的选择区

双击前景色调板，打开“拾色器”对话框，在最下面的“#”号文本框中输入“D6D3C0”这个数值，接着用“油漆桶”工具填充；按【Ctrl+D】组合键取消选择。

（3）添加图层样式

现在双击“图层 1”打开“图层样式”对话框（或选择“图层”→“样式”→“内发光”命令），选择内发光图层样式，把发光色设置为白色，其他具体设置参见如图 5-64 所示，效果果如图 5-65 所示。

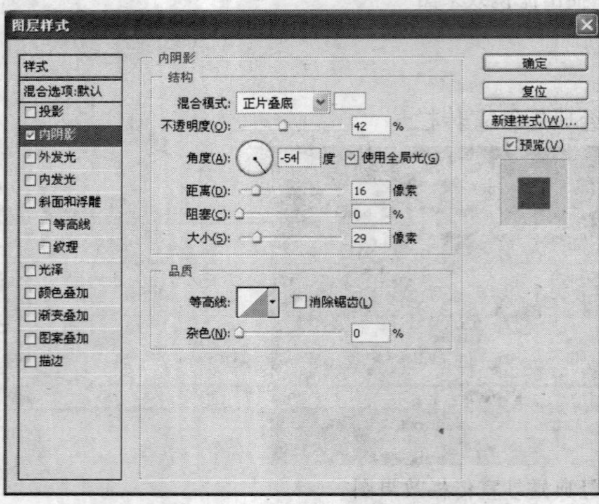

图 5-64　图层样式设置图

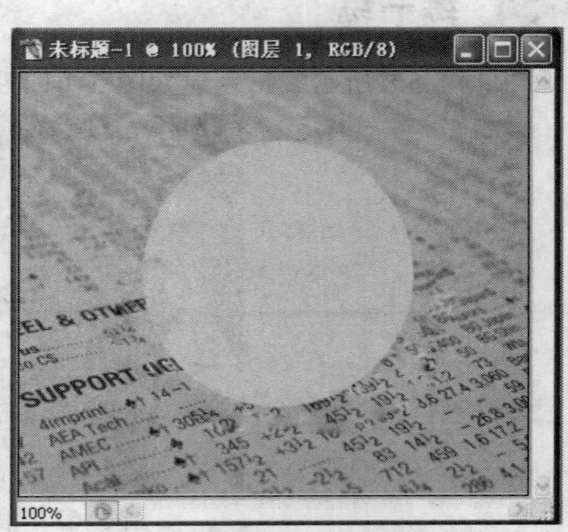

图 5-65　图层样式效果

（4）在球体中使用渐变工具

选择创建的球体选区，在“图层 1”上新建立“图层 2”，现在把背景色改成 65645F，在用渐变工具选项栏里的“线性渐变”工具，具体设置如图 5-66 所示。

图 5-66　参数设置

现在开始在“图层 2”中从 A 点开始到蓝点结束的 B 点之间做出线性渐变如图 5-67 所示，效果如图 5-68 所示。

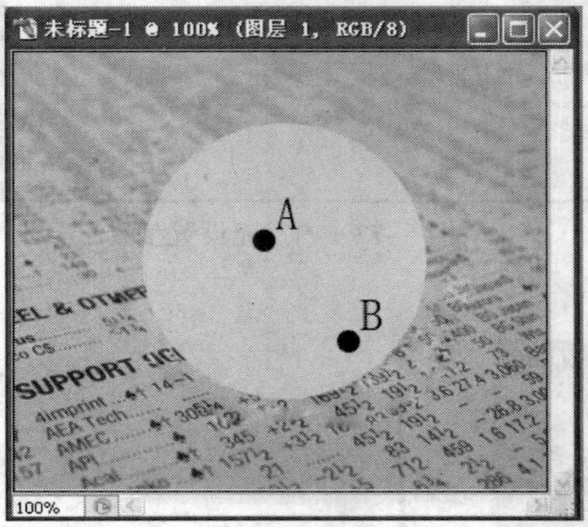

图 5-67　线性渐变位置

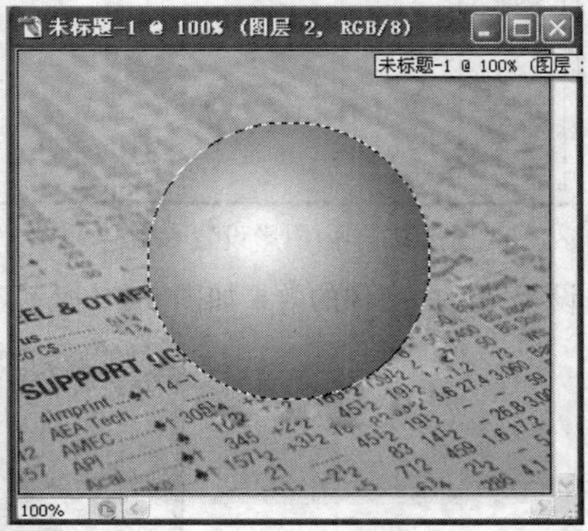

图 5-68　线性渐变效果

然后按【D】键恢复前景色和背景色（黑色和白色）。再为“图层 2”添加一个图层蒙版。在“图层 2”的图层蒙版中换用渐变工具组中的“径向”渐变，从球体中心向靠近球体边缘的部分拖动渐变。如图 5-69 所示。

（5）进一步加入图层样式

选中“图层 1”，按【Ctrl+J】组合键把“图层 1”复制一份，在把图层 1 拖到最顶层，这时球体的颜色变深了一些，把“图层 1”的填充度改成 0，设置如图 5-70 所示。

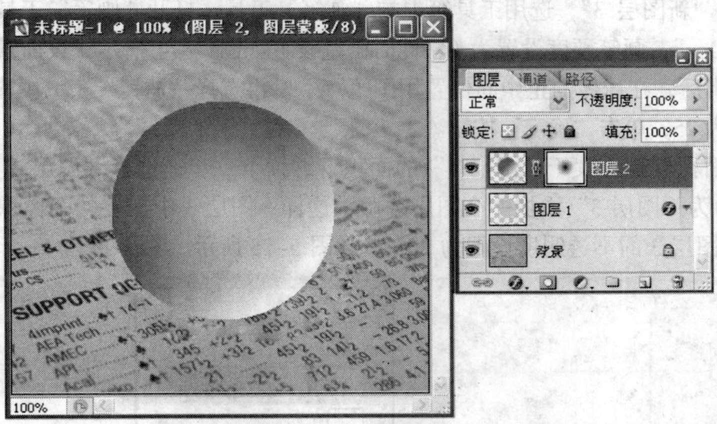

图 5-69　图层蒙版

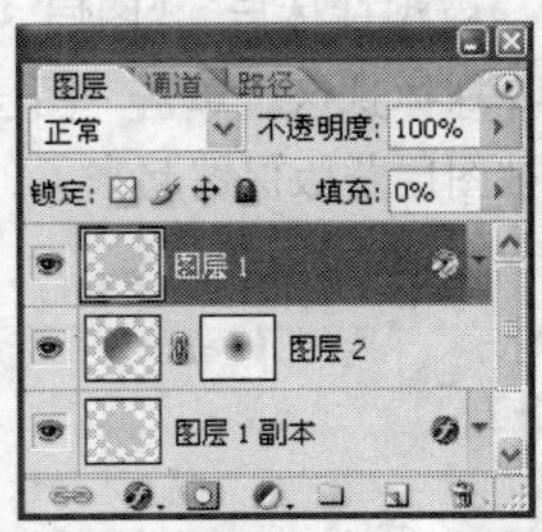

图 5-70　设置“填充”为 0%

然后设置“图层 1”的样式，设置为内阴影，参数设置如图 5-71 所示；内发光，参数设置如图 5-72 所示。

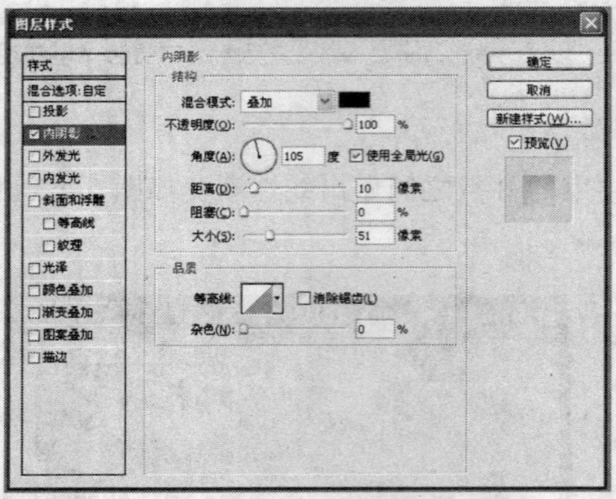

图 5-71 内阴影设置参数

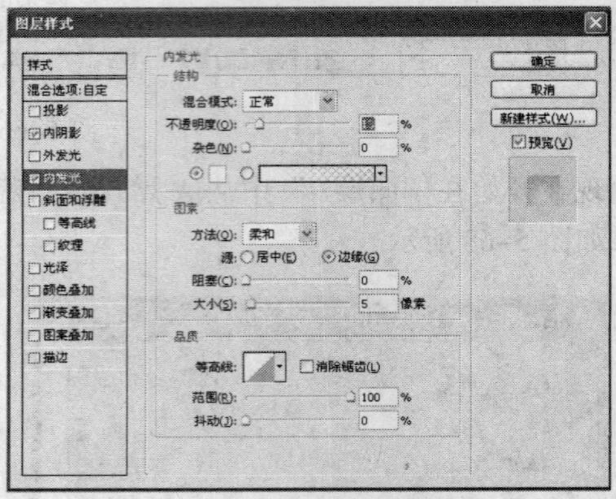

图 5-72 内发光设置参数

设置完后的图像的效果如图 5-73 所示。

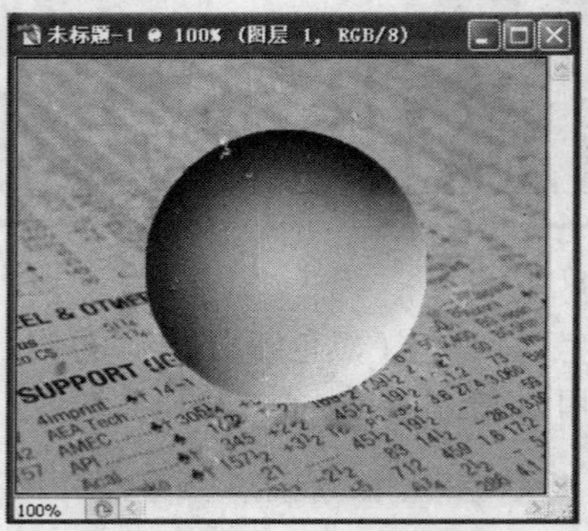

图 5-73 设置图层样式后效果

6. 修饰球体内部

在“图层 1”上面建立一个“新图层 3”，选用工具箱中的“画笔”工具，打开“画笔”工具设置对话框，设置画笔大小为“150px”，画笔硬度设置为 0，此时画笔设置如图 5-74 所示，设前景色为纯白色。确定在“图层 3”编辑后，在球体的正中间位置用画笔点下，再选择“滤镜”→“模糊”→“高斯模糊”命令，半径设置为 25，单击“确定”按钮。

模糊球体后，“图层 3”的面积可能会大于“图层 1”的面积，继续下一步，选择“图层 1”，选择球体选区，单击“图层 3”，为“图层 3”添加一个图层蒙版，这样，图层 3 中需要的图像像素就被图层蒙版保留起来了，再把图层 3 的不透明度设置为 30%。如图 5-75 所示。

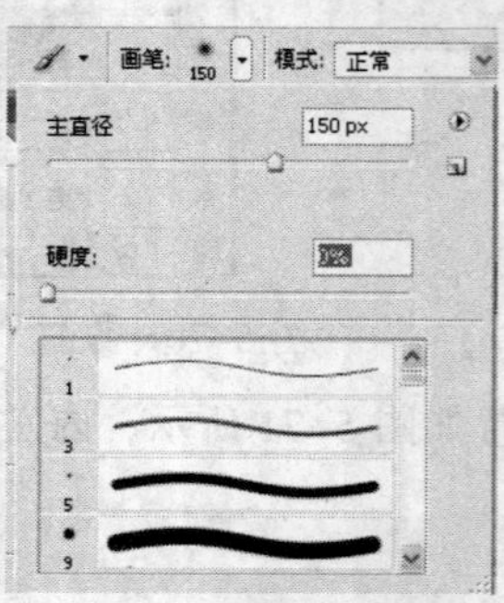

图 5-74 画笔设置

图 5-75 图层调板

7. 添加球体高光

在“图层 3”上新建立“图层 4”，在用画笔工具，设置大小为 20px，硬度为 100%；设置前景色的值为 FFFFE8。在球体上点一下合适的位置，如图 5-76 所示。然后选择“滤镜”→“模糊”→“高斯模糊”命令，设置半径为 0.5 像素，单击“确定”按钮。并为其设置外发光图层样式，设置如图 5-77 所示。

图 5-76　高光效果

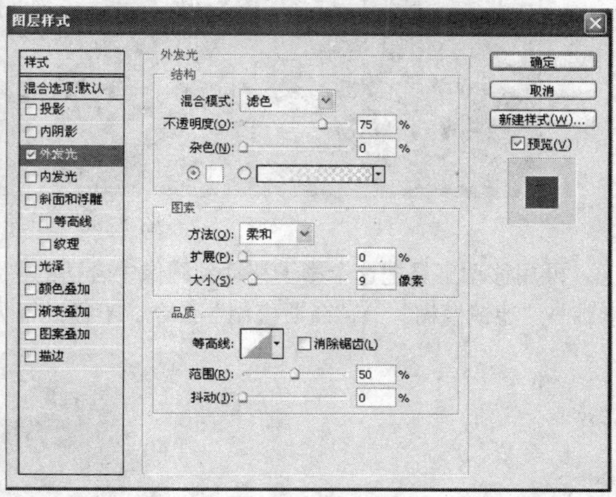

图 5-77　外发光设置

8. 添加球体投影

单击“图层 1”副本，设置填充度为 25%，如图 5-78 所示。做完这一步后，就比较接近最终的效果了，最终效果如图 5-79 所示。

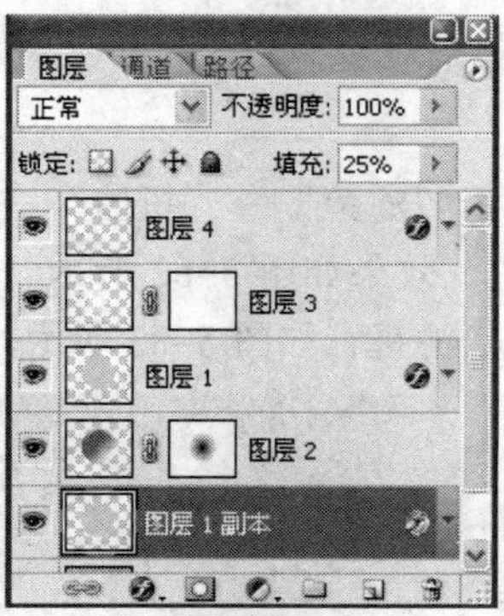

图 5-78　设置填充为 25%

图 5-79　设置填充后效果

选择“图层 1 副本”不透明区域，单击背景图层，在背景图层之上新建“图层 5”，按【D】键恢复前景色和背景色（黑和白色），用渐变工具中的“径向”渐变在选择区由中心向外做出渐变。

用“自由变换”工具把“图层 5”做成椭圆；按【Ctrl+T】组合键后出现自由变换工具的八个调节结点，在把最上面的中心结点调到中心圆心的正中位置，做完后单击“确定”按钮，如图 5-80 所示。

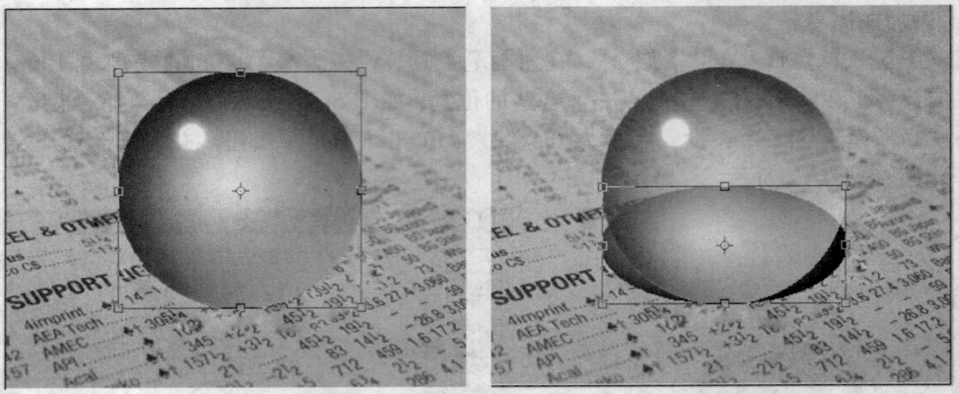

图 5-80　压缩成椭圆

再用移动工具把这个影子移动到图像中合适的位置，将其图层不透明度设置为 50%，选择“滤镜”→“滤镜模糊”→“高斯模糊”命令，半径设置为 2，单击“确定”按钮。效果如图 5-81 所示。

图 5-81　进行高斯模糊后效果

9. 扭曲球体内部和影子

选择“图层 1 副本”不透明区域，然后选择“图层 5”，选择“滤镜”→“扭曲”→“球面化”命令，设置数值为 100%，模式为正常，单击“确定”按钮，效果如图 5-82 所示。在保持选择的情况下，回到背景图层上，按【Ctrl+F】组合键再执行一次滤镜，如图 5-83 所示。

图 5-82　对“图层 5”进行球面化

图 5-83　对背景层进行球面化

最后单击“图层 4”，按【Ctrl+T】组合键做透视处理。全部完成后效果如图 5-84 所示。

图 5-84　最终效果图

练一练

根据 5.5.8 所给素材制作如图 5-85 所示的易拉罐。

图 5-85　易拉罐效果图

本 章 小 结

本章介绍了图形和图像的概念，图形一般指用计算机绘画面，如直线、圆、圆弧、任意曲线和图表等；图像则是指由输入设备捕捉的实际场景画面或以数字化形式存储的任意画面。还介绍了图形图像的输入设备及各种图形图像的文件格式和色彩的三要素、色彩模型以及图像的采集方法。

介绍了用于图形、图像处理的软件 Photoshop CS2，Photoshop CS2 的专长在于图像处理，而不是图形创作。图像处理是对已有的位图图像进行编辑加工处理以及运用一些特殊效果，其重点在于对图像的处理加工。

思考与练习

一、选择题

1. 下列有关位图和矢量图的描述中________是不正确的。
   A. Photoshop 主要处理的是位图图像。位图图像也称为点阵图像，是由称作像素的单个点组成的
   B. 矢量图也称为面向对象的图像或绘图图像，在数学上定义为一系列由线连接的点
   C. 矢量图放大会失真，而位图图像放大并不失真
   D. 矢量和位图在应用上也是可以相互结合的
2. 物理图像转化为数字图像的过程叫做________。
   A. 图像的数字化　　B. 采样
   C. 量化　　D. 编码
3. 下面有关图像文件格式的说法中不正确的有________。
   A. BMP 又称位图，是一种依赖于具体设备、最为普遍的点阵式图像格式
   B. GIF 格式只能保存最大 8 位色深的数码图像，所以它最多只能用 256 色来表现物体
   C. JEPG 是一种有损压缩，所保存的图像质量和压缩的程度有关，选择高度压缩的形式，图像质量会降低；选择低度压缩的形式，会使图像的质量较好
   D. PSD 其实是 Photoshop 进行平面设计的一张“草稿图”，它里面不包含各种图层、通道、遮罩等
4. 下面所列的内容里，________不属于色彩的三要素。
   A. 亮度　　B. 色相
   C. 基色　　D. 饱和度
5. 实验证明选择________这三种互相独立的基色，按照不同比例混合，可以配出的大部分与自然界色彩相符的颜色。
   A. 红、绿、蓝　　B. 红、黄、蓝
   C. 橙、绿、蓝　　D. 红、绿、青
6. 实际印刷中，一般采用青（C）、洋红（M）、黄（Y）、________四色印刷，在印刷的中间调至暗调增加黑版。
   A. 红（R）　　B. 绿（G）　　C. 蓝（B）　　D. 黑（K）

二、填空题

1. 数字图像采集系统主要包括三个基本单元，即________；________和________。
2. 图像压缩技术指标主要有三个：________、________和________。
3. ________、________和________就是色彩的三属性，也称色彩三要素。
4. ________也称为纯度或彩度，是指反射或透明光线接近光谱色的程度，或者说是表示离开相同亮度中性灰色的程度。
5. 扫描仪内部基本组成部件是光源、光学透镜、感光元件，还有一个或多个的模/数转换电路。感光元件一般是________排列成横行，每一个单元对应着一行里的一个像素。
6. 用钢笔工具创建的对象称为路径。路径是由两部分构成的：________和________。

三、解答题

1. 什么是计算机图形？图形处理包括哪些内容？
2. 什么是图像？图像处理包括哪些内容？
3. 图形和图像的主要区别是什么？两者之间存在着什么联系？
4. 什么是矢量图？它有哪些特点？
5. 什么是位图？它有哪些特点？
6. 矢量图和位图有什么样的区别和联系？
7. 数字图像化过程的基本步骤是什么？
8. 什么是色彩的亮度、色调和饱和度？
9. 什么是 RGB 模型？
10. 什么是 CMYK 模型？
11. 图像分辨率和屏幕分辨率有什么区别和联系？
12. 常见的数字图像文件格式有哪些类型？
13. 图像处理软件 Photoshop 通道和图层的概念是什么？
14. 扫描仪的工作原理是什么？
15. 最常见的打印机有哪几类？它们有什么样的区别？
16. 简述数码相机的工作原理。在老师的指导下用数码相机拍摄几幅摄影作品。

第6章 多媒体视频

什么是视频？简单来说，它是图像数据的一种，由若干有联系的图像数据连续播放便形成了视频。图像是静止的画面，当连续的图像变化每秒超过24帧画面以上时，根据视觉暂留原理，人眼无法辨别每幅单独的静态画面，看起来是平滑连续的视觉效果（即感觉人物画面无间断的运动起来了），这样的连续画面就形成了视频。

我们现在的生活中已经离不开视频了，电视、数码相机、（数码）摄像机、手机等等，几乎所有的电子设备中都包含了视频相关技术。目前，电影、电视、录像已经成为了传统视听媒体，随着计算机网络与多媒体越来越紧密的结合，视频信息技术已经一跃成为了目前最热门的多媒体技术。而网络惊人的传播速度更让视频日益成为我们生活中不可或缺的一部分，它已渗透到我们工作、学习、娱乐等的各个方面。

本章要点

- 了解视频相关基本知识和行业标准。
- 了解视频文件相关知识。
- 掌握视频硬件设备及其工作原理等。
- 掌握视频制作软件——Adobe Premiere。

6.1 简　介

在本节中对于视频相关各方面的概念、基本知识和类型、行业标准等进行了简单介绍。本节包括视频的色彩空间、模拟视频、数字视频、模拟视频与数字视频的比较4个部分的内容。通过学习本节内容，可以为后面章节的学习起到基础性的铺垫作用。

6.1.1 视频的彩色空间

在多媒体计算机中，常常涉及到几种不同的色彩空间表示颜色。计算机显示时采用RGB色彩空间；彩色印刷时采用CMYK彩色空间；彩色全电视信号数字化时采用YUV彩色空间；为了便于色彩处理和识别，视觉系统又经常采用HSI彩色空间。

颜色与光的波长有关，不同波长的光呈现不同颜色。颜色具有色相、亮度、饱和度三个特征。其中，色相表示颜色的种类（如红、橙、绿、紫等），它取决于光的波长，是决定颜色的基本特征；饱和度表示颜色的纯净程度，100%饱和度的颜色即是完全没有混入其他颜色的单色光；

亮度是指色彩所引起的人眼对明暗程度的感觉，同一色相的亮度会因光源的强弱不同产生不同的变化。

1. 计算机采用的 RGB 彩色空间

RGB 彩色空间又称加色法系统。它采用红、绿、蓝三种基本颜色。计算机显示器的输入需要 RGB 三个彩色分量，通过三个分量的不同比例配合，在显示屏幕上合成所需要的任意颜色。三种颜色的范围均为 0～255，当三色均为最大值（即 255 255 255）混和时，呈现白色；当三色均为最小值（即 0 0 0）混和时，呈现黑色。

2. 彩色印刷 CMYK 彩色空间

CMYK 彩色空间又称减色法系统。彩色印刷采用蓝、洋红、黄和黑四种油墨印刷各种颜色。蓝、洋红、黄三种颜色混合在一起的时候应该呈现黑色，但是现实中产生的却是深棕色，因此又加入了黑墨以打印出真正的黑色。

3. 彩色电视 YUV 彩色空间

在现代彩色电视系统中，通常采用三管彩色摄像机或彩色 CCD（由耦合器件）摄像机，它把摄得的彩色图像信号，经分色、放大、校正得到 RGB，再经过矩阵变换电路得到亮度信号 Y 和两个色差信号 R－Y、B－Y，最后发送端将亮度和色差三个信号分别进行编码，用同一信道发送出去。这就是我们常用的 YUV 色彩空间。

采用 YUV 彩色空间的重要性是它的亮度信号 Y 和色度信号 U、V 是分离的。如果只有 Y 信号分量而没有 U、V 分量，那么这样表示的图就是黑白灰度图。彩色电视采用 YUV 彩色空间正是为了用亮度信号 Y 解决彩色电视机与黑白电视机的兼容问题，使黑白电视机也能接收彩色信号。

3. HSI 彩色空间

HSI 彩色空间是从人的视觉系统出发，用色相（Hue）、饱和度（Saturation）和光强度（Intensity）来描述色彩。HSI 色彩空间可以用一个圆锥空间模型来描述。用这种描述 HSI 色彩空间的圆锥模型相当复杂，但确能把色调、亮度和色饱和度的变化情形表现得很清楚。它能减少彩色图像处理的复杂性，而且更接近人对色彩的认识和解释。

注意：不同的彩色空间之间可以通过公式实现互相转换。

6.1.2 模拟视频

1. 什么是模拟视频

电视系统是采用电子学的方法来传输和显示活动景物或静止图像，它使用的是模拟视频信号。在电视系统中，视频信号是连接系统中各部分的纽带，其标准要符合系统各部分的技术要求。电视的发展前景是数字彩色电视，数字视频系统的基础是模拟视频系统。

电视同样是采用动画的视觉原理构造而成的。像扫描是由隔行扫描电视图组成场，由场组成帧，一帧为一幅图像。定义每秒钟扫多少帧为帧频；每秒钟扫描多少场为场频；每秒钟扫描多少行为行频。

我国的电视画面传输率是每秒 25 帧、50 场。25Hz 的帧频能以最少的信号容量有效地满足人眼的视觉残留特性，50Hz 的场频隔行扫描，把一帧分成奇、偶两场，奇偶的交错扫描相当于有遮挡板的作用。这样，在其他行还在高速扫描时，人眼不易觉察出闪烁，同时也解决了信号带宽的问题。

2. 模拟电视制式

模拟电视的制式也就是电视信号的标准。目前各国的电视制式不尽相同，制式的区分主要在于其帧频、分辨率、信号带宽、色彩空间的转换关系等。世界上现行的彩色电视制式有三种：NTSC（National Television System Committee）制（简称 N 制）、PAL（Phase Alternation Line）制和 SECAM 制。

（1）NTSC 彩色电视制式：它是 1952 年由美国国家电视标准委员会指定的彩色电视广播标准。美国、加拿大等大部分西半球国家以及中国的台湾地区、日本、韩国、菲律宾等均采用这种制式。

NTSC 规定：帧速率为 30 帧/秒（Frame per second），水平扫描线为 525 条，水平分辨率为 240～400 个像素点，采用隔行扫描的方式，场频（垂直扫描频率）为 60Hz，行频（水平扫描频率）为 15 634Hz。

（2）PAL 制式：它是西德在 1962 年指定的彩色电视广播标准，它克服了 NTSC 制相位敏感造成色彩失真的缺点。西德、英国等一些西欧国家，新加坡、中国大陆及中国香港地区，澳大利亚、新西兰等国家采用这种制式。

PAL 规定：帧速率为 25 帧/秒，水平扫描线为 625 条，水平分辨率为 240～400 个像素点，采用隔行扫描的方式，场频为 50Hz，行频为 15 625Hz。

（3）SECAM 制式：SECAM 是法文的缩写，意为顺序传送彩色信号与存储恢复彩色信号制，是由法国在 1956 年提出，1966 年制定的一种新的彩色电视制式。使用它的国家主要集中在法国、东欧和中东一带。

SECAM 规定：水平扫描线为 625 条，水平分辨率为 625 个像素点，采用隔行扫描的方式，场频为 50Hz，行频为 15 625Hz。

6.1.3 数字视频

计算机视频是数字模式的，视频图像可来自录像带、摄像机等视频信号源影像，这些视频图像使多媒体系统功能更强、更精彩。由于上述视频信号的输出大多是标准的彩色全电视信号，要将其输入到计算机中，不仅要有视频信号的捕捉，要实现由模拟信号向数字信号的转换，还要有压缩和快速解压缩以及播放的相应软硬件处理设备配合。

1. 数字视频的特点

（1）无失真：数字视频可以无失真的进行无限次复制，模拟视频信号每转录一次，就会有一次误差积累，产生信号失真。

（2）易保存：模拟信号视频长时间存放后视频质量会降低，而数字视频便于长时间的存放不会产生损耗。

（3）好编辑：可以对数字信号视频进行非线性编辑，可以在视频中添加各类转场和特技效果（在本章第 3 节中我们就会介绍到非线性视频编辑软件 Adobe Premiere）；而对于模拟视频，要做到这些相当麻烦，有些甚至无法实现。

（4）能压缩：数字视频数据量相当大，因此，在存储与传输过程中，必须进行压缩编码以减少数据量。

（5）利传输：由于数字视频可在计算机内存储和处理，因此，我们同样可以利用计算机网络来实现对数字视频文件的传输。在几秒中之内你的一段家庭聚会录像就可以传到大洋彼岸的朋友那里了。

2. 视频数字化

视频数字化就是将视频信号经过视频采集卡转换成数字视频文件存储在数字载体——硬盘中。在使用时，将数字视频文件从硬盘中读出，再还原成为电视图像加以输出。

数字视频的来源有很多，如来自于摄像机、录像机、影碟机等视频源的信号，包括从家用级到专业级、广播级的多种素材。还有计算机软件生成的图形、图像和连续的画面等。高质量的原始素材是获得高质量最终视频产品的基础。首先是提供模拟视频输出的设备，如录像机、电视机、电视卡等，然后是可以对模拟视频信号进行采集、量化和编码的设备，这一般都由专门的视频采集卡来完成，最后，由多媒体计算机接收和记录编码后的数字视频数据。在这一过程中起主要作用的是视频采集卡，它不仅提供接口以连接模拟视频设备和计算机，而且具有把模拟信号转换成数字数据的功能。

需要指出的一点是视频数字化的概念是建立在模拟视频占主角的时代。使用模拟设备的时候，计算机想要得到视频内容需要使用一个叫视频捕捉卡（见图 6-1）的高速转换设备来完成这个工作。这个过程叫做视频的“捕捉”。如果捕捉卡或者计算机处理数据的能力不足，就会发生视频数据没有被保存到计算机的现象。因为模拟设备不知道发生了什么事情，还在继续播放，这些没有被保存下来的数据就丢失了。现在通过数字摄像机摄录的信号本身已是数字信号，只不过需要从磁带上复制到硬盘中，由于速度够快，已不需视频捕捉卡。

图 6-1　视频捕捉卡

现在视频数字化的涵义更确切地指的是这个过程。

3. 数字视频的标准

模拟视频的数字化会遇到不少技术问题，如电视信号具有不同的制式而且采用复合的 YUV 信号方式，而计算机工作在 RGB 空间；电视机是隔行扫描，计算机显示器大多为逐行扫描；电视图像的分辨率与显示器的分辨率也不尽相同等。因此，模拟视频的数字化主要包括色彩空间的转换、光栅扫描的转换以及分辨率的统一。

模拟视频一般采用分量数字化方式，先把复合视频信号中的亮度和色度分离，得到 YUV 或 YIQ 分量，然后用三个模／数转换器对三个分量分别进行数字化，最后再转换成 RGB 空间。

为了在 PAL、NTSC 和 SECAM 电视制式之间确定共同的数字化参数，国家无线电咨询委员会（CCIR）制定了广播级质量的数字电视编码标准，称为 CCIR 601 标准。在该标准中，对采样频率、采样结构、色彩空间转换等都作了严格的规定，主要有：

（1）采样频率为 $fs = 13.5$MHz；

（2）分辨率与帧率（见表 6-1）：

表 6-1 数字视频分辨率与帧率

电视制式	分辨率	帧率
NTSC	640×480	30
PAL、SECAM	768×576	25

（3）按照 f_s 为 13.5MHz、采样格式为 4:2:2，8 位量化，计算出数字视频的数据量为：

$$13.5\ (\text{MHz}) \times 8\ (\text{bit}) + 2 \times 6.75\ (\text{MHz}) \times 8\ (\text{bit}) = 27\ \text{MB/s}$$

这种未压缩的数字视频数据量对于目前的计算机和网络存储或传输都是不现实的，因此在多媒体中应用数字视频的关键问题是数字视频的压缩技术。

4. 数字视频的压缩

视频压缩的目标是在尽可能保证视觉效果的前提下减少视频数据率。视频压缩比一般指压缩后的数据量与压缩前的数据量之比。由于视频是连续的静态图像，因此其压缩编码算法与静态图像的压缩编码算法有某些共同之处，但是运动的视频还有其自身的特性，因此在压缩时还应考虑其运动特性才能达到高压缩的目标。在视频压缩中常需用到以下的一些基本概念。

（1）有损和无损压缩

在视频压缩中有损（Lossy）和无损（Lossless）的概念与静态图像中基本类似。无损压缩也即压缩前和解压缩后的数据完全一致。多数的无损压缩都采用 RLE 行程编码算法。有损压缩意味着解压缩后的数据与压缩前的数据不一致。在压缩的过程中要丢失一些人眼和人耳所不敏感的图像或音频信息，而且丢失的信息不可恢复。几乎所有高压缩的算法都采用有损压缩，这样才能达到低数据率的目标。丢失的数据率与压缩比有关，压缩比越小，丢失的数据越多，解压缩后的效果会越差。此外，某些有损压缩算法采用多次重复压缩的方式，这样还会引起额外的数据丢失。

（2）帧内和帧间压缩

帧内（Intraframe）压缩也称为空间压缩（Spatial Compression）。当压缩一帧图像时，仅考虑本帧的数据而不考虑相邻帧之间的冗余信息，这实际上与静态图像压缩类似。帧内一般采用有损压缩算法，由于帧内压缩时各个帧之间没有相互关系，所以压缩后的视频数据仍可以以帧为单位进行编辑。帧内压缩一般达不到很高的压缩率。

采用帧间（Interframe）压缩是基于许多视频或动画的连续前后两帧具有很大的相关性，或者说前后两帧信息变化很小的特点。也即连续的视频其相邻帧之间具有冗余信息，根据这一特性，压缩相邻帧之间的冗余量就可以进一步提高压缩量，减小压缩比。帧间压缩也称为时间压缩（Temporal Compression），它通过比较时间轴上不同帧之间的数据进行压缩。帧间压缩一般是无损的。帧差值（Frame Differencing）算法是一种典型的时间压缩法，它通过比较本帧与相邻帧之间的差异，仅记录本帧与其相邻帧的差值，这样可以大大减少数据量。

（3）对称和不对称编码

对称性（Symmetric）是压缩编码的一个关键特征。对称意味着压缩和解压缩占用相同的计算处理能力和时间，对称算法适合于实时压缩和传送视频，如视频会议应用就以采用对称的压缩编码算法为佳。而在电子出版和其他多媒体应用中，一般是把视频预先压缩处理好，而后再播放，因此可以采用不对称（Asymmetric）编码。不对称或非对称意味着压缩时需要花费大量的处理能力和时间，而解压缩时则能较好地实时回放（解压缩），也即以不同的速度进行压缩和解压缩。一般来说，压缩一段视频的时间比回放该视频的时间要多很多。例如，压缩一段三分钟的视频片断可能需要 10 多分钟的时间，而该视频实时回放时间只有三分钟。

目前有多种视频压缩编码方法，但其中最有代表性的是 MPEG 数字视频格式和 AVI 数字视频格式。

5. 数字视频常见文件格式

（1）MPEG

MPEG（Moving Picture Experts Group）是 1988 年成立的一个专家组。这个专家组在 1991 年制定了一个 MPEG-1 国际标准，其标准名称为“动态图像和伴音的编码——用于速率小于每秒约 1.5Mbit 的数字存储媒体”。这里的数字存储媒体指一般的数字存储设备如 CD-ROM、硬盘和可擦写光盘等。MPEG 的最大压缩可达约 1：200，其目标是要把目前的广播视频信号压缩到能够记录在 CD 光盘上并能够用单速的光盘驱动器来播放，并具有 VHS 的显示质量和高保真立体伴音效果。MPEG 采用的编码算法简称为 MPEG 算法，用该算法压缩的数据称为 MPEG 数据，由该数据产生的文件称 MPEG 文件，它以 MPG 为文件后缀。

在多种视频压缩算法中，MPEG 是可提供低数据率和高质量的最好算法。MPEG-1 已经为广大用户所采用，如 VCD 或小影碟的发行等。其播放质量可以达到家用录像机的水平。采用不同的编码参数，得到的 MPEG-1 数据的质量也是不同的。同时，MPEG 专家组在 1993 年又制定了 MPEG - 2 标准，DVD 就是采用的这种标准。

MPEG 系列目前有三个标准：MPEG-1 用于 VCD，MPEG-2 用于 DVD，MPEG-4 用于 MP4。

注意：没有 MPEG-3。

（2）AVI

AVI（Audio Video Interleave）是一种音频视像交叉记录的数字视频文件格式。1992 年初 Microsoft 公司推出了 AVI 技术及其应用软件 VFW（Video for Windows）。在 AVI 文件中，运动图像和伴音数据是以交织的方式存储，并独立于硬件设备。这种按交替方式组织音频和视像数据的方式可使得读取视频数据流时能更有效地从存储媒介得到连续的信息。构成一个 AVI 文件的主要参数包括视像参数、伴音参数和压缩参数等。文件以.avi 为扩展名。

（3）MOV

AVI 文件格式和 VFW 软件是 Microsoft 为 PC 设计的数字视频格式和应用软件。对于目前世界上的另一大类微机——Apple 公司的 Macintosh 机，Apple 公司也推出了相应的视频格式，即 MOV（Movie digital video technology）的文件格式，其文件以.mov 为后缀，相应的视频应用软件为 QuickTime。同时 Apple 公司也推出了适用于 PC 机的 QuickTime，因此在 MPC 机上也可以播放 MOV 视频文件。

（4）数字视频格式的转换

三种数字视频文件 MPG 文件、AVI 文件和 MOV 文件，它们具有不同的格式，不同的压缩编码算法和不同的特性。必须要有相应的播放软件才能播放对应格式的视频文件，播放软件首先能够识别视频文件的格式，通过解压来回放数据。因此，播放软件只要包含某种格式的解释和解压功能，就能够播放该种格式的视频文件。如 VFW 中的 MediaPlayer 就能播放 MOV 和 AVI 等多种格式的文件。

通过软件或硬件也可以把这三种视频文件的格式进行转换。如 Broadway 采集卡提供了采集模拟视频，并可用 AVI 格式和 MPEG 格式存储成数字视频文件的功能。如果直接按 MPEG 格式采集，则该文件不能被编辑。如果按 AVI 格式采集，则采集以后可以对其进一步编辑并把编辑以后的视频数据按 AVI 格式或 MPEG 格式存储。通过该采集软件，也可读取已有的 AVI 文件，然后按 MPEG 格式存储，以实现两种格式的转换。

6. 数字视频与模拟视频的比较

由于对数字视频信号的认识存在误区，大部分人相信数字信号是最先进的、质量最高的。有些看法甚至认为模拟视频将逐渐被数字视频彻底取代。但事实上，数字视频和模拟视频各有优缺点，谁也不能取代对方，下面就让我们从几个方面来了解一下它们各自的优缺点吧。

（1）总述

与模拟视频相比，数字视频的最大优势就是它的可编辑性，它将模拟视频转换成 0 和 1 构成的数字流，使它能够被计算机存储、处理和传输，这使得数字视频信号产生了许多模拟视频无法比拟的优势。但是，由于模拟视频也保有画面质量好、传输无失真、传输延迟低等独特优势，使得模拟视频在许多方面仍然具备不可替代性。

为了保证最好的信号质量和性能价格比，目前一般选用模拟和数字相结合的方案。本地尽量采用模拟信号，这样看到的视频信号效果最好，没有失真，没有延时，而且设备投资小。远程传输有条件时尽量使用模拟信号，没有条件时可以使用数字信号。存储采用数字信号，这样可以使模拟和数字技术完美地结合起来，发挥各自的优势，以达到最好的效果。

（2）影像

现在很多情况下，数字视频信号是摄像机的图像经过编码器转换来的，传输到达目的地后，再经过解码器还原为模拟图像，送到输出设备。这种方式的图像传输存在以下问题。

① 有失真：有这样一种说法，即数字信号无失真（无损耗），这是指其在存储或传输过程中不失真（无损耗）。其实在模/数或数/模转换过程中已经发生了失真。不论采取何种编码格式都是如此，这是经过编解码器传输的数字图像与模拟图像相比影像质量要差很多的原因。

② 有延时：国外最先进的编解码也有 0.3～0.5s 的延时，也就是某一时刻你看到的图像至少是 0.3s 以前的图像。这给操作带来很多不便。

相反，与数字视频信号相比，现有的模拟视频系统在这方面表现非常优秀。它们可实现优秀的影像质量，从采集到显示的延迟极低，而且可靠性很高。

③ 成本：数字视频实现了模拟视频无法做到的成本节约。模拟视频的存储主要是使用录像带，不但价格昂贵而且很占空间，而录像带内影像的质量更是会随着时间的推移而迅速下降；数字视频就不存在这样的问题，你可以把想要保存的视频影像刻在纤薄轻巧的光盘上，甚至可以直接存在一台计算机上，一年或者更长时间后，再次播放的数字视频影像质量毫无衰减。

另外，模拟系统很难升级，常需替换整套装置。模拟组件会随时间推移而老化，因而降低了其清晰度。如果数码设备上的影像传感器开始老化，您只需更换传感器即可，其他数字组件都可保留。此外，由于功能以软件而不是硬件为基础，因此我们可以仅更换软件系统就可以实现升级。

④ 传播：由于数字视频信号可以被计算机存储和编辑，使得它有了一个独一无二的传输通道——网络。通过网络，不但可以实现全球的即时高速传输，更是实现了远距离传输而无损耗，这不但使得许多影视行业从业人员大大提高了工作效率，极大的方便了我们的生活。一段

家庭聚会的数字视频影像几分钟内就可以通过网络到达世界任何角落，而在线视频点播、在线转播、视频下载等更是让世界各地的用户可以通过数字视频影像同时感受世界的脉搏。

在传播渠道的多样性、传播速度和传播效率这些个方面，模拟视频确实无法与数字视频相媲美。

6.2　多媒体视频硬件设备

在本节中介绍了多媒体视频的录制、采集、存储和播放等各个环节所涉及到的相关硬件设备。通过学习这些硬件设备的功能和工作原理，可以让我们更清晰的掌握整个视频从最初的录制到最后变成一个完整影片的流程。掌握好本节内容，还可以为我们自己选购相关视频硬件设备提供帮助。

6.2.1　显卡

显示卡（又称显示适配器），作用是控制显示器的显示方式。在显示器里也有控制电路，但起主要作用的是显示卡，如图 6-2 所示。

图 6-2　显卡

（1）显卡的核心——芯片

如图 6-3 所示，这就是显示卡的核心芯片，如同计算机的核心 CPU 一样，它现在被芯片设计者叫做图形处理器。显卡的核心芯片是一块显卡的心脏，使用的显卡的效能如何大半都是由它决定的，而我们平时选购显示卡时所说的型号，通常也是以核心的名称来命名的。

（2）显卡的重要部件——显存

如图 6-4 所示，这个东西叫做显存，也被叫做帧缓存，是显示卡的重要组成部分。如同计算机的内存一样，显示卡的内存也是用来储存要处理的图形信息的必要场所。我们在显示屏上看到的每一点像素都以 4 至 32 甚至 64 位的数据来控制它的亮度和色彩，这些必须通过显存来保存，再交由显示芯片和中央处理器控制调配，最后把运算结果转化为图形输出到显示器上。而对于现在的显示卡来说，显存是承担大量的三维运算所需的多边形顶点数据以及作为大量三维函数的运算的主要载体，这时显存的交换量的大小，速度的快慢对于显卡核心的效能发挥都是至关重要的，而如何有效地提高显存的工作效率也就成了提高整个显示卡效能的关键。

图 6-3 显卡芯片

图 6-4 显存

（3）集成显卡

在我们够买显卡的过程中，会发现有集成显卡（见图 6-5）和独立显卡两种类型。而购买集成显卡往往能比购买独立显卡省下几百块钱。什么是集成显卡呢？它与独立显卡的区别又在哪里呢？

集成显卡不同于独立显卡，需要额外购买后再插入到主板插槽内，它是直接集成在主板上的，由于集成显卡不配有（或较少配有）自己的显存，所以它的价格比单独购买独立显卡要便宜很多，如图 6-5 所示。

但是，便宜的集成显卡性能也要相对低一些。

（1）它的显存是从系统内存中划拨的，这也是为什么很多人会发现我的 256MB 内存为什么系统只显示了 255MB 甚至更少。原因是它们被用作做显存了。

（2）相对于对独立显卡来说，集成显卡调用系统内存，使得系统整体性能下降，使同时间内所能提供给显卡的数据量比较独立显卡落后许多。

以上两点都是目前制约集成显卡性能的致命缺点，但是，如果只用作对显卡性能要求不高的操作（看 DVD，上网等），集成显卡是一个经济又实用的好选择，如图 6-6 所示。

图 6-5 集成显卡微星主板

图 6-6 集成显卡运行三维游戏《魔兽世界》

6.2.2 视频采集（捕捉）卡

视频采集卡是将模拟摄像机、录像机、LD 视盘机、电视机等模拟设备所输出的视频音频的混合数据输入计算机，成为可编辑处理的视频数据文件的设备。

按照其用途可分为广播级视频采集卡，专业级视频采集卡，民用级视频采集卡，它们档次的高低主要是采集图像的质量不同。

视频采集卡主要是完成 D/A（数/模）、A/D（模/数）转换的设备。它的工作原理如图 6-7 所示，多通道的视频输入用来接受视频输入信号，视频源信号首先经 A/D 转换器将模拟信号转换成数字信号，然后由视频采集控制器对其进行裁减、改变比例后压缩存入帧存储器。帧存储器的内容经 D/A 转换器把数字信号转换成模拟信号输出到电视机或录像机中。

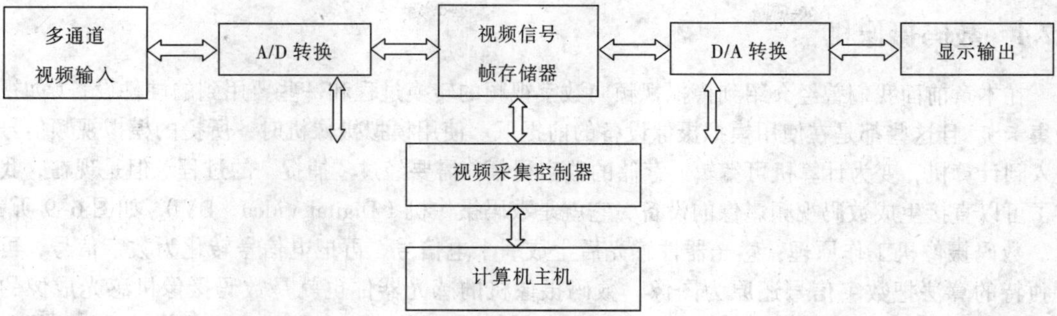

图 6-7　视频采集卡的结构

购买视频采集卡时要注意。

（1）是否支持视频数据的硬件级处理，这是很重要的一点。

（2）帧速率。帧速率的高低直接影响采集卡制做的视频文件能否流畅，一般帧速率比较低的产品档次低，CPU 占用率也高，现阶段一般的中档视频采集卡基本都能达到 352 ×288 分辨率（PAL 制式），在此分辨率下其可采录的帧速率能达到 25 帧/秒，而高档产品可达到 60 帧/秒。对一般家用而言在压缩成 MPEG-1 的式 PAL 制式动态分辨率为 352×288 时应达到 25 帧/秒，压缩为 NTSC 制式时应达到分辨率为 320 × 240 时 30 帧/秒。

（3）分辨率，我们知道分辨率是视频文件质量好坏的主要参数，一般 VCD 的分辨率为 352×288（PAL 制式）、320×240（NTSC 制式），而 DVD 的分辨率则高的多一般为 704×480 30 帧/秒或 704×576 25 帧/秒。

分辨率有静态画面捕捉分辨率和动态分辨率之分，一般静态画面捕捉分辨率是大大高于动态分辨率的，而产品广告中可能没有注明，消费者可能将静态画面捕捉分辨率当成动态分辨率。这一点大家在购买的时候要注意区分。

（4）是否带音频输入功能以及是否附赠 VCD 制作软件。大家可别小看音频输入功能，至于附赠的 VCD 制作软件则是多多益善。

6.2.3　电视转接卡

多数人对电视卡的唯一印象就是可以用计算机来看电视的设备，常常把它和其他一些有类似功能产品混淆。可以用来在计算机上看电视的产品其实有多种类型，除了最常见的板卡式（PCI、PCI-E 接口）电视卡外，常见的还有外置电视盒、USB 电视盒等。尽管这些产品都提供了电视接收功能，但它们在诸多方面存在较大差异。我们所说的“电视卡”，一般采用 PCI 或者 PCI-E 接口，需要安装驱动程序和相关应用软件才能正常工作，通过安装的程序，可以实现视频录制、屏幕截图等画面采集功能。

电视卡的结构比较简单，核心部件只有三个：高频头（Tuner）、解码芯片（Decoder）、I/O 接口。其他元件，比如红外线控制芯片（为电视卡提供遥控器支持），尽管应用十分普遍，但它们并非电视卡完成“电视接收及播放”任务所必需，主要是为增强电视卡的信号接收、视频录制功能，以及提供更多的附加功能之用，如图 6-8 所示。

图 6-8　板式电视卡

6.2.4 数码摄像机

在本章前面我们曾经介绍到模拟视频向数字视频的转换过程和一些要用到的硬件设备（如视频采集卡）。且这些都是在使用模拟摄像设备的前提下。使用模拟摄像机时，所摄的模拟视频信号要进入到计算机，变为计算机可编辑、存储的数字视频，需要经过“捕捉”的过程。但是现在，我们有了可以直接生成数码视频影像的设备，它就是数码摄像机（Digital Video，DV），如图 6-9 所示。

数码摄像机工作原理：感光器件感光后生成一个电信号，再把电信号转化为数字信号，再通过独特的算法把数字信号还原为图像。数码摄像机的感光器件也就是数码摄像机感光成像的部件，能把光线转变成电荷，通过模数转换器芯片转换成数字信号。目前数码摄像机的核心成像部件有两种：一种是广泛使用的 CCD（电荷藕合）元件；另一种是 CMOS（互补金属氧化物导体）器件。

（1）镜头

摄像机是用镜头来摄取美丽的景物,它包含着不同亮度的光谱（即颜色）信息。不论是数码摄像机还是传统摄像机，首先接收的都是景物的光学信息，这些信息必须经过光学镜头才能成像到感光器件上（见图 6-10）。

图 6-9　码摄像机

图 6-10　码摄像机镜头

数码摄像机的镜头由多片镜片组成，材质则分为玻璃与塑料两类。很多用户及商家都说玻璃镜头透光率佳、投射图像更清晰。不过目前许多测试报告都显示，玻璃的透镜并不一定比塑料材料透光率好，同时玻璃镜头也可能增加相机重量，因此选购时还是应该做多面向观察，不要拘泥在镜头材质的问题上。

（2）电子取景器和液晶显示器

电子取景器就是把一块微型 LCD 放在取景器内部，由于有机身和眼罩的遮挡，外界光线照不到这块微型 LCD 上，也就不会对其显示造成不利影响。另一方面，它通过一组取景目镜来观察 LCD，有一定的放大倍数。电子取景器的功能类似于 LCD 液晶显示屏，它是通过光学取景器显示。它的优点是可以避免因开启 LCD 液晶显示屏而过度消耗电量，从而增长拍摄时间和增长电池的使用时间。在室外拍摄时，它还可以避免因 LCD 显示屏反光导致的取景误差。电子取景器同彩色 LCD 一样可以用来回放、预览和进行菜单操作，用起来非常方便，如图 6-11 所示。

电子取景器的缺点是，所显示的画面质量和真正的单反摄像机的取景器会有些差别。图像色彩也会因为分辨率较低而出现误差。显得较粗糙和有颗粒感。无法显示所拍摄图像的最小细节，比如人眼是否睁开等。

LCD 彩色液晶显示屏是取景系统的另一种形式，通常位于数码摄像机的旁边。严格地讲，它的功能不单是作为取景器，但用它取景的效果的确与光学取景器大不相同。从图像传感器 CCD 或 CMOS 中直接提取图像信息，所拍图像通过 LCD 直接显示出来，是数码摄像机的一个突出优点，而且所反映出来的图像颜色逼真，观察十分方便，可以说是人观察事物的另一种延伸，如图 6-11 所示。

（3）磁带

早期在摄录像记录媒体中，录像磁带一直是主流产品，进入 20 世纪 90 年代中后期，随着数字技术和可移动存储媒体技术的发展，采用 DVD-RAM、硬盘等新型记录媒体的数码摄像机竞相推出，成为了各种电子展销会的热点。目前还有些 DV 摄录机还使用磁碟和可刻录磁碟作为记录媒体。摄录像记录媒体的多样化，促进了数码摄像机产品的多样化与现代化，迎来了摄像机的多媒体时代。

录像带即视频磁带（VideoTape），是高密度的信息贮存与转换媒体，如图 6-12 所示。录像带对磁性记录与重放过程中的记录与重放信号的优劣有直接的影响，质量好的录像带可以提高记录与重放的效果，反之质量差的录像带将会降低记录与重放效果。质量差的录像带有时还会导致拍摄失败或磁头损坏，造成无法弥补的损失。

图 6-11　电子取景器&液晶显示器

图 6-12　磁带

6.2.5　光盘

光盘（见图 6-13）是属于外部存储媒介的一种，它因为容量大、体积小而被广泛使用。它包括很多类型，比如：CD、VCD、SVCD、CVD、DVD 等，我们最常见的是 CD、VCD 和 DVD。其中，CD 是用来存放音频文件的，而 VCD 和 DVD 则用来存放视频文件，它们也是我们这节所要重点介绍的。

图 6-13　光盘

大家都知道，光盘只是一个统称，它分成两类，一类是只读型光盘（VCD、DVD-Video、DVD-ROM 等），这种类型光盘的内容只能读取，无法擦除、更改或写入新内容；另一类是可记录型光盘（CD-R、CD-RW、DVD-R、DVD + R、DVD + RW、DVD-RAM、Double Layer DVD + R 等），这种类型的光盘不但可以读取其内容，还可以利用相关设备（如刻录机、可刻录光驱等）向光盘一次或多次写入数据。由于可刻录光盘价格不高，只要再购买一个可刻录型的光驱，或者单独购买一个刻录机，就可以自己制作低成本的 VCD、DVD 等光盘了。

（1）工作原理

刻录时：在基片上涂抹上专用的有机染料，以供激光记录信息。由于烧录前后的反射率不同,经由激光读取不同长度的信号时，通过反射率的变化形成 0 与 1 信号，借以读取信息。这个过程叫做“烧蚀”（见图 6-14），当光盘在进行烧录时，激光就会对在基板上涂的有机染料进行“烧蚀”，使盘片上出现一个接一个的“坑”，这样有“坑”和没有“坑”的状态就形成了

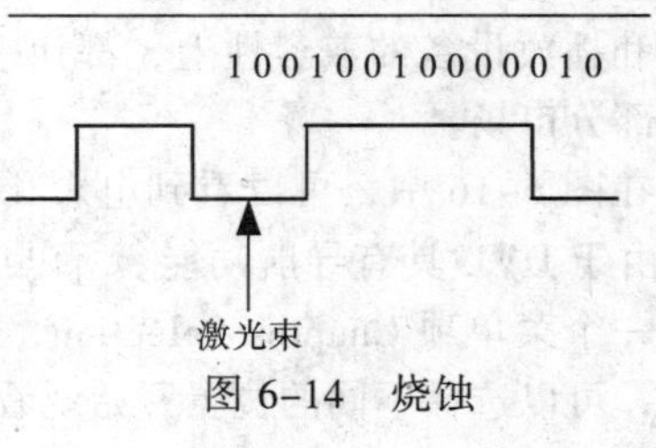

图 6-14　烧蚀

0 和 1 的信号，这一个接一个的“坑”是不能回复的，也就是当烧成“坑”之后，将永久性地保持现状，这也就意味着此光盘不能重复擦写。这一连串的 0、1 信息，就组成了二进制代码，从而表示特定的数据。

在这里，需要特别说明的是，对于可重复擦写的 CD-RW 而言，所涂抹的就不是有机染料，而是某种碳性物质，当激光在烧录时，就不是烧成一个接一个的“坑”，而是改变碳性物质的极性，通过改变碳性物质的极性，来形成特定的 0、1 代码序列。这种碳性物质的极性是可以重复改变的，这也就表示此光盘可以重复擦写。

读取时：利用光盘的反射层，反射光驱（光盘读取设备，见图 6-15）激光光束的区域，借反射的激光光束读取光盘片中的资料。其材料为纯度为 99.99%的纯银金属。

这个比较容易理解，它就如同我们经常用到的镜子一样，此层就代表镜子的银反射层，光线到达此层，就会反射回去。一般来说，我们的光盘可以当作镜子用，就是因为有这一层的缘故。

图 6-15 光驱

（2）VCD（Video Compact Disk）

VCD 光盘的存储容量为 650MB。VCD 自 1994 年诞生以来，经历了 VCD 1.0、VCD1.1、VCD2.0 等版本的演化，版本的升级仅仅只是增加了交互性而已，其本质的内容并未改变。VCD 采用 MPEG-1 的压缩技术（在本章第一节介绍过），视频为 352×288 的图像格式，其效果相当于 VHS 录像带的水平。音频采用双声道立体声 44.1kHz，16bit 采样，相当于普通 CD 机的效果。VCD2.0 在原有 VCD1.1 的基础上增加了菜单的交互性，使用户在人机界面上得到一定的改善，但音频、视频的效果并未产生变化。

（3）DVD（Digital Video Disk）

DVD 技术的基础是 DVD 盘片的大容量。DVD 盘片有 DVD-5（单面单层）、DVD-9（单面双层）、DVD-10（双面单层）和 DVD-17（双面双层）四种类型，其存储容量分别为 5GB、9GB、10GB 和 17GB，即使是容量最小的 DVD-5，其存储容量也是 VCD 盘片的 7 倍，最大的可达 26 倍。由于超大容量，DVD-5 可容纳 135 分钟的电影，而 DVD-17 可存储长达 8 小时的电影，这对于以前的任何一项技术都是不可想像的。另外，DVD 播放机拥有专业级的视听表现。在音频方面，DVD 播放机可达到 110DB 的信噪比，与专业级的 CD 唱机不相上下，但价格却不到专业级 CD 唱机的一半；在视频方面，超过 500 线的高清晰度，能将现有的大屏幕彩电的性能显现得淋漓尽致。DVD 的压缩方式为 MPEG-2 的 MP/ML 方式，视频图像格式为 720×576，基本上能很好地匹配现市场上主流的电视机；音频采用杜比 5.1 声道环绕立体声式 LPCM，是当今最先进的环绕技术。

除上述特点外，DVD 还提供父母管理功能、多角度观看功能、多语言配合功能（有多种配音语言可供选择）以及多字幕功能等。同时，它的兼容性很好，VCD、CD 盘片也可以自如地在 DVD 播放机上播放。无论是盘片的存储容量、音频的质量、画面的高清晰度，还是功能的丰富程度和播放设备的兼容性上，都让 VCD 无法比拟，所以，它很快风靡起来，占领了属于 VCD 的大部分市场。

在图 6-16 中，可以看到电影《WATER WORLD》DVD 光盘播放的开头画面，我们可以看到，由于 DVD 具有导航功能，所以可以像游戏一样在电影中设置起始菜单供观看者选择。选择最后一个菜单项 Chapter Selection，可以进入到如图 6-17 所示的界面中，在这里将电影分成了六段，可以选择不同的位置开始观看。

图 6-16　DVD 起始菜单

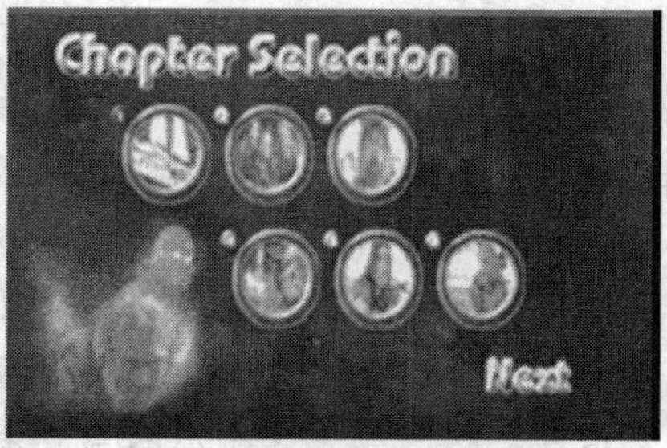

图 6-17　菜单内部界面

6.3　视频制作软件——Adobe Premiere 2.0

通过前两节的学习，了解了视频相关的概念、行业标准，在挑选好了自己的硬件设备后，很多同学就开始摩拳擦掌、跃跃欲试的要制作自己的视频短片了。但是，录制好并且采集到计算机里的视频文件，如何对它进行编辑和添加特效。本节中就为大家介绍这样一款用来编辑数字视频文件的软件——Adobe Premiere。掌握好本节内容，就可以轻松制作出自己喜爱的影片了。

6.3.1　Premiere 简介

传统的影视特技，只能由拥有昂贵设备的专业人士进行。工作过程既费时又费力。随着计算机技术的发展，目前大多数计算机已经能够完成视频编辑工作，相应的，就需要能够在计算机上使用，对数字视频进行编辑、处理、添加特效的软件，Premiere 就是一个这样的软件。

Adobe Premiere Pro 软件是革新性的非线性视频编缉应用程序。其强大的实时视频和音频编辑工具可让你对制作的各个方面进行精确的虚拟控制。利用它专业的影视工作者可以制作出精彩的影视节目，多媒体爱好者可以制作出自己的数字电影节目。Premiere Pro 2.0 提供了强大、高效的增强功能和先进的专业工具，包括高级色彩校正功能、强大的新音频控制功能和多嵌套的时间轴功能，并专门针对多处理器和超线程进行优化，能够利用英特尔奔腾 4 处理器在速度方面的优势，提供一种自由渲染的编辑体验。

本节内容、练习均以 Premiere Pro 2.0 为例，其初始界面如图 6-18 所示。

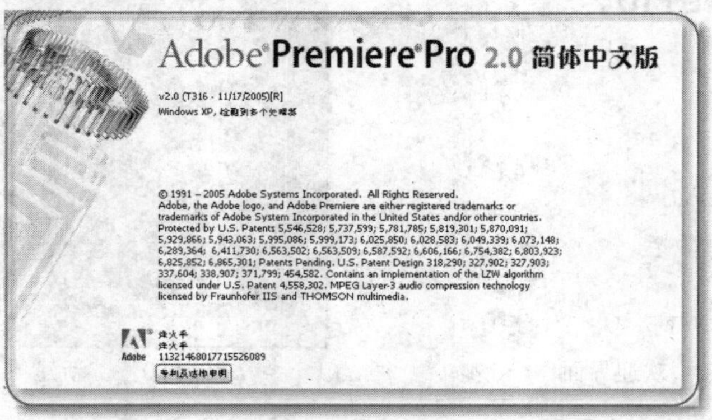

图 6-18　Premiere Pro 2.0 开始界面

注意：所谓的“非线性编辑”，是与“线性编辑”相对的一个概念。

（1）线性编辑：传统的线性编辑是录相机通过机械运动使用磁头将 25 帧/秒的视频信号顺序记录在磁带上，在编辑时也必须顺序寻找所需要的视频画面。用传统的线性编辑方法在插入与原画面时间不等的画面，或删除节目中某些片段时都要重编；而且每编一次视频质量都要有所下降。

（2）非线性编辑：非线性编辑没有采用磁带而是用硬盘作为存储介质，记录数字化的视音频信号。视音频素材存放在盘体表面同心圆形状的磁道中，磁头可以在几毫秒内就定位到所需的位置上，而且基本上没有差别。由于可以满足在 1/25s 内任意一帧画面的随机读取和存储，从而实现视音频编辑的非线性。

非线编系统的信息存储位置与接受信息的顺序无关，盘上任何文件可随时调用和更改，不需要重录，大大提高了编辑效率。

6.3.2 Premiere Pro 2.0 的启动和界面

从现在开始，我们来学习 Premiere Pro 的使用方法。

1．启动 Premiere

（1）找到 Premiere 的应用程序或其快捷方式，双击后弹出如图 6-19 所示的界面。如果是头一次进入 Premiere 的用户，可以选择下方的“新建节目”图标，除此之外，上方还罗列有最近曾经打开过的项目名称列表，可以直接选择进入你最近常常进入的某个项目。

（2）如果选择新建节目，则弹出如图 6-20 所示的窗口，在里面可以进行新节目相关属性的设置。窗口上方可以选择采用的标准模式（一般选择 PAL 制式、标准 32kHz），选择好后，在右边内列出了这种标准模式的参数，可以在“自定设置”选项卡内对这些参数进行微调，还可在最下方输入节目名称，并且为你提供了新建节目的默认保存位置，单击“浏览”按钮修改保存路径。设置完成后，单击“确定”按钮。

（3）进入到了 Premiere 的编辑界面。

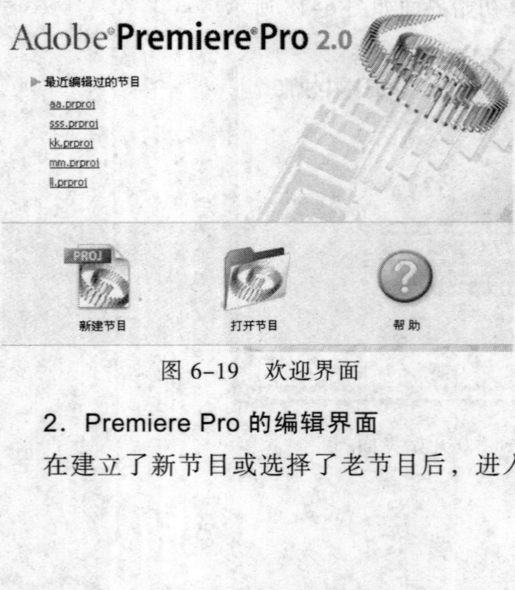

图 6-19　欢迎界面

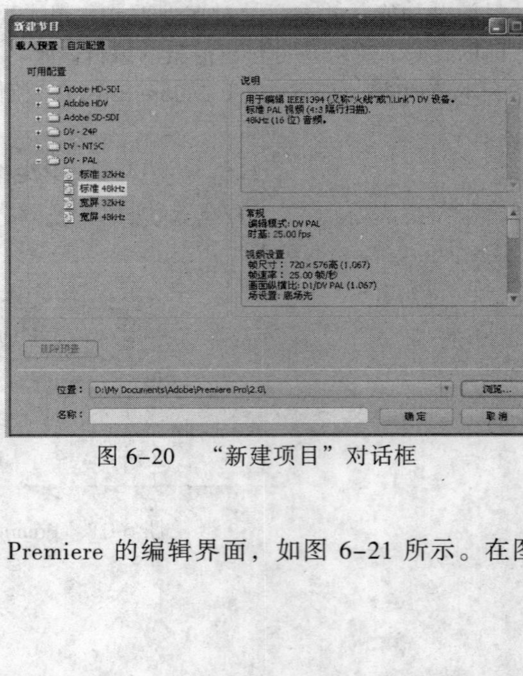

图 6-20　“新建项目”对话框

2．Premiere Pro 的编辑界面

在建立了新节目或选择了老节目后，进入了 Premiere 的编辑界面，如图 6-21 所示。在图中我们可以看到，编辑界面一共包含了三个主要部分：项目窗格(Project)、监视器窗格(Monitor)和时间线窗格（Timeline）。

图 6-21　Premiere 编辑界面

（1）项目窗格

如图 6-22 所示，项目窗格通常分为上部的预览区、左下方的剪辑箱以及底部的工具栏三部分，其中预览区用于在剪辑箱中被选中剪辑的快速浏览；剪辑箱用来管理所使用的各种剪辑（即导入的视频片断、音频文件和图片等）；工具栏中给出与项目窗口管理和外观相关的实用工具。

预览区用于预览文件，如图 6-22 中所示。当选中一个剪辑（素材）时，预览框内出现了素材图片的预览画面，右侧同时出现该剪辑的预览窗口及简单的参数说明，也可单击预览区底部的播放按钮或进度条来播放剪辑。

剪辑箱是用来管理项目中导入的各类剪辑的。在剪辑箱内空白处双击，即可弹出“导入”对话框，选择你想要导入的素材文件，同时，进入剪辑箱的素材可在本区域内显示出其详细的属性信息，如图 6-22 所示。

工具栏内有许多快捷工具图标。比如：选中剪辑，在选中工具栏左边第三个图标，可以将剪辑导入到“时间线”上。选择左边第四个望远镜图标，在弹出的对话框输入查找条件，就可以很快地查到所需的剪辑。右边第二个为“新建”图标，单击后，在弹出的下拉菜单中可以选择新建的内容，如字幕等。最后一个图标为“垃圾箱”，可以将不用的剪辑直接拖动进来删除。

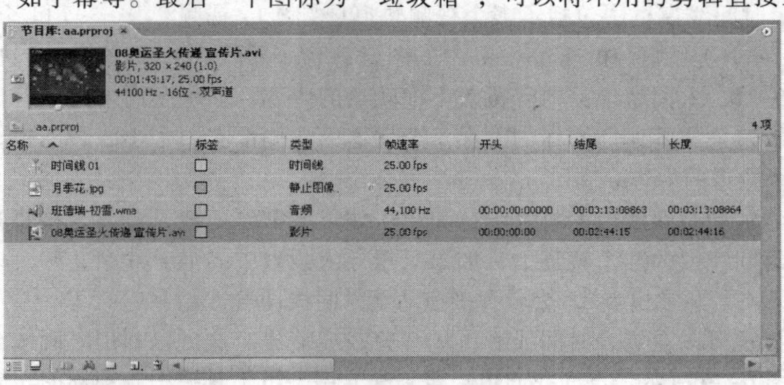

图 6-22　项目窗格

（2）监视器窗格

监视器窗格包括两部分：左边的为素材（来源）显示窗口，如图 6-23 所示，在项目窗口中双击某个剪辑，可以在这个窗口内对其进行预览；右边的为时间线显示窗口，如图 6-24 所示，导入到时间线上的剪辑或在时间线上编辑过的片断都可以在这里预览效果。

在两个显示窗口下方最上面都有一蓝一黑两部分时间：蓝色时间是指当前播放到剪辑的哪个位置；黑色时间指的是剪辑共有多长时间。同时在两个时间的中间，我们可以看到有诸如“适合”“50%”的字样，单击右侧的下拉按钮弹出下拉菜单，在其中可以选择显示窗口的比例。

注意：时间的格式为 00:00:00:00，这四部分分别代表了 hh:mm:ss:ff（小时:分钟:秒钟:帧数），前三部分均为逢 60 进 1，帧的部分则要看在最初建立项目的时候进行的设置。比如：选择 PAL 制式，之前我们介绍过，PAL 制式的帧速率为 25 帧/秒，那么就是逢 25 进 1；NTSC 制式的则是逢 30 进 1。

在两个窗口的最下方都有一些快捷工具，这让我们可以在浏览素材或观看效果的同时方便的完成许多操作。这其中，我们使用最多的，是第一排左侧的一左一右两个大括号，这两个括号可以用来定义剪辑的“入点”和“出点”，从而实现对素材的剪辑。定义好“入点”和“出点”的片断，直接拖动鼠标左键到时间线，就可以实现截选部分片断进入时间线的功能。

图 6-23 素材显示窗格

图 6-24 监视器窗格

（3）时间线窗格

时间线窗格是三个窗格中最重要的一个，大部分的编辑工作都在这里进行。如图 6-25 中我们可以看到，时间线窗格中包括了多个视频轨道（视频 1，视频 2，……）和多个音频轨道（音频 1，音频 2，……）。轨道和 Photoshop 中的图层有着一样的效果和功能，各轨道间互不影响，可以分别进行编辑，上面轨道的内容覆盖下面轨道的内容；如果上面轨道中有透明的部分，则可以透出下面轨道上的画面。同样的，在每个轨道的左侧都有一个小眼睛图标，它的功能也是显示或隐藏这个轨道的内容。

要将素材添加到时间线内的方法十分简单：如果不需要剪裁，可以直接将素材从“项目”窗口内拖动到时间线内的某个轨道上。如果只想导入素材中的部分片断，则可以在显示器窗格内首先定义“入点”和“出点”，然后直接拖动至时间线即可。

当然，素材也可以在进入时间线后再进行剪裁或缩放。这可以利用时间线窗口右侧的工具栏来完成，如图 6-26 所示。下面我们由上至下来介绍一下工具栏中各图标的功能。

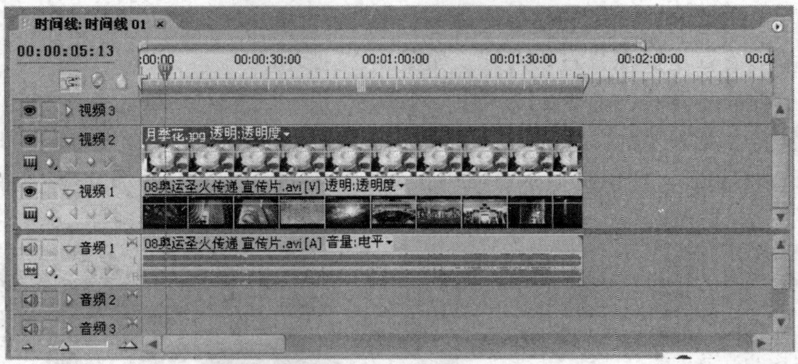

图 6-25　时间线窗格

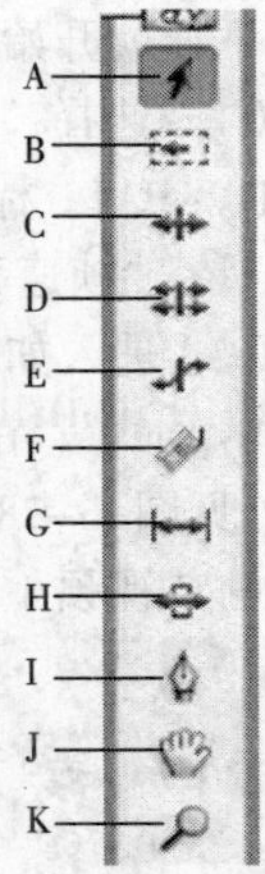

图 6-26　工具栏

A——选择工具：选择工具用于选择对象、移动对象、调节对象的关键帧、为对象设置切入点和切出点等。按住【Ctrl】键后单击目标对象可以进行加选；按住【Shift】键后单击目标对象可以选定所有对象。

B——轨道选择工具：轨道选择工具选择一个轨道上从第一个被选择的素材开始到该轨道结尾处的所有素材。要增加选择，可按住【Shift】键并单击素材。

C——波浪编辑工具：用来拖动片断切出点，改变片断长度，相邻片断长度不变，总的持续时间长度不变。

D——滚动编辑工具：滚动编辑工具用来调节一个素材和其相邻素材的长度，以保持两个素材和以下所有素材的原有组合的长度。

E——速率拉伸工具：速率拉伸工具用来改变片段的时间长度，调整片断的速率，以适应新的时间长度。

F——剃刀工具：剃刀工具可以将素材分割成两个或多个分离素材。

G——平移工具：利用平移编辑工具可以改变一个素材的切入点和切出点，保持其总长度不变，且不影响相邻的素材。

H——滑动工具：滑动工具用来改变所选中片段的相邻片段的出点（前一个片段的）和入点（后一个片段的），而选中片段不变。

I——工具：钢笔工具主要用于在编辑字幕素材时绘制曲线图形。

J——抓手工具：抓手工具主要用来移动时间线窗格的片段，以显示影片的不同区域。

K——缩放工具：缩放工具主要用来缩放时间线窗格中所显示的片段，作用和改变显示时间间隔一样。在任意位置单击鼠标可以放大该位置的片段，拖动鼠标可以将拖动范围内的片段放大到时间线的整个可视窗口。

6.3.3　快速浏览 Premiere Pro（实例）

在了解到 Premiere 编辑窗口各部分的主要功能后，大家一定都已经开始摩拳擦掌了，想要自己尝试制作一个视频短片了。但是很多同学都会信心不足，觉得了解了这么点东西，现在我可以开始制作了么？答案是肯定的。其实，Premiere 是一个非常简单易用的视频编辑软件，在专业制作中，它属于最后一步，用来把所有的素材揉合到一起形成作品，常与它配合使用的是另一个软件 After Effect。它们两个联手，再加上好的创意，就可以作出犹如专业一般的影视作品。

下面就开始制作过程：

（1）选择“文件”→“新建”→“节目”命令，在弹出的对话框中，如图 6-20 所示，选择“DV-PAL，标准 48kHz。切换到“自定设置”选项卡，在“编辑模式”下拉列表框中选择“DV PAL”在“帧速率”下拉列表框中选择“25 帧/秒”，如图 6-27 所示。

（2）进入如图 6-21 所示的界面，在“项目窗格”内双击，弹出导入对话框，导入素材“tell me why.wmv”；在项目窗格中双击素材，预览并且在想要截取和留用的位置设置“入点”和“出点”（见图 6-28 中圈起的部分），在素材显示窗格内按住鼠标左键，将截取的部分拖入时间线窗格的“视频 1”轨道。

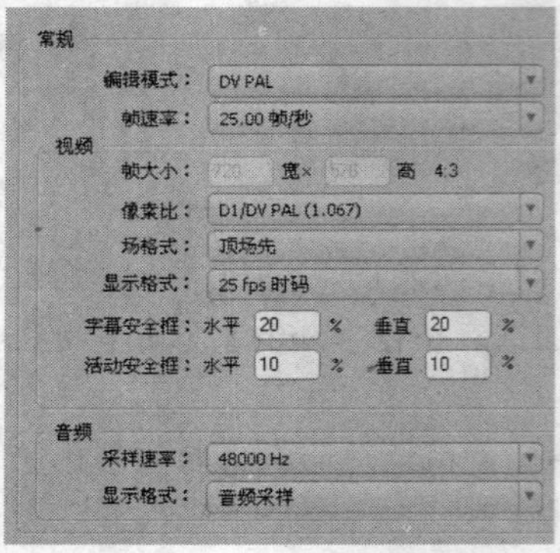

图 6-27 属性设置

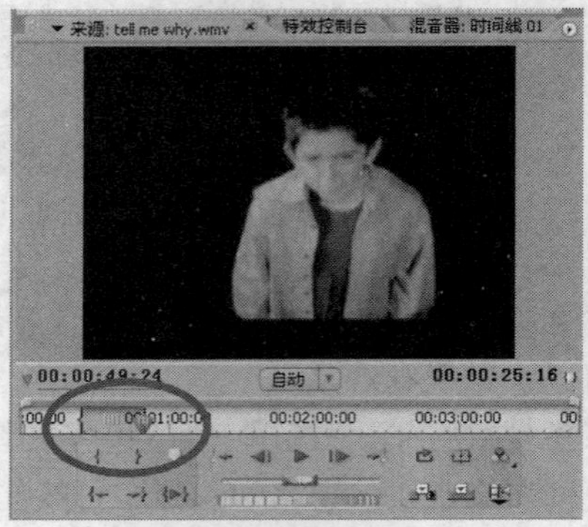

图 6-28 设置入/出点

注意：在设置“入点”和“出点”的过程中，如果需要微调，则可以使用键盘上的左右方向键，每按一次，向前或向后移动 1 帧。

（3）在时间线窗格“视频 1”轨道的素材上单击右键，在弹出的快捷菜单中选择“解除关联”命令（即解除音视频链接），然后单独选择“音频 1”轨道内的素材，按【Delete】键删除（见图 6-29）。

（4）选中截取的片断中剩余的视频部分，点击右键，在弹出的快捷菜单中选择“速度/长度设置”命令，在弹出的对话框中将“速度”设置为 200%，即将播放速度提高一倍（见图 6-30），按【Ctrl+C】组合键复制后按【Ctrl+V】组合键粘贴，同样在快捷菜单中选择“速度/长度设置”命令，在弹出的对话框中选择“视频倒放速度”复选框，将两段视频紧贴放在“视频 1”轨道中，可以实现人物快速向前推出又快速向后退出，一正一反的播放效果，如图 6-31 所示。

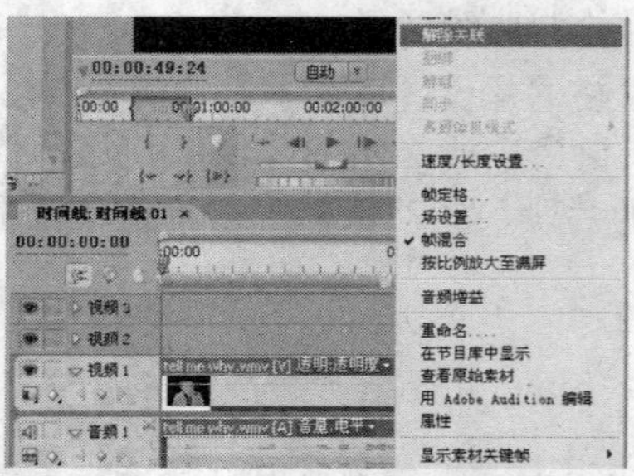

图 6-29 解除音视频链接

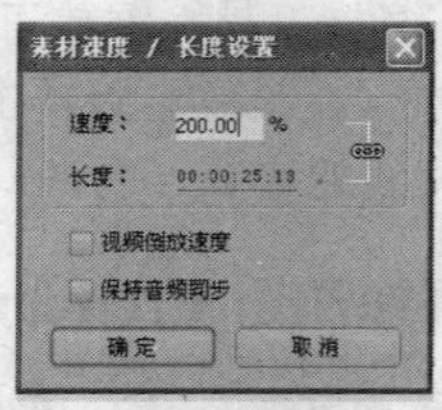

图 6-30 速度/持续时间

注意：在编辑素材的过程中，由于素材的分辨率不同，常常导致素材相对于播放屏幕过大或过小。这个时候，可以选中素材，选择“窗口”→“显示特效控制板”命令，在弹出的面板的“运动”节点下修改“比例”选项的设置，100 为正常大小，减小值即可减小图像尺寸，反之扩大。

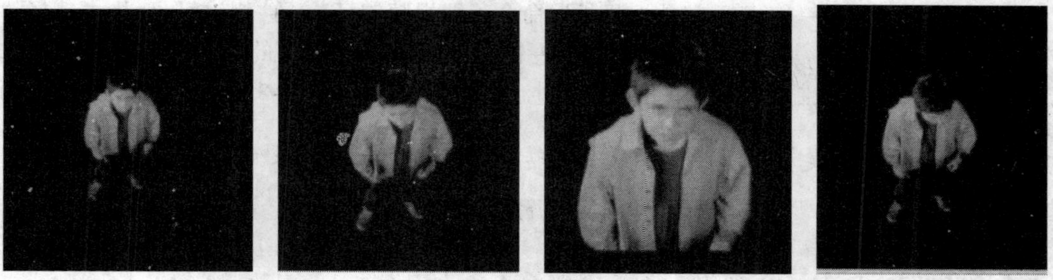

（a）　　（b）　　（c）　　（d）

图 6-31　反复播放效果

（5）在项目窗格的下方单击“新建项目”按钮选择“字幕”命令，在“新建字幕”对话框内输入“tell me why”进入到 Premiere 的字幕编辑窗口，在右侧属性区内选择自己想要的字体、特效和色彩对字幕进行编辑，如图 6-32 所示。设置完毕后，关闭“字幕编辑器”窗口，弹出对话框询问是否要保存，单击“是”按钮，给新建的字幕设置一个名字。回到编辑窗口后，会发现新建的字幕文件已经自动出现在项目窗口内。

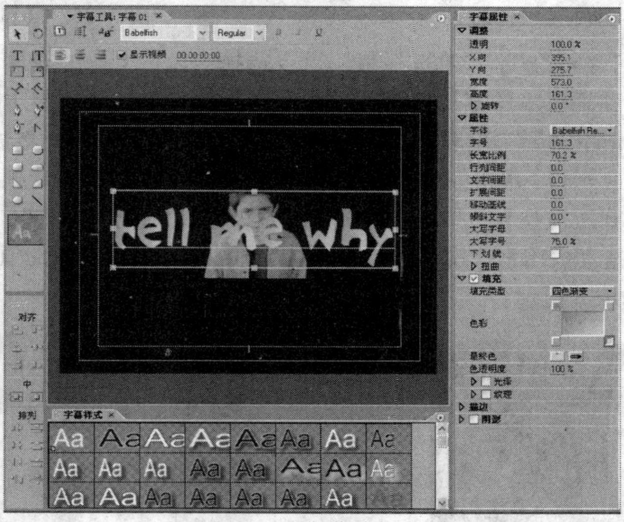

图 6-32　字幕编辑器

注意：Premiere 字幕文件的扩展名为 PTRL。

（6）选中字幕文件，拖动到“视频 2”轨道上，选择一个合适的位置存放，然后将鼠标放在素材的后部边缘处，当光标变成了红色的中括号并带有一个双向箭头的形状时，按住鼠标左键拖动到与视轨 1 中素材同样长度的位置处，松开鼠标左键，这样就把字幕的持续时间和视频素材的持续时间设置成一致的了，如图 6-33 所示。

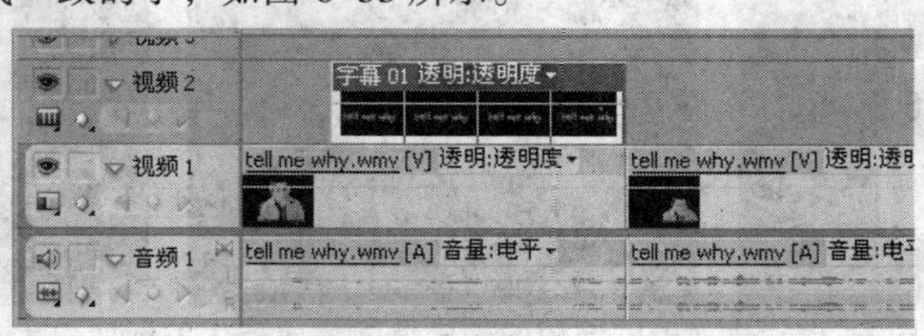

图 6-33　将字幕文件拖动到“视频 2”轨道

（7）选择“窗口”→“显示特效选择板”命令（即视频转场），在“特效”面板中选择“视频切换”→Page Peel→Page Peel 选项，按住鼠标左键，将特效添加到裁开的两个片断中间，然后选择“窗口”→“显示特效控制台”命令，然后设置过渡效果（见图 6-34、6-35），效果如图 6-36 所示。

注意：过渡效果是在镜头、场景或片断转换时常用的特技效果。

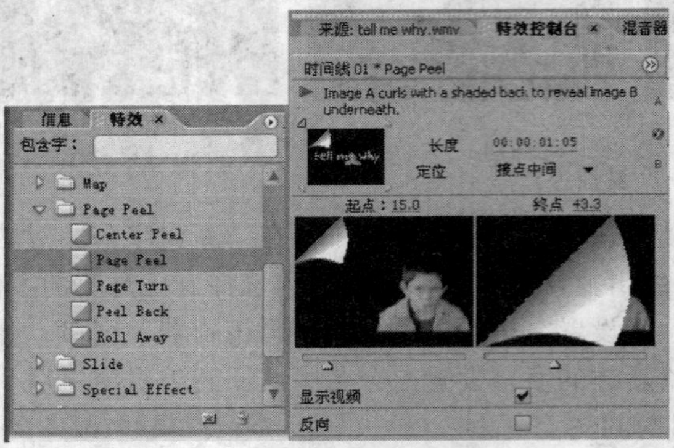

图 6-34 视频转场

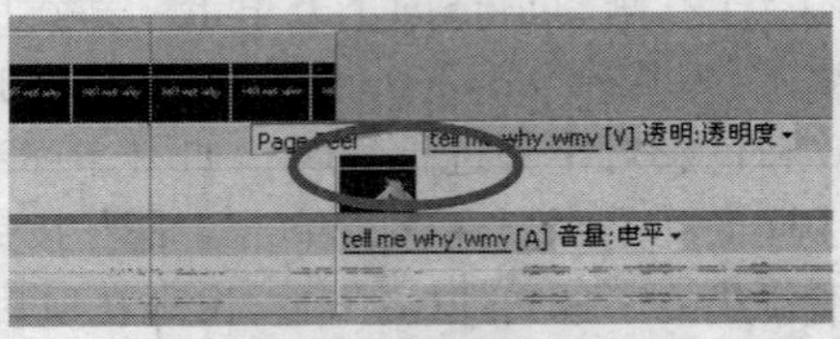

图 6-35 添加的转场特效

（8）选择“窗口”→“显示特效选择板”命令选择“风格”→“轮廓增强”选项，按住鼠标左键，将特效添加到视轨 1 的某段素材上，然后选择“窗口”→“显示特效控制板”命令，在“特效控制台”面板中选择“轮廓增强”节点下的“反转”复选框；然后设置“混合”的值：将编辑线拖动到片断最前端，单击左侧“固定动画”图标，设置一个关键帧，设置“混合”为 0，然后向左拖动编辑线到所需位置，单击右侧的“设置关键帧”按钮，添加一个关键帧，设置“混合”为 20，依次向后拖动编辑线，设置任意多个关键帧，设置“混合”的值从 0 到 100 过渡（见图 6-37），效果如图 6-38 所示。

图 6-36 单重卷页转场

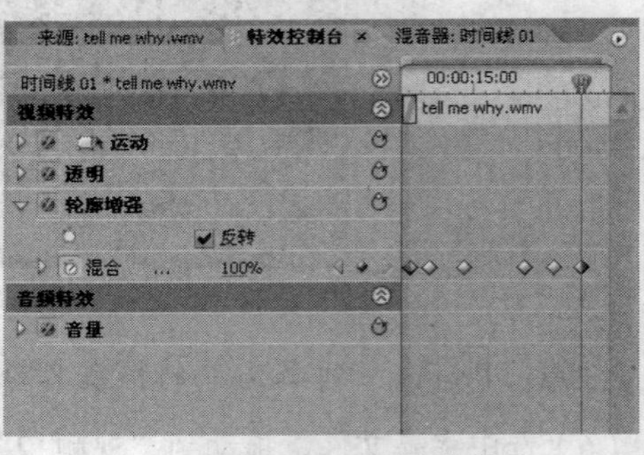

图 6-37 关键帧设置

图 6-38 建立了关键帧的轮廓增强特效产生的渐变效果

（9）最后选择“文件”→“输出”→“影片”命令（见图 6-39），在弹出的对话框中给文件起一个名字，单击“保存”按钮，文件开始输出。输出时对话框如图 6-40 所示。

注意：输出影片的默认扩展名为 AVI。

还可以保存项目文件，以便以后方便修改（这同 PS 输出 JPG 图片后，还要保留 PSD 分层文件的道理是一样的），项目文件的扩展名为 PRPROJ。

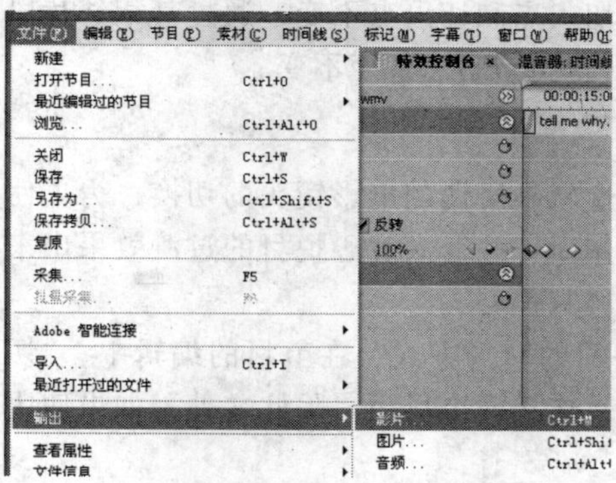

图 6-39　输出文件

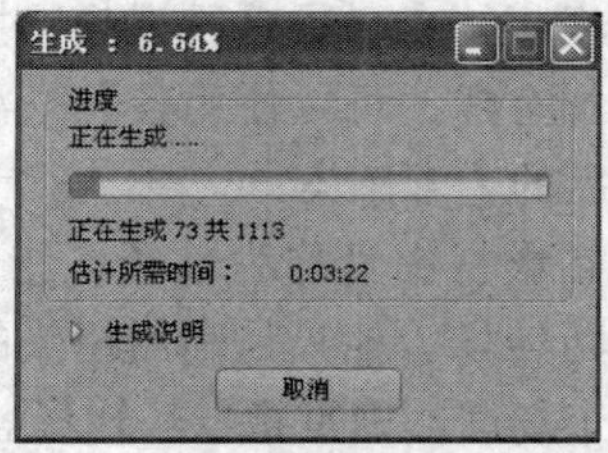

图 6-40　输出（即渲染）文件

6.3.4 Premiere 使用指南

在 6.3.3 节中，我们通过一个实例的制作大体上了解了利用 Premiere 进行视频编辑的全过程，下面我们将各个环节进行讲述。

1. 素材的剪裁

剪裁素材是进行视频编辑的第一步，也是 Premiere 的最基本功能。

剪裁可以增加或删除帧以改变素材的持续时间。素材开始帧的位置被称为切入点，素材结束帧的位置被称为切出点。其中，对切入点和切出点所做的变化不会影响到源素材本身。在 Premiere 中，不能使视频或音频素材比其源素材更长，除非使用速度命令来减慢素材的播放速度，延长其长度，任何素材最短的长度为 1 帧。

（1）利用选择编辑工具

在时间线窗格中，可以通过拖动素材边缘的方法来改变素材的切入点和切出点。在拖动素材时，素材当前的切入点和切出点会在监视器窗格中显示出来。使用这种方法剪裁素材只影响到了一个素材的边缘，并不能影响到相邻素材。

在时间线窗格中改变素材的切入点/切出点，可以执行以下操作：拖动素材的左侧/右侧边缘，会出现“切入”/“切出”图标，拖动图标到你想要的时间长度，松开鼠标。

（2）利用滚动编辑工具

在 Premiere 中，使用滚动编辑工具可以增长/缩短一个素材的长度，但它同时缩短/增长相邻素材的长度，以保持原来两个素材和整个轨道的总长度不变。在执行编辑时，可以在素材显示窗格中观看该素材和相邻素材的边缘。

（3）利用波浪编辑工具

利用波浪编辑工具拖动素材的切出点可以改变素材的长度，同时相邻素材会随之紧随向前或者向后，长度保持不变，但节目的总时间就改变了。

（4）利用平移编辑工具

使用平移编辑工具可以改变一个素材的切入点和切出点，它保持片段的总长度不变，且不影响相邻的素材片段。例如，片段总长 10 s，从 3s 到 13s；使用平移编辑工具改变素材的切入点到 8s，则切出点自动推到了 18s 处，总厂仍保持为 10s。由于总长不变，则该素材片段在时间线上的位置不变，不影响其相邻片段。

（5）利用滑动编辑工具

使用滑动编辑工具可以保持要剪裁片段的切入点和切出点不变，通过其相邻片段切入点和切出点的改变，来改变其在时间线上的位置，并保持节目总长度不变。

2. 切换效果

一段视频结束，另一段视频紧接着开始，这就是所谓的电影镜头的切换，为了使切换衔接自然或更加有趣，可以使用各种过渡效果，制作出一些令人赏心悦目的过渡效果出来，从而增强影视作品的艺术感染力。

过渡在影视中又称为转场，作为一种镜头间的转场方式，在节目的编辑中，“切”的方法属于无技巧转场，他只是利用镜头的自然过渡来连接两个场面。除此之外，如果使用特技效果来连接两个场面，则是指技巧转场。

Premiere 提供了许多方便易用的过渡方式。选择“窗口”→“显示特效选择板”命令，在“特效”面板中选择“视频切换”命令，可以看到 Premiere 提供的所有转场方式的列表（见图 6-41）。包括：3D Motion（3D 过渡）、Dissolve（溶解）、Iris（划像）、Map（映射图）、Page Peel（卷页）、Slide（滑行）、Special Effect（特技）、Stretch（伸展）、Wipe（擦除）、Zoom（缩放）几个分类。

（1）默认过渡效果

应用过渡效果的增加方法我们在上一节实例中已经介绍过：直接拖动选择的过渡效果到两个片段的中间，松开鼠标左键，效果如图 6-35 所示。除此之外，Premiere 还设置了默认的过渡效果（见图 6-42），就是 Dissolve 中的 Cross Dissovle。默认过渡效果的边缘有红色的框线来标识，如图 6-47 所示。

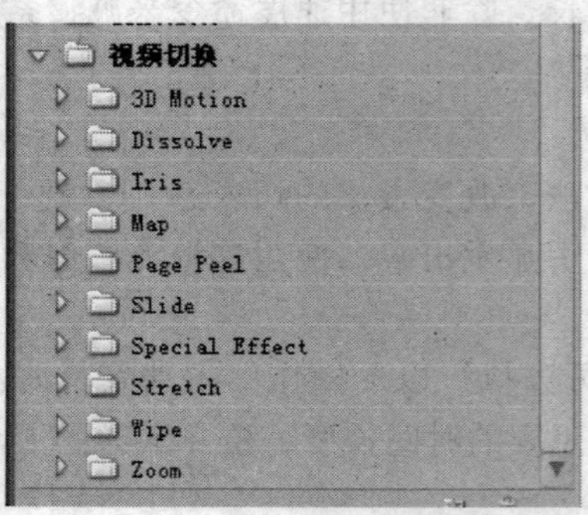

图 6-41 过渡效果

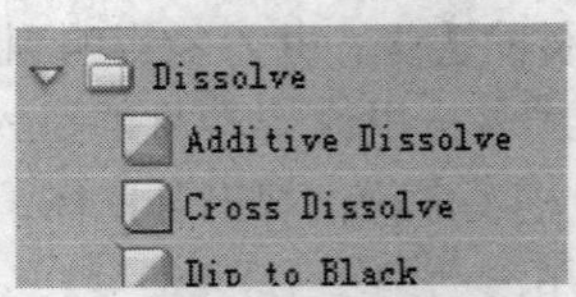

图 6-42 默认过渡效果

练一练

我们来动手练习一下如何将默认过渡效果应用到片段上。

（1）在时间线窗格中选择要应用默认效果的轨道。

（2）将时间线窗格中的编辑线定位在两个片段相连的位置，如图 6-43 所示。

（3）选择"时间线"→"应用视频切换特效"命令。

如果认为加入的过渡效果持续时间太短，可以用修改素材长度的方法来修改过渡效果的持续时间，即将鼠标定位在过渡效果的左侧/右侧，出现红色中括号后向左（向右）拖动。

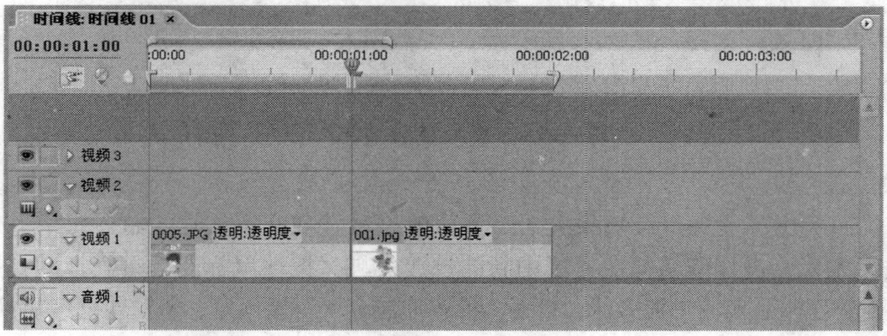

图 6-43　选中"视频 1"、设置编辑线

（4）设置过渡效果参数

对于每个应用的过渡效果，用户都可以在"显示特效控制台"面板中设置其参数，"特效控制台"面板如图 6-44 所示。

A——预览按钮：单击此按钮可以在下面的预览窗口内预览过渡效果。

B——预览过渡效果窗口：在此窗口内可以预览所应用的过渡效果。

C——预览窗口：与 B 不同，在这个区域中将过渡效果的"开始"和"结束"分别显示，用户可以拖动下方的滑动条观看过渡效果，同时可以在上方通过修改"开始"和"结束"后面的值，来修改过渡效果的起始和结束位置。

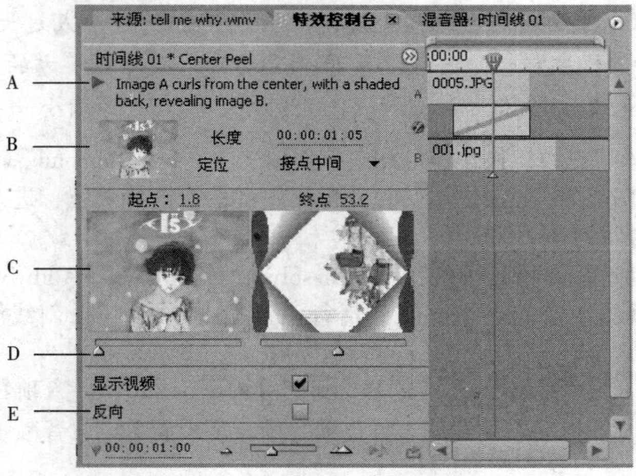

图 6-44　过渡效果属性

D——开始和中止帧滑动条：通过拖动滑块，在上方预览窗口内预览过渡效果。

E——选项区：包含这个过渡的一些参数的设置。

注意：在 E 区内有一个"显示视频"选项，默认为不选中。不选中时，预览框内用 A、B 来代替两个片段，如果选中，预览框内则显示两个片段的真实画面，如图 6-45 所示。

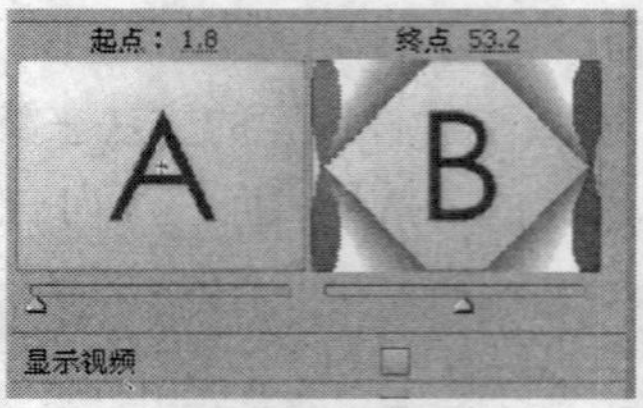

（a）

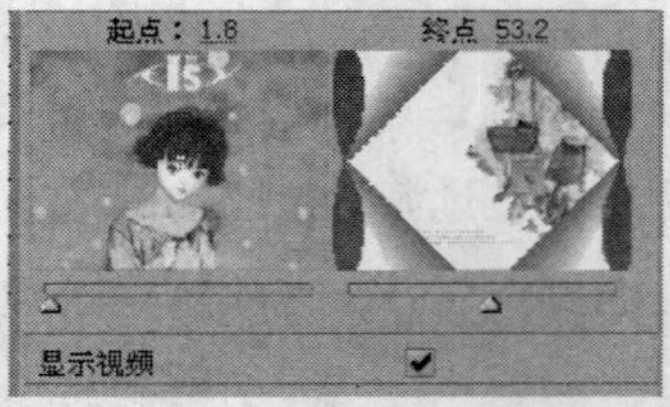

（b）

图 6-45　显示视频效果对比

（5）替换过渡效果

有时候，我们应用了一种过渡效果之后，预览效果后发现并不如意。如果想用另外一种过渡效果替换当前过渡效果，操作非常简单：选中新的过渡效果，按住鼠标左键将它拖动到原来过渡效果的位置上，直接覆盖掉原来的过渡效果。打开“特效控制台”面板预览，会发现已经更换了过渡效果。

练一练

很多同学都见过影楼制作的精美的电子相册。其实，利用 Premiere 过渡效果我们也可以完成专业影楼完成的工作。下面，我们就自己动手来制作一个属于自己的带有背景音乐的电子相册。

（1）打开 Premiere 软件，新建一个节目。

（2）在项目窗格内双击，导入素材文件夹内的 1.jpg，2.jpg，3.jpg，4.jpg 图片。

（3）拖动 1.jpg 文件，把它放到时间线的“视频 1”轨道上；右键单击，在弹出的快捷菜单中选择“速度/长度设置”命令，在弹出的对话框中设置时间为 6s（即：00:00:06:00）。

（4）重复（3），将 2.jpg，3.jpg，4.jpg 依次导入，并且修改持续时间为 6s，时间线上排列顺序如图 6-46 所示，然后拖动时间线上的编辑线，在监示器窗格中观看效果，如图 6-46 所示。

注意：在观察效果的时候我们有时候会发现，素材图像的过小或过大超出了屏幕。这个时候，可以在“显示特效控制台”面板，展开“运动”选项，在下方的“比例”选项中，可以通过修改“比例”来更改图像大小（如：100 为原大小，50 为缩小一半）。

（5）在特效面板选择“视频切换”→“Iris”（划像）→“Iris Diamond”（钻石划像）选项，将效果拖动到时间线上 1.jpg 和 2.jpg 之间，松开鼠标左键；双击特效区，进入“特效控制”面板，可以设置特效持续时间为 3s。

（6）重复（5），分别选择“视频切换”→“Dissolve”（溶解）→“Additive Dissolve”（附加溶解）选项，和选择“视频切换”→“Slide”（滑行）→“Slash Slide”（斜线滑行）选项，并设置持续时间为 3s。

（7）添加背景音乐：在“素材”文件夹中找到“绿袖子.wma”，导入项目窗格中，然后将其拖动到“音频 1”轨道上，拖动右侧边缘，将背景音乐长度设置为与“音频 1”轨道长度一致，效果如图 6-47 所示。

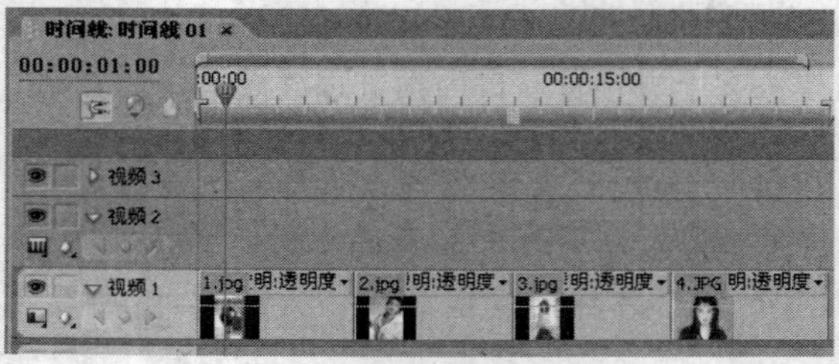

图 6-46　将素材添加到时间线

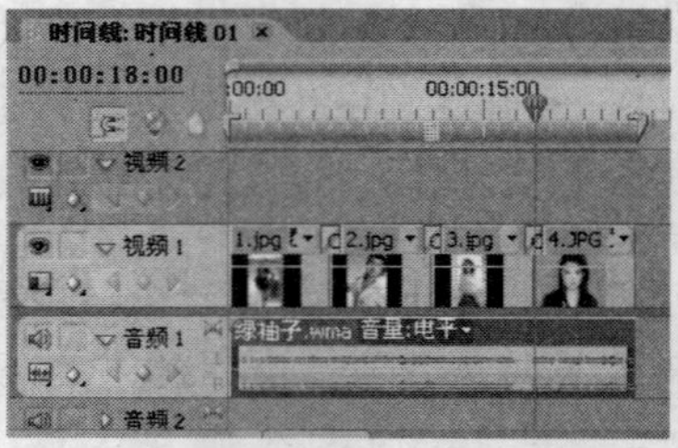

图 6-47　将转场效果添加到时间线

（8）选择“文件”→“输出”→“影片”命令，将文件保存为“我的电子相册.avi”，部分帧效果如图 6-48 所示。

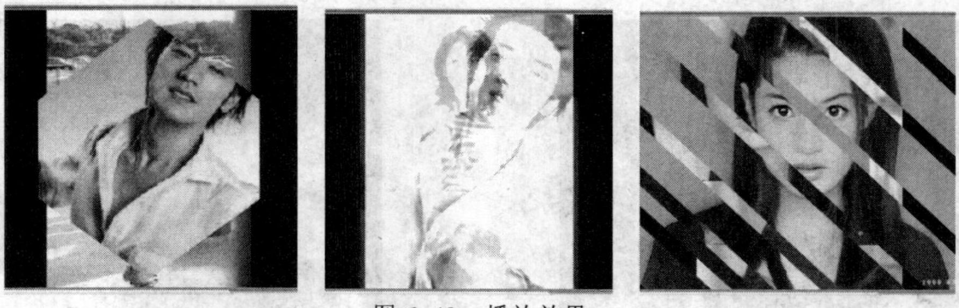

图 6-48 播放效果

3．滤镜效果

过渡效果用在两个片段切换的过程中，产生转场特技；而过滤效果则应用在一个片段内部，使图像产生模糊、变形、构造、变色等特效。在 Premiere 中，过滤效果使用方法相当灵活，不但可以将多种过滤效果同时应用到一个素材上，还可以将一个过滤效果同时应用到多个素材上。Premiere 提供了几十种过滤效果，其中一部分如图 6-49 所示。

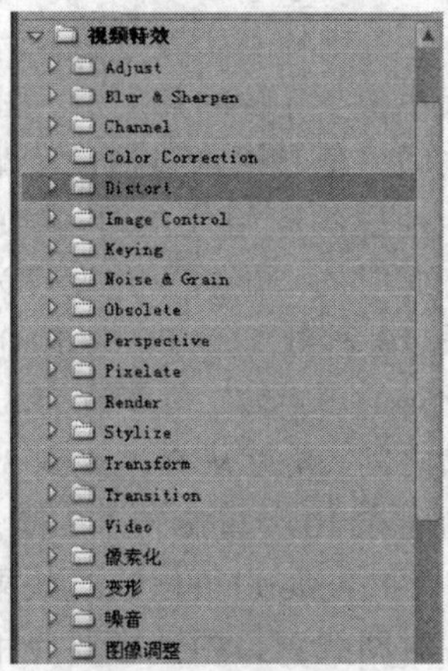

图 6-49 滤镜效果

在 Premiere 中一共提供了 118 种过滤效果，这些过滤效果可以分为两类：一类是没有相关设置的过滤效果；另一类是可以利用关键帧的设置来实现随时间的动态变化的过滤效果。

我们先来看一个第一类过滤效果的例子。

（1）打开 Premiere 软件，新建一个节目。

（2）在项目窗格内双击，选择素材文件夹内的“1.mov”视频片段并导入；

（3）拖动 1.mov 文件，把它放到时间线的“视频 1”轨道上，然后在“显示特效控制板”面板中展开“运动”节点，将“比例”设置为 200．即将图像放大一倍。

（4）在“特效”面板中选择“视频特效”→Adjust（调校）→Extract（析取）选项，将特效拖动到时间线上的 1.mov 上。

（5）在“特效控制台”面板，单击 Extract 选项右侧的设置按钮，进入设置对话框（见图 6-50），拖动滑块，调整效果直到满意。

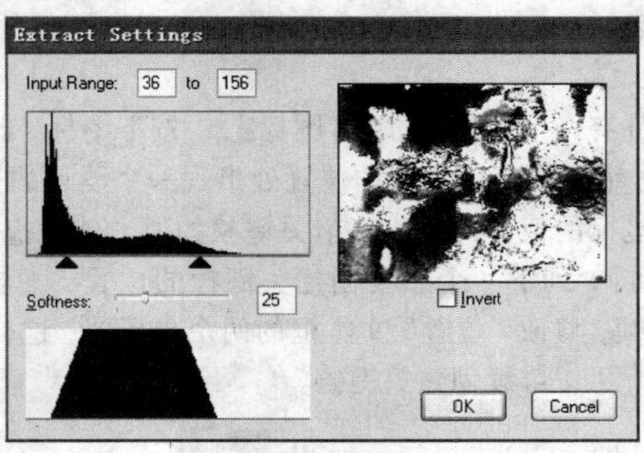

图 6-50 黑白锐化设置

（6）选择“文件”→“输出”→“影片”命令，将保存文件命令为“海底世界.avi”。

应用滤镜前后效果对比如图 6–51、6–52 所示。

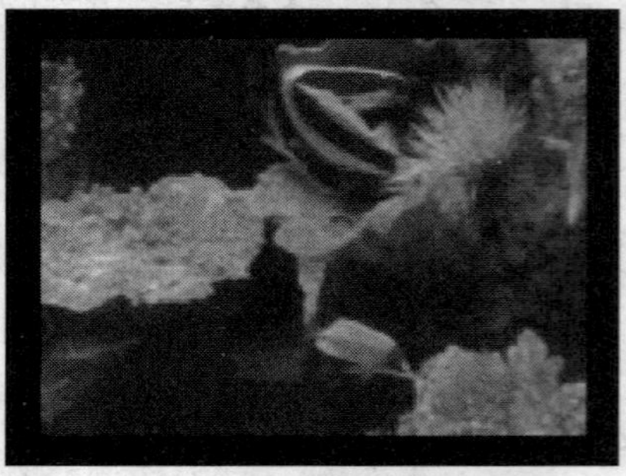
图 6–51　应用滤镜前

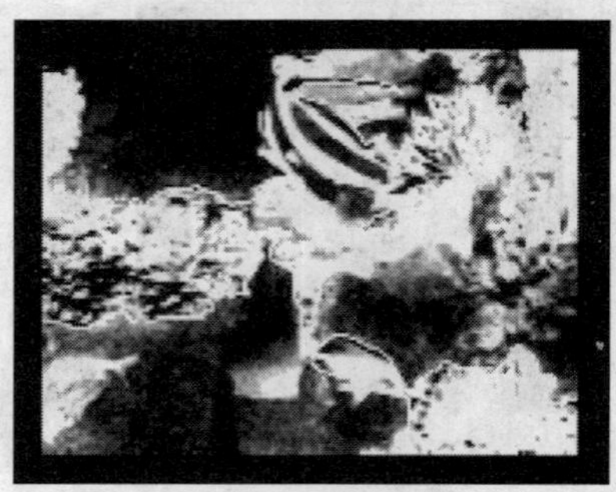
图 6–52　应用滤镜后

在刚才的实例中我们学习了如何应用不含关键帧设置的滤镜效果，下面我们要了解如何应用带有关键帧设置的滤镜效果。在此之前，我们首先要了解什么是关键帧。

4．关键帧

关键帧其实就是视频片段中的一些时间“点”，在这些点上，我们可以设置值（如：图像的大小值、旋转的角度值、图像在镜头中的位置值或滤镜效果的属性值等），在设置了值的两个点之间，值是逐渐过渡的。举个例子：在时间线上第一个片段的起始处（即 00:00:00:00）设置一个关键帧，将此时的“旋转”角度设为 0；然后拖动编辑线到片段 10 秒处（即 00:00:10:00）再添加一个关键帧，将此时的“旋转”角度设为 359.9；在 0～10 秒两个关键帧之间，角度从 0 过渡到 359.9，我们看到的效果就是画面在 10 秒里旋转了一圈。

Premiere 可以通过效果控制面板来设置关键帧。在时间线窗口中选中要应用运动的素材，然后选择“窗口”→“显示特效控制板”命令即可打开效果控制面板，如图 6–53 所示。

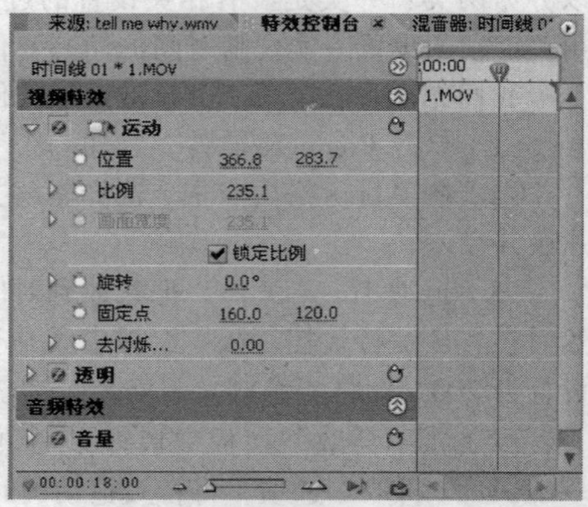

图 6–53　特效控制面板

（1）创建关键帧

我们可以看到，当展开特效控制面板中的“运动”选项时，下面有四个选项：位置（图像在屏幕中的横坐标、纵坐标）、比例（图像大小比例）、旋转（图像的旋转度数）和固定点（图像旋转的轴心等）。

在每一个选项的右侧都有一个“固定动画”图标，按下图标，即可以创建第一个关键帧，这时，右侧编辑线窗口内，编辑线当前指示的位置处出现一个菱形的关键帧标志（见图 6–54），现在修改“位置”的两个坐标的值，即成为当前关键帧的值，然后拖动编辑线（或在时间线窗口内拖动编辑线，效果相同）到下一个想要创建关键帧的位置，单击右侧的添加关键帧图标，创建一个新的关键帧，修改“位置”文本框的两个坐标值，这样就创建了第二个关键帧，如图 6–55，重复以上操作，可以继续创建关键帧。

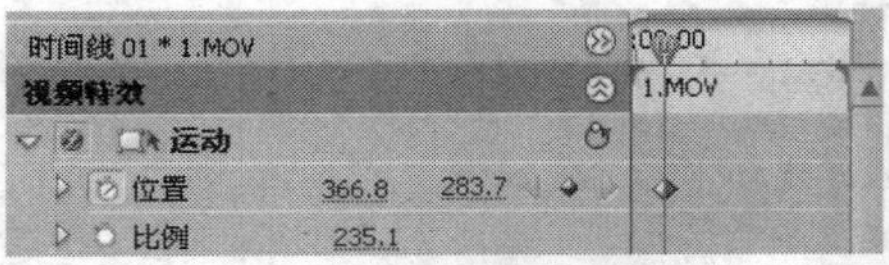

图 6-54　单击“固定动画”图标创建第一个关键帧

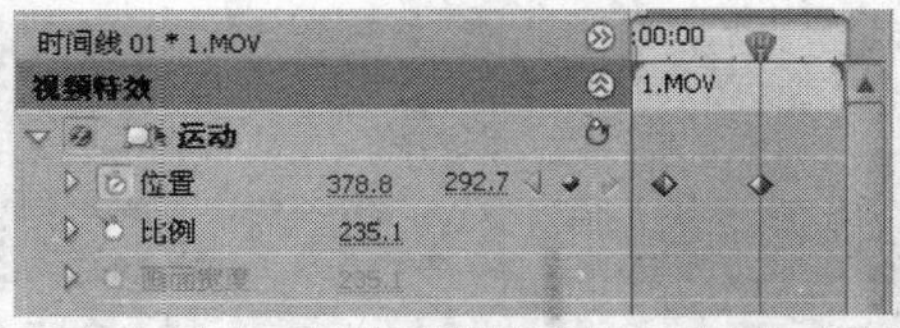

图 6-55　单击“添加/删除关键帧”创建后续关键帧

（2）删除关键帧

在图 6-55 中我们见到了“添加/删除关键帧”图标，删除关键帧的方法非常简单：移动编辑线到想要删除的关键帧处，单击“添加/删除关键帧”图标，即可以删除所选定的关键帧，或者直接单击选中关键帧，按【Delete】键即可。

（3）设置“运动”各项参数

我们刚才已经了解到，关键帧其实就是通过不同时间点处的四个选项（位置、比例、旋转、固定点）的不同参数值设定来起作用的。设置参数值的方法有三种：键盘直接输入；按住鼠标左键向左（减小值）/向右（增大值）拖动；利用时间线显示器中的“手柄”。

前两种方法非常简单，但是却有很多人对第三种方法很陌生，下面我们就一起看一下“手柄”的调出和使用方法：单击“运动”选项，当它高亮显示时，在时间线显示器屏幕里会出现一个白色的边框，中间还有一个带“×”的圆圈（固定点），这就是我们所说的“手柄”，如图 6-56 所示。

图 6-56　显示器中的“手柄”

这时我们可以拖动它的四个边角来实现修改“比例”值（即图像的缩放），通过拖动鼠标左键来实现修改“位置”坐标（即更改图像位置），通过将鼠标放在手柄四个角的外侧拖动，来实现设置“旋转”角度（即让图片旋转），通过拖动中间的固定点图标，来修改固定点的值。

在某些记录片或专题片里，我们见过这样的情景：镜头由远及近，画面由模糊到清楚，这模仿了一个摄影者调焦的过程，而这些效果都是可以通过 Premiere 借助滤镜特效和关键帧的作用相结合来模仿出来的。下面就让我们来看看这个例子的制作过程。

练一练

（1）双击打开 Premiere，选择“新建节目”。

（2）在项目窗格内双击，选择素材文件夹内的 5.jpg 图片导入。

（3）拖动 5.jpg 文件，把它放到时间线的“视频 1”轨道上；右键单击，在弹出的快捷菜单中选择“速度/长度设置”命令，在弹出的对话框中设置时间为 30s（即：00:00:30:00）。

（4）在项目窗口下方单击“新建项目”按钮在弹出的快捷菜单中选择“字幕”命令，进入字幕编辑器，选择左侧工具箱内的“椭圆工具”，按住【Shift】键，拖动鼠标画一个正圆，松开鼠标，调整圆位置，如图 6-57 所示，关闭字幕编辑器，在弹出的对话框种单击“保存”按钮，可以看到刚刚创建的字幕被自动添加到了项目窗口内。

（5）将素材文件夹内的字幕.ptrl 拖动到时间线的“视频 2”轨道上，拖动右侧边缘，使其长度与视轨 1 中的 5.jpg 一致，如图 6-58 所示。

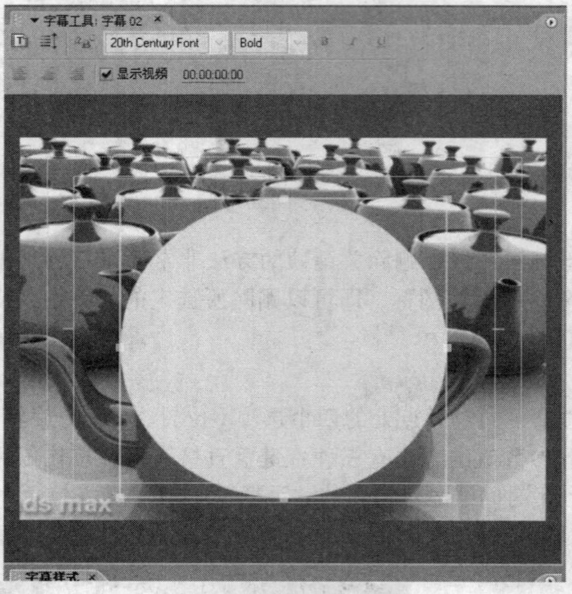

图 6-57　字幕编辑器

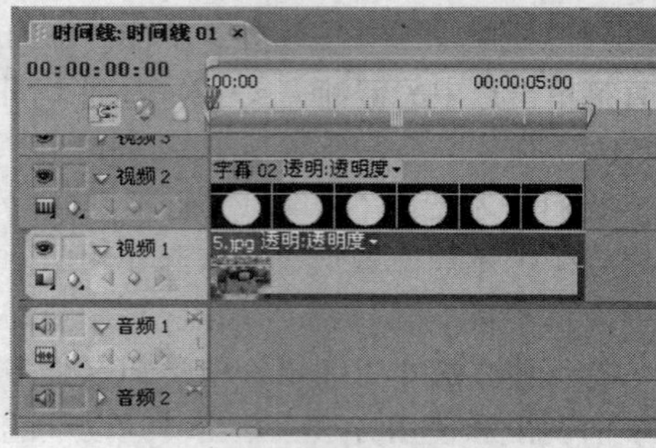

图 6-58　调节字幕长度

（6）在“特效”面板中选择“视频特效”→keying（键控）→Multiply key（增加键）选项，将特效拖动到时间线“视频 2”轨道上的字幕.ptrl 上。用这种方法可以模仿出圆形的摄像机镜头，如图 6-59 所示。

（7）在“特效”面板中选择“视频特效”→Blur&Sharpen（模糊锐化）→Camera Blur（镜头模糊）选项，将特效拖动到时间线“视频 1”轨道上的 5.jpg 上。

（8）选择 5.jpg，选择“窗口”→“显示特效控制板”命令，打开特效控制面台，将编辑线拖动到起始位置处，选择“运动”选项里面的“比例”和“镜头模糊”中的 Percent Blur 前面的“固定动画”按钮，创建关键帧，设置“比例”为 150，“Percent Blur”为 82，如图 6-60 所示。

图 6-59　增加键过滤效果

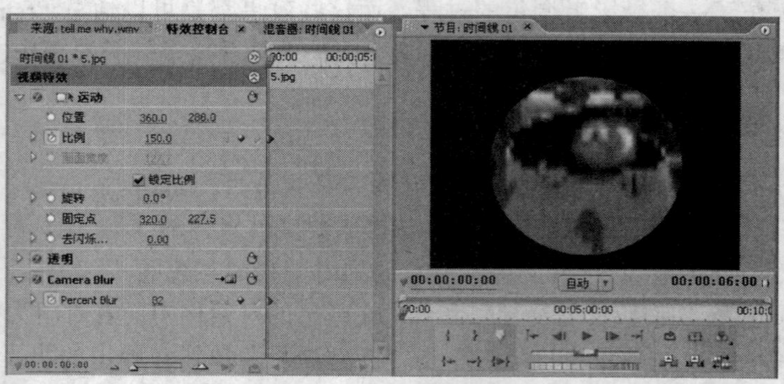

图 6-60　在起始位置处设置关键帧

（9）将编辑线拖动到快结束的位置，选择“运动”项里面的“比例”和“镜头模糊”中的 Percent Blur 后面的“添加/删除关键帧”按钮，添加关键帧，设置“比例”为 213，设置 Percent Blur 为 0，如图 6-61 所示。

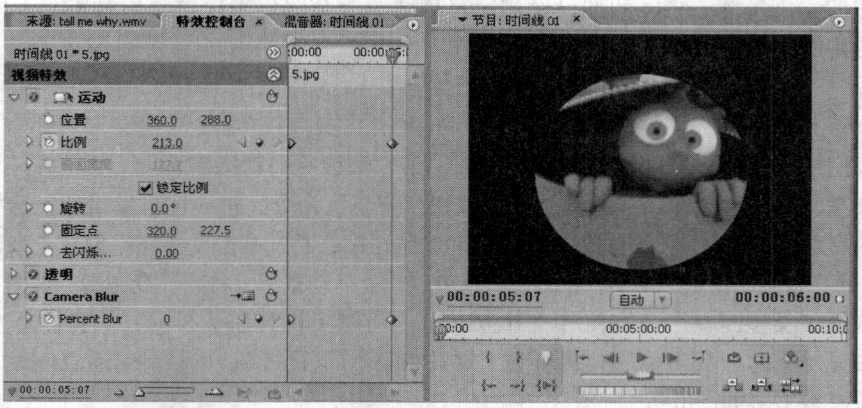

图 6-61　在接近结尾处设置关键帧

5. 字幕编辑器

制作字幕在影视剧或各类影视节目的制作中都是必备的一个环节，好的字幕可以让作品增色不少，Premiere 提供了专门用来制作字幕的“字幕编辑器”。它集成了各种排版控制，还设计了很多模板，让我们轻轻松松就可以制作出好的字幕。当然，也可以利用 Photoshop 等软件做出字幕后导入 Premiere 使用。

在项目窗格下方单击“新建项目”按钮，然后选择“字幕”命令，就可以进入字幕编辑器了，如图 6-62、6-63 所示。图中 A 为字幕工具区，通过字幕工具可以制作形式多样的字幕和图形；B 为字幕工作区，它是字幕编辑器的主要工作区域，再次可以对所创建的字幕和各种效果进行预览，在它上方有一个“显示视频”选项，如果选中，则显示编辑线当前所在位置的图像背景，否则，背景是黑灰色的格子（代表透明）；C 区是预设字体区，在这个区域中可以浏览到为字幕添加的各种效果，它使用方便，只需要单击便可将需要的效果添加到字幕上；D 区为字母属性区，在这里用户可以对所选择的字幕或图形的基本属性、填充属性进行设置，还可以为图形进行描边或添加阴影等。

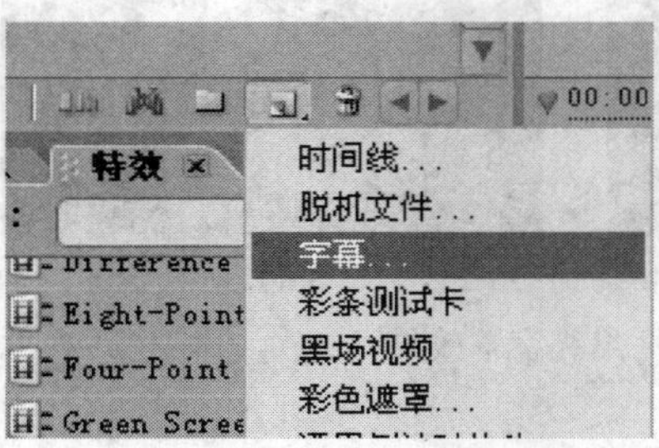

图 6-62　新建字幕

图 6-63　字幕编辑器

在刚才的“练一练”中，我们已经用字幕创建了一个图形来模仿圆形镜头，下面我们继续完善刚才的实例，为它添加一个动态字幕。

练一练

下面我们来继续完善刚才的镜头调焦实例，给它添加一个动态字幕。

（1）在项目窗格下方单击“新建项目”按钮“字幕”命令，进入字幕编辑器，选择左侧工具箱内的“路径类型”图标，利用这个图标可以创建路径字，通过单击鼠标左键创建点来建立直线路径，然后找到“转换定位点”工具，在每个“定位点”上拖动鼠标，将路径变圆滑，如图 6-64 所示。

（2）选择“类型工具”，在路径上输入文字“让镜头找到你了么？”。我们会发现，输入的汉字无法显示。这时到右侧字体属性区，单击字体的下拉按钮，选择 FZShuTi（方正舒体），就可以正确显示了，如图 6-65 所示。

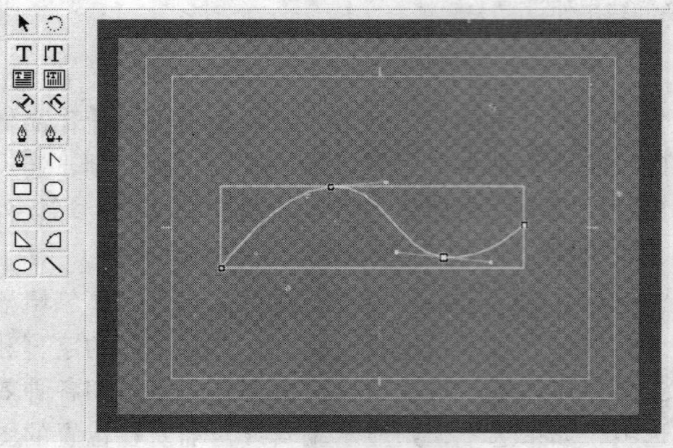

图 6-64　绘制路径

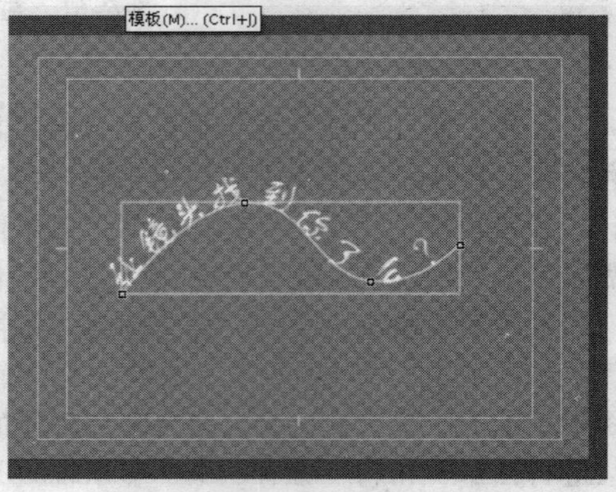

图 6-65　在路径上添加文字

（3）进一步美化字幕，在字幕属性区修改字体大小，字体颜色，添加阴影等。

（4）在工作区上方单击“滚动设置”按钮，打开设置对话框，参数设置如图 6-66 所示。

（5）关闭并保存字幕为“字幕 1.ptrl”，将字幕拖动到时间线的“视频 3”轨道上，修改长度与下面两个轨道一样。

（6）拖动编辑线观看效果，如图 6-67 所示。

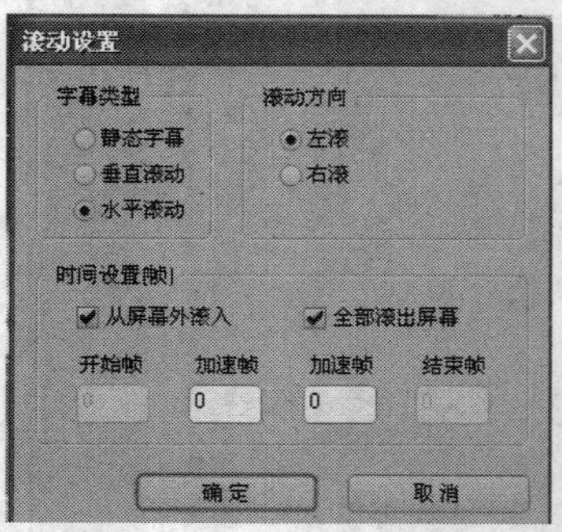

图 6-66　滚动字幕设置

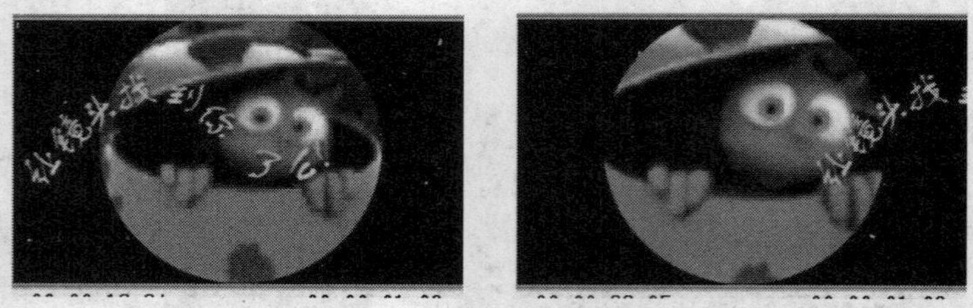

（a）　　（b）

图 6-67　最终字幕效果

6. 添加声音

美妙的音乐或适宜的配音绝对是一个优秀作品不可或缺的部分，目前使用最广泛的音频制作软件是我们前面介绍到的 Cool Edit,利用它来编辑短片所需的背景音乐或配音足够了。除此之外，Premiere 也提供了自带的音频特效，它的使用方法与视频特效完全一致如图 6-68 所示。

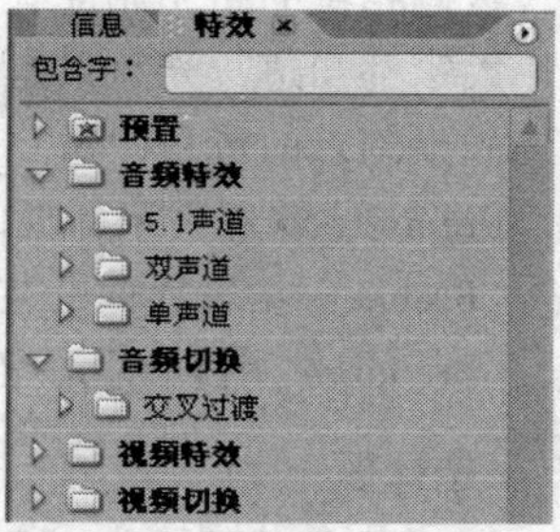

图 6-68　音频特效

音频特效的使用方法，在这里我们就不在赘述了。下面我们继续为镜头调焦的例子添加上背景音效。

练一练

下面我们来继续完善刚才的镜头调焦实例，给它添加背景音效。

（1）在项目窗格中双击，选择 1.avi 和 camera.wav 添加到项目窗格中。

（2）拖动 1.avi 到"音频 1"轨道上，单击右键，进入速度/持续时间对话框，设置速度为 30%，关闭对话框，复制 1.avi，粘贴，重复粘贴直到与视轨等长。

（3）拖动 5.jpg 到视轨 1 上，紧挨在前一片断后面，设置持续时间为 1 帧，应用"视频特效"，选择"风格化"中的"闪光灯"，将它应用到这个片段上。

（4）拖动 camera.avi 到"音频 1"轨道上，拖动与视轨等长。

（5）调整所有轨道等长，输出影片为"镜头调焦.avi"。

本 章 小 结

我们现在生活的方方面面都已经离不开视频的存在了。无论是在我们的日常生活中，我们观看的电视，我们使用的数码相机、（数码）摄像机、手机，还是在我们的工作和社交场合，我们进行产品发布所使用的演示视频，产品的推广宣传所使用的广告视频，几乎所有的部分都和视频制作紧密相关。

在本章中，我们针对上述特点，首先给大家简单介绍了视频的常见概念和常备硬件设备，掌握这些能够让我们在日常应用中更加得心应手。然后我们介绍了一个多媒体视频编辑软件 Premiere，讲解了如何使用这个软件进行影片的剪辑和视频特效的制作。

通过本章的学习，我们应该对视频的概念，视频行业的相关行业标准和日常常用的视频捕捉和视频显示设备有一个大体的了解，成为业余的"专家"。我们更应该掌握 Premiere，使用它制作属于自己的视频短片。

思考与练习

一、填空题

1. 颜色具有________、________、________三个特征。
2. 世界上现行的彩色电视制式有三种：________制（简称 N 制）、________制和________制。
3. 使用模拟设备的时候，计算机想要得到的视频内容需要使用一个叫________的高速转换设备来完成这个工作。
4. 压缩分为两类，它们是：________、________。
5. 显示卡又称________________________。

6. 数码相机的感光元件有两种：一种是广泛使用的________元件；另一种是________器件。
7. 大家都知道，光盘只是一个统称，它分成两类，一类是________，另一类是________。
8. 光盘刻录的过程叫做________。
9. Premiere 软件是革新性的________应用程序。
10. Premiere 编辑界面一共包含了三个主要部分：________窗口、________窗口和________窗口。
11. Premiere 项目的后缀名为________，字幕文件的后缀名为________。

二、选择题

1. 下列哪个不属于常见视频文件类型________。
   A. MOV　　B. WPS　　C. MPEG　　D. AVI
2. 下列哪个描述是不正确的________。
   A. 在 RGB 彩色空间中，RGB 分别代表红、绿、蓝三色，三色分量均为 0～255
   B. 在 CMYK 彩色空间中，蓝、洋红、黄色等比例混合应该是深棕色，所以又加入了黑色
   C. RGB 色彩空间用在计算机中，CMYK 用在彩色印刷中
   D. RGB 三色钟，当三色均为最大值（即 255 255 255）混和时，呈现白色；当三色均为最小值（即 0 0 0）混和时，呈现黑色
3. 下列哪种不属于常见的 DV 存储媒介________。
   A. CD　　B. DVD　　C. 磁带　　D. 硬盘
4. 不同类型的 DVD 光盘可以有四种存储容量，下列不属于它的容量的是________。
   A. 5G　　B. 10G　　C. 9G　　D. 650M
5. 在 Premiere 中，时间的格式为 00:00:00:00，这四部分分别代表了________。
   A. 小时:分钟:秒钟:微秒　　B. 天:小时:分钟:秒钟
   C. 小时:分钟:秒钟:帧　　D. 帧:秒钟:分钟:小时

三、思考题

1. 数字视频的特点？
2. 按照 f_s 为 24MHz、采样格式为 4:2:2，16 位量化，计算出数字视频的数据量为？
3. 什么是集成显卡？

第 7 章 Authorware 多媒体创作工具

多媒体创作工具 Authorware 的功能较强大，包含的内容涉及课件创作基础知识、文本的编辑、图形和图像的编辑、声音视频编辑、程序交互控制、程序中的判断与框架及导航图标以及程序调试和发布的功能等。本章采用各种恰当的例子说明 Authorware 工具、图标的各项功能及其应用，可使读者快速掌握并充分运用 Authorware 中文版的使用技巧解决实际问题。

多媒体创作工具是电子出版物、多媒体应用系统开发的基础工具，它提供组织和编辑多媒体项目各种成分所需要的重要框架，包括图形、图像、声音、动画和视频剪辑。

前面已经对各种媒体数据的采集与数据文件的制作方法进行了详细的介绍，本章主要讨论多媒体应用系统的工程化设计方法以及多媒体创作工具 Authorware 的使用。

本章要点

- 多媒体创作的基础理论。
- Authorware 的界面与基本操作。
- 文本与图形处理。
- 声音与视频处理。
- 各类图标的使用。
- 程序的调试与发布。

7.1 多媒体应用的工程化设计方法

多媒体应用从某种意义上说是为了满足人们从事工程工作的需求，工程设计方法从社会和人的需求出发，构筑起一套为达到预定目标而有序思考的程序框架。如果把多媒体应用作为工程活动看待，则工程化设计方法对多媒体应用系统的设计是有指导作用的。

7.1.1 两种典型的软件开发模型

进行多媒体开发项目时，使用软件进行多媒体课件程序的制作，需要先认识清楚各种相关的开发模型和多媒体系统的设计过程，以更好地把握住课件程序的表现特点，提高工作效率。

软件生存周期以一种模型来描述，目前软件开发模型有瀑布模型、杰克逊模型、快速原形模型、螺旋模型和并行模型。常用的软件模型有瀑布模型和螺旋模型。

1. 瀑布模型

瀑布模型可以说是传统的软件生命周期模型，它将软件生命周期分为七个阶段，即问题定义、需求分析、系统设计、详细设计、编码、测试、运行和维护等，如图 7-1 所示。

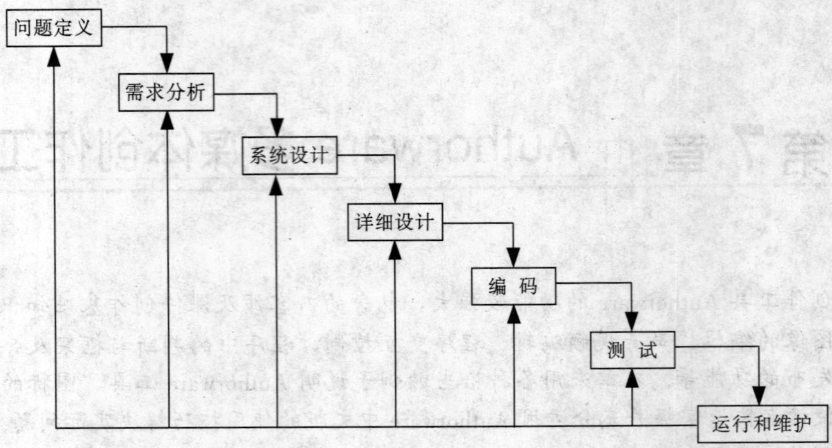

图 7-1 瀑布模型

瀑布模型其实是一种下导式模型，下一阶段的工作必须以上一阶段的工作结果为输入，且必须在上一阶段的工作全部完成并确认后才能展开。因此，瀑布模型的七个阶段之间具有严格的顺序性和依赖性，这使软件的开发过程清晰，并容易被控制和掌握。

瀑布模型各个阶段的严格顺序性和依赖性，使得整个开发过程完全建立在正确而完整的需求规格说明书基础上。在开发早期，设计者就详细地列出了用户的需求，并根据需求设计出细节。而实际情况是用户在开发初期并不清楚自己的需求，也不能很完整地表达自己的需求，而设计者对用户的需求也可能了解得不够透彻，这样就很难得到正确而完整的需求规格说明书，根据其建立的软件设计也就可想而知了。如何让用户能够正确地提出自己的要求，并积极参与到软件的开发当中及时地发现问题，将是解决瀑布模型需要改进的关键所在。

2. 螺旋模型

1988 年，科学家 Boehm 提出了螺旋式生命周期的概念和模型，如图 7-2 所示。

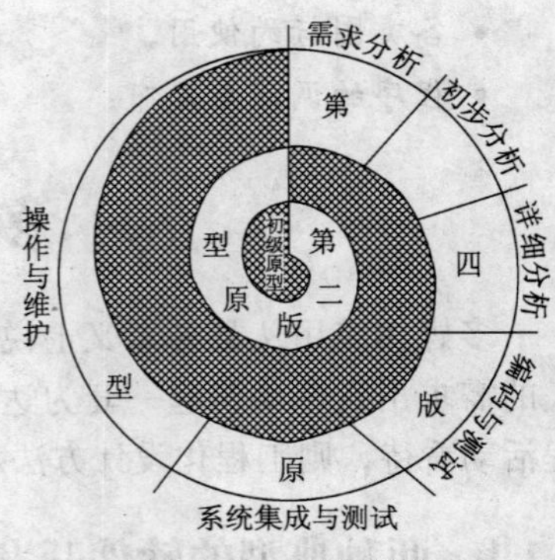

图 7-2 螺旋模型

在这种模型中，允许开发者根据用户需求迅速建立最初的软件版本——原型，然后交付用户使用并评价其正确性和可用性，给予反馈，这就使最终用户进入到开发群体中。原型的功能近似最初版本，但缺乏细节，需进一步进行细节开发和修正，也可以被摒弃。如此反复开发与修正，便形成最后版本即产品。如果再有功能加强或适应新的需求时，可产生下一个版本。

螺旋模型非常适合于逻辑问题与动态展示的多媒体应用软件设计，其演示是通过指向、按钮、拖动和复用等方法来完成的，多媒体软件正符合上述条件。因此，许多软件专家极力推荐用这种模型开发多媒体应用软件，其优势也十分明显，如开发周期短、效率高、软件产品的可复用性好、移植性好、版本升级方便。

采用螺旋模型开发多媒体应用软件的基本步骤如下：

（1）通过访问、面谈或调研后获得用户需求。

（2）基于已知的需求分析很快建立一个原型。

（3）原型交给最终用户，让他们使用。

（4）从最终用户那里获得反馈，更改用户需求。

（5）依据新的用户需求，建立下一个原型。

（6）重复上述过程，一直到该应用软件完成或报废。

在多媒体应用软件的设计中，画面的处理及各种多媒体素材的配合都要不断地修正，这本身就是反馈。这种不断的循环可以大大节省开发与维护的时间，降低开发成本，因为每一次新的循环都是在前几次循环的累加、完善与维护基础上进行的，整个软件的生命周期便是一个不断革新的原型。

7.1.2　多媒体应用系统的设计过程

1. 多媒体应用设计的选题与分析报告

多媒体应用系统的选题应从分析用户的需求开始，在充分考虑了以下多个问题以后，才可能确定项目的属性、多媒体信息的种类、表现方法，以及要达到的目标，完成应用的选题。这些问题是：

（1）用该系统的用户有哪些？应用场合和应用环境是什么？

（2）该系统题材类型是科技教育、娱乐还是商业用类型？

（3）系统的主要内容有哪些？要传递哪些信息、解决什么问题？

（4）该系统是真实情境，还是模拟环境？

（5）系统要表达的内容是否适合用多媒体？用其他方法实现是否更有效？

（6）系统实现难度是否很高？是否有足够人力、物力配合？

（7）该应用系统是否有一定的市场潜力？

经过以上认真分析和论证后，方可确定系统要达到的设计目标。然后，编写选题报告计划书，以便进一步论证和供主管人员决策。选题报告书中应包括以下几项分析报告。

（1）用户分析报告：说明有哪些基本用户，在什么场合使用，用户的计算机应用水平，还有哪些潜在用户，并对用户的一般特点和使用风格进行分析。

（2）软/硬件设施分析：说明所需硬件的基本装备、辅助设备及软件环境需提供什么支持等。

（3）成本效益分析：该系统的经济效益和市场潜力如何，开发系统投入人力和资金预算，需花费的时间，所用的资金及来源，所提供信息的使用价值如何，使用系统中多媒体数据的预算等。

（4）系统内容分析：系统总体设计流程，涉及的多媒体元素，系统的组织结构等。

以上分析的目的是确定使用对象和要求、应用系统的设计结构及建立设计标准。

2. 脚本设计

多媒体创作基本上都是通过恰当地组织各类多媒体信息来完成的。为了组织好信息，编写出好脚本是成功的第一步。脚本是多媒体应用系统的主干，它必须覆盖整个多媒体系统结构。

各种媒体信息的结构需要仔细安排，是组织成网状形式，还是组织成层次结构形式，取决于应用的类型。很多情况下的应用都是采用按键式结构，由按钮确定下一级信息的内容，或者决定系统的控制走向（如到上页、返回等）。另一种方式是试题驱动方式，常用在教育、训练等系统中，通过使用者对试题的回答，了解它们对信息主题的理解程度，从而决定控制走向。复杂一些的是超媒体信息组织，应尽可能地建立起联想链接关系，使得应用系统的信息丰富多彩。

脚本设计要兼顾多方面，不仅要规划出各项内容显示的顺序和步骤，还要描述其间的分支路径和衔接的流程以及每一步骤的详细内容。系统的完整性和连贯性不可忽视，而每一段的相对独立性也是十分重要的。设计中既要考虑整体结构，又要善于运用声、光、画、影像的多重组合达到最佳效果，并注意系统的交互性和目标性，特别要注意根据不同的应用系统运用相关的领域知识和指导理论。例如，对应用于教育或培训的应用系统，就要强调用先进的教学理论来指导，如教育心理学中的认知主义学习理论等。此外，还要注意特定教学方法的实施，并突出人机交互设计。

在制作脚本编写完后，应该组织有关专家和用户进行评议和修改完善，然后再进行下一步的设计。

3. 创意设计

创意设计是多媒体活泼性的重要来源，好的创意不仅使应用系统独具特色，使原本呆板的剧本生动活泼，也大幅提高了系统的可用性和可视性。精彩的创意将为整个应用系统注入活力与色彩。

创意设计要在媒体的“呈现”和“交互”这两项上做文章，在屏幕设计和人机交互界面上下功夫。因为多媒体应用的巨大诱惑力就在于其丰富多彩的多媒体的同步表现形式和直观灵活的交互功能。对屏幕进行设计时，要确定好各种媒体的排放位置、激活方式等。在时间上也要充分安排好，何时出音乐，何时出伴音和图像，要恰如其分。对于人机交互过程的设计，要充分发挥计算机交互的特点，充分利用其输入设备，使交互过程直观灵活、人性化。

创意的好坏除了受计算机软/硬件环境限制外，最重要的因素就是取决于创意人员的水平和其对内容的理解深度，它决定了最终应用质量的高低。因此，所有的设计人员，包括编剧、导演、美工、配乐等人员都应互相沟通，充分发挥各自的想象力和创造思维力（如各种奇怪的点子、刹那间的灵感与思想火花等），根据脚本来设计全部场景、画面、音乐效果以及动作或动画的细节。

在创意设计中，要对屏幕设计和交互设计中的背景、标题、描述（文字、图形、动画）及各种控制（按钮、热字、热键）等空间组成，背景、音乐、解说词、动作出现的时间序列都应勾画出多种草图或场景，反复对比，择优选择确定。

4. 选择合适的开发方法

完成系统设计之后，需要明确节目的一般有两种方法可供选择：一是由开发人员编码来实现一个多媒体节目，此类开发工具有 Visual Basic、VC++等；二是利用市场上已有的多媒体开发工具或平台来制作多媒体节目，这类开发工具很多，像以卡或页为基础的 Tool Book、以图标为基础的 Authorware、以时间为基础 Direcor 等。前者不需要较大的投资但需编制大量的程序，维护也不方便；后者需要一定的投资，但开发周期短，维护问题少，关键是要选择一种功能较强价格合理的工具软件。具体使用哪种方法可根据制作者本身的情况及投资强度来定。

5．具体实施

当开发方法确定后，就进入了具体实施阶段。在实施阶段的基本工作就是多媒体数据的准备。一个多媒体节目理一般包括音频、视频、动画、静态图像、文字、图形等多种媒体素材，这些素材在系统集成之前必须准备好。关于各种媒体素材的采集与处理在前面各个章节中分别做了讲解。

6．系统集成

多媒体开发的最后阶段是系统集成。制作者通过所选择的开发方法将节目情节具体化、程序化，并将准备好的多媒体素材按照需要进行编辑加工，最终集成为一个由程序和数据组成的软件产品，这个软件产品往往又记录在某种介质（如 CD-ROM 或 DVD）中，便于销售和使用。

多媒体创作的工程化设计方法可以使多媒体作品创作过程遵循系统科学原则，规范制作流程，更好地把握住课件制作的重点，达到良好的表现效果。具体的编辑制作需要多媒体创作软件的支持，根据确定的策划方案，通过专业的多媒体软件进行创作。

7.2 Authorware 的使用

Authorware 是一款优秀的交互式多媒体制作软件，由流程图标架构体系，开发者可以使用文字、图片、动画、声音、数字电影等多媒体信息来创作交互式应用程序，是一种面向对象以图形流程线逻辑编辑为主导、以函数变量为辅助、以动态连接库（DLL）为扩展机制的“无须编程”的多媒体工具软件。

7.2.1 Authorware 多媒体作品创作的准备工作

在开始创作 Authorware 作品之前就要考虑好以下问题。

1．规范各种外部文件的位置

如果在作品中嵌入了大量的文件，会使主程序文件体积过大，影响播放速度。所以将这些文件作为外部文件发布，不同类型放在不同的目录下，以便管理。比如，图片放在 image 文件夹中，声音放在 sound 文件夹中，等等。

2．运行程序时显示器的分辨率

Authorware 默认的作品分辨率大小是 640×480，这样大小的作品适合在 14 英寸显示器上运行，现在的主流应用为 800×600，所以将作品的大小设为 800×600。这项工作要在开始设计之前就要做好，否则原来调整好的图片、文字、按钮的位置将都发生变化，需要重新调整。

3．标题栏和菜单栏

Authorware 默认显示标题栏和菜单栏，如果在完成后又想去掉标题栏和菜单栏，也要对所有的图片进行位置的调整，因为标题栏和菜单栏也在屏幕上占了一定的高度。

4．图片和声音

图片和声音占用的空间较大，对程序的运行速度有很大影响。在使用图片时，如果 256 色可以表现出所需色彩的，就不要使用 16 位或 16 位以上的真彩色，以免文件变得过大。使用 72dpi 或 96dpi 的图片，显示效果即可符合要求。

对于声音素材，采样的频率和量化的精度直接影响声音的数据量。对于人声解说，一般使用 22.05kHz 采样率，16 位量化。声音的编码，最好采用 SWA 格式，这种格式音质好，压缩比也很高。可以选择“其他”→“其他”→“Convert WAV to SWA”命令将 WAV 声音转化为 SWA 声音，如图 7–3 所示。

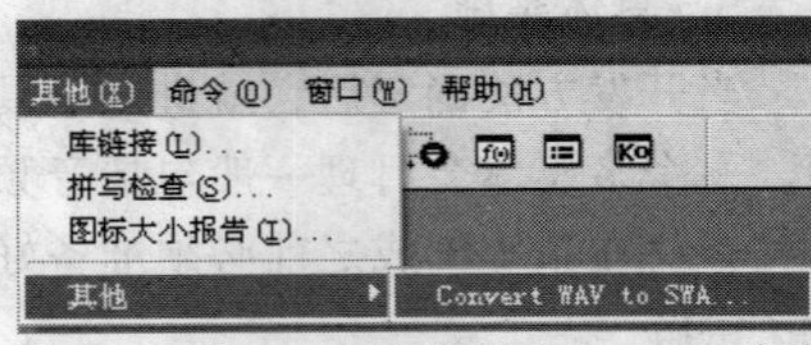

图 7–3　将 WAV 声音转化为 SWA 声音

5．设计程序流程图

在开始启动 Authorware 制作程序之前，最好将课件内容用一个线框流程图表示出来。比如，什么时候进行跳转，跳到什么地方，如何返回等。如果没有流程图，在设计程序时，将会不停地修改，始终确定不了程序的流向。在开始制作之前理清课件各层次的关系并画出流程图，将会大大提高工作效率。

7.2.2　Authorware 多媒体作品的实践过程

在多媒体设计与开发过程中，涉及许多理论层面和技术层面的问题，在具体的实践过程中主要从以下几个方面入手。

1．片头的设计与制作

片头应该富有动感和美感，视觉冲击力强，一般选用 AVI 文件。AVI 动画有比较直观的三维效果，但是对运行的配置环境要求比较高。近来比较流行用 Flash 的 SWF 文件作片头，文件小，操作较简单，在大多数机器上播放较为流畅；3ds max 做的片头动画，不仅在设计的过程中对开发人员的机器配置要求高，而且做成的 AVI 动画在播放时占用大量内存，速度缓慢。

2．分支和框架的选择

Authorware 中，分支和框架都是一种复合结构，它们经常能实现相同的设计目标，有时能够互相通用。分支结构在执行路径选择和自动循环控制上比较有优势，而框架在函数模块、页面结构和超链接的实现上更加方便。在主体设计中，可以以框架为主，进行框架嵌套，同时兼用分支结构进行循环。

3．素材与程序相分离

素材包括图片、文字、声音、动画等。为了较好地控制媒体素材，在制作中可以把这些素材全部放在一块，以便于编辑素材和编制程序相分离。

4．素材连接方式

无论图片还是声音或者视频，都有外部链接、嵌入到 Authorware 两种方式。采用将图片嵌入到 Authorware 中，如果图片不大，显示会较快，如果大量的图片都用这种办法，则需要在程序完成之后将图片入库。反之，采用外部链接便于素材修改，并且能够减少应用程序文件的数据量，提高运行速度。

5．媒体素材的处理

（1）图片和文字

优秀的多媒体作品应该具有丰富的内容、吸引人的界面、良好的交互方式等。其中，界面是否美观、是否有新意很大程度上决定了软件的使用效果。通过扫描和其他方法，可以获得一些图片。图片基本上采用 JPG 格式，一部分动画用的是 GIF 格式。

（2）录音制作

多媒体计算机产生声音的方式主要有三种：波形音频、MIDI 音频和 CD 音频。Windows 所使用的标准数字音频称为波形文件（WAV），可以用录音机录制，记录了对实际声音进行采样的数据。一般来讲，采用 22kHz 采样频率，8 位量化位数得到的音质已经符合要求。MIDI 音频是多媒体计算机产生的另一种方式，并不对音乐进行采样，而是将每个音符记录为一个数字，其缺点是取决于声卡的设置且缺乏重现真实自然声音的能力。

（3）演示制作

演示可以采用 AVI 动画或直接插入演示软件所生成的特定格式的文件。可以使用一些软件录制屏幕，生成用一个函数直接调用的 EXE 文件。

6．注意运用函数和插件

在 Authorware 中，能否熟练运用函数极大影响程序的执行效果，提供的外部函数一般成对使用。程序中用到的外部函数在打包和发行时，一定要放到 Authorware 主控文件能找到的地方。

7．程序打包

打包的文件所占的空间小，用户无须安装 Authorware 软件即可执行。

创作课件需要服务于一定的功能目标，根据多媒体课件制作工具 Authorware 在媒体内容处理方面的功能，对课件项目内容、表现形式方面的特点和要求进行分析，把素材内容进行合理编排，更方便地编辑操作。下面用典型实例介绍 Authorware 的功能，要求能够熟练掌握并且主动探索创作。

7.3　Authorware 的编辑界面

多媒体应用软件 Authorware 提供强大的功能和设计全面的工具，能够实现交互功能和缤纷多彩的效果，设计良好的界面使用户在操作时更加方便快捷，在本节主要介绍 Authorware 的编辑界面。

7.3.1　Authorware 的编辑界面

Authorware 是一款由 Macromedia 公司推出的多媒体创作工具，采用基于图标（Icon）和流程线（Line）的形式，面向对象的设计思想贯穿于多媒体设计与创作的整体过程，可以运用其他软件将多媒体素材进行处理，包括声音、图形、图像、文字、视频、二维和三维动画等，在超媒体与交互控制的作用下将这些素材集成在一起，创作交互式多媒体作品。

1．Authorware 的主要特点

Authorware 易学易用，不需要大量编程，程序流程简洁流畅，开发效率高，并且能够结合其他多种开发工具，共同实现多媒体的功能，不具有编程能力的用户也能创作出高水平的多媒体作品。

（1）面向对象的可视化编程

Authorware 提供直观的图标流程控制界面，采用鼠标对图标的拖放来替代复杂的编程语言。

（2）良好的人机交互方式

Authorware 提供 11 种内置的用户交互和响应方式及相关函数、变量。可以按照标准和要求进行创作，能够与用户进行友好的交互。

（3）多样的媒体素材使用方法

Authorware 具有一定的绘图功能，在程序内部就能方便地编辑各种图形，并且提供的文本工具能够格式化文字。Authorware 为多媒体作品制作提供了集成环境，能直接使用其他软件制作的文字、图形、图像、声音和数字电影等多媒体文件。

注意：Authorware 对多媒体素材文件的保存采用三种方式，保存在 Authorware 内部文件中；保存在库文件中；保存在外部文件中，以链接或直接调用的方式使用。此外，还可以按指定的 URL 地址进行访问。

（4）强大的数据处理能力

利用系统提供的丰富的函数和变量来实现对用户的响应，允许用户自己定义变量和函数，进而增强交互性的处理能力。

2. 操作界面

Authorware 具有良好的界面，启动、文件的打开和保存、退出这些基本操作都和其他 Windows 程序类似。以 Authorware 中文版界面介绍基本操作知识。

Authorware 的创作环境可分为四个部分。

第一部分：Authorware 的图标工具栏，包含 Authorware 提供的 14 个功能图标和方便于调试的标志旗，如图 7-4 所示为 Authorware 的创作环境。

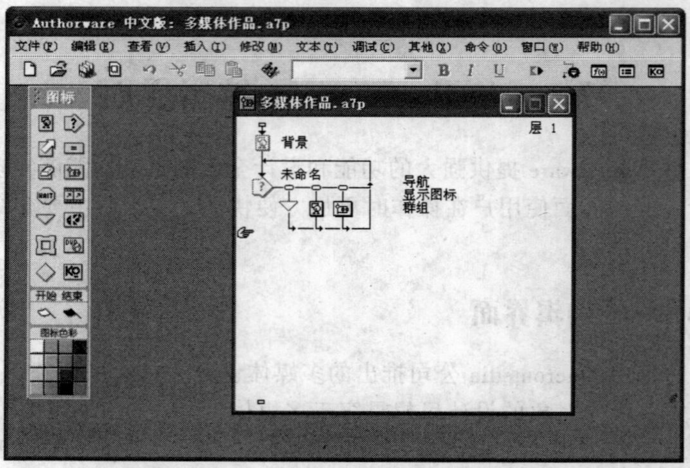

图 7-4 Authorware 的创作环境

第二部分：菜单系统，使用方法与标准的 Windows 菜单方式一样，为配合图标和其他操作进行一些控制的选项。

第三部分：设计窗口，以流程线为基本单位，并通过功能图标的拖放来构成 Authorware 的程序结构，如分支或页面结构等。

第四部分：展示窗口，显示的内容是制作程序的最终运行效果。

3. 菜单栏和工具栏

（1）菜单栏

菜单栏如图 7-5 所示。

图 7-5 菜单栏

Authorware 的菜单栏类似于前面讲的各种媒体处理软件，本节选取以下几个重要的菜单来讲解。

插入：引入知识对象、图像和 OLE 对象等。

修改：修改图标、图像和文件的属性，建组及改变前景和后景的设置等。

文本：提供丰富的文字处理功能，用于设置文字的字体、大小、颜色、风格等。

调试：调试程序。

其他：用于库的链接及查找显示图标中文本的拼写错误等。

命令：关于 Authorware 的相关内容，还有 RTF 编辑器和查找 Xtras 等内容。

窗口菜单：用于打开展示窗口、库窗口、计算窗口、变量窗口、函数窗口及知识对象窗口等。

帮助：可获得更多有关 Authorware 的信息。

（2）常用工具栏

常用工具栏是 Authorware 窗口的组成部分，其中每个按钮实质上是菜单栏中的某一个命令，使用频率较高工具放在常用工具栏中，熟练使用可以提高工作效率，如图 7-6 所示。

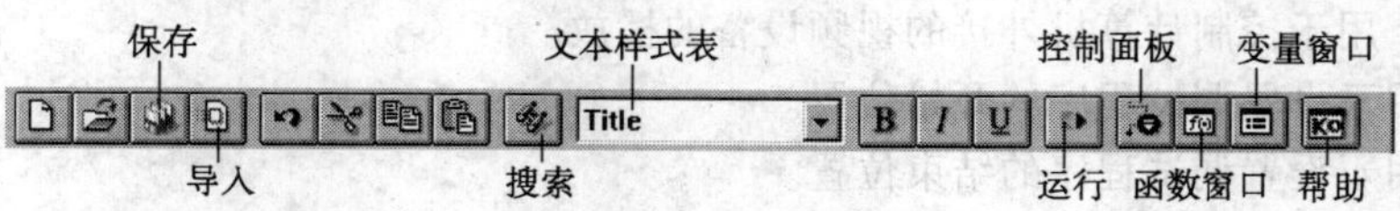

图 7-6 常用工具栏

（3）图标工具栏

图标工具栏如图 7-7 所示。

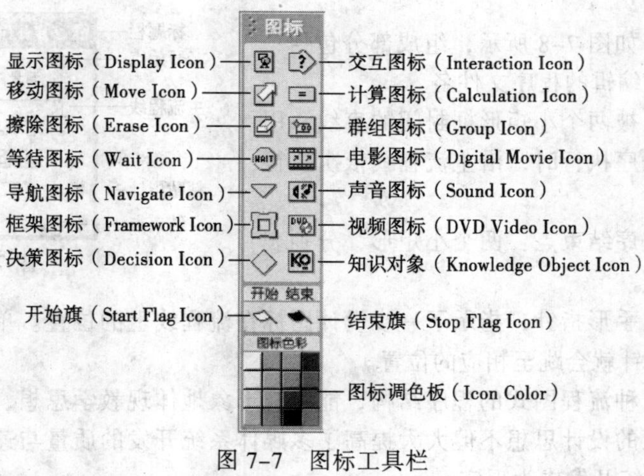

图 7-7 图标工具栏

“图标“工具栏在 Authorware 窗口中的左侧（见图 7-7），包括 14 个图标、开始旗、结束旗和图标调色板，是 Authorware 最特殊也是最核心的部分。

显示图标：是 Authorware 中最重要、最基本的图标，可用来制作课件的静态画面、文字，显示变量、函数值的即时变化等效果。

移动图标：与显示图标相配合，可制作出简单的二维动画效果。

擦除图标：用来清除显示画面、对象。

等待图标：其作用是暂停程序的运行，直到用户按键、单击鼠标或者经过一段时间的等待之后，程序再继续运行。

导航图标：其作用是控制程序从一个图标跳转到另一个图标去执行，常与框架图标配合使用。

框架图标：用于建立页面系统、超文本和超媒体。

决策图标：其作用是控制程序流程的走向，完成程序的条件设置、判断处理和循环操作等功能。

交互图标：用于设置交互作用的结构，以达到实现人机交互的目的。

计算图标：用于计算函数、变量和表达式的值以及编写 Authorware 的命令程序，以辅助程序的运行。

群组图标：是一个特殊的逻辑功能图标，其作用是将一部分程序图标组合起来，实现模块化子程序的设计。

电影图标：用于加载和播放外部各种不同格式的动画和影片，如用 3D Studio MAX、QuickTime、Microsoft Video for Windows、Animator、MPEG 以及 Director 等制作的文件。

声音图标：用于加载和播放音乐及录制的各种外部声音文件。

视频图标：用于控制计算机外接的视频设备的播放。

开始旗：用于设置调试程序的开始位置。

结束旗：用于设置调试程序的结束位置。

图标调色板：给设计的图标赋予不同颜色，以利于识别。

（4）程序设计窗口

程序设计窗口是 Authorware 的设计中心，具有对流程可视化编程功能，主要体现在程序设计窗口的风格上。

程序设计窗口，如图 7-8 所示，组成部分包括：

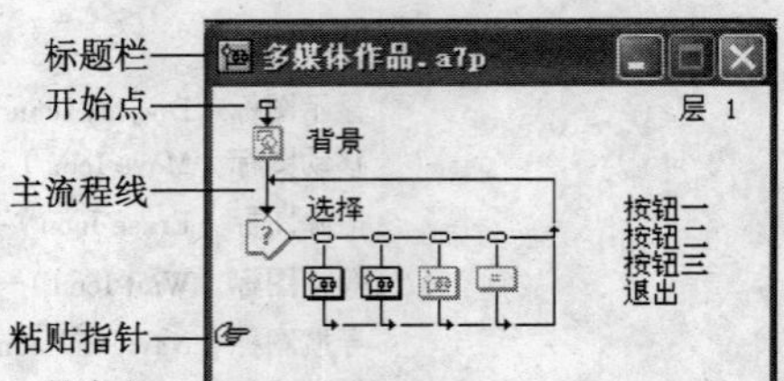

图 7-8　设计窗口

标题栏：显示被编辑的程序文件名。

主流程线：一条被两个小矩形框封闭的直线，用来放置设计图标，程序执行时，沿主流程线依次执行各个设计图标。

程序开始点和程序结束点：两个小矩形，分别表示程序的开始和结束。

粘贴指针：一只手形指针，指示下一步设计图标在流程线上的位置。单击程序设计窗口的任意空白处，粘贴指针就会跳至相应的位置。

Authorware 的这种流程图式的程序结构，能直观形象地体现教学思想、反映程序执行的过程，采用的面向对象的设计思想不但大大提高了多媒体系统开发的质量与速度，而且使非专业程序员进行多媒体系统开发成为现实。

Authorware 作为开发工具可以在多个领域应用，制作各种多媒体产品，如交互式教学（CAI）系统、军事指挥及模拟系统、多媒体咨询系统、多媒体交互式数据库、模拟培训（CBT）系统、电子图书等。同时，通过 Shockwave 技术，广大的多媒体开发人员可以充分利用现有的创作工具和已掌握的技术与经验直接进入 Internet 的开发领域，进行 Internet 与 Intranet 环境上的多媒体应用程序开发，并可以将传统方式的多媒体节目快速方便地移植到 Internet/Intranet 上。

Authorware 的创作过程可以概括为：通过功能图标实现基本制作编辑；利用菜单选项进行控制；在流程设计窗口中搭建程序结构；最后在展示窗口显示程序运行效果。

多媒体作品窗口的外观取决于展示窗口的形式，创作开始应该对窗口属性进行设置。具体操作如下：

选择“修改”→“文件”→“属性”命令来设置属性控制窗口，根据目前多数计算机的配置，一般把（窗口）大小设置为 800×600（SVGA），如图 7-9 所示。

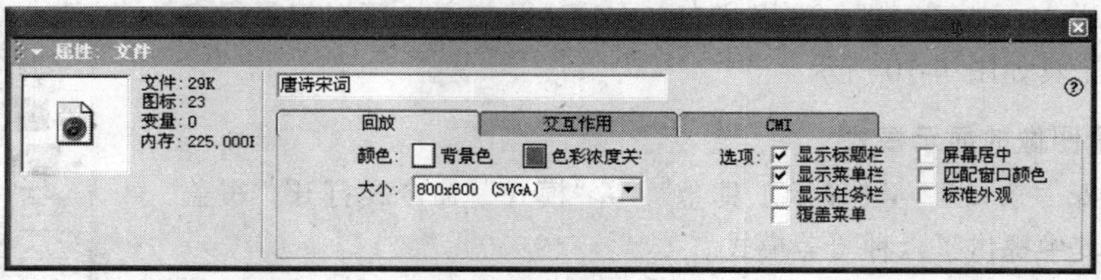

图 7-9 属性窗口中“回放”选项卡

在属性窗口中，有三个选项卡，这里先简单介绍“回放”选项卡。

标题栏：默认名称是“未命名”，我们可将其改为一个有意义的名字，以利于识别。

颜色：可分别设定背景色和色度键，背景色默认是白色，可以将其改为调色板中的任意一种颜色。

全屏幕尺寸：选择时要考虑显示器的配置，一般计算机都支持 800×600（SVGA）模式，如果适合在多数计算机上能全屏播放，可选 640×480（VGA，Mac13）。

屏幕中间显示：如果你的作品分辨率为 800×600，而播放计算机的分辨率为 1 024×786，选择它就能使作品在播放时出现在屏幕中央。

注意：用 Authorware 制作课件，在制作之前就要确定好作品的分辨率，现在常用的分辨率为 800×600。可是这并不能保证设计的效果能够在用户的计算机上完美重现，如果用户的显示器分辨率为 640×480，那么作品将有一部分在屏幕外，显示不出来；如果用户显示器的分辨率为 1 024×768，那么作品仅能占据屏幕的一部分，也不能让用户看到最佳效果。所以最好的方法是，在程序运行时，检测用户的显示器分辨率，如果和你设计的不一致，那么提示用户改变它。

标题栏：如果展示窗口比计算机屏幕小的话，就能自动出现一个标题栏，用户可以拖动标题栏来移动展示窗。

菜单栏：在作品的左上角会出现一个名为“文件”的菜单，单击菜单会显示“退出”命令，它的出现可能会影响画面的视觉效果，如果要做比较专业的作品就不选。

任务栏：任务栏包含一些已打开的窗口图标，通过它可方便的在各窗口之间切换。

覆盖菜单栏：选中后位于展示窗顶部，将有 20 个像素的的画面不会被显示。

匹配 Windows 颜色：这一选择将使你设定的背景颜色不起作用。

标准外观：选择此项可使用户覆盖 Authorware 对所有系统按钮和对象的默认设置。

多媒体创作过程中，图标强大的功能可以完成复杂的设计，下面以 Authorware 中的图标为基础来逐一进行介绍。

7.3.2 文本与图形图像处理

1．显示图标

用于显示、编辑文字和图形。从图标栏中，将显示图标拖放到流程线上，再双击它，就可以进入编辑状态。在这个状态下，可以编辑很多内容，编辑工具如图 7-10 所示。

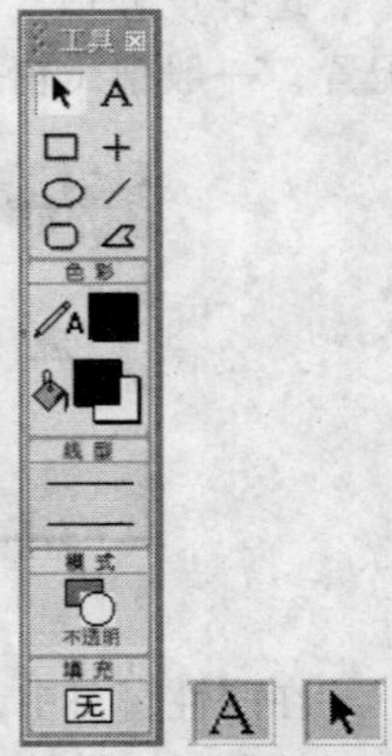

图 7-10 编辑工具

2．设置图像的显示模式

（1）选择“窗口”→“显示工具盒”→“模式”命令，打开“覆盖模式”面板其中提供了六种覆盖模式。

（2）应用方法是打开设计图标，在演示窗口中选择需要改变模式的一个或多个显示对象，然后单击覆盖模式选择面板中的一种覆盖模式。

（3）六种模式分别介绍如下：

不透明模式（默认）：前面的显示对象覆盖其后的内容（包括演示窗口的背景色）。

遮隐模式：图像外围部分的白色变为透明，内部的白色部分保留不透明。

透明模式：图像对象中的所有白色部分均变为透明，后面的显示对象通过透明部分显示。

反转模式：文本对象的背景变为透明，文本颜色变为其后对应颜色的反色。

擦除模式：文本对象及图形对象的背景色将变为透明，其前景色和线条、文本色所在区域则变为演示窗口的背景色。

阿尔法模式：该模式利用图像的 Alpha 通道，可以产生透明物、发光体等效果。它不仅可使图像透明部分后的背景完全显示，而且能够将图像与背景色混合达到一种半透明的效果。

3．合理布局各个显示对象

（1）使用网格线

选择“查看”→“显示网格”命令，演示窗口中显示均匀分布的网格线。在用鼠标绘制或移动显示对象时，显示对象以半格为单位缩放或移动，使用方向键以像素为单位移动。再次选择“查看”→“显示网格”命令，则关闭网格线显示。

（2）使用对齐方式选择面板

选择“修改”→“排列”命令，打开对齐方式选择面板，选择需要对齐的多个显示对象，然后单击对齐方式选择面板中的一种对齐方式。

4．设置显示对象的叠放次序

在同一个显示图标中，默认情况下，后创建的显示对象在先创建的对象之前。为了改变这种次序，在演示窗口中用“指针”工具选择某个显示对象后选择“修改”→“置于下层”命令，将其放置在其他所有显示对象之后。选择“修改”→“置于上层”命令，将其放置在其他所有显示对象之前。

5．设置“显示对象”的过渡效果

显示过渡效果在“特效方式”对话框中设置，打开方法有三种。

（1）选择或打开要设置特效方式的显示图标或框架图标，打开设计图标对应的属性对话框后，对于“显示”设计图标，单击“特效方式”文本框右边的“对话”按钮。对于“框架”设计图标，单击“页”文本框右边的“对话”按钮。

（2）在设计窗口中选择设计图标，然后选择“修改”→“图标”→“特效”命令，如图 7-11 所示。

（3）在设计窗口中右键单击设计图标，在弹出的快捷菜单中选择“特效”命令。

“特效方式”对话框中提供了 10 种显示过渡效果，可以根据作品要求进行设置，如图 7-12 所示。

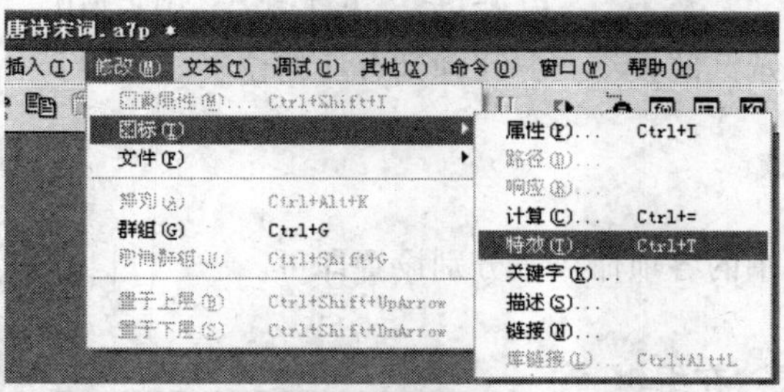

图 7-11　“特效”命令

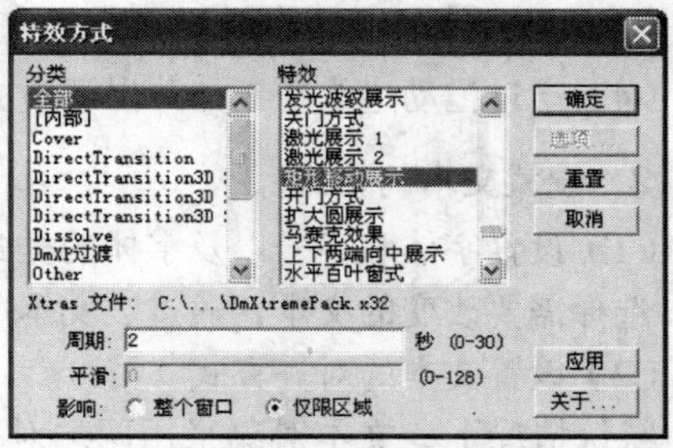

图 7-12　“特效方式”对话框

6. 组合显示对象

如果需要移动或缩放构造较复杂的图形，则必须先逐一选择构造对象的所有元素和所需要的显示对象，然后选择“修改”→“群组”命令。选择“修改”→“取消群组”命令，可以将当前所选组合对象分离为单个显示对象。

7.3.3　文本的输入和编辑

1. 文本的输入

Authorware 对文本的处理有多种方式，一种是直接输入，方法是：

（1）在流程线上先建立一个“文本输入”显示图标，设置属性“根据变量”，双击进入编辑窗口；

（2）选中绘图工具箱“文本”工具，单击要放置文本对象的位置，直接在文本框下输入文本；

（3）拖动标尺两端的小矩形调整整段文本的宽度。标尺的两端都有黑色三角形的缩进标记；

（4）输入结束后，单击“指针”工具退出编辑。拖动文本对象周围出现六个控制点，可以改变对象的宽度。

另一种方式，使用文件导入方式直接输入外部字处理程序已经生成的文本文件。方法是：

（1）选择菜单中“文件”→“导入”命令；

（2）选中要输入的文件，按“导入”按钮（见图 7-13）。

（3）在弹出的“RTF 导入”对话框中，可以选择文字以标准文本块显示，还是以滚动条文本方式显示，如图 7-14 所示。

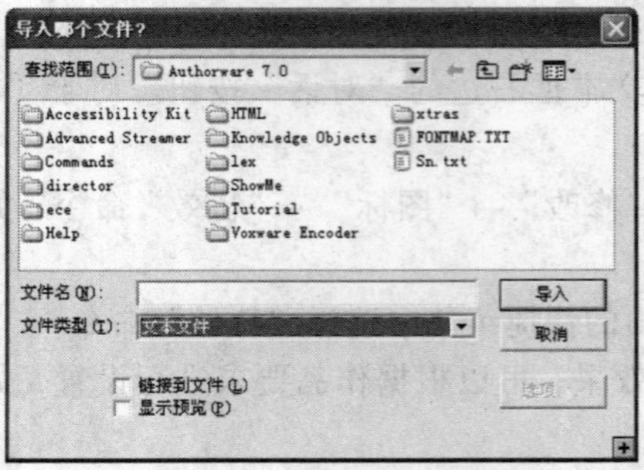

图 7-13　“导入文件”对话框

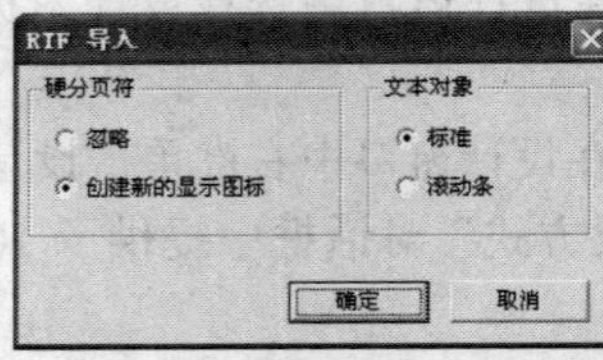

图 7-14　“RTF 导入”对话框

（4）通过拖动边缘控制点可以调整文本显示区的大小，并移动到合适的位置。

2. 设置文本的格式

（1）设置字体和字号以及字体的样式

选择需要改变的文本，通过“文本”菜单中的各项命令，分别设置即可。

（2）设置文本的对齐方式

默认情况下，文本对象采用两端对齐方式。在编辑状态下，将插入点光标移到需要设置对齐的段落中，选择“文本”→“对齐”级联菜单，然后用菜单中的各项命令设置，如图 7-15 所示。

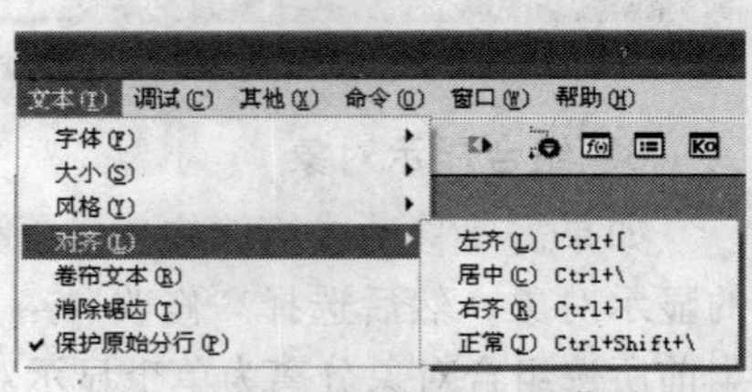

图 7-15　“对齐“级联菜单

左齐（组合键【Ctrl + [】）：设置左对齐。

居中（组合键【Ctrl + \】）：设置居中对齐。

右齐（组合键【Ctrl +]】）：设置右对齐。

正常（组合键【Ctrl + Shift + \】）：设置两端对齐。

（3）设置文本的缩进

通过移动缩进标记可以调整段落缩进值，将段落设置为首行缩进或悬挂缩进。在按【Shift】键的同时拖动首行缩进标记，可以单独调整左缩进量。

（4）设置制表位

为创建多栏文本对象，单击文本标尺设置制表位。有两种制表位。

文本制表位：在栏目中左对齐文本。

小数点制表位：对齐栏目中数字的小数点。如果数字为整数，则使其右对齐。

（5）设置行间距

由于 Authorware 不支持设置字符的行间距和字间距，处理的方法如下：

先输入文本，设置好字体、字号等格式，再分割成一行一行的文本对象，然后排列。还可以把 Word 文件保存成 RTF 格式，再插入到显示图标中去。

（6）为文本添加滚动条

选择文本对象，选择“文本”→“卷帘文本”命令，会自动给文本添加滚动条。再选择一次该命令即可取消。

（7）消除文字的锯齿

字号增大后，文本笔画边缘出现明显的锯齿，为了消除，选择文本对象，然后选择“文本”→“消除锯齿”命令即可。

7.3.4　图形绘制

1．绘图工具

如图 7-16 所示，依次为：

图 7-16　线形工具

线工具：用来画水平线、垂直线或 45° 直线。画完后可对线两端的控制点进行调整。

直线工具：用来绘制任意斜率的直线。它的控制点也是可调的。

如图 7-17 所示，依次为：

椭圆工具：可画椭圆。若画正圆，只要在拖动鼠标的同时按住【Shift】键即可。

矩形工具：可画矩形。同上所述，按住【Shift】键拖动鼠标画出的就是正方形。

圆角矩形：画完后，在物体左上方有一个控制点，拖动它可以调整圆角矩形的圆角弧度。

注意：弧度的调整必须在画完圆角矩形之后立刻进行，否则对此图形进行其他操作后，这个控制点将消失。

折线工具，在屏幕上任意位置连续点按，就可以画出连续的折线，可以封闭也可以不封闭，最后双击鼠标结束。画完后，还可以在拐点继续进行调整。

图 7-17　图形工具

2．设置线段格式

（1）设定线段式样

① 使用“指针”工具选择需要设置的一个或多个线段对象。

注意：选择多个对象的方法是按住【Shift】键的同时依次单击要选的对象，或用指针工具拖动出一个矩形块。按【Ctrl + A】组合键全选显示图标中的所有对象。

② 在线宽式样选择区选取合适的线宽，如选择虚线，则将线段对象设置为隐藏状态，所以，它不能直接设成虚线格式。

③ 在箭头样式选择区可选择线段的箭头样式。

注意：线宽选择同样决定圆形、矩形、圆角矩形及多边形的边框宽度。

（2）选择颜色

在菜单中可以为文字内容和图形设置颜色。

① 设置线条的颜色。

首先选择一个或多个需要设置的矩形、椭圆或多边形对象，再单击绘图工具箱上的“线条/文本色框”工具，打开颜色选择面板，选择你所需要的颜色即可。

② 设置文本的颜色。

颜色选择面板中的“线条/文本色框”对应文本本身的颜色，而“背景色框”决定背景色。选择需要改变的文本，然后在颜色选择面板中选择一种所需要的颜色。同一个文本对象中的文本可以设成多种颜色，但背景色只能是一种颜色。

③ 设置填充色。

选择要填充的颜色，单击绘图工具箱上的“填充色”工具，选择一个或多个需要设置的矩形、椭圆或多边形对象，再单击绘图工具箱上的“填充模式”工具，打开“填充模式”面板。Authorware 提供六种覆盖模式：不透明模式、遮隐模式、透明模式、反转模式、擦除模式、阿尔法模式，如图 7-18 所示。

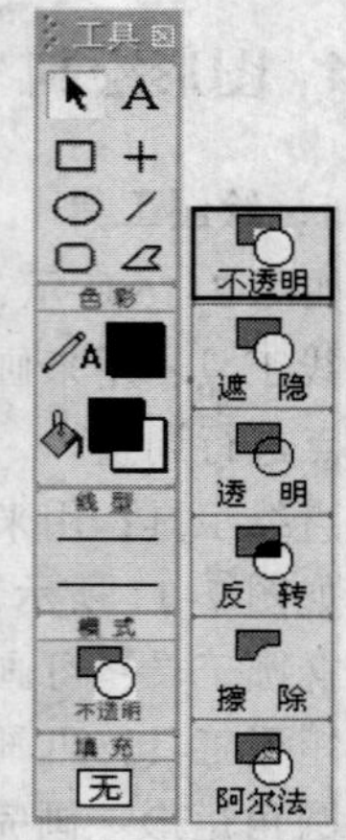

图 7-18　六种覆盖模式

7.3.5　插入图像文件

Authorware 支持以下格式和图像文件：PICT、TIFF、GIF、PNG、BMP、JPEG、PSD、TGA、WMF、EMF。

使用图像之前必须将其从程序文件外部导入程序文件中。导入的步骤如下：

（1）单击“导入文件”按钮，显示“导入哪个文件？”对话框，选择所需文件；如果选择“显示预览”复选框，则在预览框中显示当前所选图像文件。

（2）单击“+”按钮扩大对话框，显示一系列扩展控制。

文件列表框：显示即将被导入的图像文件名称。

添加按钮：单击后将当前所选图像文件添加到导入文件列表中。

全部添加按钮：单击后将当前文件夹下同当前类型相符合的所有图像文件添加到导入文件列表中。

删除按钮：单击后从列表中删除在导入文件列表中选择的文件。

-按钮：隐藏扩展控制。

（3）默认情况下，导入的图像数据作为程序文件的一部分。如果选择“链接到文件”复选框，则在程序文件中仅保存指向这个文件的链接指针。

（4）单击“导入”按钮，将文件列表中的所有图像文件导入到程序文件中。

如果当前存在一个打开的“显示”设计图标，则在其中创建一个或多个新的图像对象（根据导入的图像文件数量），并导入图像数据到对象中，新创建的图像对象在“演示”窗口中居中显示。如果当前没有打开的设计图标，则以图像文件名为标题，为每一个图像对象创建一个新的“显示”设计图标。

通过对图形绘制、文本输入与编辑、图像导入、显示过渡效果的方法介绍，将各项功能渗透在编辑操作的过程中，学会这些编辑格式及效果，使作品内容更加丰富，形式更加美观。

练一练

（1）建立一个多媒体文件 TS.a7p，用两种方法输入一段文字，进行格式化。

游子吟

孟郊

慈母手中线，游子身上衣。
临行密密缝，意恐迟迟归。
谁言寸草心，报得三春晖？

（2）为 TS.a7p 文件导入一张图片，作为背景。

（3）在“特效方式”对话框中为显示图标设置显示过渡效果。

7.4　视频与声音处理

在多媒体作品创作的过程中，声音与视频的使用占有很大的比例，处理好这些素材可以使作品内容丰富充实，本节主要介绍数字电影图标、声音图标、DVD 视频图标。

7.4.1　数字电影图标

数字电影图标用于播放动画文件，第一次单击这个图标时，Authorware 会自动打开一个 Load Movie 对话框，可用这个对话框打开一个动画文件。

数字电影文件格式主要包括 BMP 文件，FLC/FLI 文件，MPEG 文件，QuickTime 文件，AVI 文件等。播放 QuickTime for Windows 或 Vedio for Windows 文件要先在 Windows 中安装相应的播放支持程序。

1. 导入数字化电影

（1）新建一个文件。

（2）向流程线上添加一个数字化电影图标，命名为“数字电影”。

（3）双击该图标，打开对话框如图 7-19 所示。

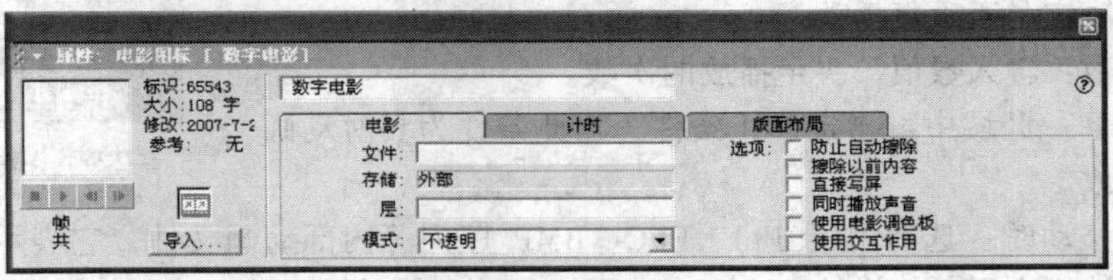

图 7-19　电影图标对话框

单击“导入”按钮，弹出“导入哪个文件？”对话框，可导入动画文件，在对话框中通过四个按钮可控制动画播放、单步前进、单步后退、停止播放。

2. 设置数字化电影的属性

对话框中有三个选项卡：“电影”、“计时”、“版面布局”。

（1）“电影”选项卡

“电影”选项卡中包括文件的路径、存储形式以及层属性，其中还有六个选项，勾选后即可执行其功能，如图 7-20 所示。

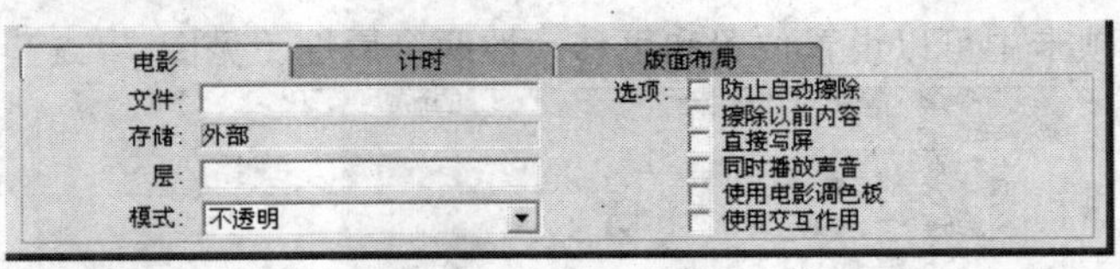

图 7-20　“电影”选项卡

① 存储：用于说明导入文件的存储方式是链接的还是嵌入的。

② 层：设置数字电影的显示层级。

③ 模式：用于定义数字电影的遮盖模式。

④ 选项：

- 防止自动擦除：选择该项，运行程序时电影内容不会被擦除图标以外的其他擦除图标擦除。

- 擦除以前内容：选择该项，可以擦除当前屏幕上的所有低于或等于自身层级的内容，保留较高层级的内容。
- 直接写屏：选择该项，电影内容可以直接出现在屏幕的最顶层。
- 同时播放声音：选择该项，可以播放电影文件所带的伴音，否则电影没有声音。
- 使用交互作用：对文件进行交互控制。

（2）“计时”选项卡

“计时”选项卡中的选项以及功能（见图 7-21）。

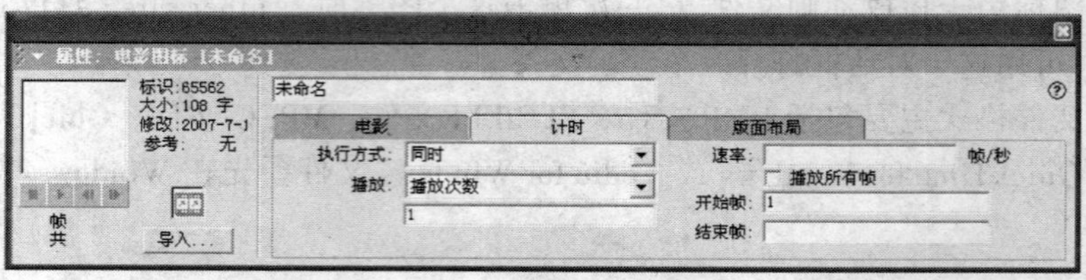

图 7-21 “计时”选项卡

① 执行方式：选项用于同步控制。

- 同时：用于控制电影文件与其他图标的同步播放方式。

② 播放：下拉列表框有七个选项（见图 7-22）。

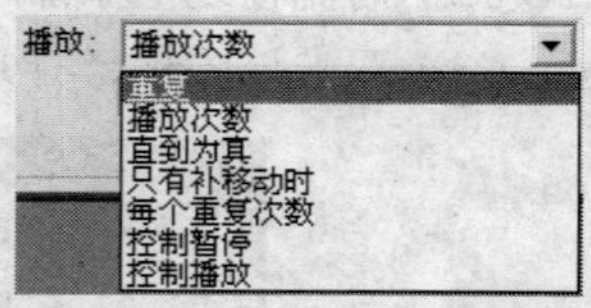

图 7-22 “播放”下拉列表框

- 重复：决定是否重复播放。
- 播放次数：输入数值，决定播放的次数。
- 直到为真：区域中可指定终止条件，当此条件为真时动画停止播放。
- 只有补移动时：选项用于 FLI、FLC、BMP 序列等内部动画文件，它表示只有当这个动画文件被用户用鼠标拖动，或有运动图标移动它的时候，动画才开始播放。
- 每个重复次数：表示每个运动周期动画的播放次数。
- 控制暂停和控制播放：是为 QuickTime 动画设置的。在动画播放时会出现一个控制条，可以实现暂停或播放等控制操作。

③ 开始帧和结束帧：可以设置播放开始帧和结束帧数值，如果开始帧数值小于结束帧数值，还可实现反向播放功能。

④ 速率：用来指定动画播放速度，默认设置为 25 帧/秒。

- 播放所有帧：选择该项，将播放电影的每一帧。

（3）“版面布局”选项卡

“版面布局”选项卡中可以设置位置和可移动性两个属性（见图 7-23）。

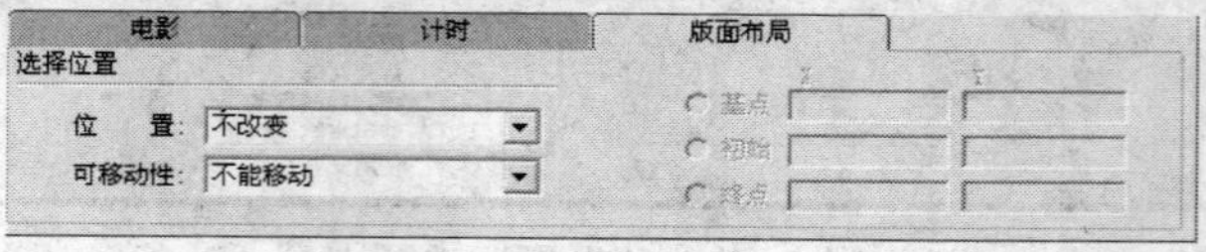

图 7-23 “版面布局”选项卡

① 位置：有四个选项。

- 不改变：播放时位置不改变。
- 在屏幕上：可使输入的动画文件位于所有的显示层之上，以加快动画的播放速度。
- 在特定路径：使动画文件沿特定路径运行播放。
- 在某个区域中：可使输入的动画文件位于某个区域。

② 可移动性：有三个选项。

- 不能移动：使电影文件播放时固定不动。
- 在屏幕上：使电影文件可在屏幕区域内移动。
- 任何地方：使电影文件可在任何区域内移动。

3. 调整大小

（1）从图标面板中将起始标志拖动到数字电影的上端。

（2）从图标面板中将结束标志拖动到数字电影的下端。

（3）运行程序，然后在电影画面上单击，电影画面周围出现八个控制点，可以调整电影窗口大小。

7.4.2 声音图标

声音图标的功能是在 Authorware 中播放一段声音。

1. 导入声音

（1）在主流程线上拖入一个“声音”图标，双击可打开声音选项设置对话框。

（2）单击“导入”按钮，会出现一个文件选择对话框，用来选择声音文件。

2. 设置声音的属性

Authorware 支持多种声音格式。常用 WAVE 和 AIFF 文件格式，导入声音文件后，可以单击播放按钮预听一下效果。

第一个选项卡是声音文件的基本选项，显示声音的文件名和存储形式，如图 7-24 所示。

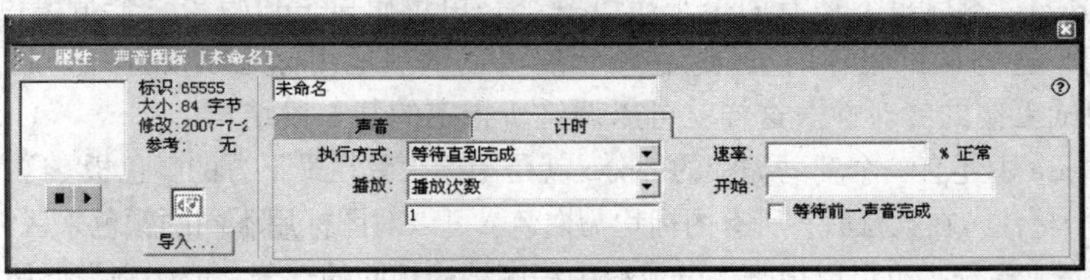

图 7-24 “计时”选项卡

第二个选项卡是计时选项。

执行方式有三个选项：

等待直到完成：一直等到声音播放完后再执行下个程序。

同时：在播放声音的同时执行下个程序。

永久：声音的播放取决于“开始”文本框中的值，当值为“真”则播放声音，为“假”则声音不播放。

在播放声音选项中可以决定声音播放的次数和结束条件。

次数：可以指定播放的次数。

直到为真：表示不限次数，输入的条件满足时就停止播放。

速率：单位是正常的百分之几。

开始：文本框用于设置何时开始播放声音，可以利用变量或条件表达式来控制。

等待前一个声音完成：选择这个选项，则表示前一个声音结束后，这个声音才开始播放，否则此声音会打断前一个声音而立刻开始播放。

7.4.3 DVD 图标

DVD 图标用于控制 Authorware 中视频的播放。这个图标必须在显示图标的配合下使用。

1．建立一个透明区域

在流程线上建立一个显示图标，在显示图标里面画一个矩形，并对这个矩形指定一个叫做“透明键”颜色做填充色，这种颜色默认为粉红色。这样所有以“透明键”色覆盖的区域都将成为视频叠加的区域。

2．建立一个视频图标

制作完透明区域后，在流程线上放置视频图标。在视频设置对话框中，先选择相关的显示内容。单击前面所画的矩形就可以建立一个连接。

3．设置视频图标的选择项

可以设置视频播放的一些选项。在这个对话框中可以设置同步控制方式、播放速度、是否可被用户控制、声音通道、以及播放结束条件等多种选项，如图 7-25 所示。

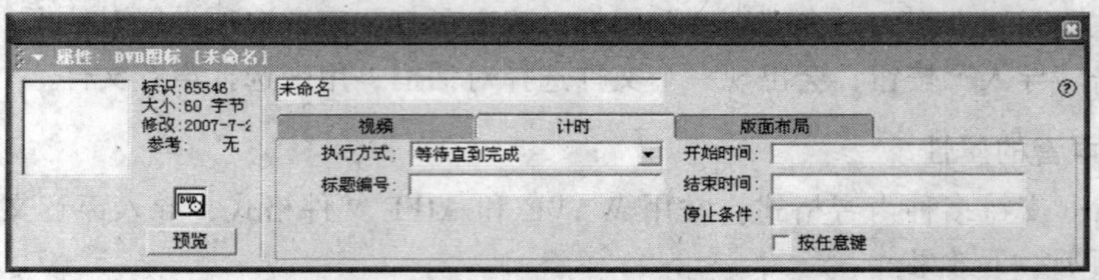

图 7-25 视频图标属性

在 Authorware 图标板上还有两个小旗，一个是白色旗——开始，一个是黑色旗——终止。这两个小旗用来选择调试程序的段落。在流程线可以直观地用标志旗设置一个起点、一个终点，以突出用于调试工作的针对性。这样就可以调试所指定的某一段结构。

在 Authorware 中还有一个辅助编程的部分，就是图标工具栏最下方的颜色板。这六种颜色用来辅助图标的管理、标注。在默认时，所有图标均为白色。可以对图标用不同的颜色来区分哪些是完成部分，哪些是未完成部分。也可以用来区分流程中程序结构相同的部分，或区别需要用户交互的部分。

练一练

（1）新建一个“Movie.a7p”文件，导入数字电影，设为反向播放。

（2）在“Movie.a7p”文件中导入一段音乐。

（3）在“Movie.a7p”文件中导入一段视频，当按下任意键时都将终止视频信息的播放。

（4）对三种图标用不同的颜色进行标示。

7.5 等待、擦除、计算图标的使用

在 Authorware 软件中，有很多图标的使用可以使多媒体内容的显示较为正规，设计更加科学合理，符合人的接受范围和能力。

7.5.1 等待图标

在某一个程序执行过程中，如果需要屏幕上的某一个内容，保留一段固定长的时间，或者

是在 Authorware 中设置显示图标或声音图标等内容，并需要使它们同步，这时就需要借助等待图标来实现这些辅助功能。

1．等待图标的作用

等待图标的功能是在流程线上设置一段等待时间，以及等待的结束条件。

等待图标可以人为控制程序的延时，让用户有足够的时间观看程序内容或进行交互控制。使用等待图标既可以让程序永久的延时下去，也可以让程序进行短暂的等待。

2．建立等待图标

（1）新建一个文件。

（2）在流程线上拖入两个显示图标，中间拖入一个等待图标。

（3）在第一个显示图标中输入文字，第二个中导入图片。

（4）双击打开等待图标后，会出现一个属性对话框，可以设置一些选项。如图 7-26 所示。

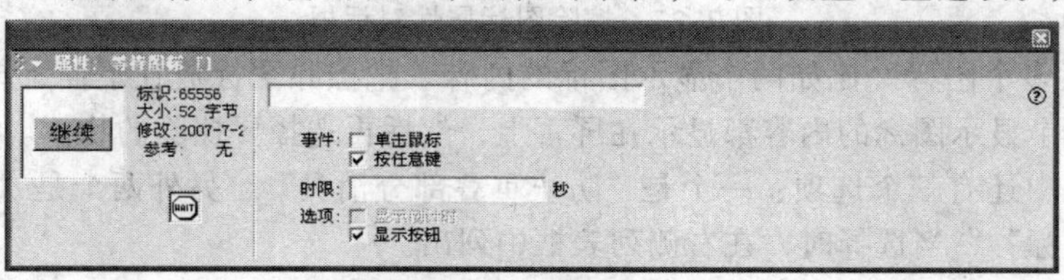

图 7-26　等待图标的属性对话框

第一部分是事件。共有两种选项。一个是单击鼠标，即当鼠标在屏幕上任意位置上单击后，等待就失败。这一操作相当于跳过等待图标。另一个是按任意键，当按动键盘中的任意一个键时，继续向下执行。在一些程序中，经常可以遇到这样一种情况，任意按一下鼠标或任意按一下键盘再继续执行下面的程序。

第二部分是时限。在以上条件都不满足的情况下，当程序经过一段设定的时间后，结束这个等待。比如可以将时间等待限定为 5s，如果将三种继续条件选项全部关闭，就可以实现使一些画面在屏幕上强制保留一定长度的时间。在这个代表等待时间长短的数值区域中可以使用变量或表达式。

第三部分是选项。有两种选项，一个选项是显示倒计时。选中这个选项可以在等待时在屏幕上出现一个小计时钟。通过这个小计时钟可以看到还剩下多少时间。另一个是显示按钮，就是显示一个提示等待的按钮，也就是 Authorware 提供的“继续”按钮。这是一个系统标准按钮。当用户单击这个按钮时，等待结束。

在文件的属性对话框里的“交互”选项卡中有一个等待按钮，这个按钮就是在等待图标里将要出现的按钮的形状。单击右侧“设置”按钮，可以从按钮库中选择一个新的等待按钮的形状，或者通过单击“添加”按钮来增加一个自定义的新按钮。如果只想更换文字，如：将“继续”换为英文的“Continue”，则可通过更换“标签”文本框中的内容来实现。例如，进入中文输入状态后输入汉字，这时等待按钮就以中文显示。还可以通过在文字中加入一些空格的办法使按钮的宽度加大。

（5）选择一种属性，设置完成后运行。

7.5.2　擦除图标

1．擦除图标的作用

擦除图标的功能是把 Authorware 在展示窗口中显示的某一个或某几个内容擦除掉。显示图标在屏幕上显示图形、文本或输入的图片，而擦除图标完成的功能正好相反。

擦除图标可以擦除指定的物体，并可以设定擦除的方式。

2. 建立擦除图标

（1）新建一个文件。

（2）放置一个显示图标，导入一张图片，把物体显示在屏幕上，双击擦除图标，打开它的对话框，选择所要擦除的对象，这样就把物体给擦除掉了。同时还可以选择各种特殊效果，并对擦除效果设置一些参数，比如调整过渡效果变化的平滑程度，如图 7-27 所示。

图 7-27　擦除图标属性对话框

（3）若擦除多个图标。比如两个显示图标的内容。把擦除图标放在下面，单击菜单条上的运行按钮，则两个显示图标的内容都显示在屏幕上，然后再选择要擦除的物体。

（4）对话框中还有三个选项：一个是“防止重叠部分消失”，另外两个是“被擦除的图标”和“不擦除的图标”，当选择时，在右侧列表框中列出。

使用交叉过渡可以避免白屏现象。制作交叉过渡的步骤如下：

（1）建立一个显示图标，画一个矩形，并填充红色。

（2）在“编辑”菜单中选择“复制”命令，把物体复制到 Windows 的剪贴板中。

（3）再建立一个显示图标，选择“编辑”→“粘贴”命令，建立一个图形，可以看到与第一个图标中的位置、大小完全一样。

（4）把这个物体的颜色改为绿色。在两个显示图标中间插入一个擦除图标。在这个图标中选择一种擦除方式，并选择红色物体。现在运行一下，可以看出擦除完红色物体之后，才出现绿色物体。

（5）现在双击第二个显示图标，选中它的出现方式与红色物体的擦除方式相同。再运行一下，可以看到红色物体边擦除，绿色物体边出现。这就是交叉过渡。

练一练

（1）先建立一个显示图标，并画一个图形。

（2）然后在显示图标的后面建立一个等待图标。

（3）等待图标的后面建立一个擦除图标，把显示图标中的内容擦除掉。现在，等待图标居于显示图标和擦除图标之间。这样，在显示完成之后，可以通过等待图标在擦除物体之前，做一个时间上的等待，或等待用户单击（或按键盘任意键，或单击鼠标按钮）。把等待时间设为 2s，并选择显示计时钟，确定后运行一下。可以看到 2s 后，因时间超过，物体就被擦掉了。

（4）如果去掉时间限制，或把时间设长一些，比如 10s，然后选择两种选项，确定后再次按运行，只有用户按键盘上的任意键或单击鼠标，物体才被擦除掉。

7.5.3 计算图标

1. 计算图标的作用

计算图标用一个等号“=”表示，所以也称为等号图标。它的主要作用是在程序中引入函数和变量以及进行程序函数调用。在高版本中，还增加了 If、then、else 和 Repeat 等程序结构控制语句。

2. 使用计算图标

按住【Ctrl】键或【Alt】键，同时双击计算图标，打开其属性对话框，如图 7-28 所示。

其中主要有图标名称文本框，“函数”、“变量”、“当前值”文本框和“打开”按钮，可以对计算图标进行设置。

双击打开计算图标，可以在里面输入变量、表达式、函数、注释文字，可以创建表达式以及语句等。因为 Authorware 是基于图标和流程方式来编程的，所以它无需使用一整套的语言，而只是使用一些函数表达式就可以实现复杂的控制。例如输入 a:=1，表示给变量 a 进行赋值。

函数的引入可以选择“窗口”→“面板”→“函数”命令，并选择一个系统函数。比如 Beep 函数。这个函数可以产生一个系统警告的声音。通过单击 Paste 按钮，把函数粘贴到计算图标中，如图 7-29 所示。

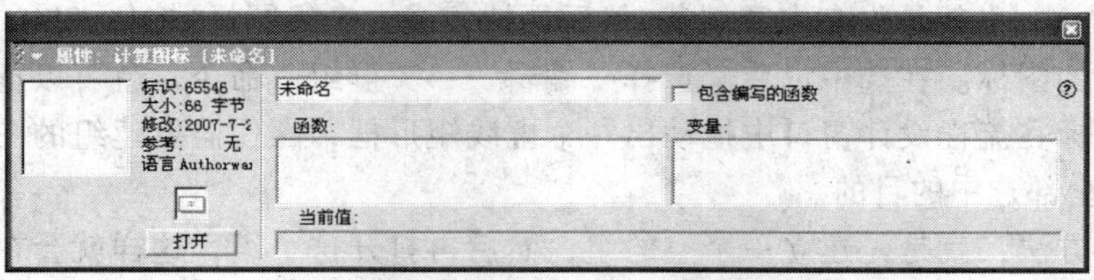

图 7-28　计算图标的属性对话框

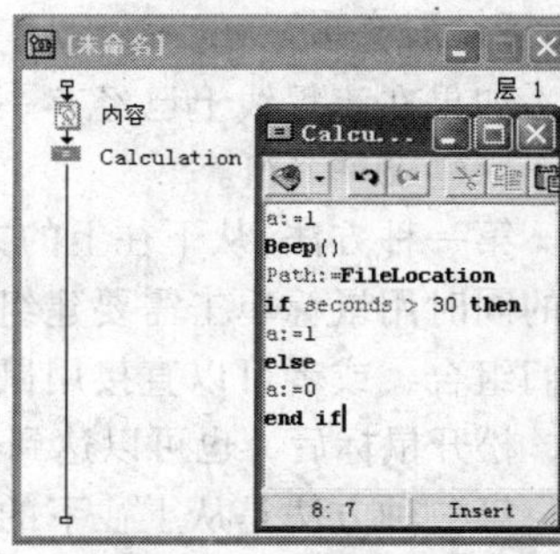

图 7-29　计算图标窗口

也可以通过一个函数得到一个返回值或对一个变量进行赋值。可以选择“窗口”→“面板”→“变量”命令，通过粘贴的方式进行输入。

另外，在计算图标里，还可以使用 if 结构。比如：用 if 语句判断一个时间系统变量 Seconds 是否大于 30s，成立时赋值 a 为 1，否则 a 为 0。

```
if seconds > 30 then
        a:=1
        else
        a:=0
end if
```

用数字键盘上的回车键完成输入。如果在图标中输入了自定义变量，而事先又没有对这个变量进行定义，那么在回车后，Authorware 会提示需要新增加一个变量，并且在对话框中，还可以给变量设置初始值或对变量加以注解。变量的初始值默认状态为 0。

如果计算图标符合 Authorware 要求的语法，这个图标就可以成功建立，否则，如果有语法错误，系统会提示用户对所输入的内容进行修改。计算图标可以拖放到任意一点上，在执行计算图标中的内容时，将逐行执行其中的语句。

Authorware 的功能扩展，例如调用外部函数，或称为自定义函数，也需要通过计算图标引入。

注意：除直接使用计算图标外，在任何一个图标选中的状态下，通过选择“修改”→“图标”→“计算”命令，也可以打开一个与计算图标相同的窗口。在这个窗口可以输入一些命令。回车后，可以发现图标的左上角出现一个小的“=”，它表示在这个图标上，赋予了一部分与计算图标功能相同的内容，相当于在该图标之前加入了一个计算图标。它的执行顺序是先执行等号图标里的语句，然后再执行图标里面的具体内容。这种操作不占用新的图标，使用起来比较方便，可以更简练地实现图标之间的跳转。

7.5.4 组图标

1. 组图标的作用

组图标用于建立程序组（子模块），程序组是一系列图标的组合，相当于其他高级语言的子程序。如果程序中的图标太多，而流程设计窗口并没有提供滚动条，这样就无法看到下面的图标。所以必须将功能相对集中的一些图标组合，这样便于程序结构的逐层管理。

2. 建立组

如果在流程线上已经有一些图标，并且这些图标完成的是相对固定的功能时，就可以把这些图标建成一个组。

第一种方法，从下往上的方法，也就是先有内容细节，然后再抽象成一个组图标。按住【Shift】键的同时用鼠标单击需要建组的图标。在选中以后，选择“编辑”→“群组”命令，就可以把它们组合，或者可以直接用鼠标在流程设计窗口中拖动出一个虚线矩形框，圈住需要建组的图标，松开鼠标后，也可以达到全部选中的目的。

第二种方法是从上往下的方法，就是先建立一个空的组，然后再打开这个组，这样就会在它的下一层窗口中出现一个空的流程线，在这个流程线上可以继续搭建程序结构。

创建组的步骤：

（1）新建一个文件。

（2）向流程线上添加一个显示图标，命名为“图片 1”。

（3）双击该显示图标，打开演示窗口。导入一幅图片，并设置过渡效果。

再添加一个等待图标，命名为“暂停”。双击该图标，设置各项，如图 7-30 所示。

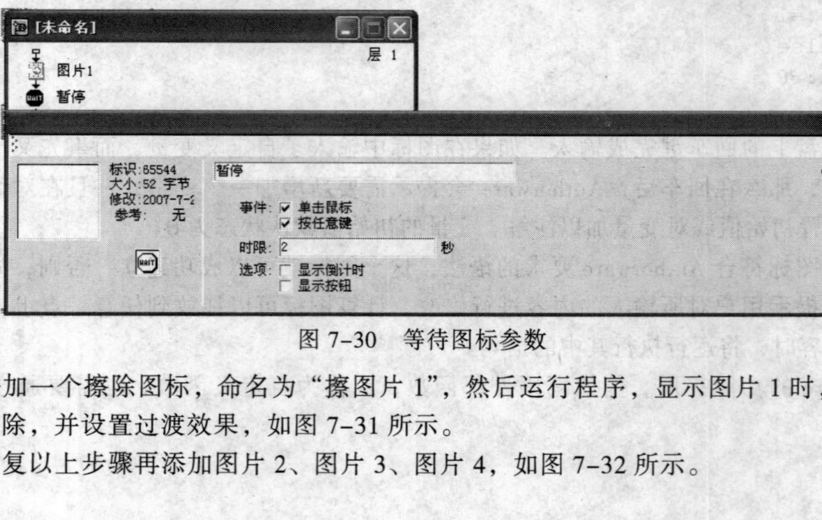

图 7-30 等待图标参数

（4）添加一个擦除图标，命名为“擦图片 1”，然后运行程序，显示图片 1 时，用擦除图标将图片 1 擦除，并设置过渡效果，如图 7-31 所示。

（5）重复以上步骤再添加图片 2、图片 3、图片 4，如图 7-32 所示。

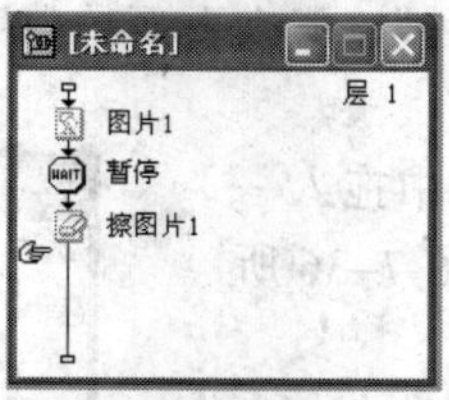

图 7-31　添加擦除图标

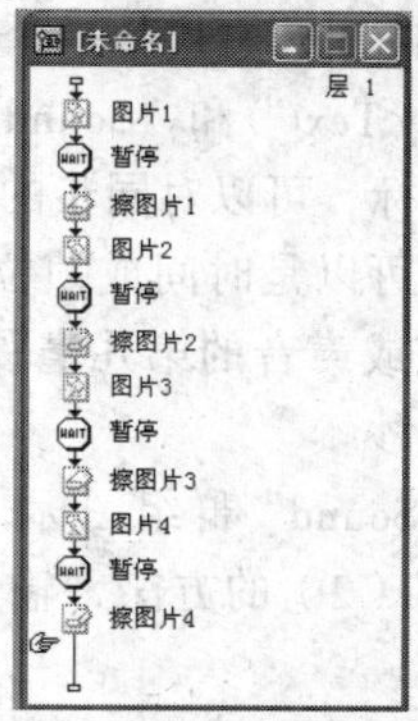

图 7-32　添加图片

（6）选择前三个设计图标，选择“修改”→“群组”命令，或者按【Ctrl+G】组合键，这时被选中的图标被置入一个群组图标中，命名为“图片组 1”，如图 7-33 所示。

（7）同样方法，依次对其他设计图标进行组合，如图 7-34 所示。

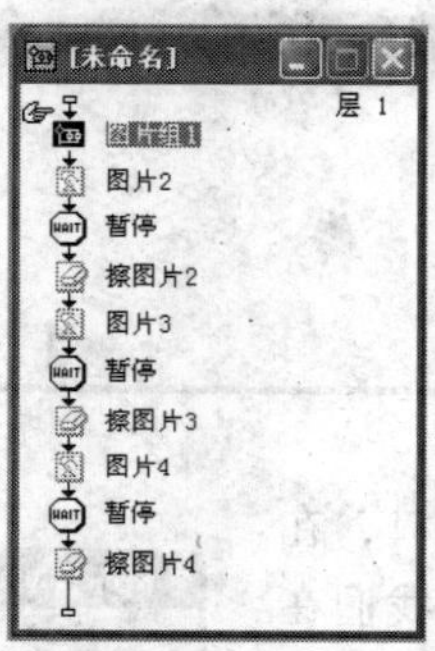

图 7-33　群组

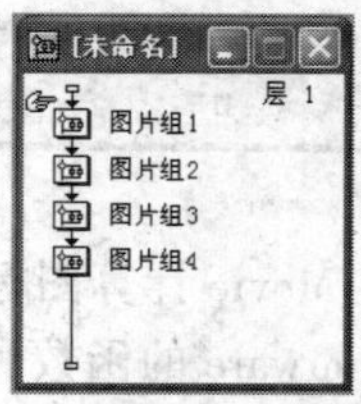

图 7-34　群组图片

当一个组建好后，如果要把组拆开，选择“编辑”→“取消群组”命令，就可以把已建组的图标重新打开。

正是因为有组图标的存在，所以可以在 Authorware 的设计窗口中逐级进行制作，利用有限的图标板和流程线，制作复杂的程序结构。

7.5.5　给电视片配音

Authorware 中具有“媒体同步”功能，简单地说就是可以在声音或影片图标的右边添加其他图标，来控制声音或影片播放时的事件。比如给一段录像配上解说词，媒体同步功能可以很简单地实现这个效果。下面介绍给一段无声音的录像配上解说和字幕。

完成后流程图，如图 7-35 所示。制作步骤如下：

（1）向设计窗口中拖入一个数字电影图标，命名为“Movie”。

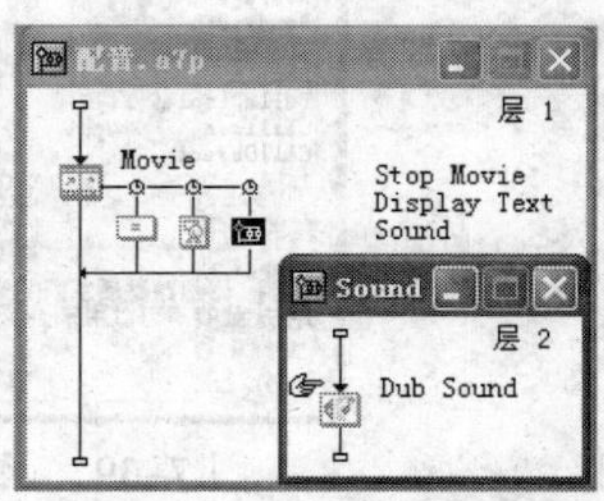

图 7-35　完成流程图

（2）双击 Movie 图标，打开其属性窗口，单击左下角的“导入”按钮，选择要配音的无声影片，将“计时”选项卡中的执行方式属性设为“同时”，意义即在这个数字电影播放时，同时运行下面的其他图标中的内容。这个属性设置中还有另外一个选项“直到结束”，意义为直到这个电影播放完，再运行下面的图标中的内容。声音图标也有相似的设置。

（3）向 Movie 图标右边拖一个计算图标、一个显示图标和一个群组图标，分别命名为“Stop Movie”、“Display Text”和“Sound”，这时可以看到这几个图标的上方会显示一个小的时钟图标，双击这个图标，可以对同步的事件进行设置。

同步的类型可以是时间或帧位置。如果“同步于”设为“位置”，那么下面的数字值就是数字电影的第几帧或声音的第几毫秒。如果“同步于”设为“秒”，那么下面的数字值就是数字电影或声音的第几秒。

（4）双击“Sound”群组图标，打开二级设计窗口，向其中拖入一个声音图标，用（2）的方法，输入要配音的解说声音，如图 7-36 所示。

图 7-36　加入声音图标

（5）双击 Stop Movie 图标上面的时钟图标，对其同步事件设置如下图，意义是当“Movie”数字电影图标中的内容播放 10s 后，执行“Stop Movie”计算图标中的内容。

（6）同样设置“显示文本”和 Sound 图标的同步事件，如图 7-37 所示。

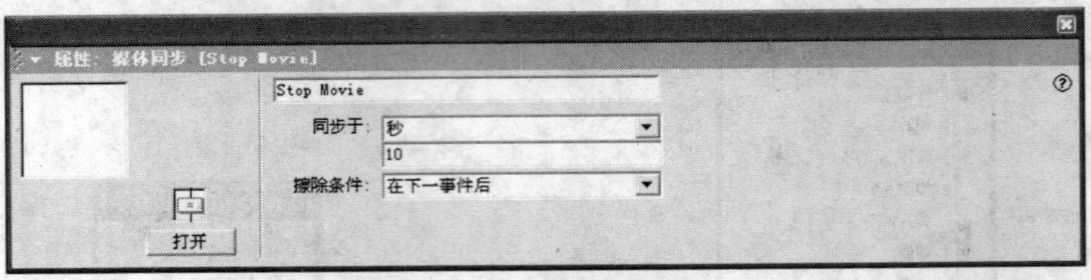

图 7-37　同步事件设置

（7）双击 Stop Movie 计算图标，打开计算图标编辑窗口，在这里可以使用 Authorware 的函数和变量实现丰富的功能，我们在其中输入如下内容“MediaPause（IconID@"Movie",1）”，如图 7-38 所示。意义为暂停 Movie 图标中电影的播放。然后关闭这个窗口，确认保存。

图 7-38　计算图标函数

选择“窗口”→“函数”和“窗口”→“变量”命令可以显示或关闭函数对话框（见图 7-39）和变量窗口（见图 7-40），这两个窗口可以帮助更方便地使用和查找各种函数和变量。

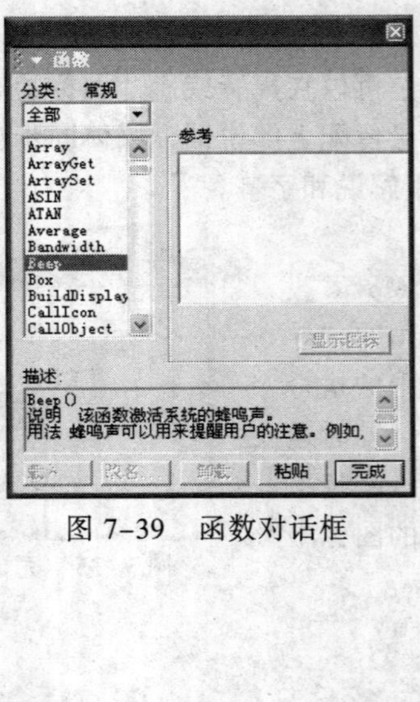

图 7-39　函数对话框

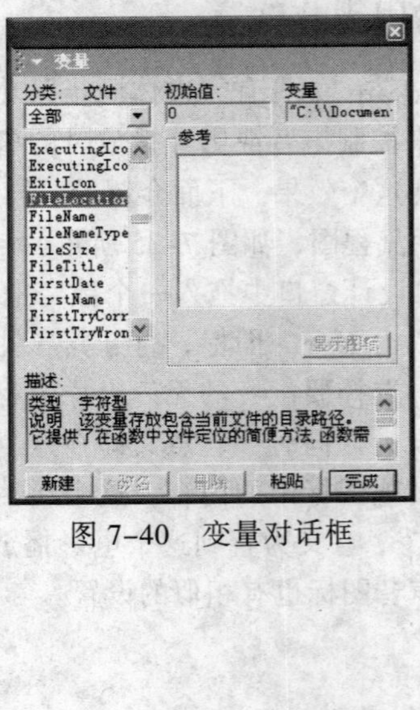

图 7-40　变量对话框

关于函数和变量的使用是 Authorware 与其他程序的接口，也使得 Authorware 具有其他一些语言的部分编程功能，是 Authorware 的高级技巧。

（8）双击“显示文本”图标，在适当的位置输入说明文字。

注意：本例一些功能还不完善，比如电影停止后，不能继续播放，不能即时停止等。

练一练

（1）利用显示图标和擦除图标设计交叉过渡的程序文件。

（2）利用擦除图标和等待图标制作图片显示的小程序。

（3）利用计算图标设计一个“退出”程序。

7.6 动画制作

在多媒体作品的展示效果中，动画往往比静止的文字和图片灵活生动，更具表现力。容易引起人们的注意力，收到良好的效果。

7.6.1 移动图标的运动方式

Authorware 提供的移动图标可以控制演示窗口中的某些对象按照指定的路径移动，从而产生动画效果。移动图标本身并不能运动，也不能载入文本、图像和图形等对象，它只能以显示图标中的显示对象（如文本、图形和图像等）为移动对象。因此，在导入移动图标时，必须同时有显示图标提供可移动的对象，并且流程线上的移动图标位于显示图标的下方。另外，Authorware 一次只能控制一个显示图标中的对象移动，如果要用不同方式移动多个对象，则应将这些对象放在不同的显示图标中。移动图标主要是通过控制若干对象按照预先设置的路径运动而产生动画效果。根据移动图标移动对象路径的控制方式，可以分为以下五种。

（1）点到点的移动方式（固定终点的移动）

（2）沿直线到直线上的任意点的移动。

（3）沿路径到终点的移动。

（4）沿路径到路径上的任意点的移动。

（5）到平面内的任意点的移动。

另外，还有一种特殊的移动方式，即基于层的动画。运用这几种方式，可以产生非常丰富的动画效果，能够更好地表现展示的内容。

7.6.2 点到点的移动——子弹射击

指向固定终点的移动，是五种运动方式中最简单的，它创建的是直接从一点运动到目标点的动画。为了说明这种移动方式，我们制作一个子弹射击动画。

操作步骤介绍如下：

（1）新建一个文件，拖动一个显示图标到流程线上，命名为“子弹”。双击显示图标，在“演示窗口”中用矩形和椭圆绘制子弹。改变一下线的粗细、颜色和为子弹添加一个向右的箭头；

（2）用同样的方法，再新建一个名为“靶”的显示图标，用椭圆绘制一个靶。把矩形的线条和填充色都变为红色。因为移动的对象只有一个子弹，所以应该把子弹放在一个独立的显示图标中，如图 7-41 所示。

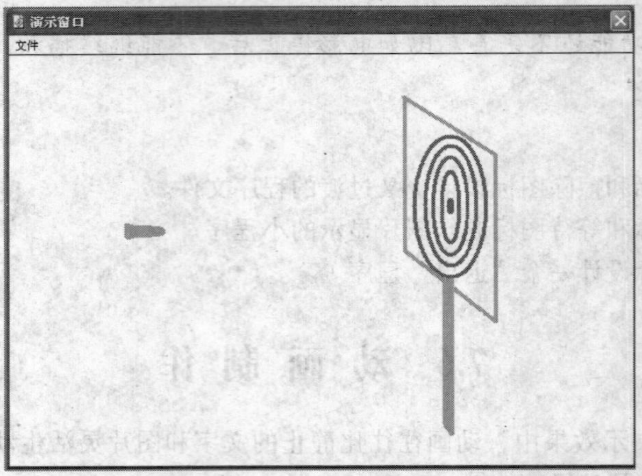

图 7-41 运行界面

注意：双击旗杆图标，显示出画有子弹的演示窗口，然后按住【Shift】键，双击靶图标，本来在不同显示图标中的子弹和靶就放在同一个演示窗口中了，用户可以调整它们的位置。

（3）拖动一个移动图标到程序线上，将其命名为“射击”，此时的程序流程图如图 7-42 所示。

（4）双击射击移动图标，单击靶图标内的“靶”载入移动对象，此时在移动属性对话框左上角的对象窗口中呈现出靶的缩略图，然后设置其移动属性。在属性下拉列表中选择“指向固定点”，定时时间为 0.5s，其他属性采用默认值，如图 7-43 所示。然后回到“演示窗口”，把“子弹”拖到适当的位置。

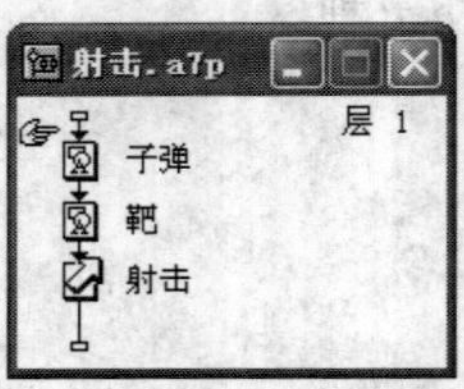

图 7-42 子弹射击程序流程图

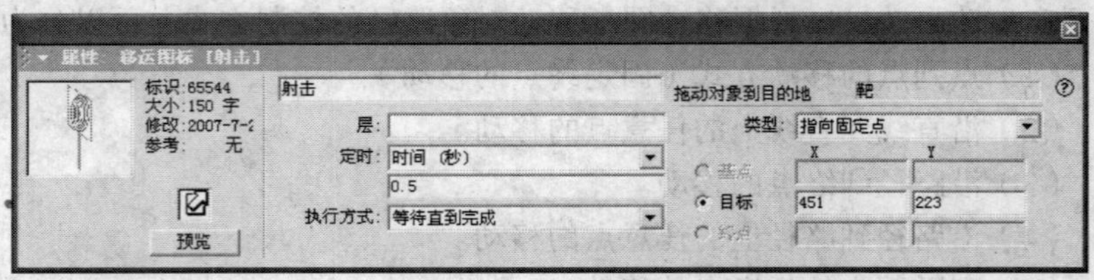

图 7-43 运动属性

（5）单击工具栏上的“播放”按钮，可以看到“子弹”从起始点一直飞到“靶心”，这就是固定终点的移动方式。

7.6.3 沿直线到直线上的任意点的移动——指向直尺上的某比例

沿直线到直线上的任意点的移动是基于常量、变量或表达式的返回值确定运动终点的移动方式，它从演示窗口中的当前位置（初始）移动对象到指定的一条直线路径上的指定点。如果对象本身位于该直线上，则沿这条路径运动到指定（终止）位置。下面做一个直尺的示例。

操作步骤如下：

（1）打开一个新的程序文件，拖动一个显示图标到流程线上，命名为“直尺”，在演示窗口中绘制出一把直尺的图形。这个图中关键是如何绘制较精确的比例线和标注数字比例。

注意：画一根水平的短线，复制九次，按住【Shift】键，用鼠标单击选中 10 根水平线。再选择“修改”→“排列”命令或按【Ctrl+Alt+K】组合键，打开“排列”面板，单击“左对齐”按钮使线段左对齐，再单击使线段垂直方向等间距。调整它们的位置，使之与垂直线相齐。再用文本工具分别输入 1～10，10 个数字放在同一图标的 10 个对象中，这样便于调整。最后选中“直尺”图标中的所有对象，再选择“修改”→“群组”命令或按【Ctrl+K】组合键组合成一个整体。

（2）再拖动一显示图标到流程线上，命名为“箭头”，用直线工具画一短的水平线，设一下线的箭头方向。这个箭头线就是我们要移动的对象。把箭头线调整到合适的位置，作为初始位置。

（3）拖动一个移动图标到流程线上，命名为“箭头移动”。双击移动图标，打开“移动图标”属性对话框。

单击鼠标图像作为移动的对象，然后把移动方式设为“指向固定直线上的某点”。

① 基点：起始位置，值设为 1。

② 目标：值设为 8（以后这个值我们可以用变量或表达式来代替）。

③ 终点：值设为 10。选中 End 前面的单选按钮，拖动箭头到标尺 10 的位置。这时会出现一根轨迹线（这根线在程序运行时不可见），这就是箭头运动的范围。

运行程序，箭头在移动到比例 8 处停止。该程序的流程图如图 7-44 所示。

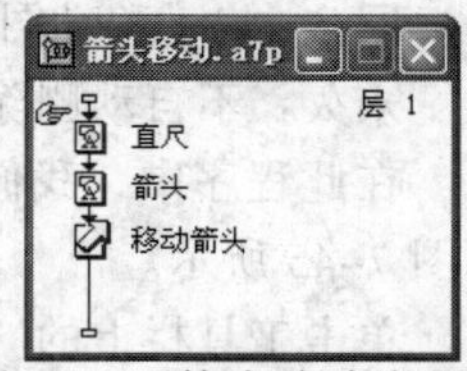

图 7-44　箭头移动流程图

7.6.4　到平面内任意点的移动——桌面上运动的小球

到平面内任意点的移动是沿直线定位移动方式的平面扩展，它允许对象在一个矩形区域内运动。下面制作小球在球桌上的运动方式。

操作步骤如下：

（1）建一个新的程序文件并设置文件属性，在“回放”选项卡中设置“大小”为“根据变量”。拖动两个显示图标到流程线上，分别命名为“球桌”和“小球”，并在“演示窗口”中绘制一张简单的球桌和一个小球，适当调整两者的位置。

（2）拖动一个移动图标到流程线上，双击移动图标，将小球导入移动图标作为移动对象，并要适当地设置移动属性对话框。选择“类型”为“指向固定区域内的某点”。

（3）因为小球是在固定的平面中运动的，所以在“目标”中，要设两个参数来确定小球的位置。先用（75,60）来表示，以后这里我们可以用变量或表达式来代替。可以灵活地控制小球在桌面中的位置。

（4）最后设置小球的起始位置和终止位置。和沿直线定位移动方式相类似，同样把小球分别移动到起始位置和终止位置。这时在“演示窗口”中出现一个矩形，这就是允许小球运动的范围，在程序实际运动中是不会出现的，其他设置用默认值。最后，单击工具栏上的“播放”按钮，演示运行效果。

7.6.5　沿路径到终点的移动——弹跳的小球

“指向固定路径的终点”使显示对象能按照同一个轨迹周而复始地移动，沿路径到终点的移动是最灵活的一种移动方式。路径可以是包含拐角和曲线的复杂路径。制作弹跳的小球为例说明这种移动方式。

操作步骤如下:

（1）建一个新的程序文件，拖动一个显示图标到流程线上，命名为“小球”。并在“演示窗口”中绘制一个简单的小球图形。

（2）拖动一个移动图标到流程线上，命名为“弹跳”。双击移动图标，打开移动属性对话框。将小球导入移动图标作为移动对象，选择“指向固定路径的终点”移动方式。

（3）单击小球，这时小球中间出现一个黑色的三角形，这是路径的起始点。拖动对象（注意不要拖动黑色的三角形）建立一个关键点（圆形或三角形）。在编辑过程中显示一条线，表示移动对象的路径，单击路径上的任一点可添加关键点。三角符号关键点设置直线路径，圆形符号设置弧形路径。

（4）设置完路径后，还需对移动属性对话框设置。双击移动图标打开移动属性对话框。在属性对话框中，要将“同步”做以下设置。

等待直到移动结束：移动图标执行结束后，程序继续执行。

同步：启动移动图标，系统自动同步执行流程线上后面的图标。

永久：不自动删除移动对象，必须用清除图标删除。

在此程序中，我们选择了“同时”项，时间设为 2s，流程图如图 7–45 所示。

单击工具栏上的“播放”按钮，浏览一下效果。

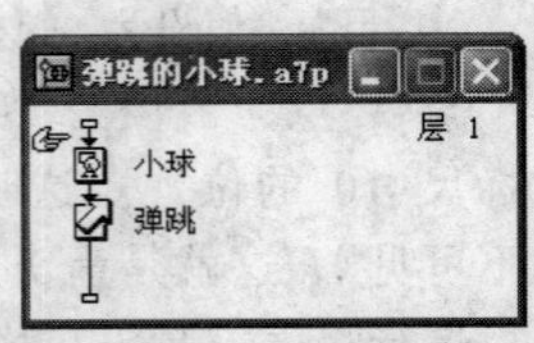

图 7–45 弹跳的小球流程图

注意：如果在“移动”当中输入数值 1，这时小球会不停地重复运动。

7.6.6 沿路径到路径上的任意点的移动——移动的小球

沿路径定位移动是基于常量、变量或表达式的返回值确定运动终点的一种移动方式。可以生成反映某种状态变化过程的动画效果。该方式也需要定义一段路径，方法与“指向固定路径的终点”方式类似。区别是使用这种方式必须在“目标”文本框内输入一个数值或表达式确定移动对象的终点位置。

操作步骤介绍如下:

（1）新建一个程序文件，拖动一个显示图标到流程线上，命名为“小球”，并在“演示窗口”中绘制一个简单的小球图形。

（2）拖动一个移动图标到流程线上，命名为“移动”。双击移动图标打开“移动属性”对话框，单击小球导入移动图标作为移动对象，移动方式选择“指向固定路径上的任意点”。

（3）在“目标”文本框中输入一个数值，利用该数值所占“基点”和“终点”的比例决定移动路径的目标位置。移动路径的总长度为 100 – 0 = 100，上面所示的目标位置为距离初始位置 60 处。若“基点”、“终点”和“目标”的值分别为 10、90、40，则移动路径的总长度为 90 – 10 = 80，目标位置为距离初始位置 40 – 10 = 30 处。从中可以看到，这三项只提供一个比例关系，决定目标位置，但不改变路径。当然，路径也可以是曲线或拐角，系统也同样可以确定移动对象的目标位置。

（4）设置时间为 2s，其他可采用默认值设置。运行程序，可发现“小球”沿移动路径向定义的目标移动。根据“目标”中的值不同，“小球”将会停在不同的位置，可以输入一个变量或表达式来控制小球的运动位置。

恰当地运用移动图标，配合一些函数或变量命令，可以做出流畅、生动的图像动画，满足课件或多媒体程序在内容表现方面的基本要求。根据实例讲解可以举一反三，在创作中应用灵活的动画效果。

练一练

（1）利用移动图标制作太阳升起的动画程序文件。

（2）设计小球在弯曲管道中的滚动动画小程序。

（3）设计文字移动的动画文件。

7.7　交互图标的使用

在多媒体作品设计中，良好的交互功能是这部作品一个重要的方面，也是创作者能力的体现，交互功能使整个内容的设计更具系统完整性。

7.7.1　Authorware 的交互图标

交互图标是 Authorware 的重要图标，用来制作具有人机交互控制的多媒体作品。交互图标具有显示图标和判断图标的双重作用，它既可以显示文本、图形、图像、数字电影或动画等对象，又可以实现程序的决策和交互功能。

1. 交互响应类型

（1）新建一个文件。

（2）向流程线上添加一个交互图标，再向交互图标的右侧添加一个其他图标（如显示、影像图标等），则弹出交互类型对话框（Response Type）。

实际应用中，Authorware 提供了 11 种交互方式（见图 7-46），分别为：

按钮——Button

热区域——Hot Spot

热对象——Hot Object

目标区——Target Area

下拉菜单——Pull - Down Menu

条件判断——Conditional

文本输入——Text Entry

按键——Keypress

重试限制——Tries Limit

时间限制——Time Limit

事件——Event

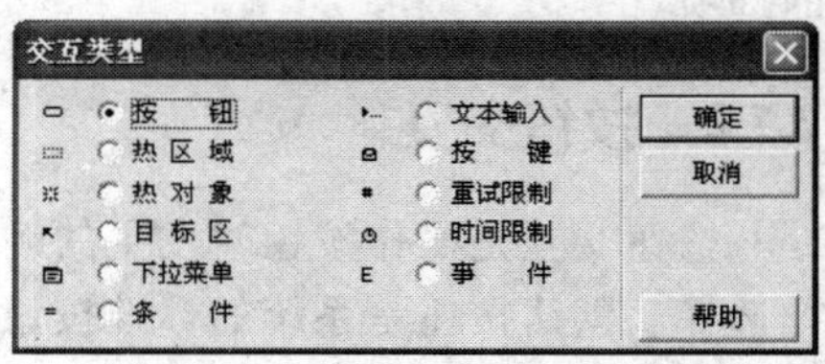

图 7-46　交互方式

每种交互方式在交叉点上以一个小符号来代表，通过这个小符号可以区分每一个交叉点上所使用的交互类型。

2. 交互结构

由图 7-47 中可以看出，交互结构有四个要素组成：

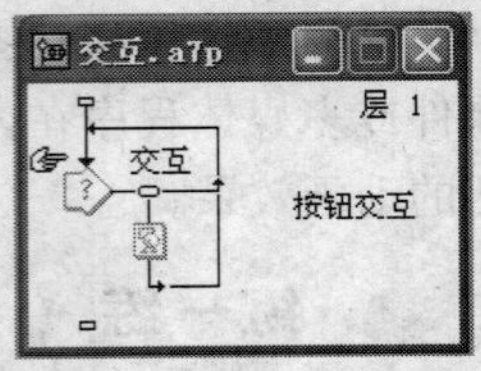

图 7-47 按钮交互方式

交互图标：用于定义将要进行的工作。该图标不能单独使用，必须与其他图标相配合。另外，交互图标中能够显示一些看不见的内容，如热区域、热对象等。

响应类型标记：用于表示响应类型。响应类型不同，响应类型符号也不同。

响应分支：当满足相应条件时，程序将执行该分支中的内容。

响应路径：将交互图标、响应类型标记和响应分支连接起来的就是响应路径。

3. 交互图标的属性

（1）按住【Ctrl】键的同时双击流程线上的交互图标，或者选择交互图标后选择“修改”→“图标”→“属性”命令，则弹出交互图标属性对话框，如图 7-48 所示，可以对四个选项卡中的属性进行设置。

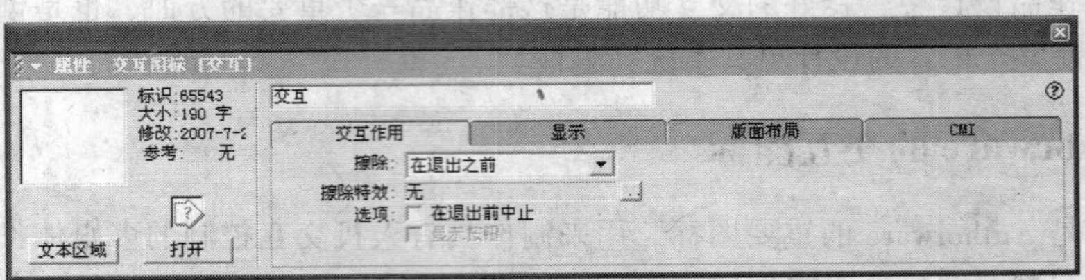

图 7-48 交互方式属性对话框

（2）在对话框左侧的信息区中单击“打开”按钮，可以打开交互图标的演示窗口。

（3）单击“文本区域”按钮，则弹出交互作用文本字段属性对话框，可以对交互过程中输入的文本进行常规选项的设置，如图 7-49 所示。

（4）在“交互作用”选项卡中可以设置有关的选项。

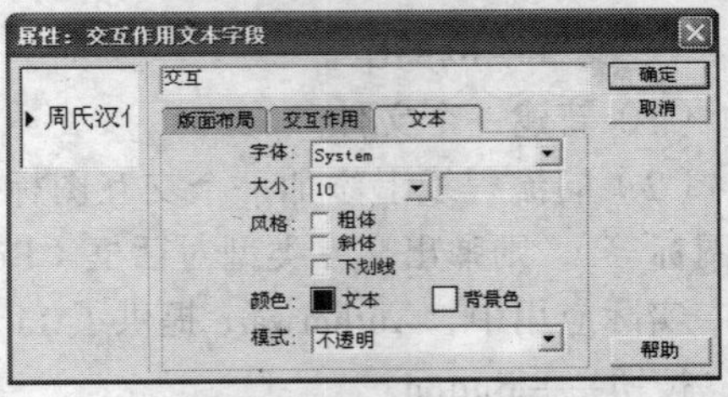

图 7-49 “属性：交互作用文本字段”对话框

7.7.2 按钮交互

按钮交互是操作按钮时发生的响应。可以自动地在屏幕上建立一个按钮，通过单击按钮进行选择。默认按钮是系统的标准按钮，但是仅使用系统提供的按钮未免有点单调。我们可以在 Authorware 中制作自己的图像按钮，建立并粘贴自定义按钮，包括图形按钮和声音按钮。

普通的按钮在 Authorware 中一般有四个状态：正常、鼠标移过、鼠标按下和不可使用。在 Authorware 中制作自己的图形按钮，就要事先准备好这四种状态的图片，当然也可以只准备一张图片。

建立按钮交互图标，双击图标，打开属性对话框，如图 7-50 所示。

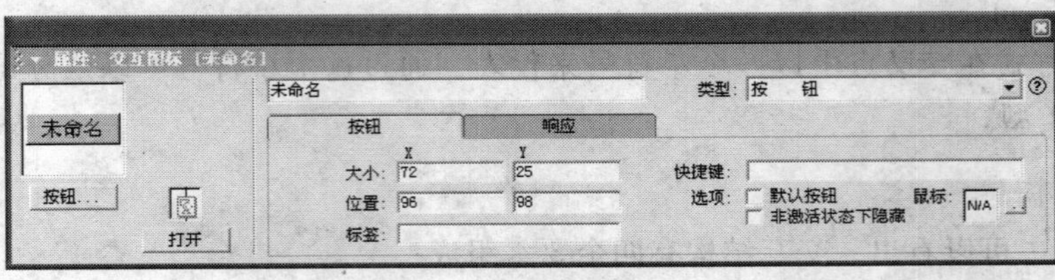

图 7-50 属性对话框

“按钮”选项卡：设置按钮的尺寸、标签、组合键、按钮上的光标形状。

“响应”选项卡：设置按钮的响应条件、分支循环方式、状态、标记等。

单击“按钮”按钮打开“按钮”对话框进行设置，如图 7-51 所示，有三种类型：命令按钮、复选框、单选按钮。

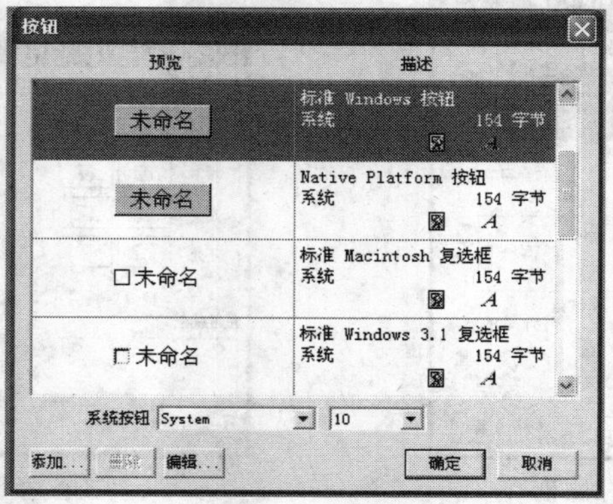

图 7-51　“按钮”对话框

练一练

制作一个实例说明按钮交互的使用。

（1）完成后流程图，如图 7-52 所示。

（2）运行界面，如图 7-53 所示。

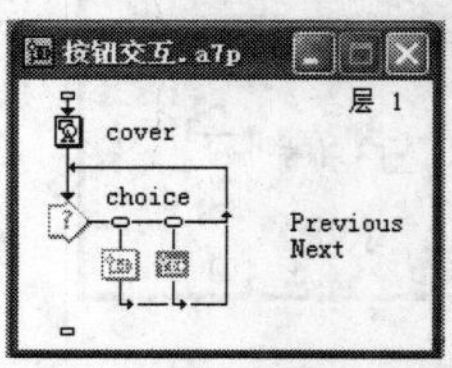

图 7-52　按钮交互流程图

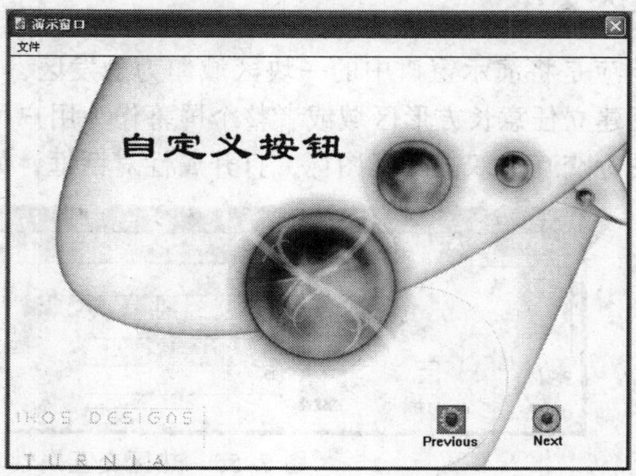

图 7-53　按钮交互运行界面

（3）制作步骤

① 新建一个文件，向流程线上放置一个显示图标，命名为“Cover”，并导入制作好的封面图像。

② 向流程线上拖入一个交互图标，命名为“Choice”，再向其右边放置两个群组图标，分别命名为“Previous”和“Next”，交互方式选择“按钮响应”。

③ 双击 Previous 图标上面的小矩形按钮，打开其属性对话框。切换到响应选项卡，单击“按钮”按钮，对按钮类型进行详细设置，如图 7-54 所示。

④ 单击“添加”按钮，出现“按钮编辑”对话框。选中“未按”状态，使用下方“图案”下拉列表框后面的“导入”按钮输入鼠标正常时的图片，然后选中“按下”状态，同样方法输入鼠标按下状态的图片。同样输入鼠标移过和不能使用时的图片，如图 7-55 所示。

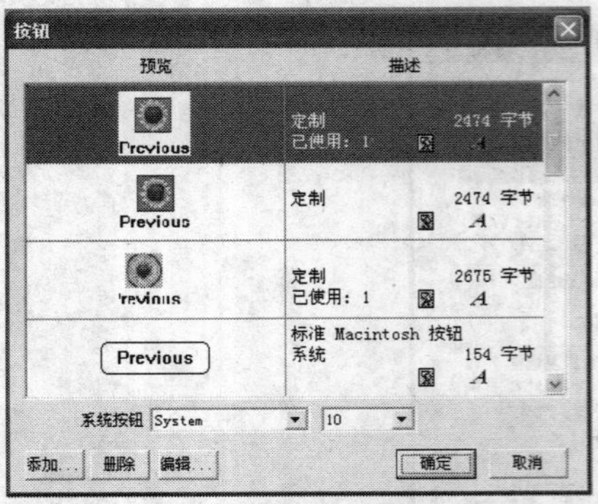

图 7-54 按钮属性对话框

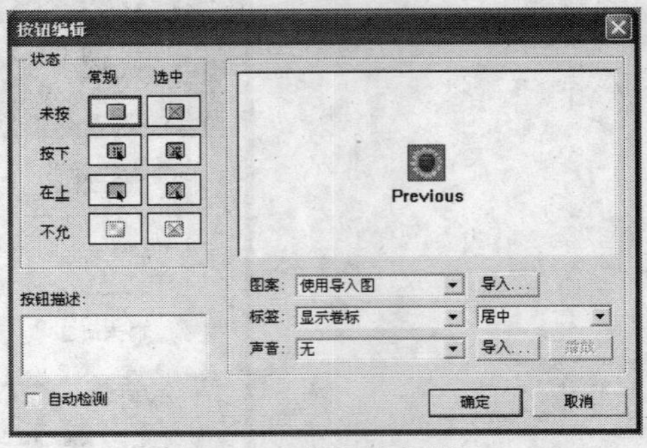

图 7-55 按钮编辑器

图 7-55 中的“标签”下拉列表框默认值为“无”，如果设为“显示卷标”，在显示图形按钮的同时显示按钮的名称。“声音”下拉列表框允许在按钮中使用声音，如鼠标经过时播放一个短促的声音来提醒用户。

⑤ 同上设置“Next”图标的按钮。

⑥ 在“Previous”和“Next”两个组中添加图标内容，当运行按下时即可显示其内容。

7.7.3 热区交互

热区响应是将演示窗口中的一块区域作为触发区，操作时就会响应预先设计的程序分支。用热区交互建立任意长方形区域或者整个屏幕作为用户可以单击、双击的热区。

建立图标交互，双击交互图标，打开属性对话框，如图 7-56 热区交互属性对话框。

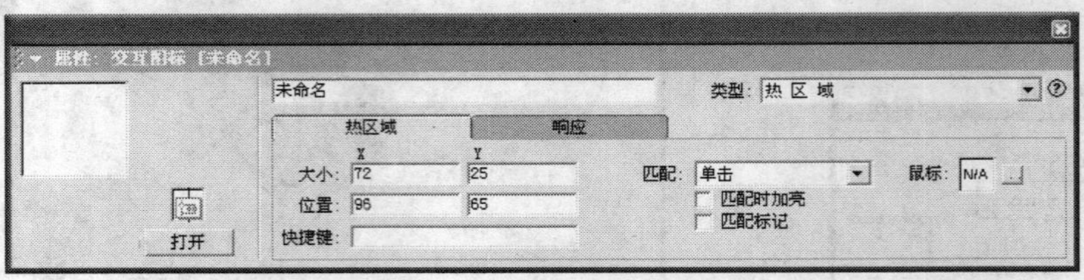

图 7-56 热区交互属性对话框

“热区域”选项卡：设置热区的大小、位置、快捷键、热区上的光标形状。

- 匹配：能够激活该热区的鼠标动作，有三项：“单击”、“双击”、“指针处于指定区域内”。
- 匹配时加亮：动作匹配时，热区突出显示。
- 匹配标记：演示窗口左边加上一个标记，匹配时变黑色。
- 鼠标指针：响应时，热区上的光标形状。

“响应”选项卡设置按钮的响应条件、分支循环方式、状态、标记等。

单击“按钮”按钮打开按钮对话框进行设置，有三种类型：“命令按钮”、“复选框”、“单选按钮”。

练一练

制作一个实例说明热区交互的使用。

（1）完成后流程图，如图 7-57 所示。

（2）运行界面，如图 7-58 所示。

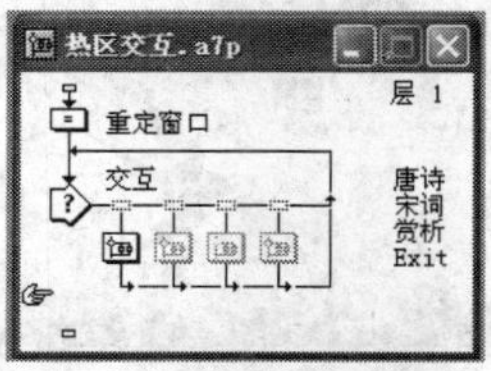

图 7-57　热区交互流程图

图 7-58　热区交互运行界面

（3）制作步骤

① 新建一个文件。

② 向流程线上添加一个计算图标，命名为“重定窗口”。

③ 双击该计算图标，在打开的计算窗口中输入：“ResizeWindow(258,351)”语句，关闭窗口，重新定义演示窗口的大小。

④ 在“重定窗口”图标的下方添加一个交互图标，命名为“交互”。

⑤ 双击交互图标，在打开的演示窗口中导入一幅图片。

⑥ 向交互图标右侧添加一个群组图标，在弹出的“交互类型”对话框中选择“热区域”，单击“确定”按钮，将分支命名为“唐诗”，设置响应类型的属性，把交互热区的矩形调整至“唐诗”文本上。

⑦ 双击“唐诗”群组图标，打开二级设计窗口，添加一个显示图标，双击该图标，导入一张图片，如图 7-59 所示。

⑧ 同样方法，依次添加“宋词”、“赏析”、“Exit”群组图标，均设置为热区交互，并设置相关的图标属性。

⑨ 双击“Exit”图标的热区响应类型标记，设置响应属性。双击“Exit”群组图标打开二级设计窗口，添加一个计算图标，在打开的计算图标窗口中输入“Quit()”语句后关闭计算窗口。

⑩ 运行此程序。

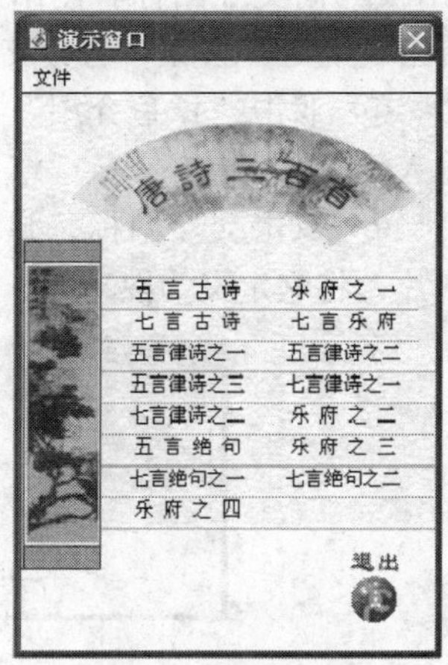

图 7-59　背景图

7.7.4　热对象

热对象是一个物体，通过单击、双击激活的对象发生响应，有些类似于热区交互。它们的区别：前者是针对对象内的区域作响应；后者是对一矩形固定区域作响应。基本操作类似于热区交互。

练一练

参照热区交互，用热对象交互完成对三种动物：章鱼、螳螂、燕子的介绍。

（1）完成后流程图，如图 7-60 所示。

（2）运行界面，如图 7-61 所示。

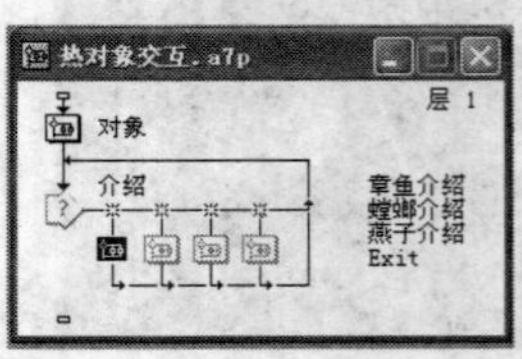

图 7-60　热对象交互流程图

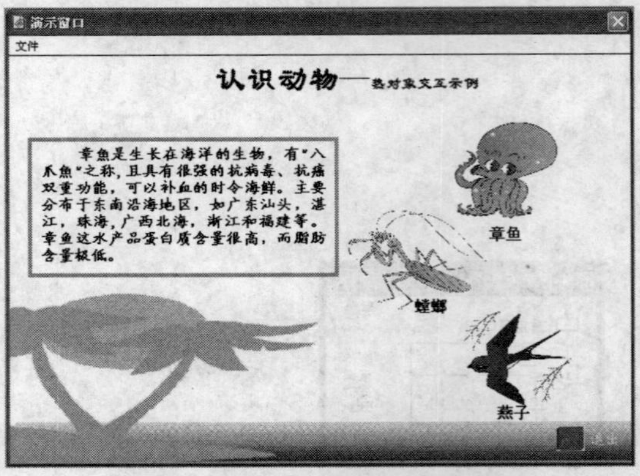

图 7-61　热对象交互运行界面

（3）参考步骤

① 新建一个文件。

② 向流程线上添加一个群组图标，命名为“对象”，在群组主流程线中添加四个显示图标分别命名为：“背景”、“章鱼”、“螳螂”、“燕子”，分别导入相应的图片，设置各图片遮盖模式为“透明”。

③ 双击“章鱼”显示图标，在打开的显示图标中调整图片的大小与位置，按住【Shift】键的同时双击“螳螂”显示图标，调整图片大小与位置，同样方法调整“燕子”图片。

④ 向交互图标右侧添加一个群组图标，在弹出的“交互类型”对话框中选择“热对象”，单击“确定”按钮，将分支命名为“章鱼介绍”。

⑤ 双击“章鱼介绍”群组图标，打开二级设计窗口，添加一个显示图标，双击该图标，输入一段文字。

⑥ 双击交互图标，弹出交互图标属性对话框，根据提示信息单击演示窗口中的“章鱼”图片，将它定义为热对象，如图 7-62 所示。

图 7-62　热对象交互属性对话框

⑦ “螳螂”、“燕子”的设置方法同上。

⑧ 双击 Exit 图标的热区响应类型标记，设置响应属性，把“退出”图片设为热对象。双击 Exit 群组图标打开二级设计窗口，添加一个计算图标，在打开的计算图标窗口中输入“Quit()”语句后关闭计算窗口。

⑨ 运行此程序，当单击动物图片时，会相应出现说明文字。

7.7.5　目标区交互

目标区域交互方式用于匹配操作，即将一个对象拖动到指定的区域时发生响应。这是一种动态响应，可用于开发很多有趣的实用程序，如拼图游戏、匹配题、机械零件的装配、智力测验程序等。例如：如果正确就停留于某地，否则让对象自动缓缓移动返回原地。

目标区响应包括两个部分：可移动对象和目标区域。

在流程线上拖入交互图标，并在右侧添加群组图标，设置类型为“目标区”交互。双击流程图上的目标区属性图标，打开其属性对话框如图 7-63 所示。操作信息栏提示“选择目标对象”；选择后，信息变为“拖动对象到目标位置”。

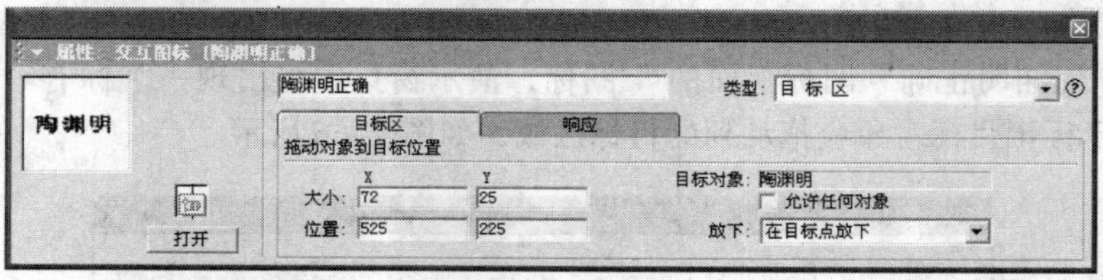

图 7-63　目标区交互属性对话框

属性框中几个部分功能如下：

大小和位置：设置该目标区域的大小和位置。

放下：用于选择当用户放开所拖动的可移动对象时，系统对该对象的处理方式。共有三种：“在目标点放下”、“返回”、“在中心定位”。

目标对象：用于显示目标对象名称。

允许任何对象：用于设置用户可以拖动任何可移动对象到该目标区域

在此制作一个匹配题，要求用户将演示窗口右侧的作者拖放到左侧相对应的作品上，如果拖动的目的地正确，则自动对齐排好，否则回到原位置，并且做出判断。

练一练

制作一个实例说明目标区交互的使用。

（1）完成后流程图，如图 7-64 所示。

（2）运行界面，如图 7-65 所示。

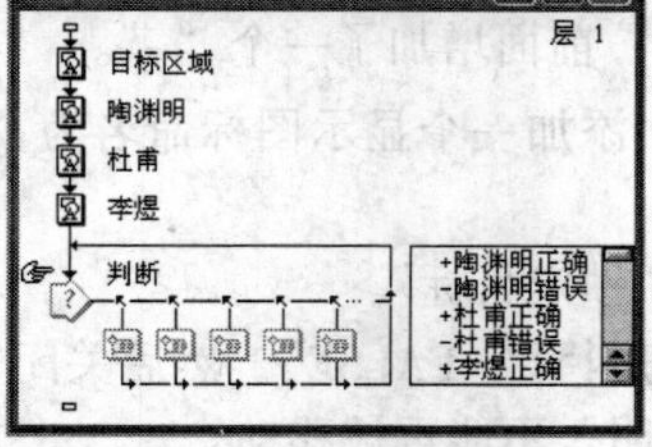

图 7-64　目标区交互流程图

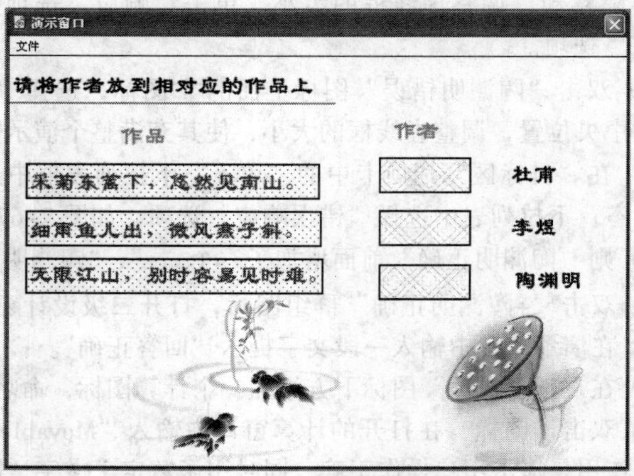

图 7-65　目标区交互运行界面

（3）制作步骤

① 新建一个文件。

② 在流程线上拖入一个显示图标，命名为“目标区域”。

③ 双击该显示图标，选择“文件”→“导入”命令，或使用工具栏上的导入图标，导入图像文件。

④ 再拖入三个显示图标，分别命名为“陶渊明”、“杜甫”、“李煜”，在相应的演示窗口输入文字“陶渊明”、“杜甫”、“李煜”。

⑤ 向流程线上拖入一个交互图标，命名为“判断”。向其右边拖入一个群组图标，命名为“陶渊明正确”，交互类型选择“目标区域”。再向“陶渊明正确”右边拖入一个群组图标，命名为“陶渊明错误”。

⑥ 双击“陶渊明正确”图标上面的图标，演示窗口中将出现一个标有“陶渊明正确”的虚线框，用于标记目标对象应拖动到的目标区域，如图 7-66 所示。

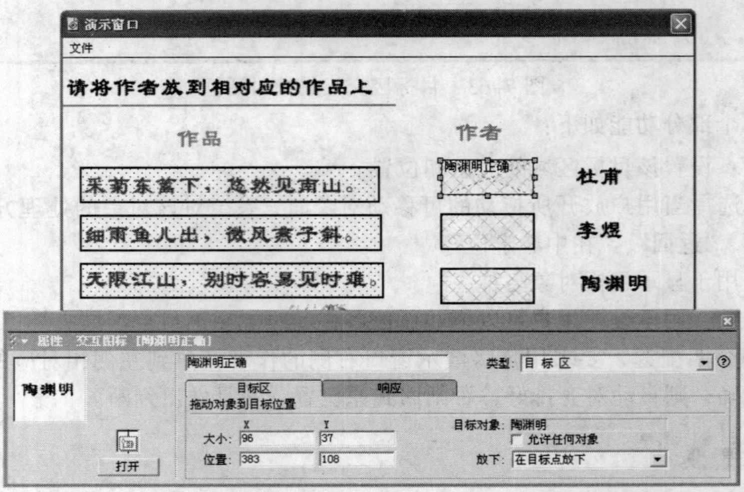

图 7-66 “陶渊明正确”属性设置

⑦ 根据提示，拖动“陶渊明”文字到“采菊东篱下，悠然见南山。”文字的右侧，虚线框将跟随移动，调整虚线框的大小。单击“响应”选项卡，在“状态”下拉列表中选择“正确响应”选项。

⑧ 双击“陶渊明错误”图标上面的图标，选择“陶渊明”作为目标对象，拖动到演示窗口的中央位置，调整虚线框的大小，使其充满整个演示窗口。

⑨ 在“目标区”选项卡中的“放下”下拉列表框中选择“返回”，切换到“响应”选项卡在“状态”下拉列表中选择“错误响应”选项，如图 7-67 所示。

⑩ 则“陶渊明正确”前面增加了一个“+”，“陶渊明错误”前面增加了一个“-”。

⑪ 双击“+陶渊明正确”群组图标，打开二级设计窗口，添加一个显示图标命名为“正确提示”，在演示窗口中输入一段文字提示“回答正确”。

⑫ 在“正确提示”图标下方添加一个计算图标，命名为“锁定目标”。

⑬ 双击该图标，在打开的计算窗口中输入“Movable@"陶渊明":=FALSE”，然后关闭窗口，该语句作用是提示用户操作正确，同时用函数定义文字“陶渊明”不能再被移动。

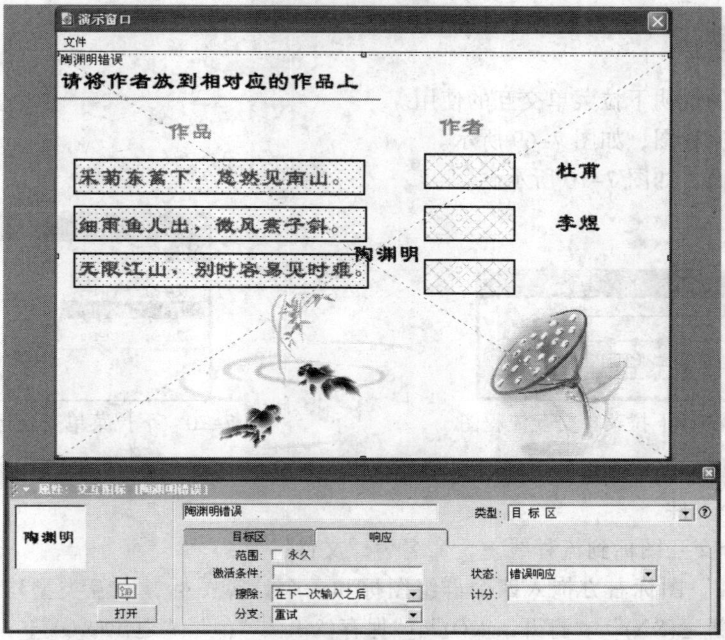

图 7-67　“陶渊明错误”属性设置

⑭ 双击“-陶渊明错误”群组图标，打开二级设计窗口，添加一个显示图标命名为“错误提示”，在演示窗口中输入一段文字提示“回答错误”。

⑮ 同样方法制作其他交互目标区，运行该程序。

7.7.6　下拉菜单

使用 Authorware 可以很方便地建立 Windows 的标准菜单，用户操作下拉菜单发生响应。当交互图标中存在下拉菜单时，演示窗口菜单中即增加了一项同名的菜单栏，此交互图标下的每一个响应分支名为下拉菜单中的一条命令。

下拉菜单响应设置主要内容包括：主菜单项、子菜单项、快捷键、分割线等。

在流程线上拖入交互图标，并在右侧添加群组图标，设置类型为“下拉菜单”交互。双击流程图上的下拉菜单属性图标，打开其属性对话框如图 7-68 所示。其中有“菜单”和“响应”两个选项卡。设置下拉菜单的名称、组合键以及响应等。

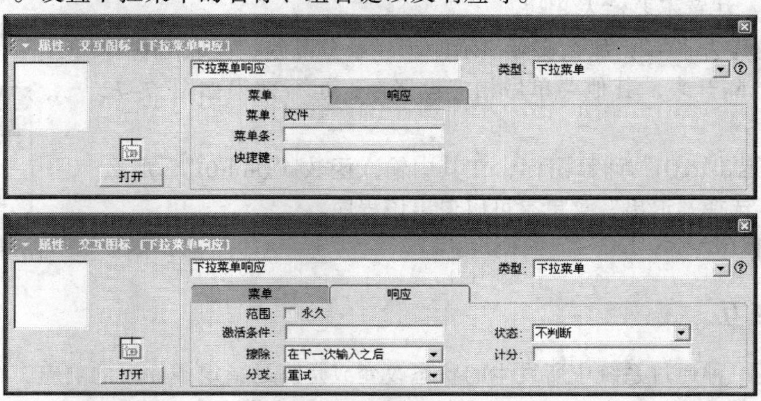

图 7-68　下拉菜单的属性对话框

练一练

制作一个实例说明下拉菜单交互的使用。

（1）完成后流程图，如图 7-69 所示。

（2）运行界面，如图 7-70 所示。

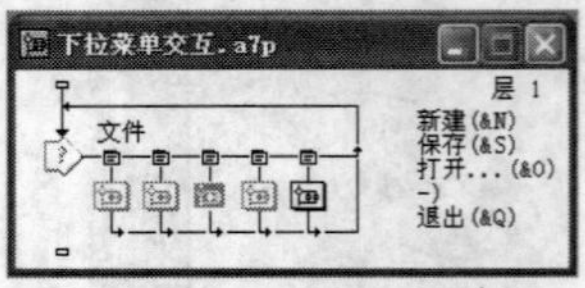

图 7-69　下拉菜单交互流程图

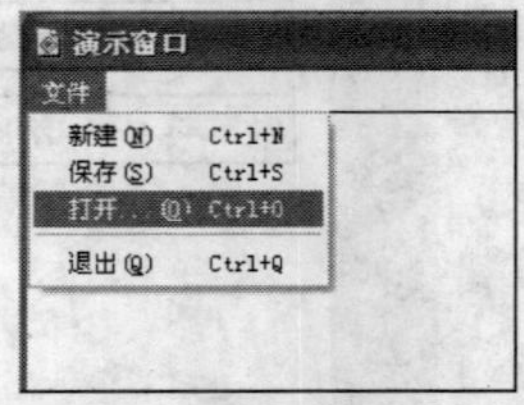

图 7-70　下拉菜单交互运行界面

（3）制作步骤

① 新建一个文件。

② 拖入一个交互图标到流程线上，命名为“文件”。

③ 向“文件”图标右方拖入四个群组图标和一个计算图标，交互类型均设为下拉菜单，并分别命名为“新建(&N)”、“打开...(&O)”、“保存(&S)”、“(–”、“退出(&Q)”，图标上方会显示一个小图标，这些图标名也就是最后要显示的菜单名，这一步作用是显示“文件”系统菜单。

④ 双击“新建(&N)”图标，打开其属性对话框，设置如图 7-71 所示。

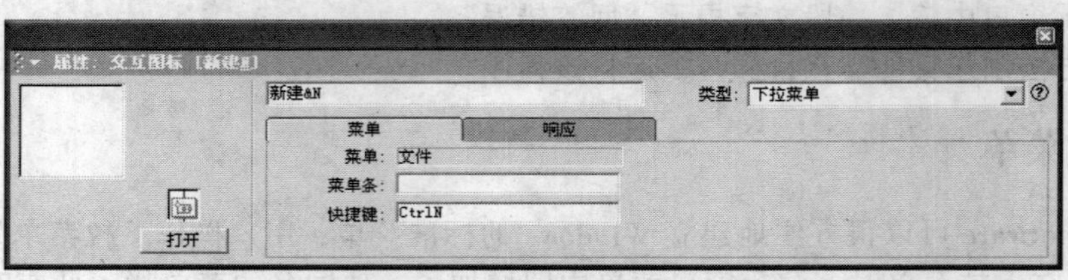

图 7-71　下拉菜单属性对话框

注意：菜单名中的“&”并不显示，而是将其后的第一个字符加上下画线显示出来，并使用这个字母和【Ctrl】组合键作为这个菜单项的组合键。

“快捷键”中还可以设置一组组合键，如将“新建”菜单设置“Ctrl+N”组合键，就在此框中输入“CtrlN”，注意不要输入“+”。

如果菜单名称为“(–”，那么实际显示时为一条分隔线，可以用它将不同组的菜单分隔开来。其他菜单做相应设置后，运行效果如图 7-72 所示。

⑤ 打开“退出(&Q)”计算图标，在其中输入函数“Quit(0)”，那么在程序运行时，选择“退出”菜单，可以退出该程序。

⑥ 运行该程序。

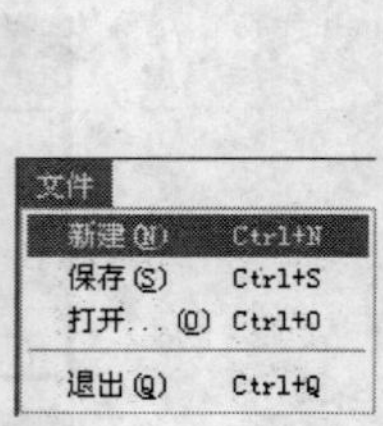

图 7-72　下拉菜单

7.7.7 条件交互

条件交互是一种通过系统中所发生的状态改变或是满足指定条件时的响应。

建立一个条件响应，一般以变量或表达式命名，若命名为其他类型，则要求以注释“--”

开头，否则，系统将会提示出错信息。双击流程线中的响应按钮=，打开其属性对话框如图 7-73 所示，其中有“条件”和“交互”两个选项卡，可以设置响应条件以及满足情况。

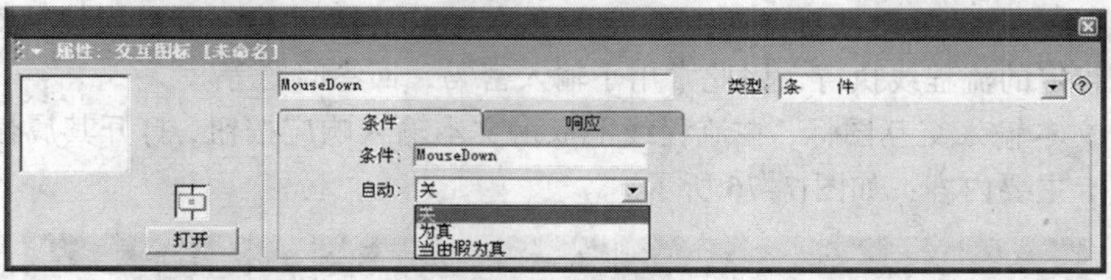

图 7-73　条件交互属性对话框

练一练

制作一个实例说明条件交互的使用。

（1）完成后流程图，如图 7-74 所示。

（2）运行界面，如图 7-75 所示。

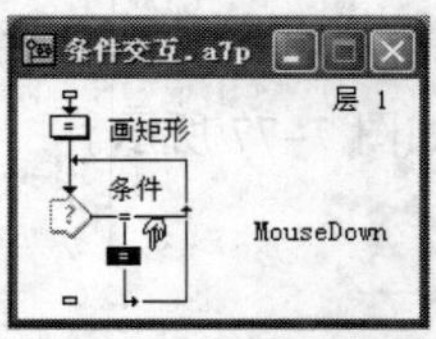

图 7-74　条件交互流程图

图 7-75　运行界面

（3）制作步骤

① 新建一个文件。

② 添加一个计算图标，命名为“画矩形”。双击打开计算图标窗口，并输入绘制矩形的函数表达式：

```
SetFill(1,RGB(255,0,0))
Box(1,200,120,400,200)。
```

③ 向流程线上添加一个交互图标，命名为“条件”，图标右侧添加一个计算图标，交互类型均设为“条件交互”，命名为“MouseDown”，双击交互响应类型标记，在打开的其属性对话框，设置“条件”为“MouseDown”，“自动”为“当由假为真”。

④ 双击“MouseDown”计算图标，输入随机取色绘制矩形的函数表达式。

```
SetFill(1,(RGB(Random(0,255,1),Random(0,255,1),Random(0,255,1))))
Box(1,200,120,400,200)
```

⑤ 关闭计算窗口，则演示窗口中出现一个矩形，那么在程序运行时，每单击一次鼠标，矩形的颜色均会发生变化。

7.7.8 文本输入

文本输入响应是指用户从键盘输入一定的文本对象后激活的响应，当按回车键结束输入时，程序将按指定的流程线执行，因此常用于输入密码、回答问题等。

新建一个文本输入交互图标，在流程线上双击文本输入响应按钮，打开其属性对话框，“文本输入”选项卡主要内容：如图 7–76 所示。

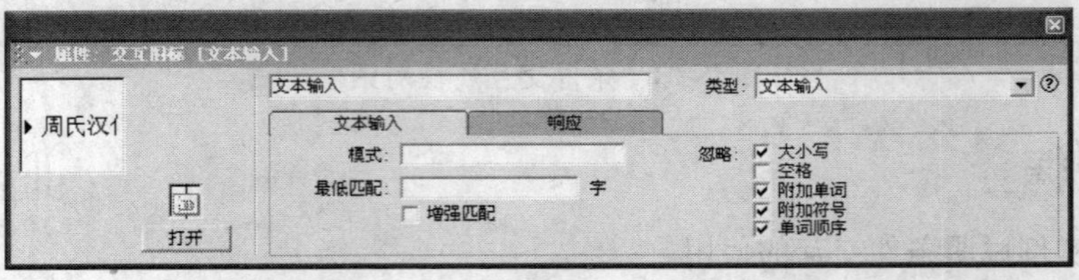

图 7–76 “文本输入”选项卡

（1）模式：用于设置激活该响应的匹配文本。

注意：“|”：允许多个匹配文本；“#”：表示重复输入匹配字符串的次数；“*”：代表一个字符串；“?”表示任意一个字符。

（2）最低匹配：用于设置用户最低限度需要输入的匹配文本。

（3）增加的匹配：允许用户多次输入文本，直到输入所有与匹配文本相同的文本对象。

（4）忽略：表明在匹配开发者所设置的文本与用户所输入的文本时，允许忽略的选项。

双击演示窗口中的文本输入框，弹出“属性：交互作用文本字段”对话框，其中有“版面布局”、“交互作用”、“文本”三个选项卡，用于设置文本对话框的各项属性，如输入所限制的字符数、定义用户输入结束键、文字的位置、大小、字体、字号等，如图 7–77 所示。

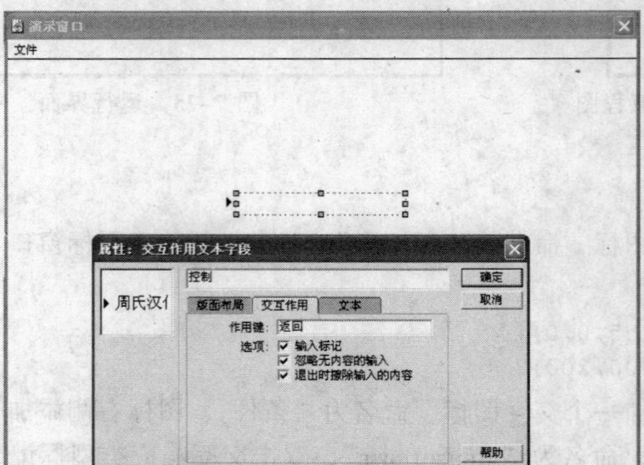

图 7–77 文本输入交互方式

练一练

制作一个实例说明文本输入交互的使用。

（1）完成后流程图，如图 7–78 所示。

（2）运行界面，如图 7–79 所示。

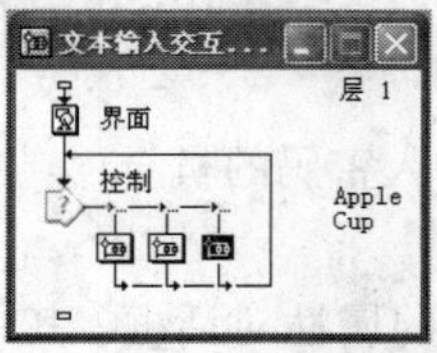

图 7-78 文本输入交互流程图

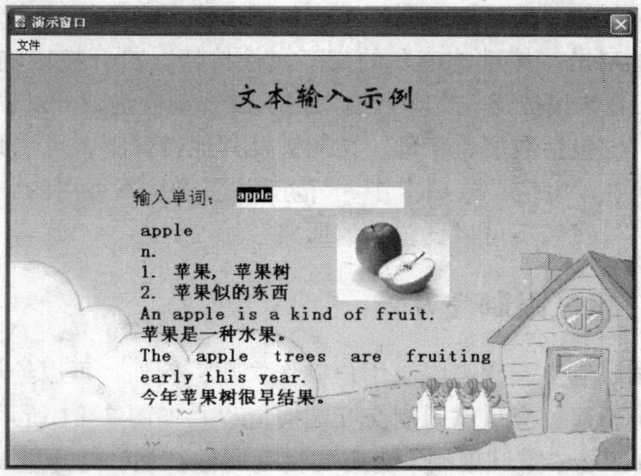

图 7-79 文本输入交互运行界面

（3）制作步骤

① 新建一个文件。

② 添加一个显示图标，命名为“界面”。双击打开显示图标窗口，并导入图片输入文字。

③ 向流程线上添加一个交互图标，命名为“控制”，图标右侧添加一个群组图标，交互类型设为“文本输入”，命名为“Apple”，双击交互图标，在演示窗口中将出现文本框，调整其位置。

④ 双击文本框，打开“属性：交互作用文本字段”对话框，切换到“交互作用”选项卡，取消选择“输入标记”和“忽略无内容的输入”复选框，去掉文本输入框前面的黑色三角形标记，并确保没有输入内容时将给出提示信息。

⑤ 双击 Apple 群组图标，打开二级设计窗口，添加一个显示图标，命名为“释义”。

⑥ 双击“释义”图标，在演示窗口中输入“apple”单词的含义、图片并调整位置。

⑦ 向“控制”交互图标的右侧再添加一个群组图标，不做任何命名，双击该图标，打开二级设计窗口，向流程线中添加一个显示图标，输入内容：“对不起，没有这个单词！”。

⑧ 可以用同样方法添加新的单词。运行程序，当输入设置的单词时，则显示其释义，否则给出提示。

7.7.9 按键交互

按键交互是一种支持键盘输入的交互类型，用户通过键盘向程序发出指令，从而控制程序的执行。允许设置多个响应按键，如“A / a”或“1 / 2 / 3”。

在程序中，最常用的按键响应是设置回车键为确认或开始操作、设置【Esc】键为取消或结束操作。

注意：按键交互使用的功能键必须按下述规定的名称输入：Alt、Backspace、Break、Clear、Ctrl、Delete、End、Esc、F1～F12、Help、Home、Insert、Shift、Pause、Return、Enter、Tab、UpArrow、DownArrow、LeftArrow、RightArrow、PageUp、PageDown。

（1）新建一个按键响应流程，如图 7-80 所示。

（2）双击“按键响应”的交互属性按钮，打开按键响应的属性对话框。在“快捷键”文本框输入用于设置响应键，可以输入变量和表达式。键包括数字、字母、功能键及其他特殊键，可以是组合键。

（3）在“响应”选项卡中，“范围”选项是不可用的，在使用按键响应时，我们不可以设置其返回路径。

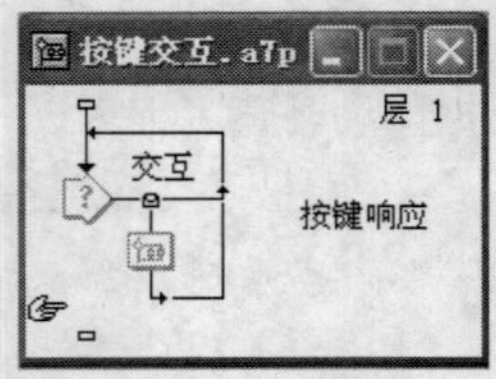

图 7-80　按键交互方式

7.7.10　重试限制交互

重试限制交互用来限制用户操作次数，例如：可以给用户三次输入密码的机会。

（1）新建一个重试限制交互响应流程，如图 7-81 所示。

（2）双击“重试限制”响应的交互属性按钮，打开重试限制响应的属性对话框。其中有“重试限制”和“响应”两个选项卡，“重试限制”选项卡如图 7-82 所示，“最大限制”文本框用于设置用户输入重试的最多次数。

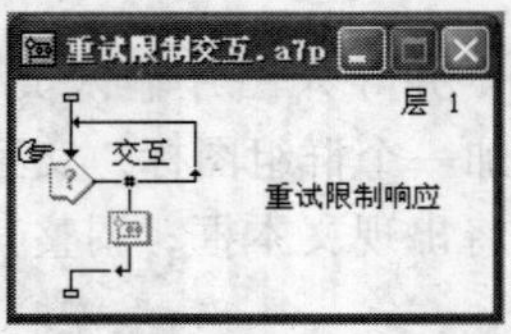

图 7-81　重试限制交互方式

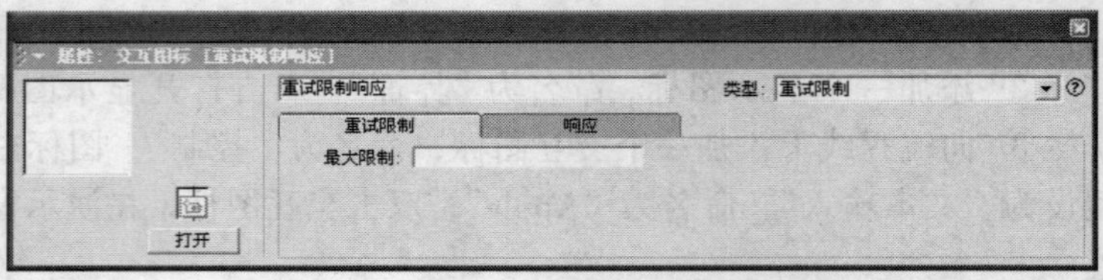

图 7-82　交互方式

（3）在“响应”选项卡中，“范围”复选框和“激活条件”文本框是不可用的，如图 7-83 所示，我们不可以设置。

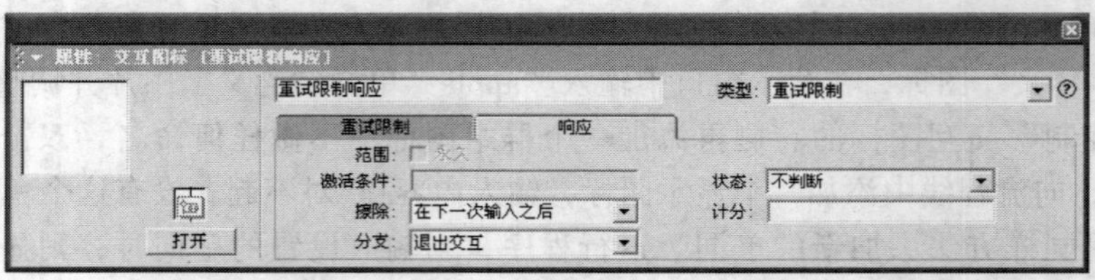

图 7-83　交互方式

练一练

（1）制作一个重试限制交互程序，要求有二次重试机会。

（2）运用重试限制交互程序，要求用户有三次输入密码的机会，输入正确提示“密码正确，登录成功!”，否则提示“超出限次，请退出程序!”

7.7.11　时间限制

时间限制用来限制用户操作时间，当用户在规定的时间内未能实现特定的交互时，可以使程序按指定的流程线继续执行。

新建一个时间限制交互响应流程，如图 7-84 所示。

双击时间限制响应的交互属性按钮，打开时间限制响应的属性对话框。有“时间限制”和“响应”两个选项卡，“时间限制”选项卡中，有四个选项，如图 7-85 所示。

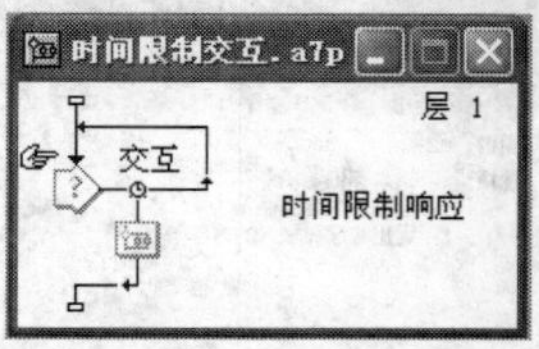

图 7-84　时间限制交互方式

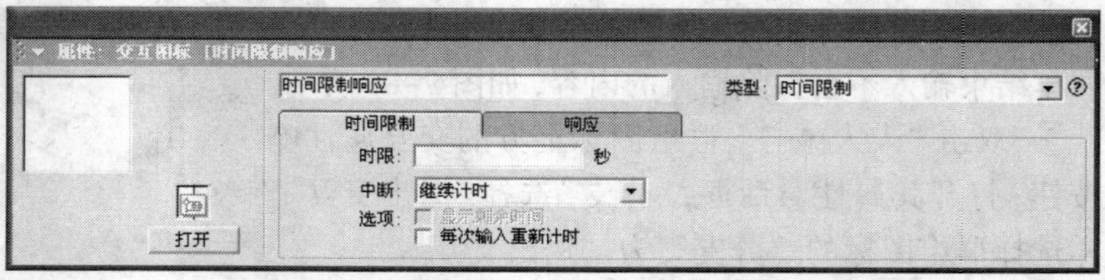

图 7-85　时间限制交互方式属性对话框

（1）时限：用于限制用户输入响应时间。

（2）中断：设置用户在时间限制响应执行过程中，以某种操作中断了响应执行的情况下，计时的继续方式。有四种："保持计时"、"暂停，在返回时恢复计时"、"暂停，在返回时重新开始计时"、"暂停，如运行时重新开始计时"。

（3）显示剩余时间：在演示窗口中使用小闹钟来显示所剩余的时间。

（4）每次输入重新计时：

"响应"选项卡中，"范围"选项是不可用的，我们不可以设置。

练一练

制作一个实例说明时间限制交互的使用。

（1）完成后流程图，如图 7-86 所示。

（2）运行界面，如图 7-87 所示。

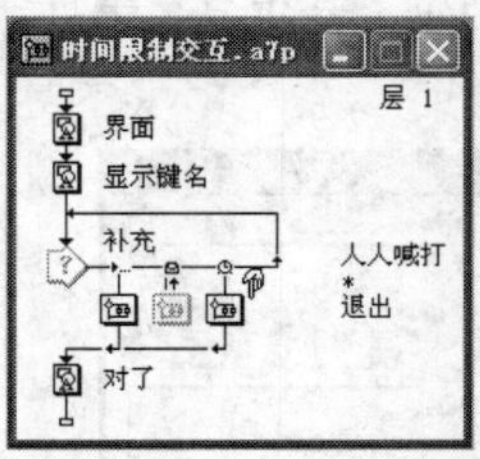

图 7-86　流程图

（a）　　（b）

图 7-87　时间限制交互运行界面

（3）制作步骤

① 新建一个文件。

② 添加一个显示图标，命名为"界面"。双击打开显示图标窗口，并导入图片输入文字。再添加一个显示图标，命名为"显示键名"，双击打开显示图标窗口，并输入文字"{Key}"。右键单击"显示键名"显示图标，在弹出的快捷菜单中选择"属性"命令，在弹出的对话框中选择"更新变量显示"复选框。

③ 向流程线上添加一个交互图标，命名为"补充"，图标右侧添加三个群组图标，分别名为"人人喊打"、"×"、"退出"，响应类型分别为"文本输入"响应，"按键"响应，"时间限制"响应。双击交互图标，在演示窗口中将出现文本框，调整其位置。

④ 双击"人人喊打"文本框，打开其属性对话框，在"交互作用"选项卡，取消选择"输入标记"、"忽略无内容的输入"和"退出时擦除输入的内容"复选框，去掉文本输入框前面的黑色

三角形标记，并确保没有输入内容时将给出提示信息，按回车结束输入不会擦除输入的内容，如图 7-88 所示。

⑤ 双击“人人喊打”群组图标上方的交互属性响应按钮，打开其属性对话框，“分支”选择“退出交互”。同样选择群组图标的“分支”为“退出交互”。

⑥ 双击“退出”群组图标上方的交互属性响应按钮，打开其属性对话框，设置“类型”下拉列表框为“时间限制”，在“时限”文本框中输入“10”，选择“显示剩余时间”复选框。

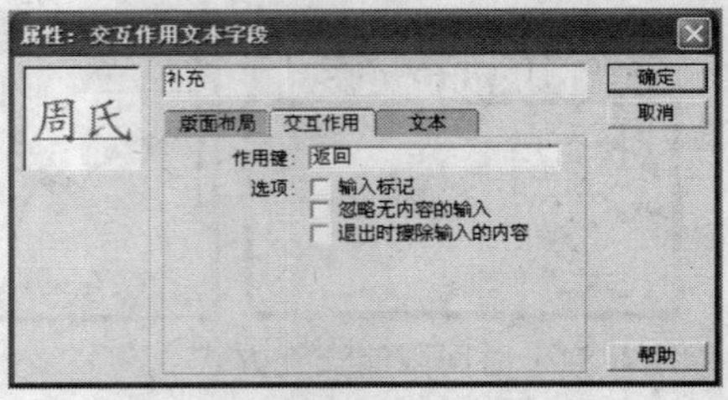

图 7-88 交互方式

⑦ 双击“退出”群组图标，打开二级设计窗口，向流程线中添加一个显示图标，输入内容：“对不起，您超时了！”，在其属性对话框中的“时限”文本框中输入“2”，添加一个计算图标，在计算窗口中输入“Quit(0)”。

⑧ 添加显示图标，命名为“对了”，在它的演示窗口中输入“恭喜您，答对了！”。运行程序，当输入正确，则显示“恭喜您，答对了！”，10 秒不能答出，给出超时提示。

7.7.12 事件交互

事件交互响应是一种比较特殊的响应方式，主要用于对 Xtra 对象发送的时间进行响应，用于程序与 Xtra 对象之间的交互。

（1）新建一个时间限制交互响应流程，如图 7-89 所示。

（2）选择“插入”→“控件”→ActiveX 命令，在弹出的 Select ActiveX Control 对话框里的 Control Description 列表框中，单击选择控件，然后单击 OK 按钮。

（3）双击事件交互响应的交互属性按钮，打开事件交互响应的属性对话框。其中有“事件”和“响应”两个选项卡，如图 7-90 所示。

图 7-89 事件交互方式

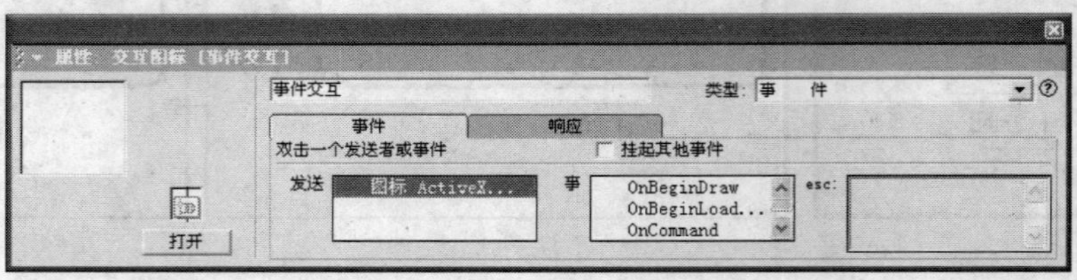

图 7-90 交互方式

（4）“响应”选项卡中与其他交互设置类似。

使用 Authorware 开发的多媒体项目，绝大部分都通过按钮反应、输入及鼠标动作的方法来对程序的运行进行控制，在展示项目信息的同时，将用户的反馈传递给程序，完成信息的双向传递，这种形式就是互动的表现。要实现这种互动效果，需要使用交互图标，选择运用多种不同的响应类型来完成。

7.8 决策图标的使用

决策图标主要用来实现程序的分支和循环结构，让程序作一个判断或决定，判断选择分支路径、循环执行分支图标。使用分支图标可以解决类似于语言编程方面的 IF...Then...结构、Repeat...Until 结构或 Switch 结构。判断分支方式分三类：顺序分支、随机分支、运算分支；循环方式分为三种：固定次数循环、直到型循环、顺序执行方式。

1. 决策分支的结构与功能

新建一个判断结构，决策图标自身内部不包含任何内容，只包含一些控制，不能单独使用，必须与其他图标配合，可以附带多个分支子图标，成为决策子图标，每一个分支只允许有一个子图标，如图 7-91 所示。

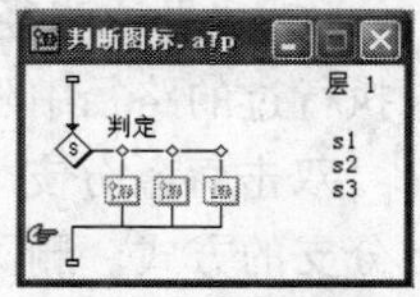

图 7-91　判定图标

如图是一个判断结构，“判定”为判断图标的标题；s1、s2、s3 是三个分支子图标的标题；◇为判断分支类型图标，其中的字母“S”表示选定的分支方式。

判断结构的功能是从左到右依次执行三个群组图标，并可反复执行。常用来控制实现程序的分支结构和循环结构。

2. 决策图标的属性

双击决策图标，可以打开所对应的属性对话框如图 7-92 所示。有基本属性和决策图标的两大类控制选择。

（1）标题输入框：用来输入判断图标的标题。

（2）时限：输入数值、变量或表达式，以限制判定结构的执行时间。

（3）重复：用于选择重复与否，决定在某一个分支后往下怎样继续运行，如图 7-93 所示。

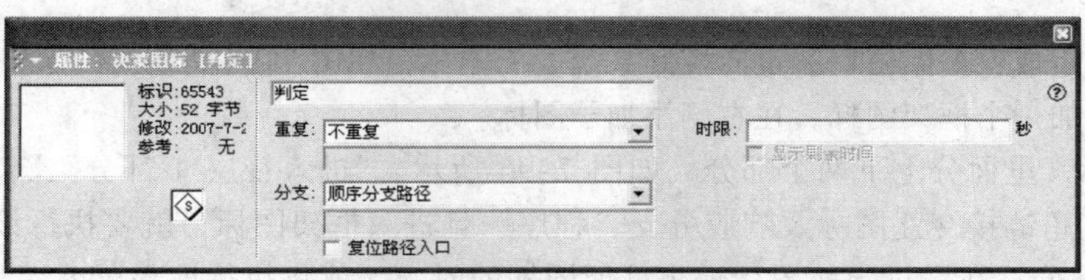

图 7-92　判断图标属性对话框

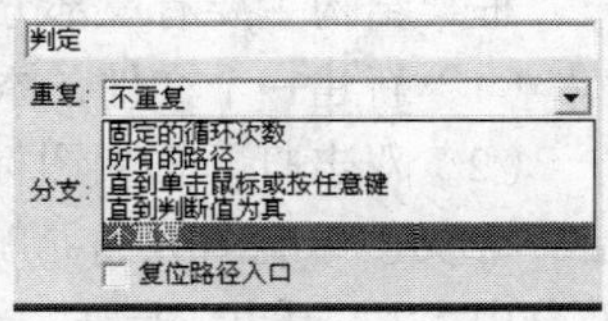

图 7-93　重复方式

五种重复方式：

① 默认设置为不重复。执行完这个分支后，就直接退出当前这个分支结构，执行下面的图标。

② 固定的循环次数：给一个重复次数，例如两次。假设选择了第二个分支，运行为两次。当再次回到决策图标，并选择某个分支运行后将退出整个决策图标。

③ 所有的路径：在所有的分支被选择过之后才退出整个决策图标。

④ 直到单击鼠标或按任意键：在整个分支内部运行的过程中，用户任意单击一下鼠标或按一下键盘都将退出分支。

⑤ 直到判断值为真：可以设定条件判断。即在条件为真时退出，在条件变为真之前，将一直在这个分支结构中重复运行。

（4）分支：当选择不同的分支方式时，决策图标上所显示的字符也有所不同，如图 7-94 所示。

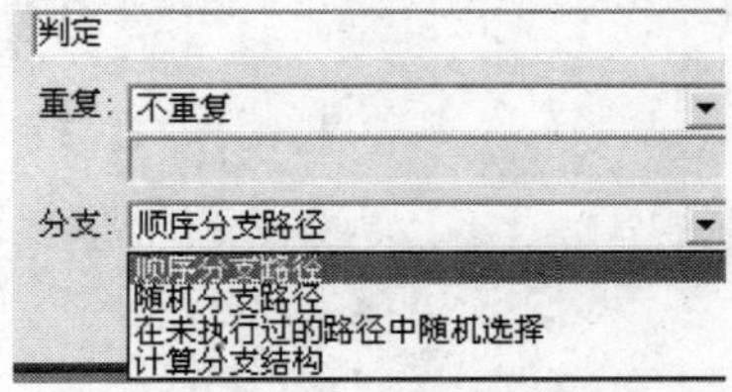

图 7-94　分支方式

四种分支方式：

① 顺序分支路径（“S”）：顺序执行，就是按照从左到右的顺序，逐个进行选择。

② 随机分支路径（“A”）：用于随机选择，也就是在每次分支图标后，由程序随机地选择某个分支运行。

③ 在未执行过的路径中随机选择（“U”）：在随机选择过程中，只选择没有选择过的。

④ 计算分支结构（“C”）：计算路径方式。因为分支图标从左到右对分支进行排列，分别对应于1、2、3，因此，可以在这里指定一个整数值，使之对应分支的编号。

（5）“复位路径入口”：若选中，就会初始化执行分支的属性设置。只对顺序分支路径和在未执行过的路径中随机选择中有效。

双击每条分支上端的属性图标，弹出其属性对话框，可以设置分支内容的删除方式和退出分支的方式。删除内容有三个选项：“在下个选择之前”，“在退出之前”，“不擦除”。

“执行分支前暂停”：程序运行时，显示一个“继续”按钮，单击此按钮才能退出当前分支。

决策图标是重要的设计图标，用于在流程中创建对流程内容执行的决策控制，如是否执行某些图标、以怎样的顺序执行及执行多少次等，在程序编辑中被应用的频率及发挥的作用非常重要。

7.9 框架图标的使用

框架图标的分支图标构成框架结构，可以是显示图标、动画图标、声音图标、计算图标、组图标等，一个分支叫做一页，结构中的导航按钮可以控制在不同页之间进行跳转，主要用于制作翻页结构。

1. 框架的结构与功能

框架结构主要有三部分组成：框架窗口、定向控制系统、子图标，如图7-95所示。

（1）新建一个文件，添加一个框架图标，在右侧添加子图标。

（2）双击打开框架图标，里面分上下两个部分，如图7-96所示。“进入：层1部分”，包括一个灰色导航图标和导航超链接交互图标及响应分支，程序一旦进入框架图标，就要执行该部分内容；“退出：层1”部分，在通过导航图标退出框架图标的时候，就将执行该部分内容。

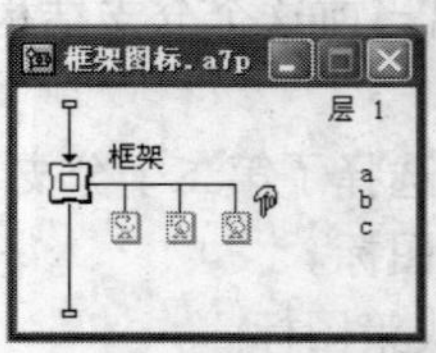

图7-95 框架图标

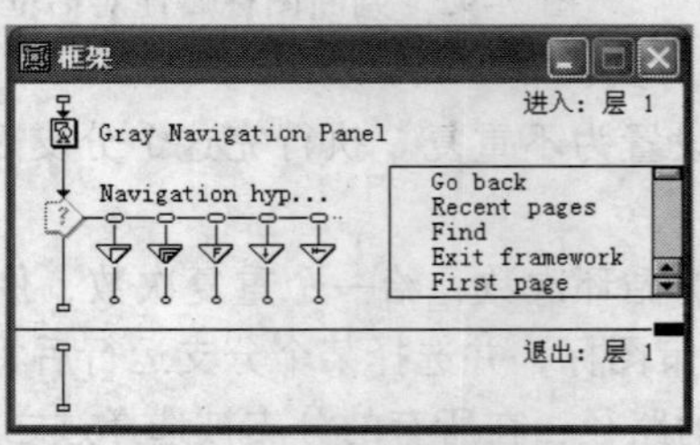

图7-96 框架图标构成

框架图标与控制翻页的设置是由其内部的导航图标决定的。在默认设置下，框架图标中将自动建立一个带有八个默认按钮的交互图标，如图7-97所示。

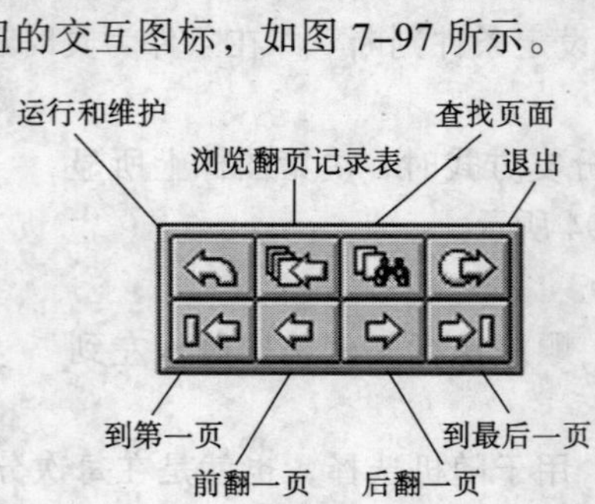

图7-97 框架默认按钮

2. 判断图标的属性

选择框架图标后，选择“修改”→“图标”→“属性”命令或使用组合键【Ctrl+I】打开框架图标的属性对话框，如图 7-98 所示。

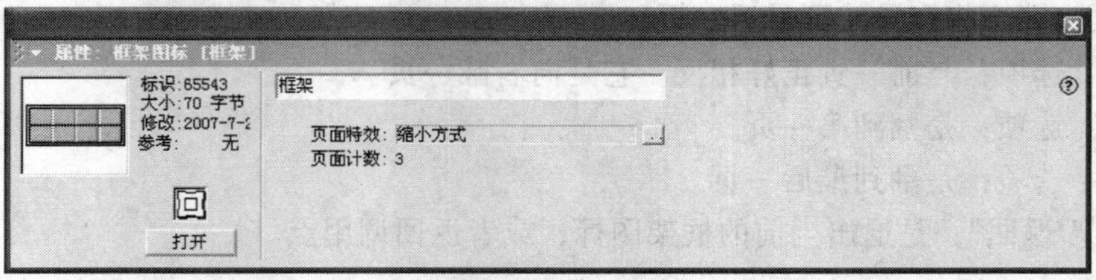

图 7-98　框架图标的属性对话框

（1）“预览”框：显示图标灰色导航图标的内容。

（2）“打开”按钮：将打开框架图标的二级流程线窗口。

（3）“名称”输入文本框：用于输入，显示该框架图标的名称。

（4）“页面特效”文本框：用于选择页面跳转的转场效果。

框架图标可以在流程中建立具有导航控制功能的框架结构，包含一组八个不同参数属性的导航图标，对应其分支结构中的八个不同功能的控制按钮。框架结构中的页面导航功能，即是本节介绍的通过属性面板对这些导航图标的功能进行设置来实现的，在创作过程当中可以灵活运用。

7.10　导航图标的使用

实现页面之间的跳转主要依靠导航图标，主要有两种转移：一是程序自己指定的转移；二是用户控制的转移。导航图标既可以在框架结构中，也可以在其他任何位置。

双击任意一个导航图标，出现对话框。其中分为两部分。左边是导航方式，右边是导航跳转的目标，即转移到哪个图标上，如图 7-99 所示。

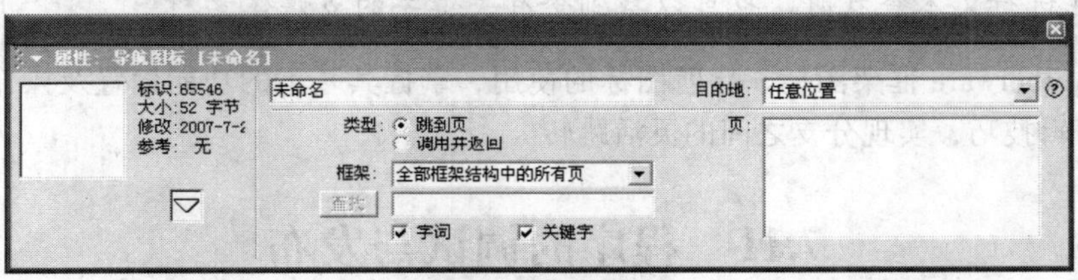

图 7-99　导航图标的属性对话框

根据导航图标确定跳转目标的方式不同，可分为五种导航方式：“最近”、“附近”、“任意位置”、“计算”、“查找”，如图 7-100 所示。

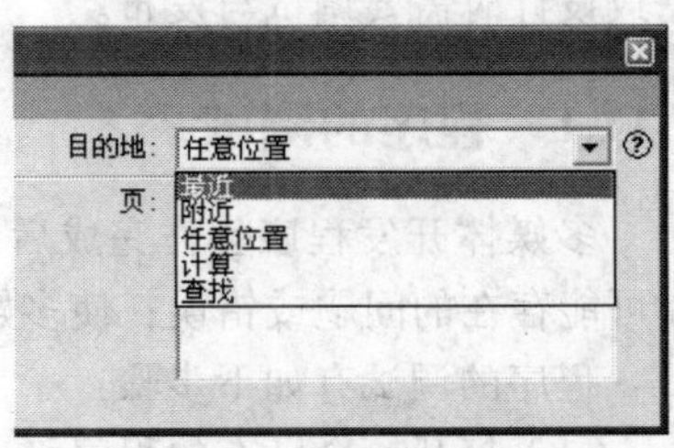

图 7-100　导航方式

1. 最近方式

最近方式也就是重新观看刚刚看过的某一页。如果选择“返回”选项，就可以观看上一次看过的页面。如果选择“最近页列表”方式，就会显示出一个翻页记录表，可以在这个表中选择一个已经看过的页面的名称，并作相应的转页跳转。

2. 附近方式

用于在同一个框架图标内各个页面间进行跳转。

"前一页"选项：是指当前页的前一页，也就是它左边相邻的页面。如果当前页已经是框架中的第一页，那么将会导航到最后一页。

"下一页"选项：与前一页正好相反。它是向右翻一页。

"第一页"选项：是翻到第一页。

"最末页"选项：是翻到最后一页。

"退出框架/返回"：是退出当前的框架图标，或者返回调用点。

3. 任意位置方式

用于跳转到整个程序里任意一个框架图标中的任意一个页面。从页列表中可以看到当前程序中所有框架图标的名称。在选择某一个框架图标之后，这里就会显示出所选框架图标中的页面的名称。由此可以选择所需要的页面，从而完成对目标页的指定。

4. 计算方式

由于 Authorware 里每一个图标对应一个 ID 编号，通过一个整数值来标识一个确定的图标。计算方式就是利用 ID 编号来确定转跳的目标页。ID 编号也可以是一个表达式。

5. 查找方式

它的功能是在 Authorware 中进行检索。先要指定检索的范围，检索的内容可以是某一个图标的关键词，也可以是显示图标里所显示的文本内容。使用"跳到页"选项，页面跳转后将不再返回。若使用"调用后返回"选项，在从目标页中退出时，将返回到转跳时的调用位置。

注意：在 Authorware 中可以对每一个图标指定一个相应的关键字。关键字可以指定给一些没有文本内容的多媒体素材。例如，可以给一个动画图标增加一个关键字。方法：选择这个图标，选择"修改"→"图标"→"关键字"命令。然后在关键字输入区中指定一个关键字。在进行文本查找时，也可以找到含有关键字的多媒体素材。

通过对 Authorware 框架图标、导航图标的使用，掌握其基本的功能设置及操作方法，运用导航结构的编辑技巧，实现分支之间的灵活跳转。

7.11 程序的调试与发布

多媒体作品的创作完整地体现了一个程序功能，在设计过程中渗透了系统设计思想，最后完成设计时需要调试与发布。

7.11.1 程序的测试

多媒体开发程序创作完成后，重要一环是调试与发布，主要有两项任务：找出并修改程序中可能存在的问题或错误；使多媒体程序可以脱离 Authorware 平台运行。

程序的调试有如下步骤：

（1）打开一个已有的程序。

（2）单击工具栏上的“控制面板” 按钮，打开“控制面板”。运用这些按钮可以运行程序进行调试，如图 7-101 所示。

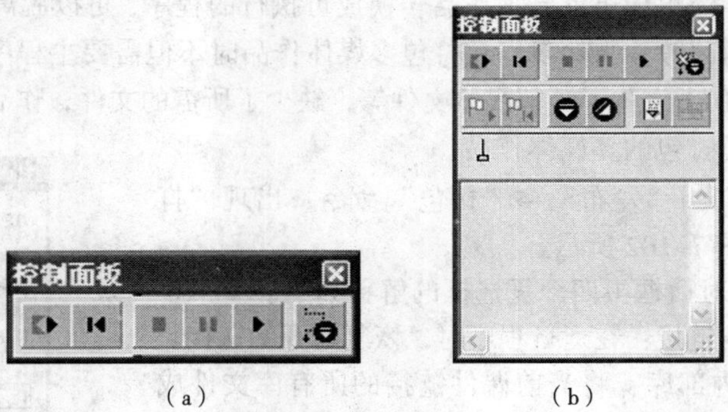

（a） （b）

图 7-101 控制面板

（3）“开始” 和“停止” 旗帜的使用：开始和停止旗帜可以放置到程序流程线上的任意位置，用来控制程序的执行起始位置和停止位置。使用这两个旗帜，开发人员可以执行整个应用程序的一部分。

7.11.2 打包所需的文件

制作多媒体作品时，会出现作品打包后不能正常运行的情况。一个完整的多媒体作品不仅要包含主程序，还必须将主程序所需的外部文件一起发布，如 Xtras 插件、库文件、动态链接库 DLL 等，这些外部文件在主程序打包时是不被打包的。

不同的多媒体程序在打包时所需的文件都是不一样的，下面来介绍需要的文件类型。

1. 在主程序中引入的外部媒体文件

在多媒体制作中，如果用的多媒体素材作为外部文件引入，发布时必须把这些文件和主程序一起发布，否则会出现文件找不到的错误。

2. Runa7w32.exe

如果我们在打包多媒体作品时选用的“无需 Runtime”项，那么必须带上 Runa7w32.exe 这个文件。

3. 所需的字体

在多媒体中应用了非系统字体，发布时必须把这些字体一起发布，否则作品在其他计算机上运行时，字体不能正常显示，会影响多媒体演示的效果。

4. 多媒体作品中所用到的外置软件模块（Xtras、ActiveX 控件、U32、DLL）

如作品中使用了过渡效果插件，发布时把所用到的 X32 文件复制到 Xtras 文件夹下即可。用到的外部函数 U32、动态链接库 DLL 一般复制到主程序所在的目录下。

5. 多媒体使用的 Xtras 类型（For Windows 98/2000/NT/XP）

所有的打包文件都需要 Mix32.x32、MixView.x32、Viewsvc.x32 这三个文件。各种类型的文件打包时都需要 Xtras 文件，都可以在 Authorware 安装目录或安装目录的 Xtras 文件夹下找到。

7.11.3 文件打包

打包多媒体作品，简单地讲就是把作品转换成可执行的程序，可以脱离 Authorware 环境独立运行，打包后不允许再修改。当然我们在打包多媒体作品时不但需要主程序，还需要其他的支持文件，如 Xtras 文件、DLL 文件、外部媒体文件等，缺少了所需的文件，作品将不能正常运行。

（1）打开一个需要打包的多媒体作品。

（2）选择“文件”→“发布”→“打包”命令，出现“打包文件”对话框，如图 7-102 所示。

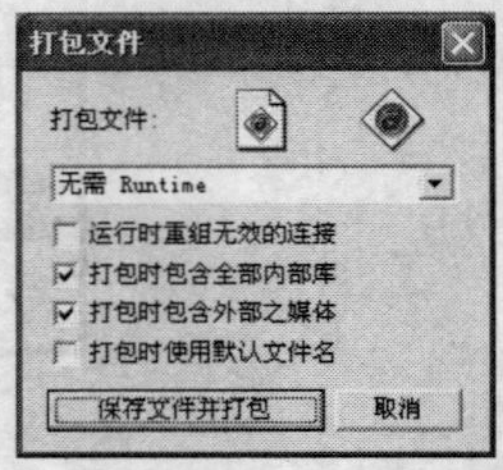

图 7-102 “打包文件”对话框

（3）“打包文件”对话框中四个复选框的解释如下。

运行时重组无效的链接：在运行程序时，恢复断开的链接。

打包时包含全部内部库：将当前课件链接的所有库文件成为打包文件的一部分。

打包时包含外部之媒体：将当前课件中使用的外部媒体成为打包的一部分，但不包括数字电影和 Internet 上的媒体文件。

打包时使用默认文件名：选中的话，自动用被打包的文件名作为打包的文件名。

（4）“打包文件”对话框中下拉列表框：将作品打包成不同的类型。

无需 Runtime：打包后的扩展名为“A7R”，需要用 Runa7w 程序来运行打包的文件。

应用平台 Windows XP，NT and 98 不同：打包后的扩展名为“EXE”，可独立在 Windows 9x 或 Windows NT/XP 32 位操作系统中运行

（5）设置好后，单击“保存文件并打包”按钮，应用程序就成功打包了。

7.11.4 一键发布功能

“一键发布”是 Authorware 6.0 以来新增的功能，可以自动查找所需的外部文件，不再需要人工添加。这个新功能可以将应用程序发布到 Web、CD-ROM 或局域网，使得发布 Authorware 程序非常简单。

在发布之前，Authorware 7.0 将对程序中所有的图标进行扫描，找到其中用到的外部支持文件，如 Xtras、DLL 和 U32 文件，还有 AVI、SWF 等文件，并将这些文件复制到发布后的目录。所以，课件制作者根本不需要担心用户在网上使用你的课件时会出现找不到文件的错误。

下面介绍发布的具体步骤。

（1）选择“文件”→“发布”→“发布设置”命令或按【Ctrl+F12】组合键。

（2）然后出现发布设置对话框。

“格式”选项卡中，是关于发布文件类型的一些设置。可以发布为带播放器的 With Runtime 文件（EXE 文件）、不带播放器的 Without Runtime 文件（A7R 文件）、使用网络播放器播放的 For Web Player 文件（AAM 文件）或网页（HTM 文件）文件。

“打包”选项卡中是关于打包文件的一些设置。如是否将库文件一同打包、是否将所有媒体一起打包、是否重组断开的链接等。

“网络发布”选项卡中，可以设置发布后每一块文件的大小，根据不同的网络连接速度，将文件分为不同大小的多个文件。是否显示安全对话框等。

“网页”选项卡是关于发布 HTM 文件的一些选项。用于设置嵌入 MAP 文件的网页的属性。

“文件”选项卡中，可以看到当前应用程序的一些支持文件，如 Xtras、DLL 和 UCD 等，文

件发布时必须将这些文件同时发布才能保证不会出现意外的错误。

如果有特殊要求，设置好的各选项还可以使用“导出”命令保存为注册表文件（REG 文件），以方便下次使用同样的设置。

发布成功一般会生成两个多媒体作品版本，一个是 Windows 9x 版本，另一个网络版（如果要运行这个版本需要安装 Authorware Web Player 7.0）。

练一练

（1）利用目标区域交互方式设计拼图游戏。

（2）利用文本输入交互和时间限制交互设计拼词游戏。

（3）利用框架图标设计电子相册。

（4）设计一个 Windows 风格的下拉菜单。

本 章 小 结

本章主要讨论多媒体应用系统的工程化设计方法以及多媒体创作软件 Authorware 的使用方法。

Authorware 采用面向对象的设计思想，是一款基于设计图标和程序流程的多媒体制作软件，尤其在制作课件方面，更能体现出 Authorware 强大的功能。

多媒体创作软件是电子出版物、多媒体应用系统开发的基础工具，它提供组织和编辑多媒体项目各种成分所需要的重要框架，包括图形、图像、声音、动画和视频剪辑。Authorware 把众多的多媒体素材应用其他软件处理，本身则主要承担多媒体素材的集成和组织工作。它能够将文字、图形、音频文件、视频文件、动画、DVD 等信息集成到一起，同时也能够对这些媒体素材做结构化的管理。所以，利用 Authorware 能够制作出非常精美且内容丰富的课件。

Authorware 提供了图标和流程线，功能非常强大，操作灵活，界面互动性较强，使得用 Authorware 能够轻松、方便地创作课件。

本章由 11 节组成，主要介绍了 Authorware 7.0 入门及其基础知识、文本的编辑、图形和图像的编辑、声音视频编辑、程序交互控制、程序中的判断与框架及导航图标等，主要包括三部分内容，第一部分简单介绍课件制作的基础理论和 Authorware 的基本操作；第二部分讲述了各个图标的功能，利用它们制作课件的方法；第三部分是对 Authorware 程序进行调试与发布的基本操作。通过课件的制作过程让学习者能够掌握 Authorware 的一些基本功能，同时也介绍了 Authorware 编程的一些操作。通过本章的学习，会对 Authorware 制作的过程和方法有一个整体的认识，并且能够运用设计思想和 Authorware 软件制作出好的多媒体系统。

思考与练习

一、填空题

1. Authorware 的界面分为四部分，分别是________、________、________、________。

2. Authorware 绘图工具箱中的“填充模式”工具中，提供的六种覆盖模式分别是________、________、________、________、________、________。

3. 使用 Authorware，可以直观地引入和编辑________、________、________、________、________等多种媒体素材。

4. 利用________的工具可以在显示图标的演示窗口绘制________和输入________。
5. Authorware 提供了五种动画类型，分别是________、________、________、________、________。
6. 根据导航图标确定跳转目标方式的不同可分为五类不同的导航________、________、________、________、________。
7. 判断分支方式可分为：________、________、________。循环方式可分为：________、________、________。
8. 按钮交互中的按钮有三种类型：________、________、________。
9. 框架图标里面分上下两个部分：________部分，包括一个________和________；________部分。
10. 文本输入交互属性对话框中，“文本输入”选项卡主要内容：________、________、________、________。

二、选择题

1. 多媒体计算机产生声音的方式主要有三种：波形音频、MIDI 音频和________。
   A. CD 音频　B. MP3　C. WMA　D. VOX
2. Authorware 提供________种内置的用户交互和响应方式及相关函数、变量。
   A. 14　B. 13　C. 12　D. 11
3. 等待图标属性的事件共有两种选项。一个是单击鼠标，另一个是________。
   A. 文本输入　B. 按任意键　C. 选择菜单命令　D. 时间限制
4. 沿直线到直线上的任意点的移动是基于常量、变量或表达式的________确定运动终点的移动方式。
   A. 初始值　B. 最终值　C. 返回值　D. 任意值
5. 目标区响应包括两个部分：可移动对象和________。
   A. 响应按钮　B. 目标区域　C. 目标值　D. 按键确认

三、思考题

1. 标志旗在流程线上改变的方法是什么？
2. 导入声音文件的方法是什么？
3. “一键发布”的方法是什么？
4. 程序执行流程的跳转方式有哪些？

四、实验题

拼图游戏程序设计

要求实现功能：

（1）将一张拆散的图片重新拼好。

（2）若摆放位置不对，则自动返回原位置。

（3）全部拼好，则自动退出交互，完成游戏程序。

分析提示：

（1）利用交互图标的目标区交互类型实现拼图。

（2）利用系统变量自动判断拼图是否完成。

第8章 多媒体动画 Flash 8

动画是多媒体技术中一个重要的组成部分，本章主要介绍二维动画制作软件 Flash8.0 的操作界面、各种工具的使用以及动画的基本概念和动画的制作方法。目的是让读者对该动画制作软件有一个初步的认识和了解，为多媒体素材的制作和编辑提供帮助。

Flash 动画是一项十分热门的技术，它能制作出绚丽多彩的动感画面，千变万化的交互效果。它应用了当前风靡全球的多媒体技术，将文本、图形、图像、声音、动画、视频等要素综合到一个作品中。Flash 的图形系统是基于矢量的，制作时，只需要存储少量的向量数据就可以描述一个看起来相当复杂的对象，其占用的存储空间同位图相比具有明显的优势，而且在随意缩放的过程中可以保证画面的显示质量。Flash 使用插件方式工作，用户只要在浏览器端安装一次插件，以后就可以快速启动并观看动画。Flash 的工作方式是流式的，动画在下载传输过程中也可以播放，这就大大减少了用户在浏览器端等待的时间，所以非常适合在网络上传输。此外，Flash 还具备强大的交互功能，能与观众产生互动，对观众的动作做出反应，也可以跟其他的 WEB 程序产生交互作用，Flash 软件在多媒体制作领域发挥着越来越重要的作用。

本章要点

- Flash 8 的工作环境。
- Flash 8 工具应用和面板介绍。
- 元件和实例。
- 动画制作方法。

8.1 Flash 8 的工作环境

安装了 Flash 8 之后，选择“开始”→“程序”→Macromedia→Flash 8 即可启动该程序，程序运行的窗口如图 8-1 所示。本节要学习的内容，就是认识 Flash 8 的工作环境。下面我们分别介绍一下各部分的主要内容。

8.1.1 菜单栏

在编辑文档的时候，菜单栏一共有 10 个菜单，这些菜单的功能如下所述。

文件菜单：可以选择创建、打开、保存、关闭和导入导出等文件命令。

编辑菜单：可以选择复制、粘贴、撤销、清除与查找等命令。

视图菜单：可以选择放大、缩小、标心与网格等有关视图的命令。

插入菜单：可以选择插入新元素，例如帧、图层、元件与场景等命令。

修改菜单：可以选择元素本身或元素属性的变换操作，例如将位图转换为矢量图，将选中的对象转换为新元件等。

文本菜单：可以设置与文本有关的属性，例如设置字体、设置字距与检查拼写等。

命令菜单：可以选择与运行程序相关的命令，可以管理和运行命令、实现批处理的目的。

控制菜单：可以选择与影片进程和测试有关的命令，例如测试影片、测试场景、播放与停止等。

窗口菜单：可以对窗口和面板进行管理，例如新建窗口、展开或隐藏某个面板，将窗口做特定排列等命令。

帮助菜单：可以提供工作过程的支持，例如展开帮助面板等。

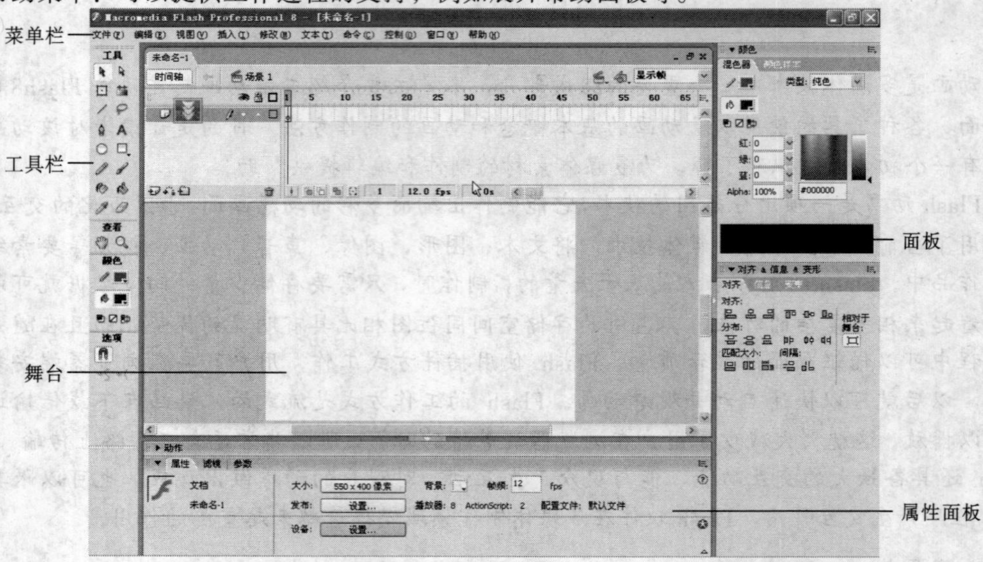

图 8-1 Flash 8 窗口

8.1.2 舞台

创建文档以后，可以看到文档窗口中的舞台。舞台是用于放置图形和图像内容的矩形区域，这些图形内容包括矢量插图、文本框、按钮、导入的位图或视频剪辑。Flash 的创作环境中的舞台相当于 Flash 播放器中在回放期间显示 Flash 文档的矩形空间。可以在工作时放大或缩小以更改舞台的视图，而网格、辅助线和标尺有助于在舞台上精确的放置内容。

8.1.3 工具栏

工具栏也称为“作图工具栏”。工具栏中的工具可以用于绘制、涂色、选择和修改插图，并可以更改舞台的视图，工具栏有以下四个部分。

“工具”区域：提供绘画、涂色和选择工具。

“查看”区域：提供在应用程序窗口内进行缩放和移动的工具。

“颜色”区域：提供用于笔触颜色和填充颜色的功能键。

“选项”区域：显示选定工具的组合键，这些组合键会影响工具的涂色或编辑操作。

有关各种工具的具体使用方法，将在以后的章节中进一步介绍。选择“窗口”→“工具”命令或者按组合键【Ctrl+F2】可以显示或隐藏工具栏。

8.1.4　面板

Flash 提供了许多面板，如图 8-2 所示。每个面板对应一个功能模块，例如“混色器”面板用于颜色的配置，“库”面板用于库资源的管理，“属性”面板用于设置对象的属性。面板可以展开或折叠，通过面板上的功能菜单可以进一步扩展功能。有关面板的详细内容，将在后面的章节中介绍。选择“窗口”→“隐藏面板”或者按【F4】键可以显示或隐藏面板。

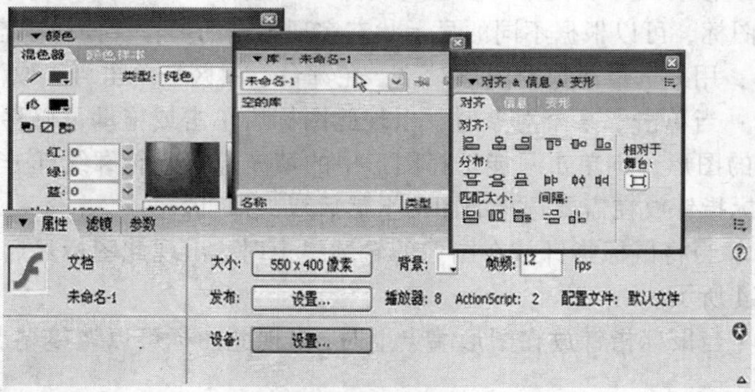

图 8-2　各种各样的面板

8.2　Flash 8 工具应用

在 Flash 8 的工具栏中包含了绘制图形和图像编辑的大部分工具，根据功能的不同，可以将工具栏中的工具分为选取工具、绘图工具、填充工具、变形工具、文本工具、视图控制工具、颜色设置工具、其他工具等八大类。各种工具的名称如图 8-3 所示。而对这些工具灵活应用可以有助于创作出更加完美的动画。下面分别来介绍一下各种工具的使用。

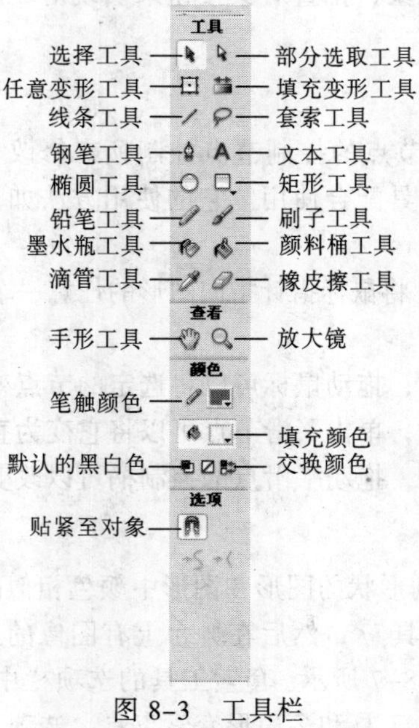

图 8-3　工具栏

8.2.1 选取工具

选取工具包含了三个基本工具，分别是“选择”工具、“部分选取”工具和“套索”工具。

1. 选择工具

主要用于选择或移动图形、文字、群组等对象，当选择工具放在图形对象的不同部位时，它会显示四种状态图标，可以根据不同的显示状态实现不同的操作。四种状态分别为。

第一种状态：用来选择或拖动图形对象，在舞台空白区域单击可以取消选择。

第二种状态：当单击了某个对象时，出现此图标后单击或拖动可以移动对象。如果选择的图形是没有群组的图形，则单击只能选择图形中的填充部分或轮廓线部分，假如要选择图形的全部，可以将鼠标指针放在需要选择的图形上然后双击即可。

第三种状态：当将鼠标指针放在图像的轮廓线上时，出现此图标然后拖动可以改变轮廓线的形状。如图 8-4 所示。

第四种状态：当鼠标指针放在图形端点上时，出现此图标可以调整端点的位置。如图 8-5 所示。

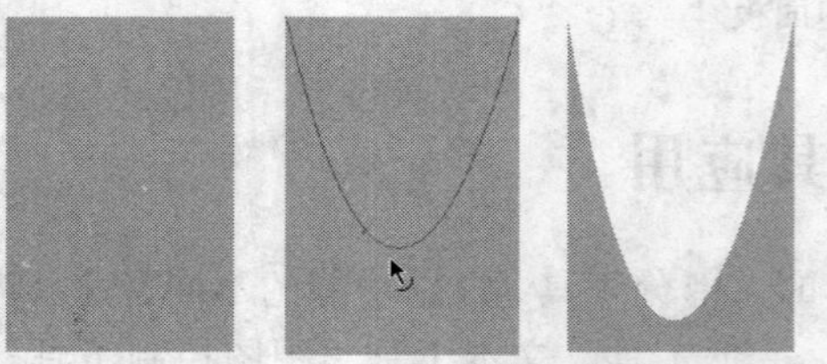

图 8-4 箭头工具调整轮廓的形状

图 8-5 选择工具调整端点的位置

另外使用选择工具再配合键盘上的【Alt】键拖动图形可以复制一个新的图形。选择工具还可以通过其他对齐对象、平滑对象、拉直对象按钮来实现对象的捕捉和将线条的弯曲处平滑拉直，选项栏如图 8-6 所示。

2. 部分选取工具

“部分选取”工具用于移动节点的控制节点控制柄来修改和调节路径，一般和“钢笔”工具配合使用。它的使用方法如下。

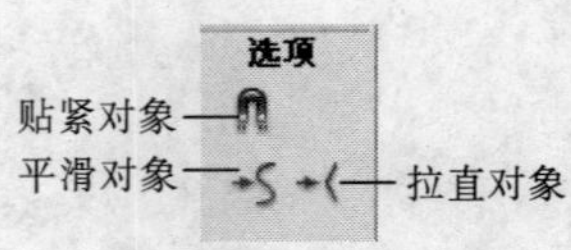

图 8-6 “选项”栏选择工具

（1）选择“部分选取”工具，将鼠标指针指向图形的任意一个节点，拖动鼠标可以改变图形的形状。

（2）配合键盘上的【Alt】键，拖动鼠标可以将选定的节点变为平滑点。

（3）配合键盘上的【Alt】键，单击平滑节点可以将它变为直线节点。

（4）配合键盘上的【Alt】键，拖动平滑点的控制柄可以改变图形的弯曲程度和方向。

3. 套索工具

“套索”工具用于选取不规则形状的图形和图形中颜色相似的区域。具体使用方法如下。

在工具箱中选择“套索”工具，然后在舞台上有图像的地方按下鼠标左键进行拖动，就可以选择所需的图像区域，如图 8-7 所示。套索工具的选项栏中也有三个选项设置，分别是“魔术棒”工具、“魔术棒属性设置”工具和多边形套索工具，选项工具如图 8-8 所示。

图 8-7　选取不规则图像区域

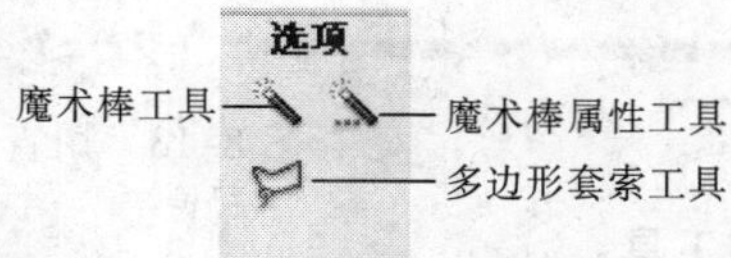

图 8-8　套索工具选项

"魔术棒"工具主要用来选取位图中颜色相似的区域，在选择之前要将导入的位图拆开后才能选取，在"魔术棒属性设置"中还可以设置魔术棒选取范围的容差值，值越大选择的颜色范围越大，相反则选择的颜色减小。魔术棒属性设置及选择的位图效果图如图 8-9 和 8-10 所示。

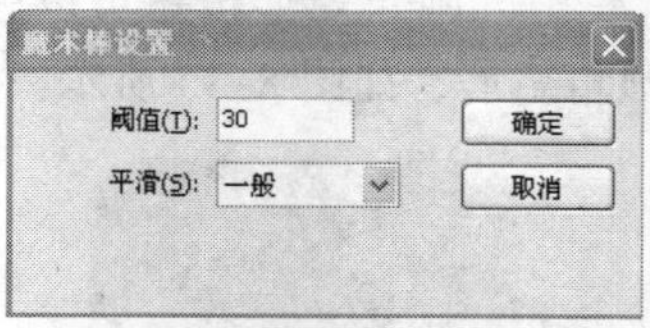

图 8-9　魔术棒属性的设置

图 8-10　魔术棒选取的位图效果

"多边形套索"工具主要用于选择不规则的多边形区域，选择该工具后在图形上不断单击产生一个封闭的多边形选择区域。

8.2.2　绘图工具

绘图工具主要用来绘制动画所需的图形，利用它可以绘制各种各样的图形对象，它包括了以下几种工具。

1．线条工具

"线条"工具用于在舞台上绘制各种不同粗细、形状的直线。绘制时按住【Shift】键可以画水平、垂直、倾斜 45° 的直线。线条的粗细及类型可以通过"属性"面板进行设置,如图 8-11 所示。

在"属性"面板中，我们可以定义直线的颜色、粗细和样式。单击其中的"笔触颜色"按钮，会出现一个调色板对话框，同时光标变成滴管状。用滴管直接拾取颜色或者在文本框里直接输入颜色的 16 进制数值。颜色以#开头，如#DCF2FA，如图 8-12 所示。

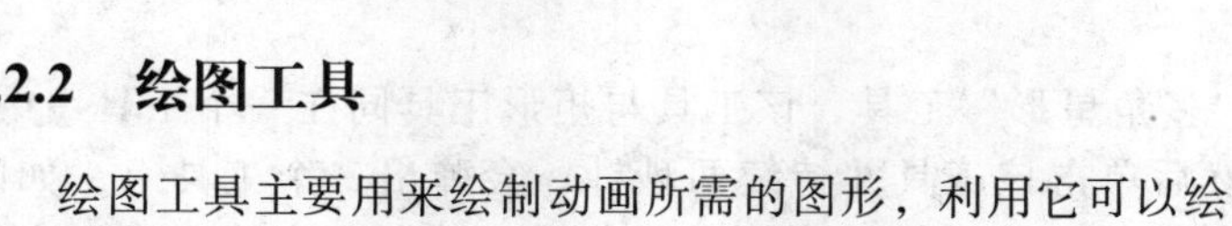

图 8-11　线条属性面板

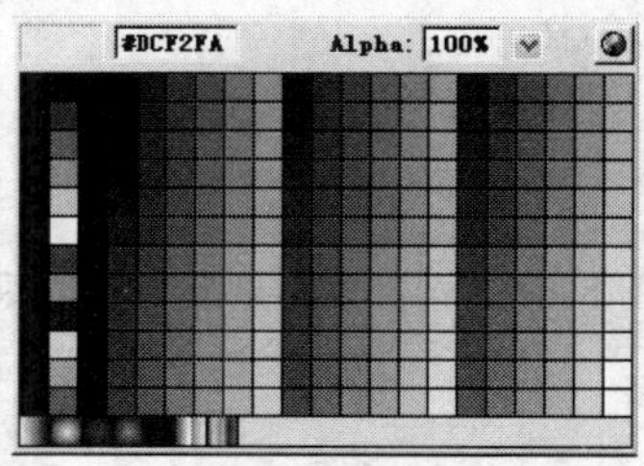

图 8-12　笔触调色板

如果要画出各种不同的直线。单击"属性"面板中的"自定义"按钮，会弹出一个"笔触样式"对话框，可以改变不同的参数，选择不同的线型和颜色，就可以画出各种各样的直线了，如图 8-13 所示。

图 8-13　用直线工具画出的各种线条

2. 椭圆工具

“椭圆”工具用于绘制圆或椭圆○，直接拖动鼠标绘制椭圆，按住【Shift】键可以绘制正圆。

3. 矩形工具

“矩形”工具用于绘制任意矩形或正方形□，操作方法同椭圆工具类似，按住【Shift】键可以绘制正方形。矩形工具也有选项设置，单击选项栏中的圆角矩形按钮可以弹出如图 8-14 所示的对话框，在对话框中输入数值就可以得到各种圆角矩形，如图 8-15 所示。

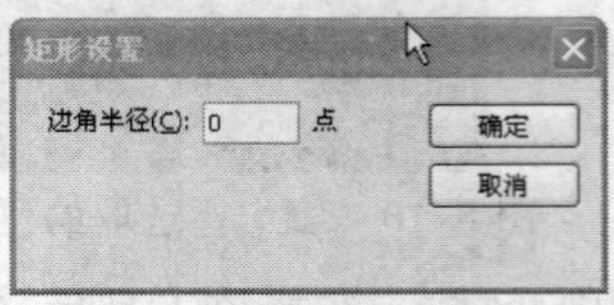

图 8-14　矩形设置对话框

图 8-15　圆角矩形

4. 多边形与星形的绘制

要绘制多边形，首先要选择“多角星形”工具，该工具与矩形工具同在一个工具组中，将鼠标指针移动到矩形工具上，然后单击该工具并持续两秒钟，会弹出一个工具组，如图 8-16 所示。默认情况下，选择了“多角星形”工具后直接在舞台上绘制出来的多边形为五边形。

注意： 如果要绘制其他边数的多边形，单击“多角形”工具的属性面板上的“选项”按钮，弹出如图 8-17 所示对话框，可以通过设置边数和星形顶点大小来控制多边形的效果。如果要绘制星形，可单击“样式”下拉列表框，选择“星形”选项，如图 8-18 所示。用“多角星形”工具绘制出来的图形如图 8-19 所示。

图 8-16　选择多角星形工具

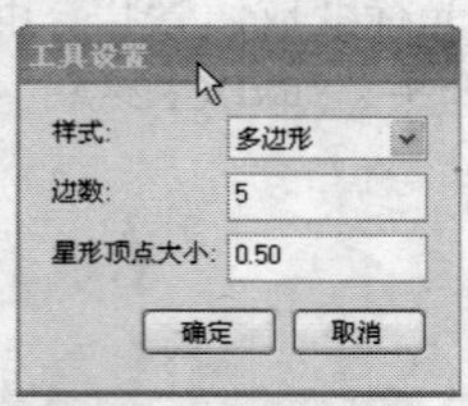

图 8-17　多边形工具设置对话框

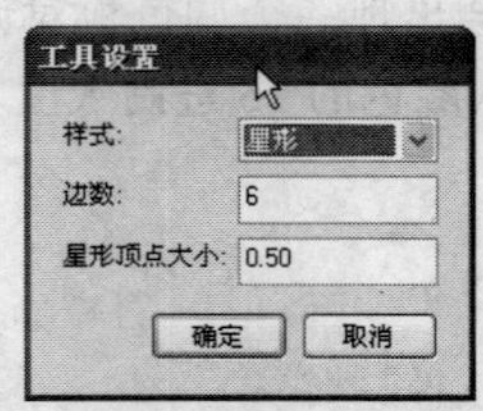

图 8-18　星形工具设置

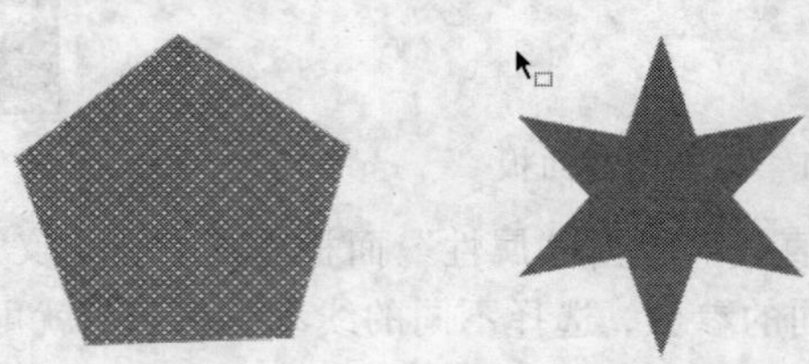

图 8-19　用“多角星形”工具绘制的图形

注意：利用“矩形”工具和“椭圆”工具绘制的图形分为轮廓线图形和填充色图形，在绘制时可以自行决定是否有轮廓或填充色，其设置可以在工具箱中的颜色工具组中进行，如图 8-20 所示。

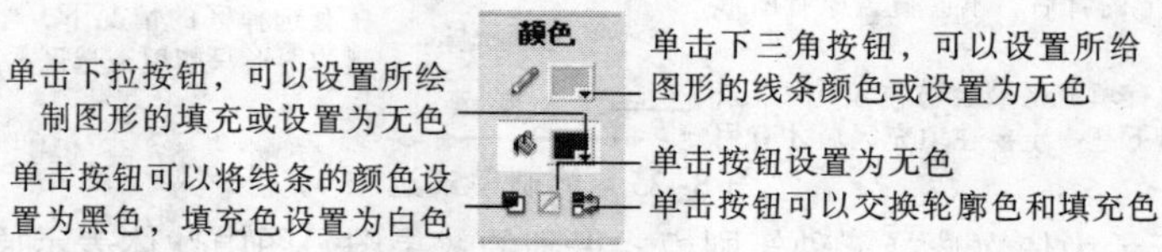

图 8-20　颜色工具组

5. 铅笔工具

“铅笔”工具用于绘制一些简单的线条，其对应的选项设置如下，如图 8-21 所示。

图 8-21　铅笔选项设置

伸直：绘制线条时系统自动将其主要部分转成直线，并锐化其拐角。

平滑：绘制线条时系统会尽可能将线条平滑

墨水：使绘制的线条尽量接近手绘线条时轨迹。

6. 刷子工具

“刷子”工具用于绘制不同精细和形状的矢量色块线条。它与“铅笔”工具有点相似，不同之处是刷子工具绘制的封闭线条用“油漆桶”工具来填色，而铅笔工具是用“墨水瓶”工具来填色。“刷子”工具的选项有如下的设置，它包括对象绘制、锁定填充、刷子模式、刷子大小、笔刷形状，如图 8-22 所示。

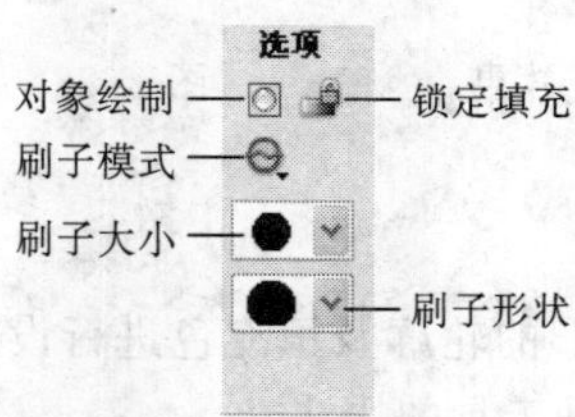

图 8-22　刷子工具选项面板

（1）对象绘制：当这个按钮处于抬起的状态，这时绘制的各个图形对象会互相影响，自动合并，这种模式称为“合并模式”，如图 8-23 所示；如果选中这个选项，就会进入“对象模式”，这时绘制的各个图形对象都会成为独立的对象，对象之间就不会互相影响，如图 8-24 所示。

图 8-23　合并模式下图形分离后的效果

图 8-24　对象模式图形分离后的效果

注意：在工具栏中，选中“铅笔”工具、“线条”工具、“椭圆”工具、“矩形”工具后，在选项区域都会出现对象绘制模式。

（2）刷子模式：笔刷模式有以下五种，如图 8-25 所示。

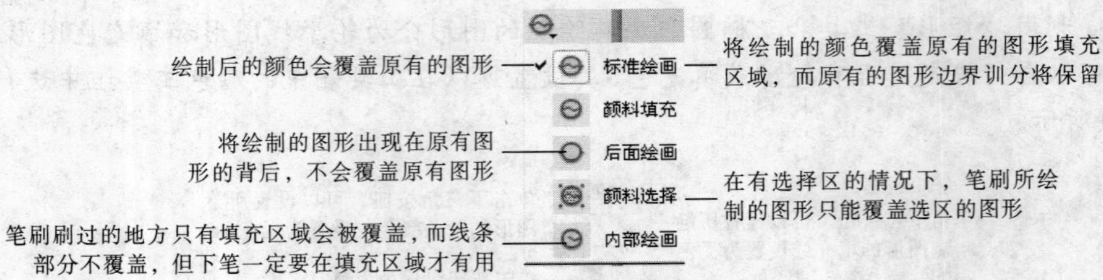

图 8-25　笔刷模式选项

如图 8-26 所示为依次选择五种笔刷模式得到的效果图，图中球体表示原有图形。

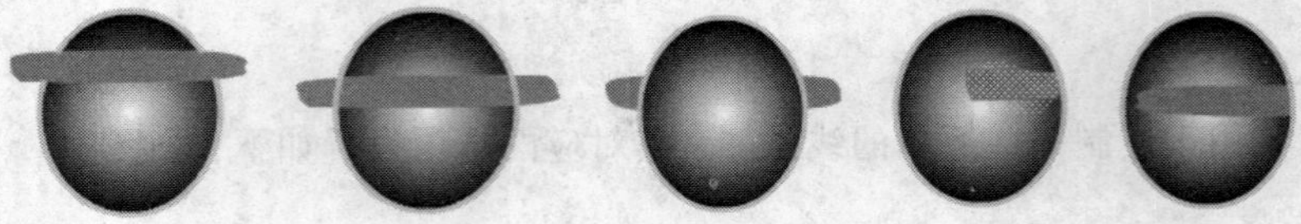

图 8-26　笔刷的五种模式效果图

（3）笔刷大小：用来设置绘制图形时笔刷的尺寸大小。

（4）笔刷形状：用来设置不同风格形状的笔刷,有椭圆形、方形以及斜线等形状。

（5）锁定填充：用来设置对渐变填充的锁定。默认状态下，在舞台上用“刷子”工具绘制两个使用渐变颜色的图形，二者的渐变颜色是相互独立的，如图 8-27 所示。如果按下锁定填充，渐变颜色会扩展到整个舞台，渐变颜色是连续的，如图 8-28 所示。

图 8-27　相互独立的填充效果

图 8-28　锁定填充的效果

8.2.3　填充工具

填充工具可用来对所绘制的图形的轮廓及填充色进行设置，它包括“油漆桶”工具和“墨水瓶”工具，下面分别介绍这两种工具的用法。

1．油漆桶工具

“颜料桶”工具是用于填充图形中除轮廓以外的其他部分的颜色。它可以给图形填充纯色、渐变色和图案。单击该工具，然后选择颜色工具组中的填充色按钮，弹出颜色表格，在其中选择所需的色彩即可。它在工具栏中对应的选项设置如图 8-29 所示。

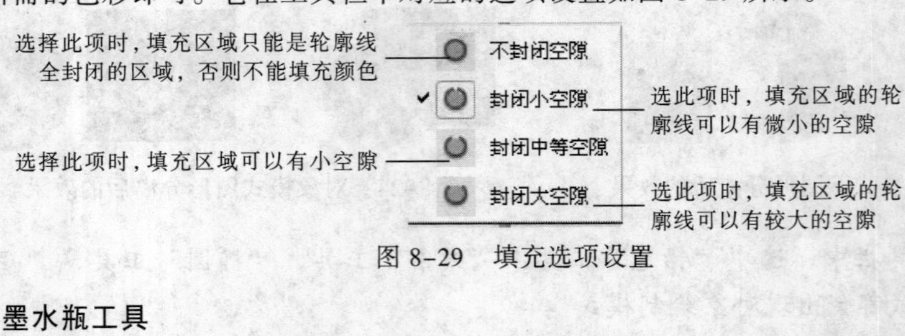

图 8-29　填充选项设置

2．墨水瓶工具

“墨水瓶”工具主要用来填充线条的颜色，包括直线、曲线、图形的轮廓线等。它与颜色工具中的“笔触颜色”按钮相对应，在笔触颜色中设置的颜色就是填充线条的颜色，它只能是纯色，不能是渐变色或图案。单击该工具，在“笔触颜色”工具组中选择对应的颜色，在属性面板中设置线条的样式及粗细，再移动鼠标指针至图形的轮廓线上，单击就可以改变该轮廓线的属性。

8.2.4　变形工具

变形工具包括“任意变形”工具和“填充变形”工具，下面主要介绍“任意变形”工具的用法。

“任意变形”工具主要用来对选定的对象进行变形操作，以达到需要的效果。

操作方法：选择要变形的图形对象，再选择自由变形工具，此时对象上出现有八个控制点的方框，如图 8-30 所示，通过控制点可以对对象进行成比例缩放和旋转等操作。同样在工具栏上有任意变形的选项设置，如图 8-31 所示，选项的功能分别介绍如下。

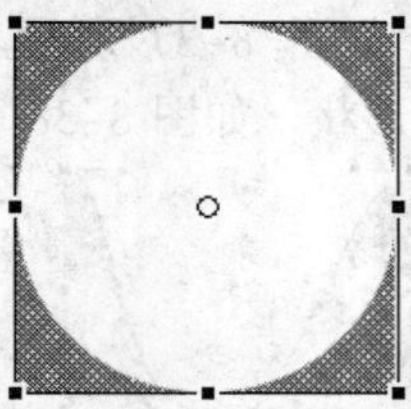

图 8-30　对象变形

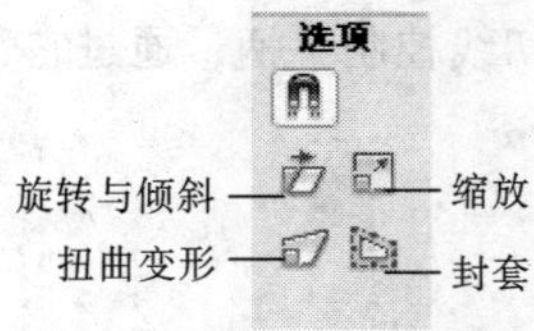

图 8-31　变形工具选项设计

（1）旋转与倾斜：对选定的对象进行旋转或按边框线的方向进行扭曲变形。将鼠标指针移至控制方框上四个角点之外，当鼠标指针变成的旋转形时，就可以对对象进行自由旋转。将鼠标指针移至控制方框的四个中间节点之外，当变成正反箭头形状时，就可以对对象进行倾斜操作。旋转和倾斜后的效果如图 8-32 所示。

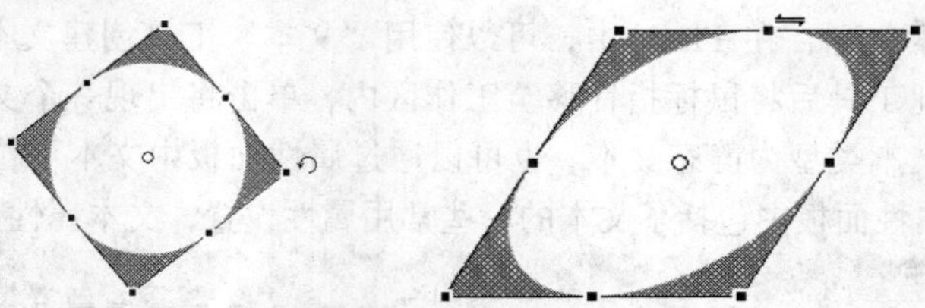

图 8-32　旋转和倾斜变形效果

（2）缩放：对选定的对象进行缩放，通过拖动四个转角上的控制点，可以同时修改对象的宽度和高度。在默认情况下，可以任意改变对象的横竖比例，如果按住【Shift】键进行拖动，则可以使对象保持等比例缩放。在默认情况下，缩放的基准点是拖动角的对角，比如拖动右下角，那么缩放的基准点是对象的左上角，如图 8-33 所示。如果按住【Alt】键再进行拖动，可以使对象以中心点为基准进行缩放，如图 8-34 所示。如果只希望缩放对象的高度和宽度，则只需拖动控制边框四个边上中点的控制点即可。

图 8-33　直接拖动右下角

图 8-34　按下【Alt】键拖动右下角

（3）扭曲变形：对选定的图形对象进行节点的调整变形，当鼠标变成▷时，就可以通过拖动边框上的角手柄或边手柄，移动该角或边的位置，对边和角进行扭曲变形，如图 8–35 所示。如果按住【Shift】键同时拖动角点，可以使对称的两个角点移动相同的距离，如图 8–36 所示。

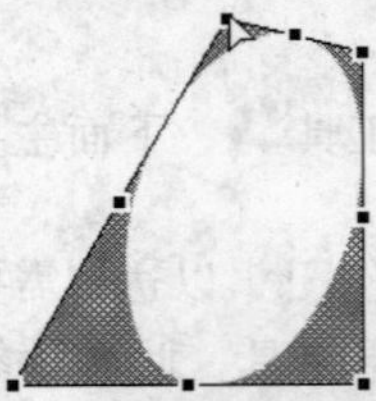
图 8–35　扭曲变形

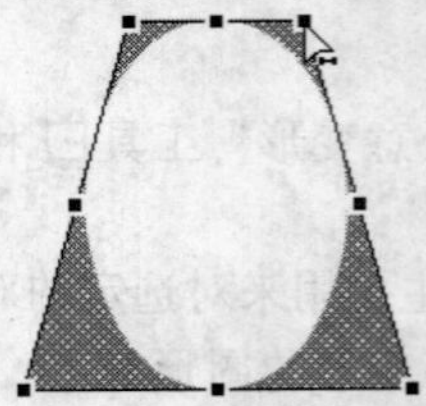
图 8–36　对称扭曲变形

（4）对选定的对象外轮廓线上的节点进行调整，它可以对对象进行任意塑形。当按下封套图标之后，可以通过调整封套的控制点来编辑封套形状，如图 8–37 所示。此外，每个控制点的两侧各有一个切线控制手柄，通过它也可以调整封套的形状，如图 8–38 所示。

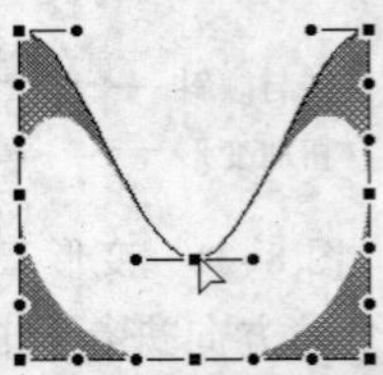
图 8–37　调整控制点

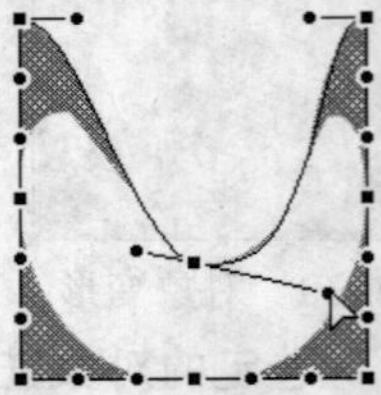
图 8–38　调整控制手柄

8.2.5　文本工具

文本是多媒体要素之一，在 Flash 中，可以使用“文本”工具创建文本A，并且为文本添加各种动画特效。选择此工具后将鼠标指针移至工作区内，单击将出现一个文本框，在其中输入文字即可。一般输入的文本类型为静态文本，也可以通过属性面板中文本下拉列表框进行其他类型文本的设置。在文本属性面板中包括了文本的一些常用属性设置，文本属性如图 8–39 所示。

图 8–39　文本属性设置面板

1. 文本的类型

（1）静态文本：以静态文本字段显示的文本。

（2）动态文本：其中的自动内容可以自动更新，选择此类型后，被选中的文本对象将变为动态实例文本，可以根据需要设置实例的名称。动态文本通常可以用于显示一些经常变化的信息，如体育得分、股票报价或天气报告。

（3）输入文本：指的是在其中由用户输入文字并提交的文本对象，可以在交互模式下接受从键盘输入的信息，使用户可以将文本输入到表单或调查表中。

2. 设置字体、磅值、样式和颜色

选中文本之后，可以使用属性面板设置字体A 宋体、磅值50、样式**B** *I*和颜色。设置文本颜色时，只能使用纯色，而不能使用渐变色。

3．设置字母间距和字符位置

字母间距会调整字符之间的距离，让字符达到拥挤或者稀疏的效果，而字符位置则决定字符是一般字符还是上标或下标。要指定字符位置，可以单击字符位置旁边的三角形按钮，然后从该下拉列表框中选择“一般”、“上标”或者“下标”选项。

4．设置对齐、边距、缩进和行距

对齐方式确定了段落中每行文本相对于文本块边缘的位置。水平对齐相对于文本的左侧和右侧边缘对齐，垂直文本相对于文本的顶部和底部边缘对齐。文本可以与文本块的一侧边缘对齐，或者在文本中居中对齐，或者与文本的两侧边缘对齐。

5．设置边距、缩进和行距

单击属性面板上的“编辑格式”按钮¶，将会打开“格式选项”对话框，可以设置的内容包括段落的首行缩进、段落的行距、还有左边距、右边距。

注意：可以使用变形工具对文本进行缩放、旋转与操作，但如果希望修改部分字符的形状，则必须将文本对象分解成线条和填充形式。首先选中需分解的文本对象，选择“修改”→“分离命令或按【Ctrl+B】组合键，文本就被分解成单个文字，如图 8-40 所示。然后再执行一次分离操作，就将文字分解为以填充线条所组成的矢量图。分解后，可以采用设置图形对象的方法对文本进行修饰，如图 8-41 所示为分解后的文本进行渐变填充及变形后的效果。

图 8-40　第一次分解后的文本

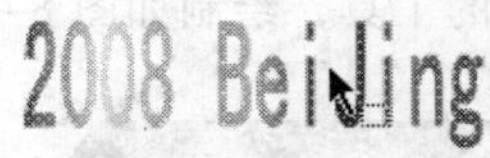

图 8-41　对第二次分解后的文本设置渐变填充

8.2.6　视图控制工具和其他辅助工具

视图控制工具包括“手形”工具、“缩放”工具，它们主要用来对视图进行灵活控制。

1．手形工具

“手形”工具主要用于查看舞台图形中的不同部分，当工作区中的图像较大时，就可以用手形工具拖动图像以查看被挡住的图像区域。当选择其他工具时，想使用手形工具，则可以按住键盘上的空格键，鼠标指针就变成了手形形状。

2．缩放工具

“缩放”工具是用来放大或缩小视图的，在操作时，一般不需要切换至此工具，而是直接按的【Ctrl+“+”】组合键来放大图像，按键盘上的【Ctrl+“–”】组合键来缩小图像。

3．其他辅助工具

其他辅助工具包括“滴管”工具、“橡皮擦”工具，它们主要用于动画制作中的一些辅助性的编辑操作。下面来简单地介绍一下它们的用法。

（1）滴管工具用于拾取舞台上对象某一点的颜色。使用时，只要在所需的颜色上单击即可。另外它还可以吸取导入的图像作为填充图案。操作方法时，将导入的图像分解后，选择此工具在图像上单击，然后将鼠标指针移至需要填色的图形上，单击就可以填充和位图一样的图案。

（2）“橡皮擦”工具用于擦除图像上多余的部分，使用时，只要在不需要的图形上按住左键拖动就可以擦除图像。如果要快速删除舞台上的所有内容，可以双击橡皮擦工具。它在工具栏上也有三个选项设置，如图 8-42 所示。其中擦除模式中又有五个选项设置，如图 8-43 所示。

图 8-42　橡皮擦选项设置面板

图 8-43　擦除模式

标准擦除：擦除同一层上的笔触和填充。

擦除填色：只擦除填充，不影响笔触。

擦除线条：只擦除笔触，不影响填充。

擦除所选填充：只擦除当前选定的填充，不影响笔触。

内部擦除：擦除的区域不会越过笔触线条。如果从空白点开始擦除，则不会擦除任何内容。

水龙头：快速擦除模式，这时在舞台上单击任何笔触段和填充区域，该形状就消失。

练一练

（1）利用所学的矩形工具及“变形”工具，绘制一个房子，如图 8-44 所示。

（2）根据所学的工具，绘制如图 8-45 所示夜景图。

图 8-44　房子

图 8-45　夜景

提示：上图中的树叶及草的形状可以用“矩形”工具配合“选取”工具的变形操作来完成，月亮的朦胧效果可以选择 “修改”→“形状”→“柔化填充边缘”命令，会弹出如图 8-46 所示对话框，设置合适的参数即可实现边缘柔化的效果。

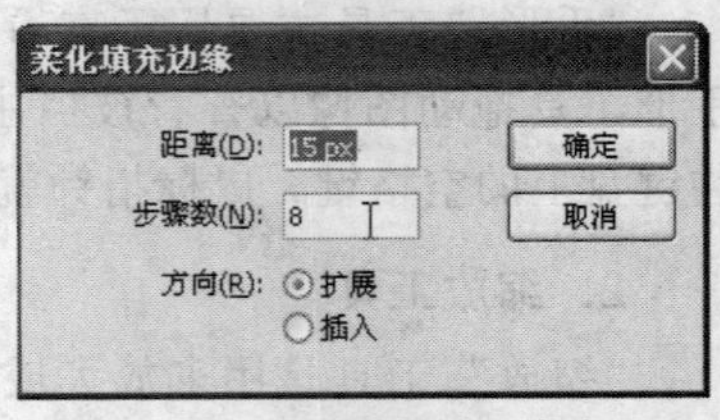

图 8-46　柔化填充边缘窗口

8.3　Flash 8.0 面板介绍

操作面板在 Flash 动画制作软件中起到了重要的作用，在面板中集中了一些常用操作命令，大大方便了用户的使用。而且面板不用时可以隐藏，从而减少了空间的占用，下面对一些常用面板进行介绍。

8.3.1　“对齐”面板

选择“窗口”→“对齐”命令，或按【Ctrl+K】组合键，可以打开“对齐”面板，如图 8-47 所示。在此面板中可以对多个选定对象顺序进行排列，它包括“对齐”、“分布”、“间隔大小”、“匹配”等选项，如图 8-47 所示。各选项的意义如下。

（1）对齐：可以设置所选对象垂直左对齐、垂直居中对齐、垂直右对齐、水平顶对齐、水平居中对齐、水平底对齐。

（2）分布：可以设置所选对象之间的间距，包括垂直顶边间距相等、垂直中心间距相等、垂直底边间距相等、水平左边间距相等、水平中心间距相等、水平右边间距相等。

（3）匹配大小：用于设置所选对象的长度或宽度大小相等。它包括设置所选对象的长度相同、宽度相同、长度宽度都相同。

（4）间隔：设置所选对象之间的间距。包括设置所选对象垂直方向之间间距相等、水平方向之间间距相等。

（5）相对于舞台：用于设置对象的对齐是以舞台为参考。

8.3.2　“信息”面板

选择“窗口”→“信息”命令，或按【Ctrl+I】组合键，可以打开“信息”面板。“信息”面板是显示了所选对象的各种信息，包括长宽值、坐标、鼠标指向的颜色值、鼠标经过的坐标值等，如图 8-48 所示。可以通过“信息”面板来设置选定对象的大小、位置等。

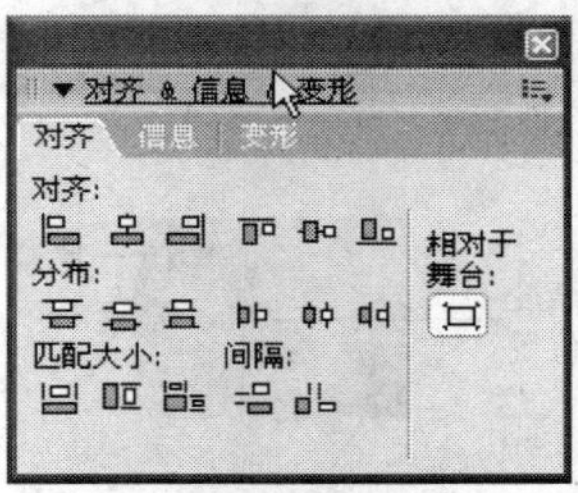

图 8-47　“对齐”面板

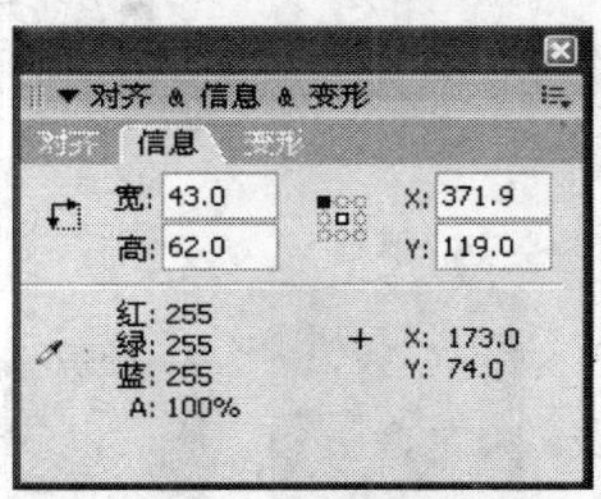

图 8-48　“信息”面板

（1）宽、高：用于设置所选对象的宽度和高度值，可以直接在文本框中输入数值。

（2）X、Y：用于设置所选对象相对于舞台中 X 轴方向和 Y 轴方向的坐标值，此坐标值与左侧的小方块矩阵有关，当上的实心小方块在左上角时，显示的是对象左顶点的坐标值，当的实心小方块位于中间时，显示的是对象中心点的坐标值，可以通过单击来设置实习小方块的位置。

8.3.3　“混色器”面板

选择“窗口”→“混色器”命令，或按【Shift+F9】组合键，可以打开“混色器”面板。在此面板中可以对所选定的对象设置轮廓色和填充色，并且可以设置填充样式、填充透明度等，如图 8-49 所示。其中轮廓色和填充色的设置前面有介绍，这里不再介绍。下面介绍几个主要的选项。

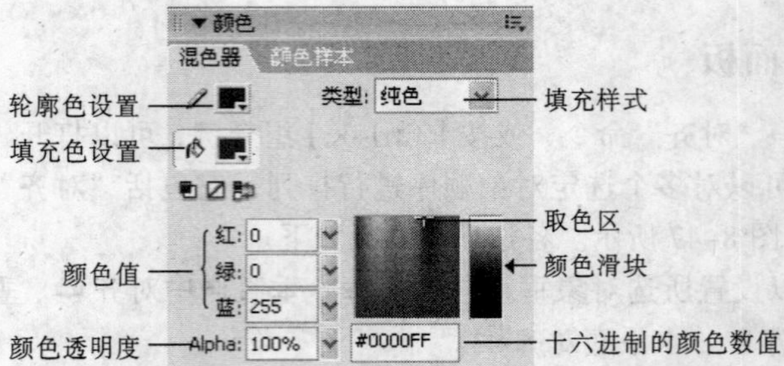

图 8-49 “混色器”面板

1. 填充样式

包括五种填充样式，分别是“无填充”、“纯色”、“线性”、“放射状”、“位图”，单击下三角按钮可以选择填充样式。

（1）无填充：不给所选对象填色。

（2）纯色：从调色板中选择一种颜色填充。

（3）线性填充：渐变填充的一种，选择此选项后面板中会多出一个渐变设置滑块，通过调节此滑块来设置渐变的颜色。单击滑块上的颜料桶可以改变其颜色，单击滑杆的其他区域可以添加颜料桶，如图 8-50 所示。同时结合填充“变形”工具可以进一步调整图像的填充效果。线性填充变形工具的调整如图 8-51 所示，共有三个控制点。

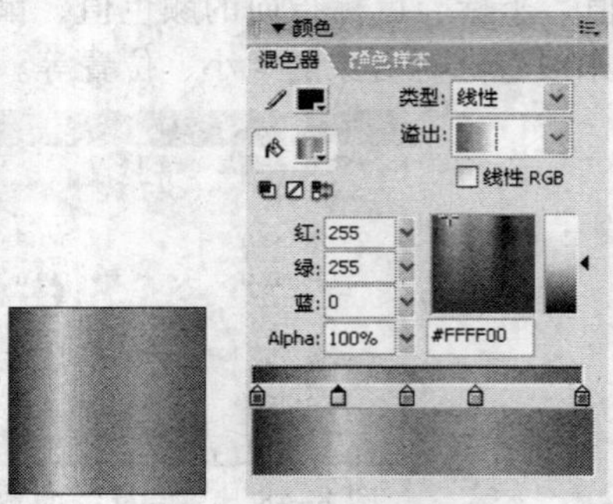

图 8-50 线性渐变填充效果

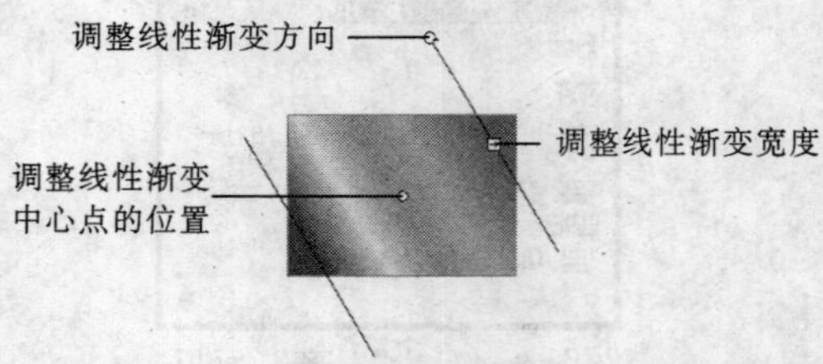

图 8-51 线性渐变填充变形调整

（4）放射状填充：也是渐变填充的一种，但它的填充方式不是线性的，而是呈辐射状的，其效果如图 8-52 所示，放射状填充变形工具的调整如图 8-53 所示，共有五个控制点。

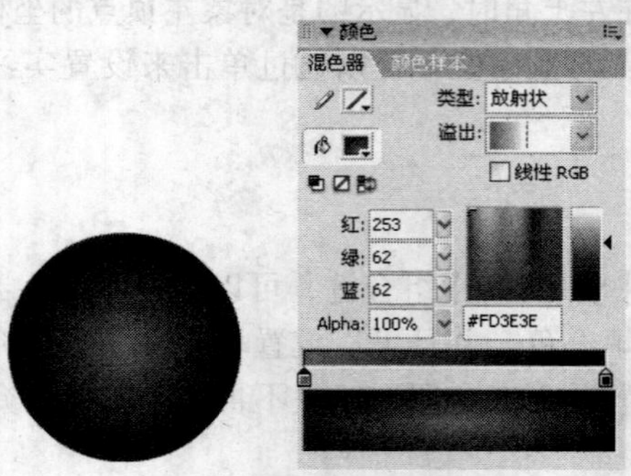

图 8-52 放射状渐变填充

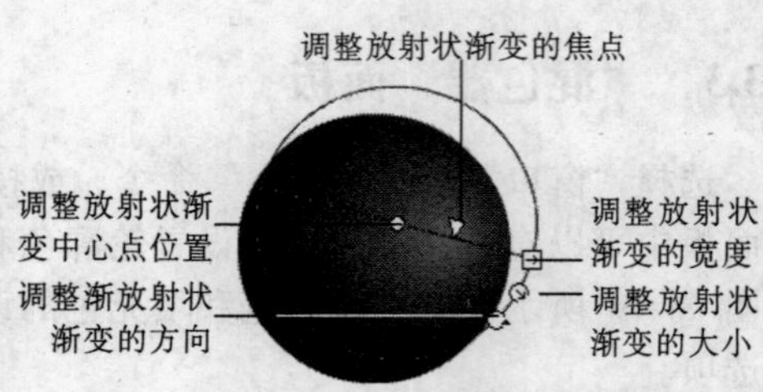

图 8-53 放射状渐变填充变形调整

（5）位图填充：用外部导入的图像进行填充。

2. 颜色值

在“红”、“绿”、“蓝”文本框中输入数值就可以设置颜色，也可以通过点击其右侧的下三角按钮，然后拖动颜色滑块来设置颜色。

3. 透明度

可以在 Alpha 文本框中输入数值来设置透明度，其范围是 1-100，也可以通过点击其右侧的下拉按钮，然后拖动滑块来设置填充色的透明度。数值越大越不透明，数值越小则填充色越透明。

练一练

（1）绘制一个如图 8-54 所示的五角星。

（2）制作一个以荷花为填充图像的文字，效果如图 8-55 所示。

图 8-54　五角星

图 8-55　荷花文字

提示：制作文字时，首先把文字做二次分离操作，然后导入荷花图片，选择分解的文字，在混色器面板上选择位图填充模式，最后用填充变形工具做适当变形调整。

8.3.4　“变形”面板

选择“窗口”→“变形”命令，或按【Ctrl+T】组合键，可以打开“变形”面板。此面板主要用于对待定的对象进行缩放、旋转、复制变形等精确的变形，如图 8-56 所示，其各项参数的设置及应用如下。

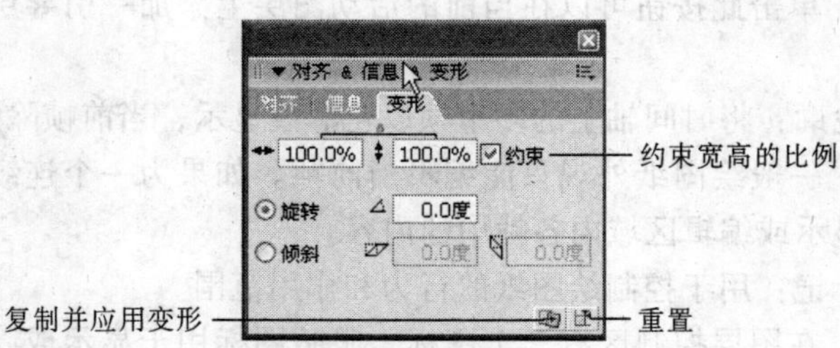

图 8-56　“变形”面板

宽、高文本框：用来设置所选对象宽、高百分比，选择“约束”复选框，则宽高成比例变形。

旋转：用来设置所选对象的旋转角度，可以在后面的文本框中输入具体的数值。

倾斜：用于设置所选对象在水平方向和垂直方向上的扭曲角度，具体数值在后面的文本框中输入。

复制并应用变形按钮：按下此按钮，可以复制所选对象并且同时应用变形效果，如图 8-57 所示为在原图形上应用了 60° 的旋转并且按了五次按钮后的效果。

重置按钮：用来在没有确认对象的变形效果下使对象恢复到原来的状态。

图 8-57 复制并旋转变形后的效果图

8.3.5 “时间轴”面板

选择“窗口”→“时间轴”命令，或按【Ctrl+Alt+T】组合键，可以打开“时间轴”面板。“时间轴”面板是进行动画创作和编辑的主要面板，默认情况下，它位于舞台的上方。“时间轴”面板如图 8-58 所示，下面分别介绍时间轴面板上的各项内容。

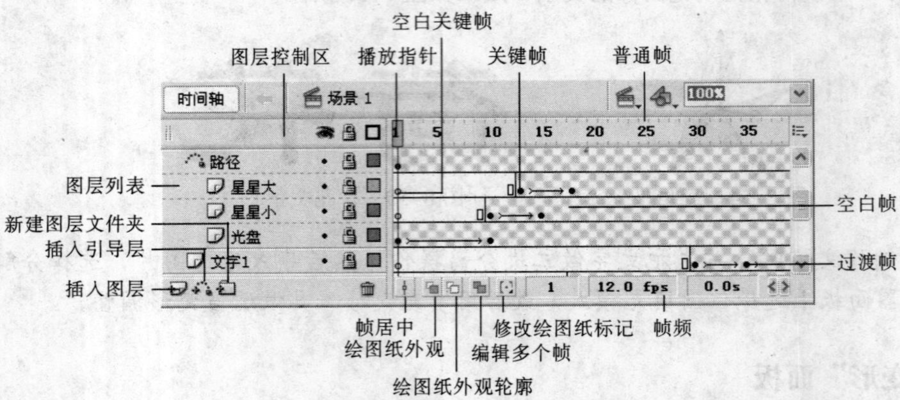

图 8-58 “时间轴”面板

（1）图层列表：列出当前动画中的所有图层。

（2）插入图层：单击此按钮可以在当前的活动图层上方新建一个普通图层。

（3）添加引导层：单击此按钮可以在当前的活动图层上添加一引导层，用于引导动画的运动路径。

（4）绘图纸外观轮廓：将时间轴上的多个帧以轮廓线显示，当前帧除外。

（5）编辑多个帧：一般绘图纸外观只能编辑当前帧。如果为一个连续的多帧编辑区域，则单击此按钮可以同时显示或编辑区域内各帧中的内容。

（6）修改绘图纸标记：用于控制绘图纸的行为和作用范围。

（7）图层控制区：在图层控制区有三个图标，眼睛图标用于显示或隐藏图层，锁图标用于锁定图层不受其他编辑操作的影响，方框图用于图层上的对象仅以轮廓线显示。

（8）播放指针：也即当前帧，拖动它可以预览动画效果。

（9）空白关键帧：没有内容的关键帧，在时间轴上以空心圆点表示。

（10）关键帧：有内容的帧，是动画变化的关键，在时间轴上以实心圆点表示。

（11）空白帧：没有内容的帧。

（12）普通帧：用于延长动画的播放时间，其内容与它前一个关键帧的内容一致。

（13）过渡帧：用于延长动画的播放时间，是动画渐变过程中由计算机产生的帧。

8.3.6　“库”面板

选择“窗口”→“库”命令，或按【F11】键，可以打开“库”面板。“库”面板可以用来存放制作动画，把引用的图形元件、按钮元件和影片剪辑元件，导入的声音和图像自动保存在库中。在制作动画时，库中的元件可以重复使用。在 Flash 8.0 中，库有公用库和库两种类型，公用库中包含了一些制作好的按钮、声音、交互式学习元件等。而库中则存放在动画编辑中所制作的各种元件，这里介绍的是库。

没有创建元件之前，库面板是空的。如果创建了元件或导入了图像后，则会将其自动存入到库中，下面我们来介绍库面板，如图 8-59 所示。

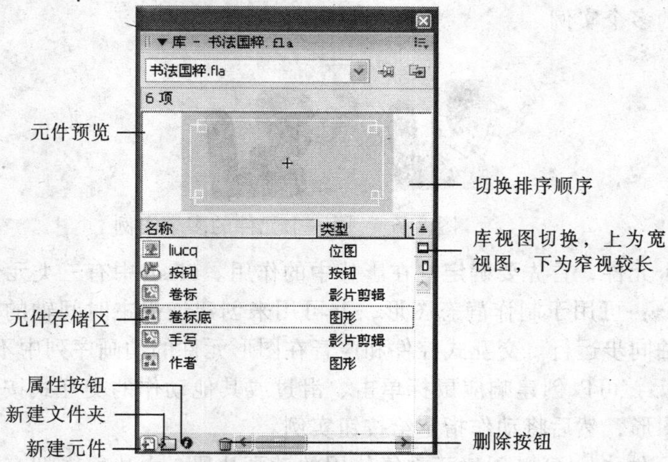

图 8-59　“库”面板

（1）新建元件按钮：单击此按钮，会弹出“新建元件”对话框，相当于选择“插入”→“新建元件”命令。

（2）新建文件夹按钮：单击此按钮会新建一个文件夹，可以用它来管理库中的元件。

（3）属性按钮：单击此按钮，会弹出“元件属性”对话框，如图 8-60 所示。它可以改变元件的属性，例如在创建了一个图形元件后，想将它转变为影片剪辑，则可以在这个对话框中选择“影片剪辑”单选按钮。

图 8-60　改变元件属性

8.4　元件和实例

“元件”和“实例”是 Flash 中非常重要的两个概念，通过它们可以实现已绘制元素的重复使用。在 Flash 中，元件分为图形元件、按钮元件和影片剪辑元件三类。一旦元件创建完成后，就可以创建它的“实例”，从而在该文档或其他文档中可以重复使用同一个元件创建多个“实例”。本节将讲述如何在 Flash 环境中创建“元件”和“实例”。注意这里的“实例”，是一个专有的名词，不要跟我们通常所说的实例混淆。

8.4.1 初识元件与实例

所谓元件，是指一个可重复使用的图像、动画或按钮，当创建一个元件时，该元件会存储在库中，将元件从库中拖动到舞台上时，就会创建该元件的一个实例。

元件减小了文件体积，因为无论创建多少个元件实例，Flash 只会将该元件在库中存储一次。对于在文档中多次出现的元素，使用元件是个很好的方法。可以修改实例的属性而不影响主元件，并可以通过编辑主元件来更改所有实例。在影片中使用元件就会像变戏法一样缩减文件的尺寸。例如如果把影片中的静态图形（如背景图像）转换为元件，影片尺寸就会减小。使用元个也可以加快影片在网络中的载入速度，因为每一个元件只需被下载一次，如图 8-61 所示就是同一个元件的多个实例。

图 8-61 同一个元件的多个实例

要创建一个元件，首先要确定它在影片中的作用。Flash 中有三类元件，作用各不相同：

图形元件：可用于制作静态图形，并可用来创建连接主时间轴的可复用动画片段。图形元件与主时间轴同步运行。交互式控件和声音在图形元件的动画序列中不起作用。

按钮元件：可以创建响应鼠标单击、滑过或其他动作的交互式按钮。可以定义与各种按钮状态关联的图形，然后将动作指定给按钮实例。

影片剪辑元件：可以创建可重复使用的动画片段。影片剪辑拥有自己独立于主时间轴的多帧时间轴。可以将影片剪辑看做是主时间轴内的嵌套时间轴，可以包含交互式控件、声音甚至其他影片剪辑实例。也可以将影片剪辑放在按钮元件的时间轴内，以创建动画按钮。

8.4.2 创建元件与实例

1. 创建新元件

选择“插入”→“新建元件”命令，或单击“库”面板底部的“新建元件”按钮，弹出“创建新元件”对话框，在对话框中输入元件名称，并选择元件类型，如图 8-62 所示。

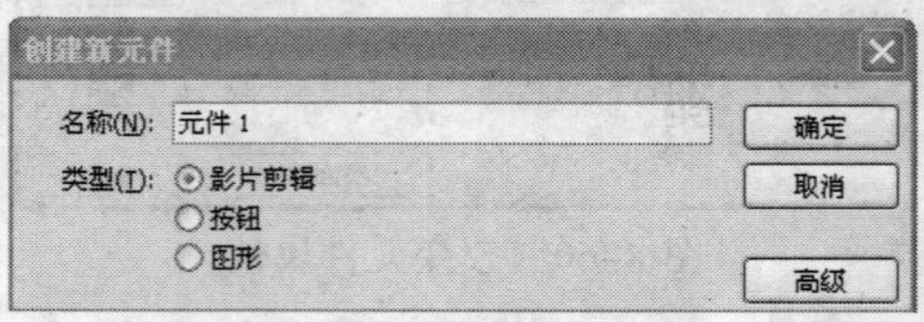

图 8-62 “创建新元件”对话框

单击“确定”按钮后，工作区会自动从场景模式切换到元件编辑模式，元件的名称会出现在时间轴上部的场景名称旁边，工作区窗口中会出现一个十字叉，代表元件的中心点，如图 8-63 的所示。

在工作区制作元件，就像创建、编辑 Flash 影片一样，可以使用绘图工具或导入文件，也可以使用其他元件的实例。元件编辑完成后，选择“编辑”→“编辑文档”命令，或单击时间轴上部的场景名称，就可以退出元件编辑模式，回到场景编辑模式。这时，“库”面板中会新增一个刚刚建立的新元件。

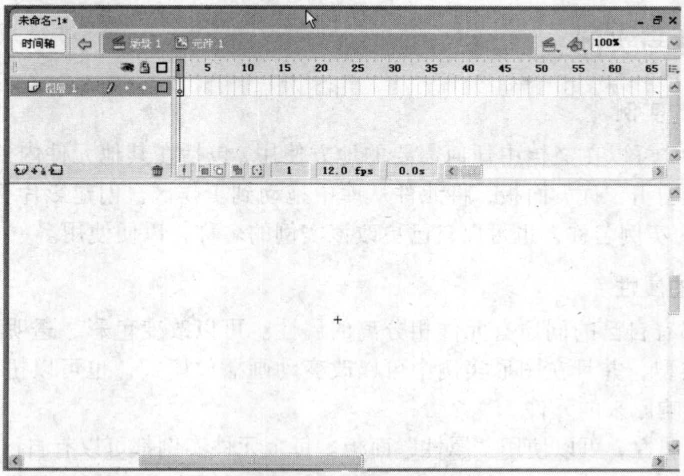

图 8-63　元件编辑模式下的工作区

2. 把所选元素转成元件

首先选择工作区中的一些对象，然后选择“修改”→“转换为元件”命令或单击右键，就会弹出如图 8-64 所示的对话框。在“转换为元件”对话框中，输入元件的名称，在“类型”选项区域中选择“图形”单选按钮，单击确定后，按下【Ctrl+L】组合键打开库面板，可以看到，转换好的元件出现在库中，如图 8-65 所示。

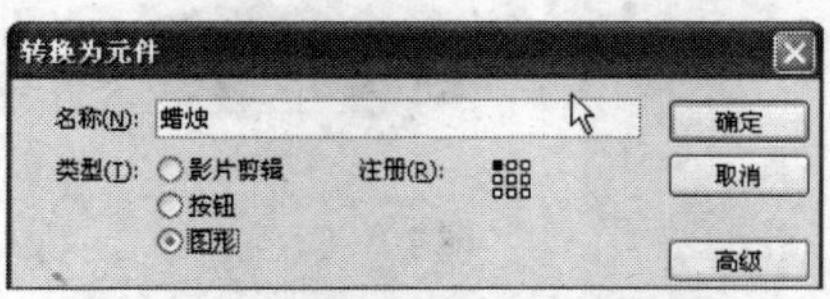

图 8-64　“转换为元件”对话框

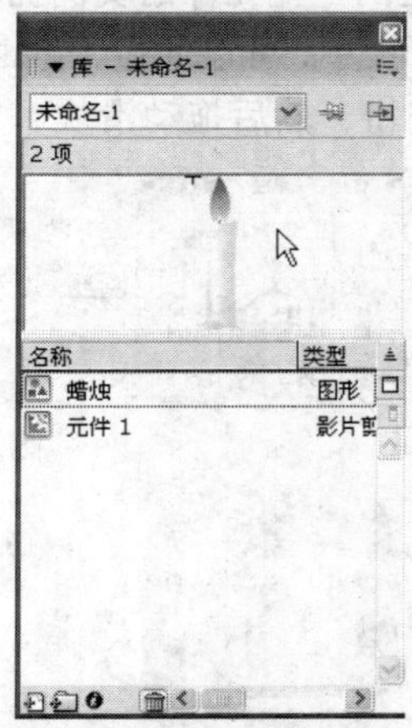

图 8-65　转换好的元件

3. 编辑元件

无论元件是直接创建的，还是经过转换生成的，都有可能在创建了若干实例后需要修改。编辑元件在元件编辑模式下进行，执行下列操作之一就可以进入原工作区编辑元件。

（1）右击库中要编辑的元件的图标。

（2）在舞台上选择该元件的一个实例，单击右键，从弹出的快捷菜单中选择“编辑”命令。

（3）在舞台上选择该元件的一个实例，然后选择“编辑”→“编辑元件”命令。

（4）在“库”面板中选择该元件，然后从库菜单中选择“编辑”命令。

元件经过编辑后，Flash 将更新文档中该元件的所有实例。

8.4.3 使用元件与实例

1．创建元件的实例

创建元件之后，可以在文档中任何需要的地方使用，包括在其他元件内创建该元件的实例。创建实例的方法是打开“库”面板，将元件从库中拖动到工作区。创建影片剪辑和按钮实例时，Flash 将指定默认的实例名称，也可以自己更改该实例的名称，以便使用。

2．更改实例的属性

每一个实例都有自己的同原有元件相分离的属性。可以改变色彩、透明度或实例的亮度，重新定义实例的类型，并且在图形实例中可以改变动画播放模式，也可以扭曲、旋转、缩放一个实例，这不会影响原来的元件。

要编辑实例的属性，可以使用“属性”面板。每个元件实例都可以有自己的色彩效果。要设置实例的颜色和透明度选项，也可以使用“属性”面板。“属性”面板中的设置也会影响放置在元件内的位图。

在属性面板的“色调”选项中用相同的色相为实例着色。使用属性面板中的色调滑块设置色调百分比，从透明（0%）到完全饱合（100%）单击该三角形，然后拖动滑块，或者在文本框内输入一个值来调节色调，如图 8-66 所示。要选择颜色，可在各自的文本框中输入红、绿和蓝色的值，或单击颜色框并从弹出窗口中选择一种颜色，或单击“颜色选择器”按钮，如图 8-67 所示，是同一个元件的实例拥有不同的颜色效果。

在属性面板中，可以通过 Alpha 选项调节实例的透明度，从透明（0%）到完全饱和（100%）。单击下三角按钮，然后拖动滑块，或者在文本框内输入一个值来调节 Alpha，如图 8-68 所示。

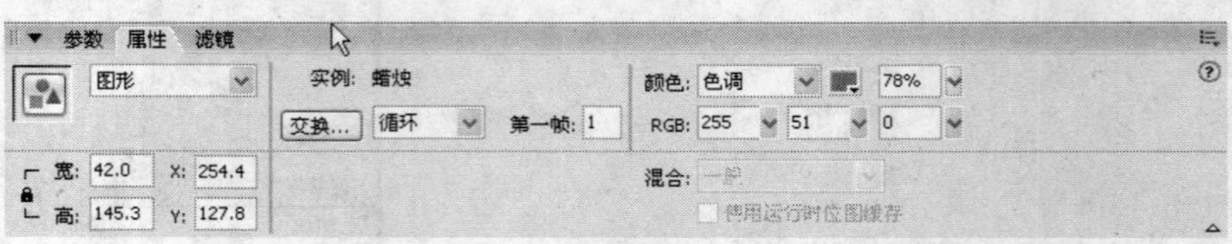

图 8-66　调整实例“色调”选项

图 8-67　调整实例不同色调效果比较

图 8-68　调整实例 Alpha（透明度）的比较

属性面板中的“亮度”选项调节图像的相对亮度或暗度，值从黑（-100%）到白（100%）。单击下三角按钮，然后拖动滑块，或者在文本框内输入一个值来调节亮度，如图 8-69 所示为实例效果的比较。

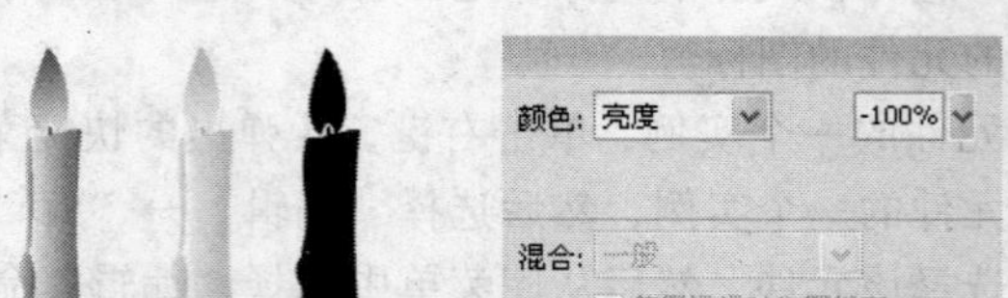

图 8-69　调整实例亮度的效果比较

实例是动画最基本的元素之一，所有的动画都是由一个又一个实例组织起来的。库则是管理元件最常用的工具，通过库的管理使元件的应用更加灵活。

练一练

制作一个如图 8-70 所示的星空图，调节星星元件的各个实例的属性，得到不同的星光效果。

图 8-70　星空图

8.5　Flash 动画概述

在这一节中先简单介绍一些 Flash 动画中与制作动画相关的概念以及表示方法，为后面的学习各种动画制作的方法打基础。

8.5.1　Flash 中的动画类型

在 Flash 中可以创建以下三种类型的动画。

（1）逐帧动画：制作好每一帧画面，然后生成动画效果，传统的动画就是这样制作出来的。

（2）动画补间动画：在一个时间点定义一个实例、组或文本的位置、大小和旋转等属性，然后在另一个时间点改变那些属性，也可以沿着路径应用补间动画。

（3）形状补间动画：在一个时间点绘制一个形状，然后在另一个时间点更改该形状或绘制另一个形状。Flash 会通过一定的方法计算出这两个时间点之间的帧中的形状。

8.5.2　不同种类的动画和帧的表示方法

在时间轴中根据动画的种类不同，有各种不同类型的帧，帧的表示方法不同。时间轴中有很多帧单元格，每一格每行代表一个图层，每一列代表一个帧。

（1）关键帧：帧单元格中有一个实心圆圈，如图 8-71 所示，表示一个关键帧。关键帧后面的浅灰色背景表示帧上的内容没有发生变化，和关键帧中的内容相同。

图 8-71　关键帧

（2）空白关键帧：帧单元格中有一个空心圆圈，如图 8-72 所示，表示一个空白的关键帧。

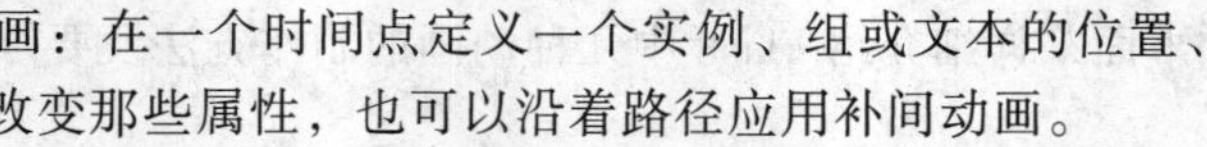

图 8-72　空白关键帧

（3）动画补间动画过渡帧：动画补间动画的关键帧通过黑色箭头连接，两帧之间是浅紫色背景，如图 8-73 所示。

图 8-73　动画补间动画过渡帧

（4）形状补间动画过渡帧：形状补间动画的关键帧之间也通过黑色箭头连接，但两帧之间是浅绿色背景，如图 8-74 所示。

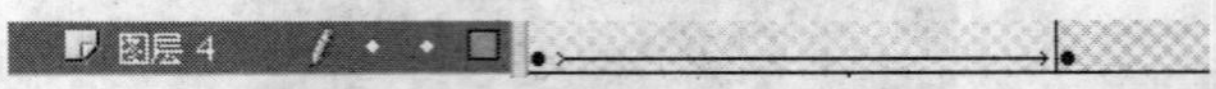

图 8-74　形状补间动画过渡帧

（5）补间错误：虚线表示补间中存在错误，无法完成补间过渡。两帧之间是浅紫色背景，表示动画补间错误；两帧之间背景色为浅绿色，表示形状补间错误。如图 8-75 所示。

图 8-75　补间错误帧

（6）动作脚本：帧单元格中有一个字母“a”，表示在这一帧中分配了动作（Action），如图 8-76 所示。

（7）声音：时间轴上的帧有像电波一样的波动符，表示加载了声音，如图 8-77 所示。

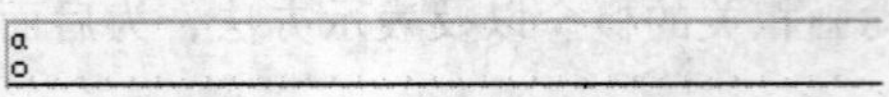

图 8-76　分配了动作的帧

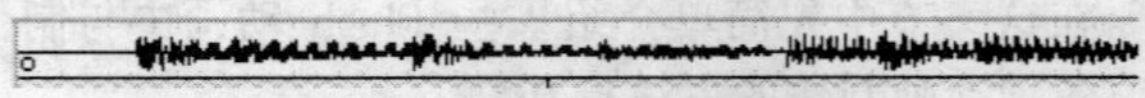

图 8-77　加载了声音的帧

8.6　动画的制作方法

前面介绍了动画制作的相关概念、帧的类型、元件的创建与编辑等知识，这些内容都是创作动画所必须掌握的。下面来详细介绍 Flash 中几种动画的制作方法及要点。

8.6.1　逐帧动画的制作

逐帧动画会在每一帧中改变舞台上的内容，即每一帧都是关键帧，然后逐帧播放这些画面从而形成动画效果。逐帧动画适合制作一些复杂的动画，适用于帧中的图形有较大变化的情况，不过逐帧动画会在很大程度上增加文件大小。

要创建逐帧动画，需要将每个帧定义为关键帧，然后给每个帧创建不同的图像。每个新关键帧最初包含的内容和它前面的关键帧是一样的，因此可以递增修改动画中的帧。

提示：要创建关键帧，只要在帧上按【F6】键即可。要创建空白关键帧，按【F7】键。如果想创建普通帧，按【F5】键。如果要想删除关键帧或空白关键帧，按下【Shift+F6】组合键。如果想删除普通帧，按下【Shift+F5】组合键。

下面使用逐帧动画的方法制作一模仿打字效果的动画。

（1）创建一个新文档，文档大小宽为 550px，高为 200px，背景色设为黑色，如图 8-78 所示。将文件以“打字动画”命名并保存到指定的目录中。

（2）选择“文本”工具，在“文本”工具属性面板上设置字体为“华文楷体”，字号大小为 40，输入文字“冬天来了，春天还会远吗？”，用选取工具选择文本，选择“修改”→“分离”命令，效果如图 8-79 所示。

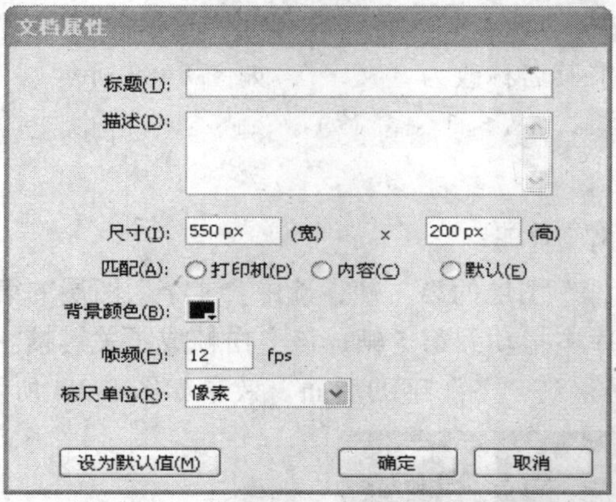

图 8-78 设置文档的大小和背景色

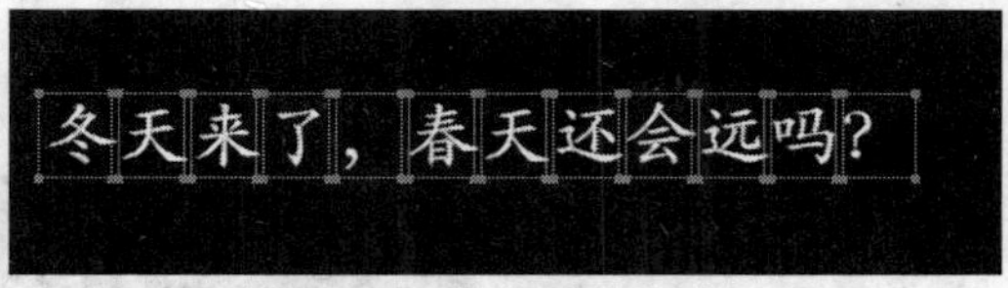

图 8-79 分离后的文本

（3）单独选取分离后的文字“冬”，单击右键，选择“转换为元件”选项，将名称设定为跟文字同名，如图 8-80 所示。

依次类推，将其他文字单独选取，将其转为与所选文字对应的图形元件，按【Ctrl+L】组合键打开库面板，可以看到转换好的图形元件，如图 8-81 所示。

图 8-80 将分离的文字转为图形元件

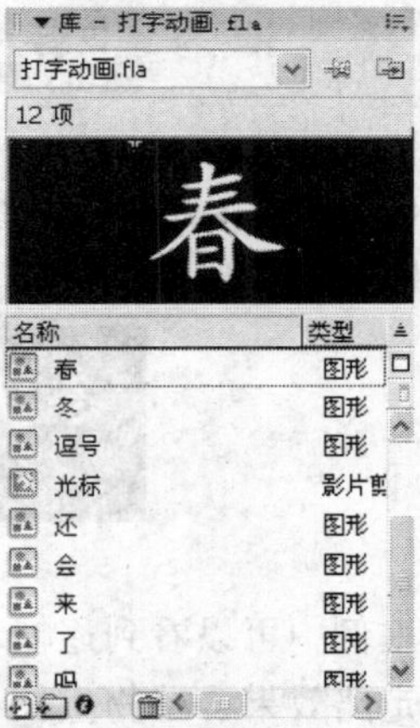

图 8-81 文字转换成的元件

（4）将舞台上的文字删除。

（5）选择“插入”→“新建元件”命令，弹出“新建新元件”对话框，设置元件名称为“光标”，类型为影片剪辑，如图 8-82 所示。

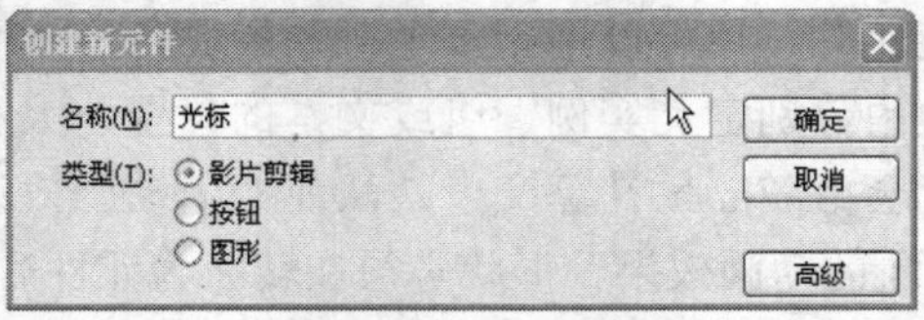

图 8-82 “新建新元件”对话框

（6）单击确定按钮后，进入“光标”元件编辑窗口，选择“直线”工具，在元件编辑窗口画一条直线，在“属性”面板上将其粗细设为“2”，颜色设为“白色”。按【F7】键再插入一空白关键帧，这二帧构成了光标的闪动动画。

（7）单击左上角的“场景 1”，回到主场景，双击“图层 1”，将其改名为“光标”。单击“新键图层”按钮，新建一图层 2，双击图层名称并将其名称改为“文字”，如图 8-83 所示。

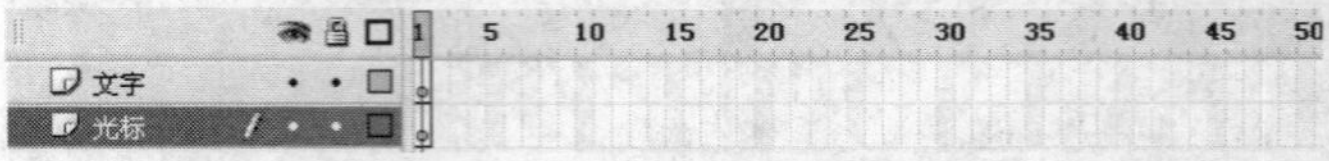

8-83 图层重命名

（8）将光标从库中拖放动主场景时间轴的“光标”图层的第 1 帧，选中“文字”图层的第五帧，按【F7】键插入空白关键帧，将文字“冬”从库中拖动到第 5 帧，该空白帧成了关键帧。选中“光标”图层的第 5 帧，按【F6】键，将光标平移到“冬”字的后面。效果如图 8-84 所示。

图 8-84 插入的“冬”字及鼠标的位置

（9）选中“文字”图层的第 8 帧，按【F6】键插入关键帧，将文字“天”从库中拖放到第八帧。选择“光标”图层的第八帧，按【F6】键插入关键帧，将光标平移到“天”字的后面。依次类推，做好文字的排列与光标的平移工作，最后效果如图 8-85 所示。

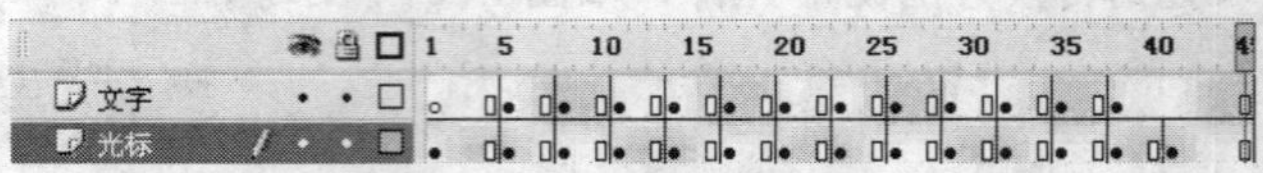

图 8-85 最终的时间轴

（10）按【Ctrl+Enter】组合键测试一下动画效果，我们可以看到文字逐一出现，而光标在文字后闪动的动画效果。最终效果如图 8-86 所示。

图 8-86 打字动画最终效果

从上例中可以看到逐帧动画中的每一个关键帧上的内容都不同，逐帧动画应用的场合比较多，像走路效果、植物生长、霓虹灯效果等都可以用逐帧动画来表现。在实际运用中它往往和渐变动画综合在一起来表现自然界的某些运动效果。

8.6.2 动画补间动画

“动画补间动画”也称为“动作补间动画”或“运动补间动画”，是最常用的一种动画形式，包括对象的缩放、扭曲或旋转等，还可以用于表现对象的颜色和透明度的变化。制作补间动画时，在起始和结束的关键帧中分别定义实例、组或文本的位置、大小和旋转等属性的不同值，中间的非关键帧中的内容就会由 Flash 计算产生，从而产生动画效果。需要注意的是，补间动画是以实例、组或文本为对象的动画效果，形状必须在转换为元件后，才能制作补间动画。

下面用补间动画制作一个箭射入靶子的动画。

（1）创建一个新文档，文档大小宽为为 700px，高为 300px，背景色设为黑色，将文件以“箭的运动”命名并保存。

（2）选择“插入”→“新建元件”命令，弹出“新建新元件”对话框，设置元件名称为“靶子”，类型为图形，单击“确定”按钮，进入元件编辑窗口。选择“矩形”工具，将“笔触颜色”

设置为无，“填充色”设为深灰色，然后按住【Shift】键绘制一正方形。

（3）选择“椭圆”工具，然后在工具栏颜色区域中，将笔触颜色设置为黑色，将宽度设置为“3”，将填充色设置为无。然后按住【Shift】键绘制一空心圆形，如图 8-87 所示。

（4）用选择工具选中圆环，选择菜单栏中的“编辑”→“复制”命令，或者按【Ctrl+C】组合键，然后选择“编辑”→“粘贴到当前位置”命令或者按【Ctrl+Shift+V】组合键，在原始位置粘贴空心圆形。

（5）保持粘贴后的空心圆形选中状态，然后选择工具栏中的“任意变形”工具，在空心圆的周边会出现八个控点。将鼠标移到任意一个控点上，同时按住键盘上的【Shift】键和【Alt】键向内拖动鼠标，将粘贴后的椭圆在保持中心点不变的情况下进行等比例缩放，如图 8-88 所示。

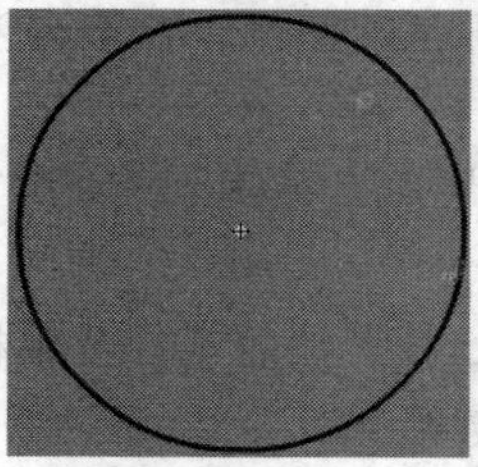

图 8-87　空心圆环

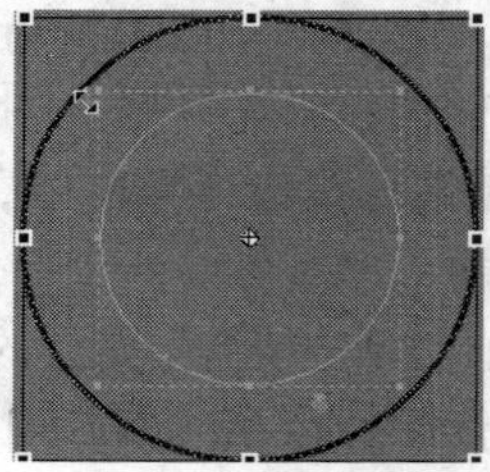

图 8-88　缩放圆环

（6）缩放完后松开鼠标和键盘，然后在空白处单击一下，此时同心圆环就制作完成了。使用相同的方法制作同其他圆环图形，完成后就是箭靶的基本轮廓，如图 8-89 所示。

（7）完成上述操作之后，选择工具栏中的“颜料桶”工具，给箭靶涂上不同的颜色，如图 8-90 所示。

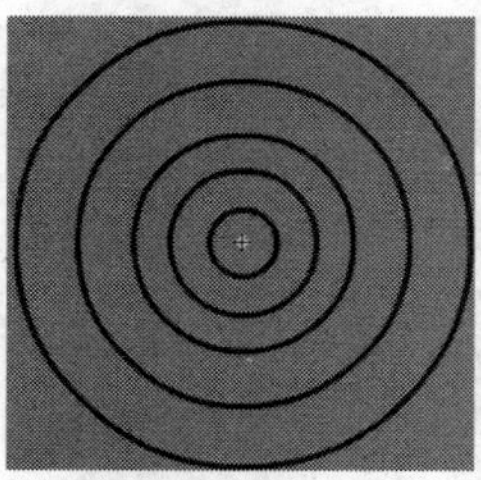

图 8-89　完成圆环的绘制

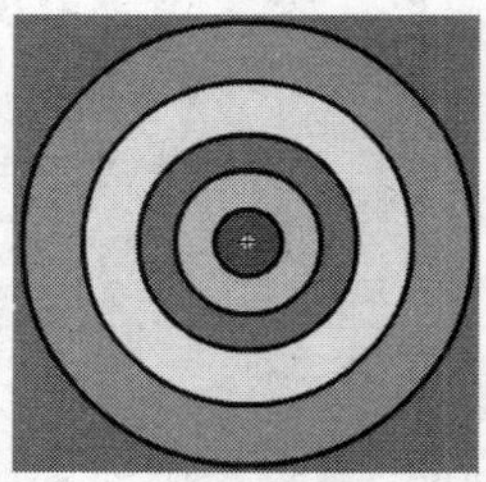

图 8-90　涂色后的靶子

（8）选择“插入”→“新建元件”菜单，弹出“新建新元件”对话框，设置元件名称为“箭”，类型为图形，单击“确定”按钮，进入元件编辑窗口。

（9）在舞台上绘制一个矩形，作为箭身，在箭身前绘制一个正方形，然后选择选取工具，将其变形为三角形，水平移动三角形，让它跟箭身合在一起，如图 8-91 所示。

（10）选择“矩形”工具，在工具栏任意设置一种笔触颜色，将填充色设置为“白色”，然后在箭身的右侧上方绘制一个矩形作为箭羽，选择工具栏中的“任意变形”工具，然后在矩形上方双击，以便能同时选中填充和笔触。在工具栏的选项区域选择“旋转与倾斜”图标，对选中的图形进行倾斜变形，在倾斜的矩形内绘制一条斜线，作为箭羽上的纹理线，如图 8-92 所示。

图 8-91　绘制箭身

图 8-92　绘制箭羽

（11）使用同样的方法绘制另外两片箭羽，注意保持箭羽底边处于对齐状态，而它们的宽度、笔触颜色和纹理线的数量则可以灵活设置。它们的高度从左到右是逐渐升高的，如图 8-93 所示。

（12）使用选取工具，将所有箭羽选中，注意不要将箭身也选中，依次选择菜单栏中的“编辑”→“复制”、“编辑”→“粘贴到当前位置”和“修改”→“变形”→“垂直翻转”命令，然后按键盘上的【↓】键，使得翻转后的箭羽向下移动，移动到与上侧的箭羽对称的位置，如图 8-94 所示。

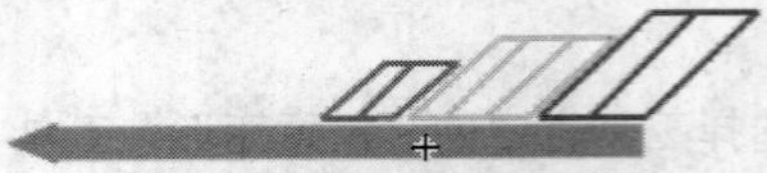

图 8-93　完成上侧箭羽的绘制

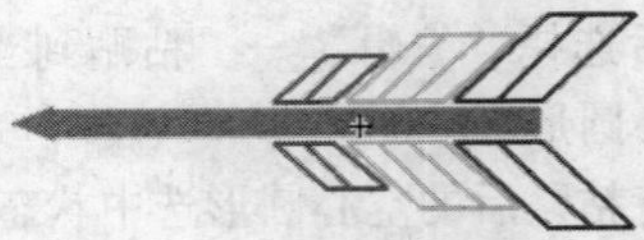

图 8-94　完成箭羽的绘制

（13）回到场景 1，双击“图层 1“，将其改名为“靶子”，选择“窗口”→“库”命令将库面板打开，将元件“靶子”从库中拖动动舞台上，放到舞台的左侧，在舞台上用“缩放“工具调整“靶子”实例的大小，选中第 50 帧，选择“插入”→“帧”命令。

（14）单击新建图层按钮，新建“图层 2”，双击“图层 2”，将其改名为“箭”，并将元件从库中拖动出来放到舞台的右侧以外。

（15）在时间轴上单击“箭”图层的 25 帧，选中第 25 帧，然后选择菜单栏中的“插入”→“时间轴”→“关键帧”命令或按【F6】键，插入一个关键帧。

（16）单击时间轴中“箭”图层中的第 25 帧，选中第 25 帧实例。将该帧上的实例水平右移，使得箭射入靶心。

（17）选中时间轴中“箭”图层中的第 1 帧，选中第 1 帧实例，然后在“属性”面板中的“补间”下拉列表中选择“补间动画”，这就在箭图层第 1 帧到第 25 帧之间创建了补间动画，如图 8-95 所示。为了让箭越运动快，在“属性”面板上的“缓动”文本框中将其值高为负值-30。

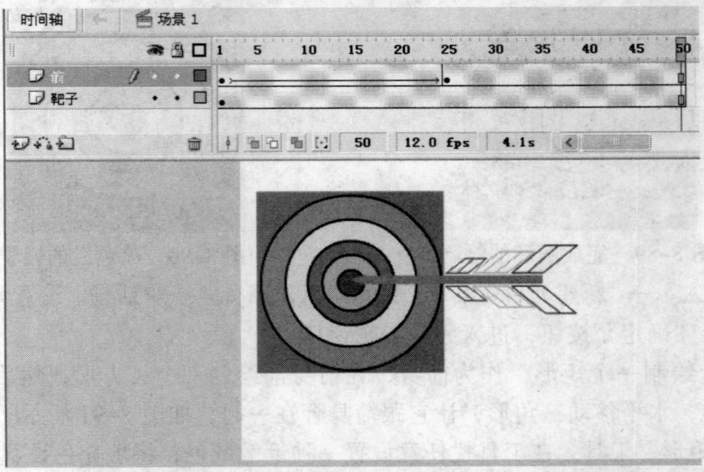

图 8-95　创建补间动画

（18）选中时间轴中“箭”图层中的第 50 帧，插入帧，至此一个箭运动的动画完成了。选择菜单栏中的“控制”→“测试影片”命令或按【Ctrl+Enter】组合键，此时弹出影片播放器，在播放器中观察动画效果。

在制作补间动画时，可以通过属性面板对动画效果进行更详细的设置，选择动画的起始帧，使用菜单“窗口”→“属性”→“属性命令”打开属性面板，如图 8-96 所示，可以看到各种详细的属性设置。

① 缩放：如果起始帧和结束帧中的对象大小不一致，那么选中该选项可以让物体的大小

逐渐变化；取消该选项保持动画过程中物体的大小不变，只在进入结束帧的时侯突然变小。

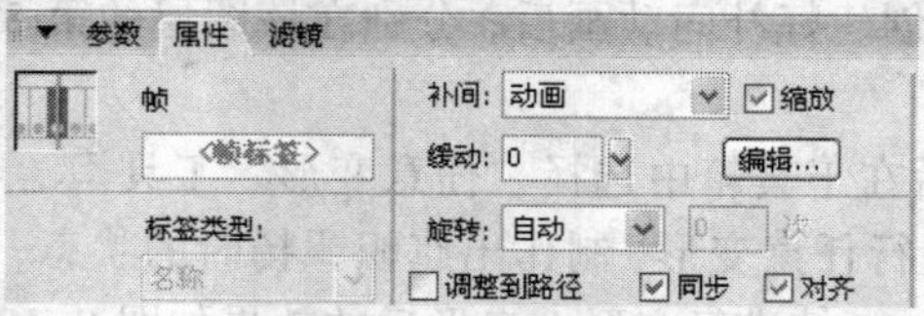

图 8-96　设置补间动画的详细属性

② 缓动：设置物体运动的加速度。如果是 0，那么物体是做匀速运动；如果是正数，那么物体将做减速运动；如果是负数，那么物体将做加速运动。

③ 旋转：设置物体运动时旋转的方向和次数。

④ 调整到路径：在使用引导动画时，让物体随着路径的方向而改变自己的朝向。

⑤ 同步：使图形元件实例的动画和主时间轴同步。

⑥ 对齐：在使用运动路径时，让补间元素自动附加到运动路径。

8.6.3 形状补间动画

除了上一节介绍的动画补间动画之外，Flash 还可以创建另一类动画，称为形状补间动画，就是使对象的形状随时间变化。要创建形状补间动画，需要在同一个图层中设置两个放置有矢量形状的关键帧，第一个关键帧作为起始帧，第二个关键帧作为结束帧，选中起始帧，打开“属性“面板，如图 8-97 所示，将“补间”设置为“形状”就可以了。

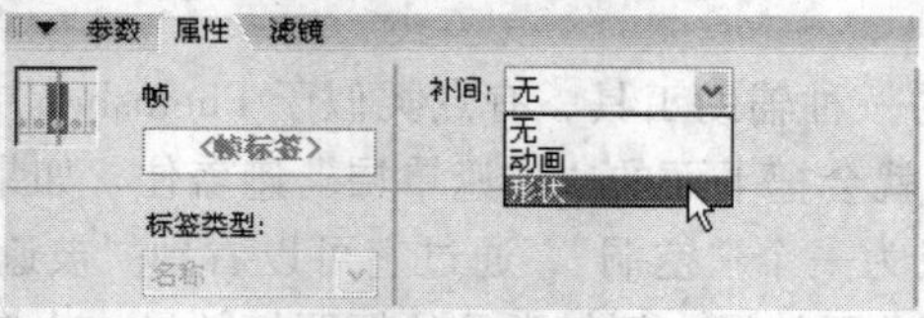

图 8-97　创建形状补间动画

下面通过一个飘扬的红旗的制作来说明一下补间形状动画的制作方法。

（1）创建一新文档，文档大小保持默认大小即可。双击工具箱中的“矩形”工具，在弹出的“矩形设置”对话框中，将边角半径设置为 10 点，将笔触颜色设置为黑色，填充色设为灰色，完成后在舞台绘制一个细长的圆角矩形，作为旗杆，如图 8-98 所示。

（2）右击图层 1，将其改名为“旗杆”，在“旗杆”层上的第 20 帧处按【F5】键插入帧。单击“插入图层”按钮，创建“图层 2“并将其改名为“红旗”。

（3）双击工具箱中的“矩形工具”，在弹出的“矩形设置”对话框中，将边角半径设置为“0”，即恢复初始状态。单击“确定”按钮完成设置。在工具中将笔触颜色设为“无”，将填充颜色设为红色（#FF0000）,完成后在舞台圆角没矩形的边缘绘制一个矩形，作为旗帜，如图 8-99 所示。

图 8-98　绘制旗杆

图 8-99　绘制矩形

（4）用单击“红旗”“图层 2”上的第 1 帧，打开“属性”面板，在该面板的“补间”下拉列表中选择“形状”选项。创建好补间动画后，分别在该图层的第 5、10、15 和 20 帧上按【F6】键插入关键帧。

（5）选中第 5 帧，然后在工具箱中选择“任意变形”工具，再在选项部分选中“封套”按钮，对舞台上的旗帜进行任意变形，制作出旗帜飘扬时的状态，变形完成后效果如图 8-100 所示。使用同样的方法对第 15 帧进行变形，变形后的效果如图 8-101 所示。

（6）通过上述操作，完成了旗帜的变形动画的制作，选择“控制”→“测试影片”命令，测试动画效果，如图 8-102 所示。或者按【Ctrl+Enter】组合键预览动画。

图 8-100 第 5 帧变形后的效果

图 8-101 第 15 帧变形后的效果

图 8-102 最终效果

提示： 形状动画不但可以改变图形形状，也可以改变它的位置和颜色。但这同补间动画中改变对象的颜色和位置是不一样的。在动画补间中，变化的是同一实例的颜色属性或位置；而在补间形状动画时，是在两个图形对象之间变化。

8.6.4 遮罩动画

“遮罩”是 Flash 提供的一种辅助工具，有点类似于 Photoshop 中的“蒙版”。即当一个图层被设置为“遮罩层”后，它就会把下面的“被遮罩层”遮盖住。如果在遮罩层上绘制一些形状，这些形状相应的部分就会成为一个“空洞”，通过它可以看到“被遮罩层”中的内容。通过使用遮罩，可以制作一些特殊的动画效果，例如常见的探照灯效果、水波效果、万花筒效果等。

选择某一普通图层，在图层上单击右键，在弹出的快捷菜单中选择“遮罩层”命令，如图 8-103 所示。使命令的左边出现一个小勾，该图层就会生成“遮罩层“，如图 8-104 所示。层图标就会从普通层图标变为遮罩层图标，系统会自动把遮罩层下面的一层关联为“被遮罩层”，同时图标变为。

图 8-103 创建遮罩层

图 8-104 遮罩层与被遮罩层

可以在遮罩层与被遮罩层中分别或同时使用形状补间动画、补间动作动画与引导线动画等动画手段，从而使遮罩动画变成一个可以施展无限想象力的创作空间。

下面我们通过一个发光的五角星来学习遮罩动画的制作方法。最终效果参见素材 8.6。

（1）创建一个新文档，文档的大小保持默认状态不变，将背景颜色设置为黑色，双击“图层 1”将其重命名为“五角星”，选择“多角星”工具，单击“选项”按钮，在“样式”下拉列表框中选择“星形”，如图 8–105 所示，在舞台上绘制一个五角形，将五角形放置于舞台的正中央。笔触颜色为无填充色，笔触颜色为黄色（#FFFF00）到红色（#FF0000）的放射状渐变，如图 8–106 所示。

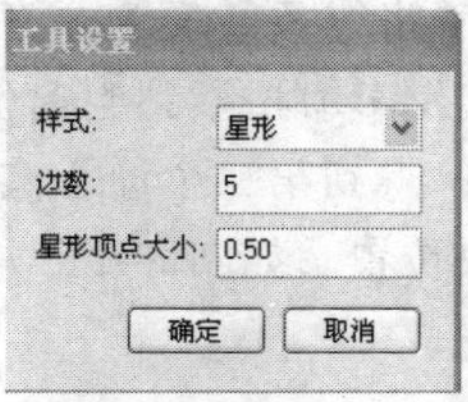

图 8–105　多角形工具设置

图 8–106　绘制五角形

（2）选中时间轴上的第 1 帧，单击右键，在弹出的快捷菜单中选择“创建补间动画”命令，创建一个补间动画。在时间轴的第 20 帧和第 40 帧分别插入一个关键帧，接着选中第 20 帧，然后使用选取工具选中五角形，在“属性”面板中打开颜色列表下的“高级效果”对话框，在该对话框下设置参数修改五角形的颜色，参数设置如图 8–107 所示。

（3）锁定五角形图层，新建“图层 2”，双击“图层 2”名称并将其重命名为线条在该图层上使用线条工具画一条黄色的直线，使用任意变形工具，将它的变形中心点拖动到五角形的中心位置处，如图 8–108 所示。

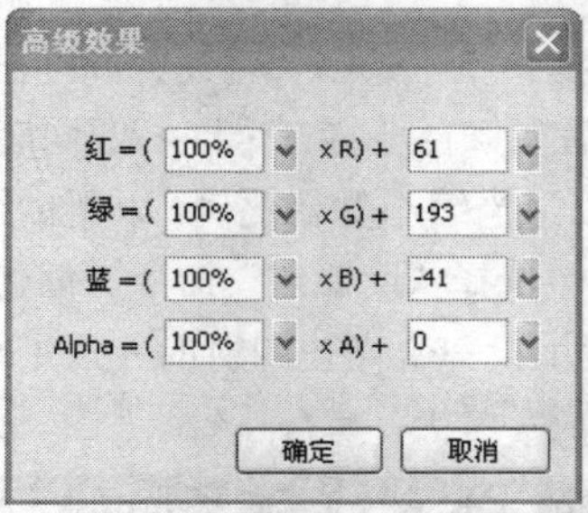

图 8–107　修改颜色

图 8–108　拖动直线的变形中心点

（4）打开“窗口”→“变形”面板，在该面板下将旋转角度设置为“15 度”，单击“复制并应用变形”按钮，设置如图 8–109 所示，复制并旋转直线，使复制出来的直线围绕五角形旋转一周，如图 8–110 所示。

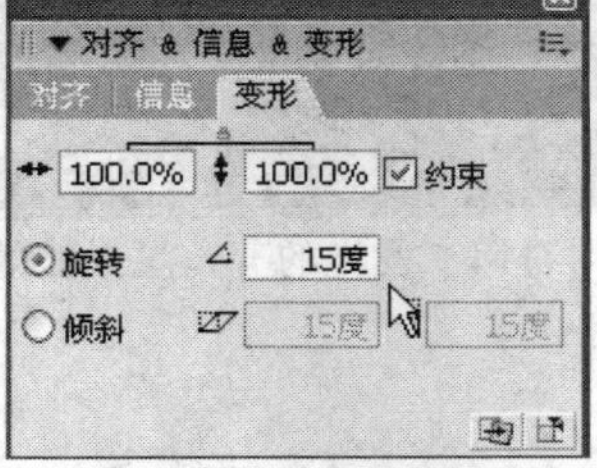

图 8–109　变形面板设置

图 8–110　复制并旋转直线

（5）复制完成后，选择“线条”图层上的所有直线，选择“修改”→“形状”→“将线条转换为填充”命令，将线条转换为填充，这步操作很重要，在后面的步骤中将该层作为遮罩层时直线才会起作用。

（6）新建“图层 3”，并将其移到线条图层下方，双击将“图层 3”重命名为“圆环”。使用“椭圆”工具按住【shift】键拖动画产生一个无填充的圆形，笔触的高度设为 10。选中绘制的圆形，打开“混色器”面板，将“笔触颜色”设置为放射状填充，填充颜色设置为白色完全透明到白色再到白色完全透明，如图 8-111 所示。

（7）设置好渐变色后，选择“修改”→“形状”→“将线条转换为填充”命令，将圆环由笔触模式转换为填充模式。接下来复制圆环，然后选择“编辑/粘贴到当前位置”，选择自由变形工具，按下【Shift】和【Alt】键，沿中心点放大圆环，得到第二个同心圆环，用同样的方法制作第三个圆环。选中 3 个圆环，使它位于五角形的中央位置，如图 8-112 所示。

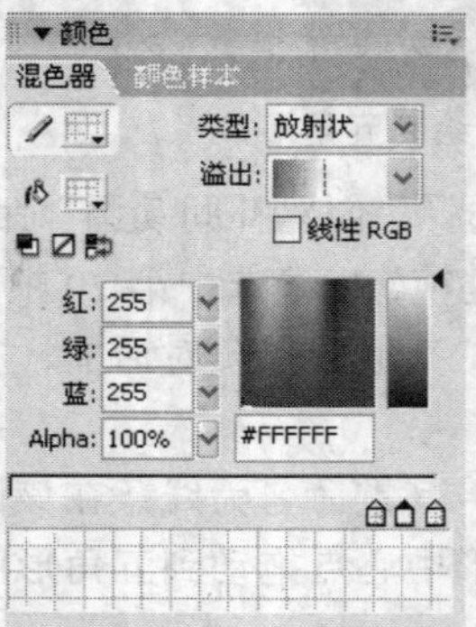

图 8-111　设置笔触渐变色

图 8-112　复制圆环

（8）单击圆环图层第 1 帧，单击右键，在弹出的快捷菜单中选择“创建补间动画”命令，创建一个补间动画，选择第 40 帧插入一的快捷关键帧，然后在舞台上将三个同心圆同时放大，使它最内圈的圆环紧靠直线的边缘，如图 8-113 所示。这里可以适当缩小舞台比例，以帮助缩放图像大小。

（9）选择线条图层，单击右键，在弹出的快捷菜单中选择“遮罩层”命令，创建遮罩动画。最后按【Ctrl+Enter】组合键预览动画效果，如图 8-114 所示，一个光芒四射的五角星效果就做好了。

图 8-113　放大后的圆环

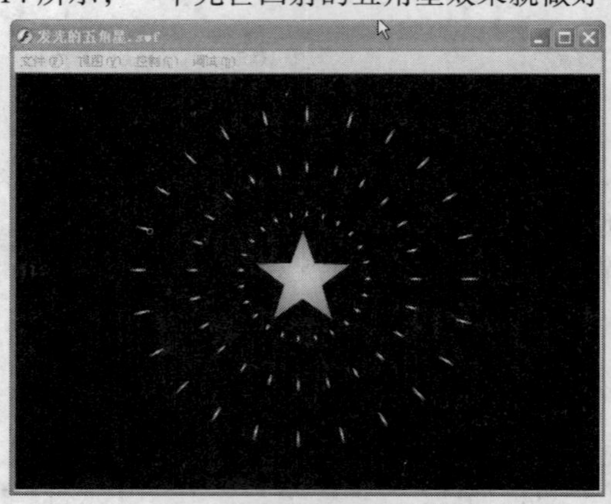

图 8-114　发光的五角星最终效果

8.6.5　引导动画

基本的补间动画只能使对象产生直线运动，而对于一个曲线运动，就要不断设置关键帧，为运动指定路线。我们可以一帧一帧地制作动画以实现这种效果，但是又太过于烦琐。一个简单的运动还可以勉强接受，但对于运动路径复杂的动画，等待用户的将是大量的工作。

事实上，Flash 提供了一个自定义路径的功能。这个功能就是在运动对象的上方添加一个运动路径的层，然后在该层中绘制对象的运动路线，使对象沿该路线运动。在播放时，运动引导层是隐藏的。引导层是用来指示元件运行路径的，绘制引导层中的路径内容可以是用“钢笔”、“铅笔”、“线条”、“椭圆”工具、“矩形”工具或“画笔”工具等绘制出的线段。影片剪辑实例、元件、按钮、组或文本可以沿着这些路径运动。也可以将多个层链接到一个引导层，使多个对象沿同一条路径运动。链接到引导层的图层就成为被引导层。

在时间轴中，选中需要关联运动的图层，然后单击时间轴底部的按钮，或者用鼠标右键单击该图层名字，在弹出的快捷菜单中选择“添加引导层”命令，创建一个运动路径引导图层，并与刚才的图层相关联。相关联的图层会向右缩进一些，如图 8-115 所示，表示与引导图层相关联。

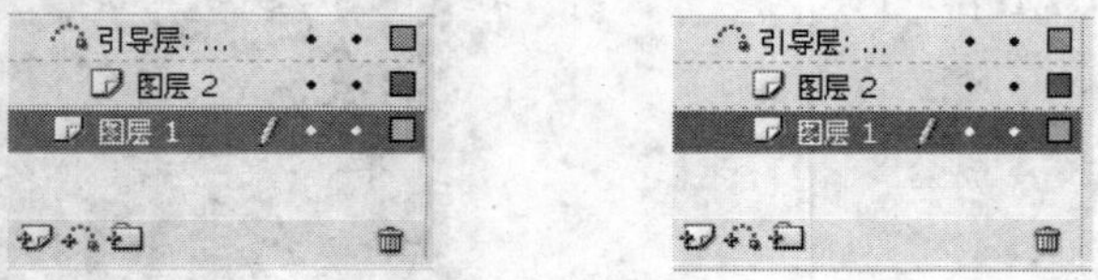

（a）　　　　　　　　　　　　（b）

图 8-115　普通图层与引导层的关联

一个引导图层可以与多个普通图层相关联，方法是用鼠标把一个普通图层拖动到运动引导层的下一层。注意图 8-115 中（a）与（b）的区别，图 8-115（a）表示引导层与图层 2 相关联，图 8-115（b）表示引导层与图层 1 与图层 2 的关联。

下面我们通过一个蝴蝶飞舞的例子来看一下引导动画的制作方法。

（1）新建一文档，文档的大小保持默认状态不变，将背景颜色设置为黑色，双击图层 1 并将其命名为背景。选择“导入”→“导入到库”命令，导入“素材/8.6/flower.jpg”图像文件，选中“背景”层第 1 帧，按【F11】键打开库面板，将 flower.jpg 拖动到舞台并调整到合适的位置，选中第 100 帧按【F5】键插入帧。然后将背景层锁定。

（2）选择“插入”→“新建元件”命令，元件名称为“fly”，类型为影片剪辑元件。双击元件 fly，进入元件编辑窗口以，双击图层 1 并将其重命名为“身体”用椭圆工具画出蝴蝶的身子，用任意变形工具调整椭圆的方向，然后用选取工具移到身体的附近，调节其形状，然后用铅笔工具画出身体的花纹和触须，注意可以将比例适当放大后画，如图 8-116 所示。选中图层第 3 帧，按【F5】键插入帧。

（3）新建普通“图层 2”，并把“图层 2”重命名为“翅膀”，选中第 1 帧，使用铅笔工具画出蝴蝶左边的翅膀，并用刷子工具为翅膀画上黄色的斑点，如图 8-117 所示。选中蝴蝶的半个翅膀，然后选择“任意变形”工具，将其中心点移到翅膀的边缘，然后选择“编辑”→“复制”命令，选择“编辑”→“粘贴到当前位置”命令，最后选择“修改”→“变形”→“水平翻转”命令，完成后如图 8-118 所示。

图 8-116　蝴蝶的身体

图 8-117　半个翅膀的蝴蝶

图 8-118　完成后的蝴蝶

（4）选中“翅膀“图层第 3 帧，插入关键帧，选中该图层第 2 帧，利用变形工具的旋转与倾斜选项，调整蝴蝶翅膀的大小和方向，3 个关键帧形成了翅膀振动的动画效果。

（5）回到场景，新建一个普通图层，并将它们分别重命名为“蝴蝶，选中“蝴蝶”图层第 1 帧，将影片剪辑元件 fly 从库中拖出来。用变形工具调整元件 fly 实例的大小，然后选择面板中的颜色下拉列表框，单击“高级”选项，单击旁边的“设置”按钮，参数设置如图 8–119 所示。

（6）选中“蝴蝶”图层，单击面板上的按钮，添加引导层，单击“引导层：蝴蝶”第 1 帧，选择“铅笔“工具，设置为平滑模式，画出 fly 实例的运动路线。”在选项“工具栏”中单击“磁铁”将 fly 实例拖到引导路径的右侧端点，如图 8–120 所示。单击第 100 帧，按【F6】键插入关键帧，将 fly 实例拖到引导层路径的左侧端点。

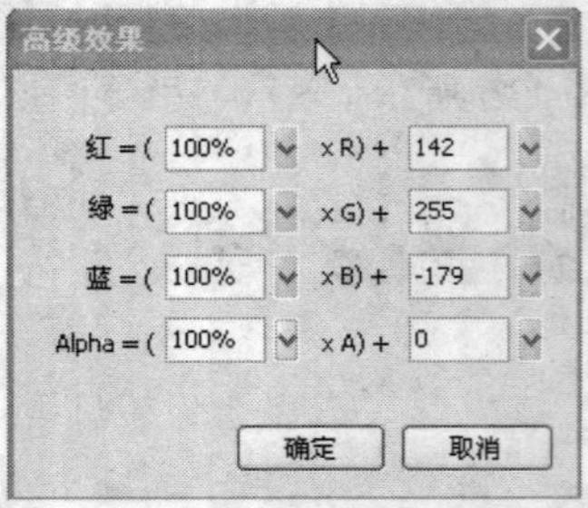

图 8–119　实例高级选项设置

图 8–120　引导层蝴蝶的路径

（7）创建补间动画，选中蝴蝶图层第 1 帧，在属性面板的“补间”下拉列表框中选择“动画”选项，创建补间动画。

（8）测试影片，按下回车键，在舞台上测试，看看蝴蝶是否沿着路径飞舞，假如蝴蝶已沿路径飞舞，就可以按下【Ctrl+Enter】组合键，可以看到蝴蝶在花丛中飞舞了。

假如蝴蝶没有沿路径飞舞，有可能是在移动蝴蝶实例时中心点没有吸附至引导线上。保持“磁铁”图标处于激活状态，再重新移动一次。

如果觉得一只蝴蝶太单调，不妨多加几个小蝴蝶，如图 8–121 所示，本例中做了一大一小两只不同颜色的蝴蝶。该实例参看素材 8.6 飞舞的蝴蝶.fla。

图 8–121　两只蝴蝶

本 章 小 结

本章介绍了 Flash 8 的工作环境，Flash 8 工具的制作技术和面板介绍，介绍了元件的创建和元件实例的使用。介绍了逐帧动画、补间动画、形状动画、引导层动画、遮罩动画等不同的动画形式和制作技巧。

思考与练习

一、填空题

1. 在 Flash 中，把合成动画的场所称为________，时间轴上面的每一个格就称为________。
2. 填充工具可用来对所绘制的图形的轮廓及填充色进行设置，它包括________工具和________工具。
3. 在 Flash 中，对所选对象进行各种变形操作，可以使用________面板。
4. 在 Flash 中，补间动画分为________和________二种。
5. 直线工具用于在舞台上绘制各种不同粗细、形状的直线。绘制时按住【Shift】键可以画________、________和________的直线。

二、选择题

1. 创建关键帧、普通帧、空白关键帧的快捷键依次为：________。
   A. F5 F6 F7　　B. F6 F7 F8　　C. F6 F5 F7　　D. F7 F6 F8
2. 在 Flash 8 中，插入新元件的组合按钮是________。
   A.【Ctrl+F6】　　B.【Shift+F7】　　C.【Ctrl+F8】　　D.【Shift+F6】
3. 在 Flash 8 中，使用箭头工具移动对象的同时按下________键，可以复制对象
   A.【Ctrl】　　B.【Shift】　　C.【Alt】　　D.【Enter】
4. 以下关于影片剪辑元件说法错误的是________。
   A. 使用影片剪辑可用于创建独立于电影中主时间轴播放的可重复使用的动画部分。
   B. 影片剪辑元件不可以包含其他影片剪辑实例。
   C. 影片剪辑很像在电影中的小电影。
   D. 可以在按钮元件的时间轴内放置影片剪辑实例。

三、思考题

1. 在 Flash 8 中，如何绘制光滑的曲线？
2. 在 Flash 8 中，如何给文本填充渐变色？
3. 在 Flash 中使用元件有什么好处？主要有哪几种类型？各有何特点？
4. 制作形状补间动画时，时间轴上出现了虚线，应如何处理？

第9章 多媒体与网络

随着网络技术、通信技术、多媒体技术的迅速发展，多媒体技术对网络产生极大的影响，流媒体技术的应用越来越普及，流媒体业务正变得日益普及。网络上信息与信息之间的链接是以超媒体或超文本的形式组成的。随着网络技术和多媒体技术的发展，未来网络的多媒体化发展已是大势所趋。

本章要点

- 流媒体技术。
- 超媒体与超文本。
- 多媒体网络技术。

9.1 流媒体技术

随着互联网的普及，利用网络传输声音与视频信号的需求也越来越大。广播电视等媒体信息，也都希望通过互联网来发布自己的音视频节目。

传统的网络传输音视频等多媒体信息的方式是完全下载后再播放，下载经常要花数分钟甚至数小时。而采用流媒体技术，就可实现流式传输，将声音、影像或动画由服务器向用户计算机进行连续、不间断传送，用户不必等到整个文件全部下载完毕，而只需经过几秒或十几秒的启动延时即可进行观看。当声音视频等在用户的机器上播放时，文件的剩余部分还会从服务器上继续下载。

9.1.1 什么是流媒体技术

所谓流媒体是指视频、声音和数据从源端同时向目的地传输，它可以作为连续实时流，在目的地被接收。这里的源指的是服务器端的信息，而目的地或接收端是指客户端。流数据从服务器端应用传输后可由客户端应用接收并显示或回放，一般是客户端应用接收到足够的数据并将之存储在缓冲区后便立即将视频显示出来，或将音频回放出来。流媒体的数据流随时传送随时播放，只是在开始时有些延迟。

流媒体数据具有三个特点：连续性（Continous）、实时性（Real-time）、时序性（Sequence），即其数据流具有严格的前后时序关系。由于流媒体的这些特点，它已经成为在 Internet 上实时传输音/视频的主要方式。

9.1.2　流式传输的过程

流媒体实现的关键技术是流式传输，流式传输主要指将整个音频和视频以及三维媒体等多媒体文件经过特定的压缩方式压缩成一个个压缩包，由视频服务器向用户计算机顺序或实时传送。其具体传送过程如下：

（1）用户选择某一流媒体服务后，Web 浏览器与 Web 服务器之间使用 HTTP/TCP 交换控制信息，以便把需要传输的实时数据从原始信息中检索出来。

（2）Web 浏览器启动音/视频客户程序，使用 HTTP 从 Web 服务器之间使用检索相关参数对音/视频客户程序初始化，这些参数可能包括目录信息、音/视频数据的编码类型或与音/视频检索相关的服务器地址。

（3）音/视频客户程序及音/视频服务器运行实时流控制协议（RTSP），以交换音/视频传输所需的控制信息。与 CD 播放机或 VCRs 所提供的功能相似，RTSP 提供了操纵播放、快进、快倒、暂停及录制等命令。

（4）音/视频服务器使用 RTP/UDP 协议将音/视频数据传输给音/视频客户程序（一般可认为客户程序等同于 Helper 程序），一旦音/视频数据抵达客户端，音/视频客户程序即可播放输出。

实现流式传输一般都需要专用服务器和播放器，其基本原理如图 9-1 所示。

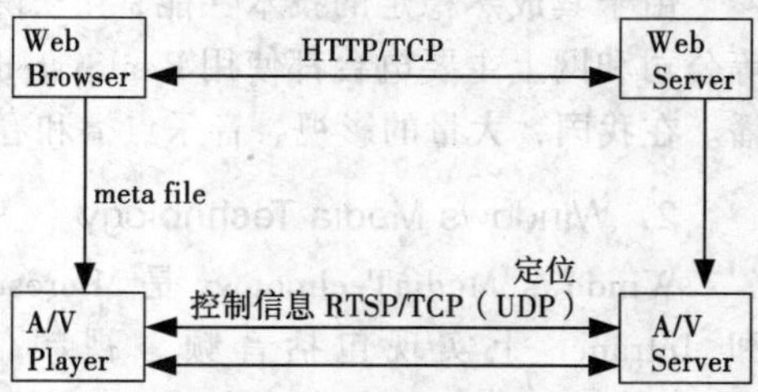

图 9-1　流媒体传输示意图

注意： 在流式传输中，使用 RTP/UDP 和 RTSP/TCP 两种不同的通信协议与 A/V 服务器建立联系，是为了能够把服务器的输出重定向到一个不同于运行 A/V Helper 程序所在客户机的目的地址。

9.1.3　流媒体传输方式

流媒体的传输技术主要有三种：点对点（Unicast）、多址广播（Multicast）和广播（Broadcast）。多址广播又称为组播。点对点的特点是流媒体的源和目的地是一一对应的，即流媒体从一个源（服务器端）发送出去后只能到达一个目的地（客户端）。组播是一种基于“组”的广播，其源和目的地是一对多的关系，但这种一对多的关系只能在同一个组内建立，也就是说，流媒体从一个源（服务器端）发送出去后，任何一个已经加入了与源同一个组号的目的地（客户端）均可以接收到，但该组以外的其他目的地（客户端）均接收不到。广播的源和目的地也是一对多的关系，但这种一对多的关系并不局限于组，也就是说，流媒体从一个源（服务器端）发送出去后，同一网段上的所有目的地（客户端）均可以接收到，广播可以看做组播的一个特例。

广播和组播对于流媒体传输来说是很有意义的，因为流媒体的数据量往往都很庞大，需要占用很大的网络带宽。如果采用点对点方式，那么有多少个目的地就要传输多少份流媒体，所以所需的网络带宽与目的地的数目成正比，如果采用广播或组播方式，那么流媒体在源端只需传输一份，组内或同一网段上的所有客户端应用均可以接收到，这就大大降低了网络带宽的占用。

9.1.4 流媒体技术解决方案

到目前为止，Internet上使用较多的流媒体格式主要有RealNetworks公司的RealMedia、Apple公司的QuickTime和Microsoft公司的Windows Media。它们是网上流媒体系统的三大主流格式。

1. Real system

Real System由媒体内容制作工具Real Producer、服务器端Real Server、客户端软件（Client Software）三部分组成。其流媒体文件包括Real Audio、Real Video、Real Presentation和RealFlash四类文件，分别用于传送不同的文件。Real System采用Sure Stream技术，自动地并持续地调整数据流的流量以适应实际应用中的各种不同网络带宽需求，轻松在网上实现视音频和三维动画的回放。

Real流式文件采用Real Producer软件进行制作，首先把源文件变为流式文件，再把流式文件传输到服务器上供用户点播。

由于其成熟稳定的技术性能，互联网巨人美国在线（AOL）、ABC、AT&T、Sony和Time Life等公司和网上主要电台都使用RealSystem向世界各地传送实时影音媒体信息以及实时的音乐广播。在我国，大量的影视、音乐点播和春节晚会的网上直播都采用了RealSystem系统。

2. Windows Media Technology

Windows MediaTechnology是Microsoft提出的信息流式播放方案，其主要目的是在Internet和Intranet上实现包括音频、视频信息在内的多媒体流信息的传输。其核心是ASF（AdvancedStreamFormat）文件，ASF是一种包含音频、视频、图像以及控制命令、脚本等多媒体信息在内数据格式，通过分成一个个的网络数据包在Internet上传输，实现流式多媒体内容发布。因此，通常把在网络上传输的内容就称为ASFStream。ASF支持任意的压缩/解压缩编码方式，并可以使用任何一种底层网络传输协议，具有很大的灵活性。Microsoft已将WindowsMedia技术捆绑在Windows 2000中，并打算将ASF用作将来的Windows版本中多媒体内容的标准文件格式，这无疑将对Internet特别是流式技术的应用和发展产生重大影响。

Windows Media Technology由Media Tools、Media Server和Media Player工具构成。MediaTools是整个方案的重要组成部分，它提供了一系列的工具帮助用户生成ASF格式的多媒体流（包括实时生成的多媒体流），分创建工具和编辑工具两种，创建工具主要用于生成ASF格式的多媒体流，包括MediaEncoder、Author、VidToASF、WavToASF、Presenter五个工具；编辑工具主要对ASF格式的多媒体流信息进行编辑与管理，包括后期制作编辑工具ASFIndexer与ASFChop，以及对ASF流进行检查并改正错误的ASFCheck。MediaServer可以保证文件的保密性，不被下载，并使每个用户都能以最佳的影片品质浏览网页，具有多种文件发布形式和监控管理功能，MediaPlayer则提供强大的流信息的播放功能。

3. QuickTime

Apple公司于1991年开始发布QuickTime，它几乎支持所有主流的个人计算平台和各种格式的静态图像文件、视频和动画格式，具有内置Web浏览器插件（Plug-in）技术，支持IETF（InternetEngineering TaskForce）流标准以及RTP、RTSP、SDP、FTP和HTTP等网络协议。通过好莱坞影视城（www.hollywood.com）检索到的许多电影新片片段，都是以QuickTime格式存放的，文件扩展名通常是.MOV

QuickTime包括服务器QuickTime Streaming Server、带编辑功能的播放器QuickTime Player

（免费）、制作工具 QuickTime 4Pro、图像浏览器 PictureViewer 以及使 Internet 浏览器能够播放 QuickTime 影片的 QuickTime 插件。QuickTime 4 支持两种类型的流：实时流和快速启动流。使用实时流的 QuickTime 影片必须从支持 QuickTime 流的服务器上播放，是真正意义上的 StreamingMedia，使用实时传输协议（RTP）来传输数据。快速启动影片可以从任何 WebServer 上播放，使用超文本传输协议（HTTP）或文件传输协议（FTP）来传输数据。

除了上述的流媒体技术的三种主要格式外，在多媒体课件和动画方面的流媒体技术还有 Macromedia 的 Shockwave 技术和 MeataCreation 公司的 MetaStream 技术。

通过 Shockwave 技术可以方便地在 Web 页面中加入图像、动画以及交互式界面等操作。利用这种 Streaming Shockwave 技术，即通过流的方式使用户在客户端实现边下载边播放的功能，节省了等待的时间。Shockwave 与 Macromedia 产品紧密联系在一起，包括 Flash、Shockwave for Authorware、Shockwave for Director 等技术。

MetaStream 3D 的图形设计软件是 Ray Dream Studio 5 以及 Ray Dream3D，可以方便地在网上创建、发布及浏览被缩放的 3D 图形，它具有小文件量及流传输的特点，比其他任何一种已存在的 Internet3D 技术压缩率都高，主要应用于游戏开发厂商、页面设计者、电子商务、科学研究者、专业设计者等。

9.1.5　流媒体文件格式

1. 压缩媒体文件格式

压缩格式有时被称为压缩媒体格式，包含了描述一段声音和图像的同样信息，但它的文件大小被处理得更小。很明显，在压缩过程改变了数据位的编排。在压缩媒体文件再次成为媒体格式前，其中数据需要解压缩。压缩过程自动进行，并内嵌在媒体文件格式中。表 9-1 列举一些视频和音频文件格式。

表 9-1　常用视频、音频压缩文件类型

文件格式扩展名 (Video/Audio)	媒体类型与名称	压缩情况
Mov	QuickTime Video	未压缩
Mpg	MPEG 1 Video	已压缩
Mp3	MPEG Layer 3 Audio	已压缩
Wav	Wave Audio	未压缩
Aif	Audio Interchange Format	未压缩
Snd	Sound Audio File Format	未压缩
Avi	Audio Video Interleaved V1.0	未压缩

2. 常用流式文件格式

流式文件格式经过特殊编码，使其适合在网络上边下载边播放，而不是等到下载完整个文件才能播放。可以在网上以流的方式播放标准媒体文件，但效率不高。将压缩媒体文件编码成流式文件，必须加入一些附加信息，如计时、压缩和版权信息。表 9-2 列举了常用的流式文件类型。

表 9-2 常用流式文件格式

文件格式扩展名（Video/Audio）	媒体类型与名称
asf	Advabced Streaming Format（Microsoft）
rm	Real Video/Audio 文件（Progressive Networks）
ra	Real Audio 文件（Progressive Networks）
rp	Real Pix 文件（Progressive Networks）
rt	Real Text 文件（Progressive Networks）
swf	Shok Wave Flash（Macromedia）
qt	QuickTimeMovie
viv	Vivo Movie 文件（Vivo Software）

9.1.6 流媒体技术的应用

近年来，随着宽带网络的发展和用户需求的驱动，流媒体技术和相关的应用得到越来越多的关注，被认为是未来高速宽带网络的主流应用之一。互联网的迅速发展和普及为流媒体业务发展提供了强大的市场动力，流媒体业务正变得日益流行。流媒体技术广泛用于新闻出版、证券、娱乐、电子商务、远程培训、视频会议、远程教育、远程医疗等互联网信息服务的方方面面，它的应用将为网络信息交流带来革命性的变化，流媒体技术改变了传统互联网的呆板形象，丰富了互联网的功能，成为一种有强大吸引力的新媒体。

1. 视频点播

视频点播是20世纪90年代在国外发展起来的，英文为 Video on Demand，所以也称为 VOD。顾名思义，就是根据观众的要求播放节目的视频点播系统。

有线电视视频点播，是指利用有线电视网络，采用多媒体技术，将声音、图像、图形、文字、数据等集成为一体，向特定用户播放其指定的视听节目的业务活动，包括按次付费、轮播、按需实时点播等服务形式。

视频点播的工作过程为：用户在客户端启动播放请求，这个请求通过网络发出，到达并由服务器的网卡接收，传送给服务器。经过请求验证后，服务器把存储子系统中可访问的节目名准备好，使用户可以浏览到所喜爱的节目单。用户选择节目后，服务器从存储子系统中取出节目内容，并传送到客户端播放。通常，一个“回放连接”定义为一个“流”。采用先进的“带有控制的流”技术，支持将上百个高质量的多媒体“流”传送到网络客户机。客户端可以在任何时间播放存在服务器视频存储器中的任何多媒体资料。客户端在接收到一小部分数据时，便可以观看所选择的多媒体资料。这种技术改进了“下载”或简单的“流”技术的缺陷，能够动态调整系统工作状态，以适应变化的网络流量，保证恒定的播放质量。

视频点播分为互动点播和预约点播两种。互动点播即用户通过拨打电话，计算机自动安排其所需节目。预定点播即用户通过打电话到点播台，然后由人工操作，按其要求定时播出节目。

2. 网上直播

网上直播是流媒体技术的高级应用，借助专用系统和宽带网络，足不出户便可以观看到同现场观众完全相同的实时场景，甚至是发生在世界另一边的现场新闻报道。不同于传统的电视现场直播，网络直播还可以使过文字甚至麦克风、摄像头与现场观众或所有网络用户进行交流。

3. 视频会议

市场上采用流媒体技术作为核心技术的视频会议系统并不占多数。视频会议是流媒体技术的一个商业应用，采用流媒体格式传送音视频文件，使用者不必等待整个影片传送完毕就可以实时、连续地观看，虽然在画面质量上有一些损失，但就一般的视频会议来讲，并不需要很高的图像质量。当然，流媒体技术并不是视频会议的必需选择，但为视频会议的发展起了重要的推动作用。

通过流媒体进行点对点的通信，最常见的就是可视电话。只要两端都有一台接入 Internet 的计算机和一个摄像头，在世界任何地点都可以进行音/视频通信。此外，大型企业可以利用基于流媒体的视频会议系统来组织跨地区的会议和讨论。

4. 远程教育

计算机的普及、多媒体技术的发展以及 Internet 的迅速崛起，给远程教育带来了新的机遇。越来越多的远程教育网站开始采用流媒体作为主要的网络教学方式。在远程教学过程中，最基本的要求就是将信息从教师端传到远程的学生端。需要传送的信息可能是多元的，如视频、音频、文本、图片等。将这些信息从一端传送到另一端是实现远程教学需要解决的问题，在当前网络带宽的限制下，流式传输将是最佳选择。学生在家通过一台计算机、一条电话线、一个调制解调器就可以参加远程教学。教师也无须另外做准备，授课的方法基本与传统授课方法相同，只不过面对的是摄像头和计算机而已。

使用流媒体的 VOD 技术还可以进行交互式教学，达到因材施教的目的。像 Real System、Flash、Shockwave 等技术就经常应用到网络教学中。学生可以通过网络共享学习经验；大型企业可以利用基于流媒体技术的远程教育对员工进行培训。

由于多媒体内容的增加和人们在多个网络中漫游的需求，如何低成本、高性能地将内容和业务分发给目标用户，用户怎样在浩瀚的多媒体内容中迅速搜索到自己想要的媒体内容，UI 如何能够人性化、快捷使用和更具备吸引力，用户定制的内容业务怎样才能跟随用户在各种网络中游牧和在不同终端上显示，将会成为流媒体在下一阶段的研究和发展重点。

9.2　超文本与超媒体技术

超文本与超媒体是多媒体计算机中的一项重要技术，这主要是应信息处理的需要而发展起来的。特别是在多媒体系统中有大量文本、数据、图像、声音等信息要处理，对处理的功能也要求得更高。靠以往组织信息的线性和顺序方法已完全不能适应，迫切需要一种更符合人类记忆的联想方式的非线性网状的结构来组织并实现快速检索。

超文本和超媒体是一种典型的数据库技术，是由结点和表达结点之间关系的链组成的网。每个节点都链接在其他结点上，以便用户对网进行浏览、查询和注释等操作。

超文本的概念可如图 9-2 所示。超文本中带有链接关系的文本通常用下画线和不同的颜色表示。①中的超文本与②中的“超文本”建立有链接关系；①中的超媒体与③中的“超媒体”建立有链接关系；③中的超链接与④中的超链接建立有链接关系；……，这种文件就称为超文本文件。

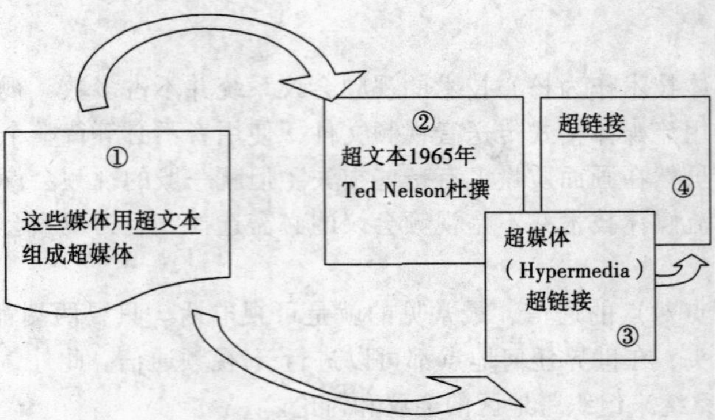

图 9-2　超文本的概念

超文本方法把文本按其内部固有的对立性划分成不同的基本信息块，称为结点（node），如卷、文件、帧或更小的信息单位。结点之间按它们的自然关联，用链（Link）连接成网，链的起始结点称为锚结点（Anchor node），终止结点称为目的结点。这种链可以超过一个文本，通常称为超链（Hyperlink）。

超媒体与超文本之间不同之处是，超文本主要是以文字的形式表示信息，建立的链接关系主要是文句之间的链接关系。超媒体除了使用文本外，还使用声音、图形、图像、动画和视频片段等多种媒体信息来表示信息，建立的链接关系是文本、声音、图形、图像、动画和视频片段之间的链接关系。

超媒体方法和超文本方法都以非线性方式组织信息，从本质上说是完全一样的。主要区别在于超媒体方法组织的信息对象更多，因此从理论上说，超媒体是集合。通常情况下，如果没有特别强调，人们常常将这两者互换使用。

9.3　多媒体网络

因特网(Internet)是一个通过网络设备把世界各地的计算机相互连接在一起的计算机网络。在这个网络上，使用普通的语言就可以进行相互通信，协同研究，从事商业活动，共享信息资源。现在人们越来越多地使用多媒体进行通信。

9.3.1　网络与多媒体

因特网的雏形是美国国防部高级研究计划署（Defense Department's Advanced Research Projects Agency，ARPA）在 20 世纪 60 年代末开始筹建的 ARPANET 网络，它用于在地理上相互独立的军事研究机构和大学之间实时共享计算机数据,现在已经远远地拓宽了它的应用范围。因特网是世界上规模最大、用户最多的计算机网络，是 20 世纪全球发展最迅速、影响最深远和冲击最大的信息存取和处理工具。

万维网（Web）是在因特网上运行的全球性分布式信息系统，Web 是 WWW（World Wide Web）的简称。由于它支持文本、图像、声音、影视等数据类型，而且使用超文本、超链接技术把全球范围里的信息链接在一起，所以也称为超媒体环球信息系统。

整个万维网计划是 1989 年由欧洲高能物理实验室（European Laboratory for Particle Physics）开始研究的，是应用超文本和超媒体技术的典范。随着相关工具软件的普及，万维网在因特网上已吸引越来越多的学校、机构及各行各业的公司竞相加入，以提供多姿多彩的教育、信息和商业服务。万维网正在改变人们进行全球通信的方式。人们接受和使用这种新的全球性的媒体比历史上任何一种通信媒体都快。在过去的几年里，万维网已经聚集有巨大的信息资源，从股票交易到求职，从电子公告板到了解新闻、预看电影、阅读名著、文学评论、音乐欣赏直到玩游戏等，凡是人们能够想到的万维网上几乎都可以找到。

万维网和因特网的关系犹如计算机的硬件平台和软件环境之间的关系。万维网技术是因特网上环球信息系统设计技术上的一个重大突破，是目前最热门的多媒体技术之一。

9.3.2　多媒体网络的特性

多媒体网络是一个端到端的、能够提供多性能服务的网络。因此，它由多媒体终端、多媒体接入网络、多媒体传输骨干网络以及能够满足多媒体网络化应用的网络软件等四个部分组成。

多媒体网络需要传输文本、图像、声音、视频等多媒体信息，如表 9-3 所示显示了这些多媒体信息对网络的要求。

表 9-3　多媒体信息对网络的要求

多媒体信息	要　　求
语音	实时性：延时、抖动敏感；误码相对不敏感
数据	实时性要求不高，但要有严格的误码/校错保证
图像	实时性要求不高，但要求更高的带宽
视频	高的带宽、并对实时性要求较严，允许有误码

从上表可以看出，为了完成承载多媒体业务的要求，多媒体网络应具有如下几个特性。

（1）业务等级保证

也就是我们常说的 QoS（Quality of Service）保证。

多媒体网络应能根据不同的业务提供不同的质量等级（如带宽、延时、抖动等）。

（2）高带宽

也就是网络的宽带化。

随着图像、视频等多媒体在网上的大量采用，要求网络能提供足够的带宽。

（3）可靠性保证

作为向用户提供服务的运营网络，必须提供充分的网络可靠性，以满足各种业务不中断的要求。

（4）实时性

这是多媒体通信网与传统数据网的本质区别。

多媒体通信网应能满足各种实时业务（如语音、视频）的要求。

随着计算机网络技术及通信技术的高速发展，出现了许多高速网络，如 B-ISDN（宽带综合业务数字网）、ATM 网、SONET 网（同轴光纤网络）、FDDI-Ⅱ（光纤分布式数据接口）、等时以太网（ISO Ethernet）及快速以太网（Fast Ethernet）等，这些使得多媒体信息的网络传输成为可能。

9.3.3　多媒体网络的应用

随着网络技术和多媒体技术的发展，未来网络向多媒体方向发展已是大势所趋。多媒体网络在我们工作与生活中的新应用很多，比较典型的有如下几个。

1．交互式远程教学

这种方式相当于创建了一个虚拟教室，它能提供实时的交互功能，还能提供电子白板之类的多媒体教学工具，更利于老师和学生的双向交流。

2．远程医疗

它首先要能对病历进行多媒体的文档管理，其次还要能够通过多媒体网络共享医生、专家和先进的医疗设备。远程医疗对网络的性能要求很高，例如一个儿童的 CT 脑切片的信息容量是 50MB，用通常的网络来传输需要 5～20 分钟的时间，如果使用高速多媒体网络传输，也许只要几秒。

3．交互式视频服务

其中比较常见的是视频点播和信息点播。例如，想通过多媒体网络在美国麻省理工学院图书馆查阅有关人体解剖学的某一个图像，就可以通过信息点播来实现。

4．因特网电话

这种应用是人们在因特网上进行通话，就像人们在传统的电话线路（Circuit-Switched Telephone Network）上相互通信一样，可以近距离通信，也可以长途通信，而费用却非常低。

5．分组实时电视会议

这类多媒体应用产品与因特网电话类似，但可允许许多人参加。在会议期间，你可为你所想看到的人打开一个窗口。现在也已经有许多可以在因特网上召开分组实时电视会议的产品，包括 Cornell University 开发的 CU-SeeMe 电视会议产品。

9.3.4 多媒体网络的发展

多媒体网络的发展趋势主要有两方面。

1．宽带网的发展与现有 IP 网络相结合

例如，从理论上说 ATM 技术比 IP 技术要好，但是由于 IP 技术的应用范围广大，ATM 网络要在技术、档次、速度、性能等方面获得进一步的发展，就必须和现有的 IP 网络的多媒体应用很好地结合起来，相互兼容。

2．宽带 ISDN 和窄带 ISDN 的结合

多媒体网络发展的关键是多媒体接入网络，骨干网和多媒体终端的性能很容易提升，而接入网络往往成为了制约整个多媒体网络性能发展的瓶颈。

为了解决这一问题，我们可以采用宽带 ISDN 和窄带 ISDN 相结合的办法，骨干网采用宽带 ISDN，接入网采用窄带 ISDN。这样，多媒体网络就能得到大面积的拓展，并且在多媒体的业务性能上提高一个档次。

就目前国内多媒体网络的发展现状来看，我们和国外仍然存在一定的距离。首先国外在多媒体网络建设方面投资很大，而国内在这一方面则相对滞后，缺乏大规模的网络基础设施建设。其次，国外多媒体网络为普通家庭用户提供的服务比例比较高，而我国仍然是以商业用户为主。总的来讲我国的突出矛盾仍表现为网络跟不上应用，网络带宽很低，网络实时性也得不到有效的保证。我们提供的多媒体网络服务种类比较少、比较单一。

在多媒体网络发展的过程中，面临的困难有很多。首先是要增加接入网和骨干网的带宽，

不要让它成为制约多媒体网络发展的瓶颈。第二是要加强多媒体网络的兼容性，其交换设备或路由设备应能支持多种不同协议，兼容已有的和即将发展的业务。

本 章 小 结

本章主要介绍了流媒体的概念、流媒体文件的格式以及流媒体技术在网络上的应用，同时介绍了超文本与超媒体的概念。介绍了多媒体网络的特性及多媒体网络的应用与发展。

思考与练习

一、填空题

1. 流媒体数据有三个特性，即________、________、________。
2. 超文本和超媒体是一种典型的________技术，是由节点和表达节点之间关系的 组成的网。每个节点都链接在其他节点上，用户可以对网进行浏览、查询和注释等操作。
3. 多媒体网络是一个端到端的、能够提供多性能服务的网络。因此，它由________、多媒体接入网络、________以及能够满足多媒体网络化应用的网络软件等四个部分组成。

二、选择题

1. 流式文件格式经过特殊编码，使其适合在网络上边下载边播放，而不是等到下载完整个文件才能播放。下面哪种文件类型不是流式文件类型

   A. RM　　B. RT　　C. MOV　　D. SWF

2. 所谓流媒体是指视频、声音和数据从源端同时向目的地传输，它可以作为连续实时流在目的地被接收。下面哪个特性不是流媒体数据的特性

   A. 交互性　　B. 实时性　　C. 连续性　　D. 时序性

三、思考题

1. 流媒体技术的主要解决方案有哪几种？
2. 超媒体与超文本的不同之处是什么？
3. 为了完成承载多媒体业务的要求，多媒体网络应具有什么特性？

第 10 章　实验实训

多媒体技术与应用是一门操作性较强的课程，为了帮助同学们更好的掌握本书中的知识，提高实际操作能力，本章安排了五个典型的实验，列出了每个实验的名称、实验准备、实验要求与实验步骤。

本章要点

- 制作动态三维字幕。
- 录制、编辑背景音乐。
- 制作青花瓷盘。
- 卡拉 OK 字幕制作。
- 交互多媒体制作。

实验一　利用 COOL 3D 制作“时尚前沿”动态三维字幕

一、实验目的

（1）利用 COOL 3D 的文字编辑功能添加“时尚前沿”三维字幕。

（2）将 COOL 3D 制作的字幕导入到其他软件中，方便其他动画或视频软件的使用。

二、实验准备

（1）一台装有 Windows XP 操作系统的计算机。

（2）计算机中需要安装 COOL 3D 中文版。

三、实验要求

本例是为一段视频画面添加了卡拉 ok 字幕效果。开始显示的歌词文字是白色的，当唱到该句歌词时，文字会随着歌曲的节奏逐渐变为蓝色。

四、实验步骤

（1）运行 COOL 3D，创建新文件。

（2）选择右侧“对象工具栏”内的工具，在弹出的对话框内输入文本“时尚前沿”，如图 10-1 所示。

（3）选择下方“百宝箱”内“整体特效”→“阴影”特效，选择最右下方的特效，拖动至编辑区内，效果如图 10–2 所示。

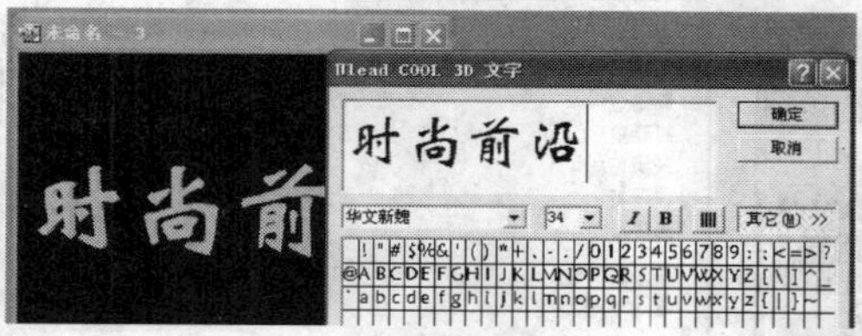

图 10–1 编辑文本

图 10–2 添加阴影

（4）选择“查看”→“动画工具栏”命令，调出“动画工具栏”对话框，在工具栏内可以修改阴影动画的关键帧和播放速率，一个供同学们参考的设置参数和播放效果如图 10–3 所示。

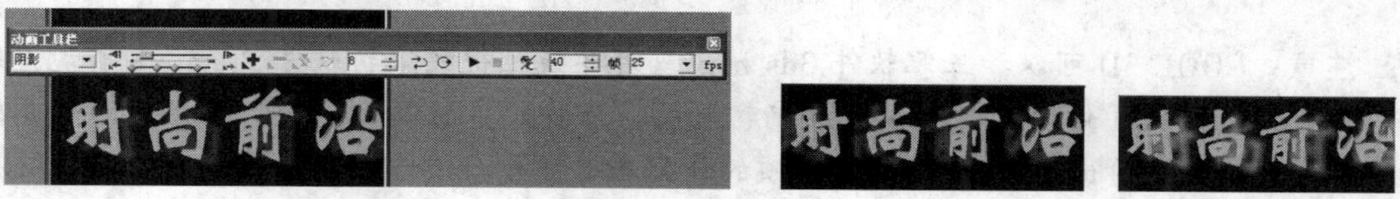

（a） （b） （c）

图 10–3 阴影播放效果

（5）选择下方“百宝箱”内“对象特效”→“路径动画”特效，选择你喜欢的特效，拖动至编辑区内，然后再在“动画工具栏”对话框内设置动画参数，部分效果如图 10–4 所示。

（a） （b） （c） （d） （e）

图 10–4 设置路径动画

（6）选择下方“百宝箱”内“对象样式”→“画廊”特效，为文字选择你喜欢的纹理，拖动至编辑区内，部分效果如图 10–5 所示。

（7）最后，为特效字选择背景。选择下方“百宝箱”内“工作室”→“背景”特效，为文字选择你喜欢的背景，拖动至编辑区内，效果如下图 10–6 所示。

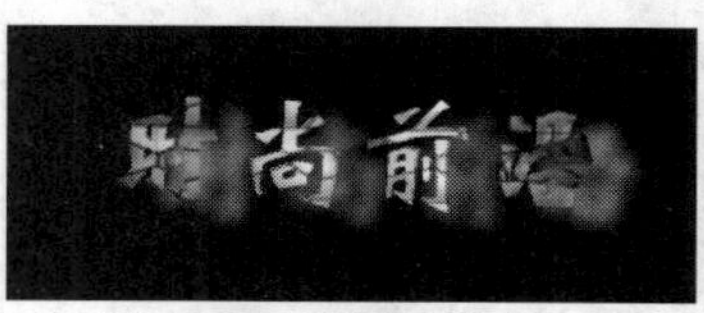

图 10–5 设置文字纹理

图 10–6 添加背景

注意：如果在 COOL 3D 提供的图片中找不到你喜欢的背景，也可以添加自带图片作为你的文件背景，在背景演示框下方选择“使用图像”复选框，在弹出的对话框中选择你自带的图片即可。如图 10–7 所示。

（8）选择"文件"→"创建图像文件"→"创建动画文件"命令，选择你需要的格式进行保存，如图 10-8 所示。

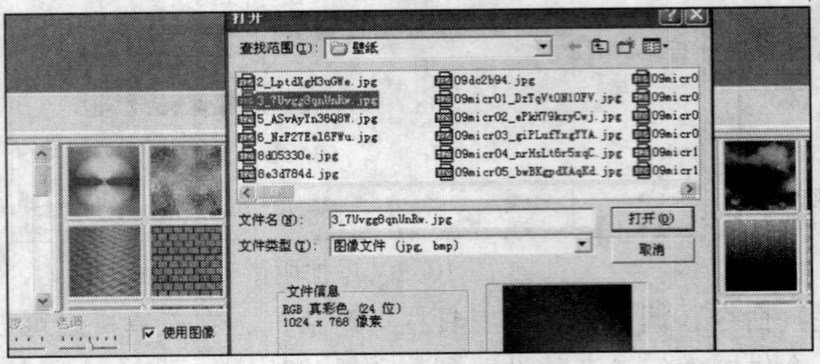

图 10-7　自选背景图片

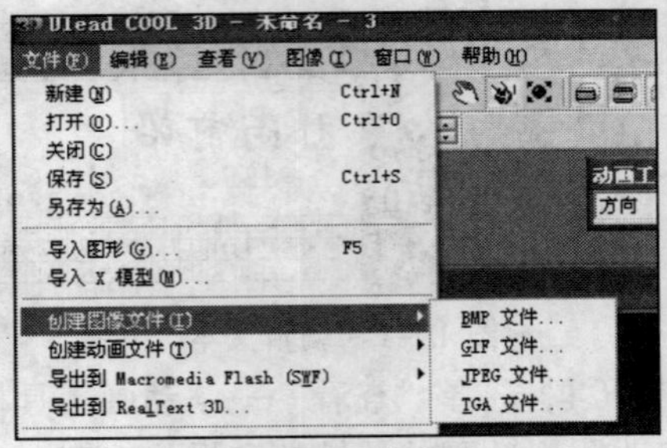

图 10-8　保存文件

注意：COOL 3D 可以和三维软件 3ds max 或者非线性视频编辑软件 Premiere 实现无缝接入，极大地方便了做动画时和做视频编辑时的三维特效字的制作。如：保存为 JPG 是输出单帧的静态图，输出 TGA 时是输出多帧的序列图（将每一帧作为静态图输出），输出 GIF 时是动态图片，输出 AVI 时是视频文件。

五、实训小结

通过本次实训，学生实际操练了一下如何利用 COOL 3D 制作三维特效字，并给文字添加动画效果，使多媒体软件开发的过程更简化，而效果更华丽。

实验二　音频编辑软件 COOL Edit Pro 应用实例

一、实验目的

（1）掌握在录音机或 COOL Edit Pro 2.1 中通过麦克风录制一段语音信号。

（2）能够通过线性输入录制一段背景音乐。

（3）学会编辑音频，如剪切、提高音量等。

（4）学会制作特殊效果，如混响、回声。

二、实验准备

（1）具备声卡的计算机。

（2）麦克风、音箱、最好有 CD 唱机。

（3）计算机中需安装 COOL Edit Pro 软件。

三、实验要求

（1）麦克风录制一段语音

使用 Windows 操作系统附带的录音机软件或使用 COOL Edit Pro 2.1 录制一段诗朗诵声音。

（2）用 CD 唱机录制一段音乐

使用 COOL Edit Pro2.1 软件从 CD 唱机录制一段音乐，作为诗朗诵的配乐。

（3）使用 COOL Edit Pro2.1 编辑音频

对诗朗诵音频软件进行剪辑，剪掉开头无用的部分。将诗朗诵和音乐文件进行混音处理，编辑成一个配乐诗朗诵音频文件。

四、实验步骤

1．用麦克风录制诗歌朗诵声音文件

（1）将麦克风与声卡的 MIC IN 端口连接。

（2）双击桌面右下角的喇叭，打开音量控制对话框，在“选项”菜单中选择“属性”命令选择“麦克风”复选框，确保麦克风和线形输入选项不为静音。如图 10-9 所示。

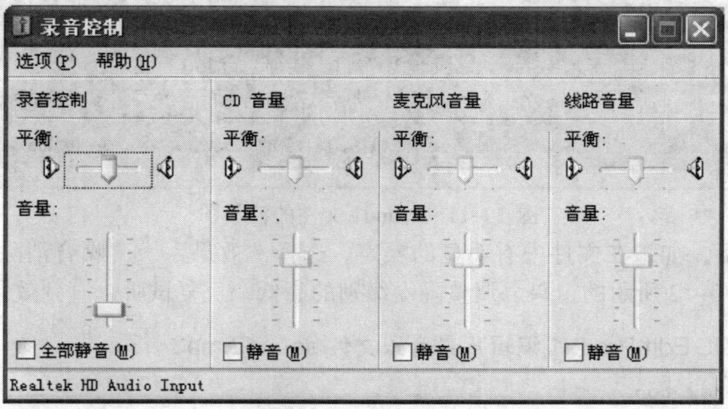

图 10-9　取消麦克风的静音

（3）仍然在音量控制窗口，选择“选项”→“属性”命令选择“录音”单选按钮，并且确保麦克风被选中，表示接收来自麦克风的输入信号。

（4）打开附件中的录音机或者打开 COOL Edit，点击红色的录音按钮就可以录音了。录音完毕后，选择停止按钮，选择合适的声音格式进行保存了。我们把诗歌朗诵的文件保存为 sound1.mp3。

2．用 COOL Edit Pro 2.1 软件从 CD 唱机录制一段音乐，作为诗歌朗诵的配乐

（1）将 CD 唱机输出与声卡的 LINE IN 接口连接。

（2）打开 COOL Edit Pro 2.1 软件，选择“文件”→“新建”命令，选择采样频率、量化精度、声道数如图 10-10 所示。

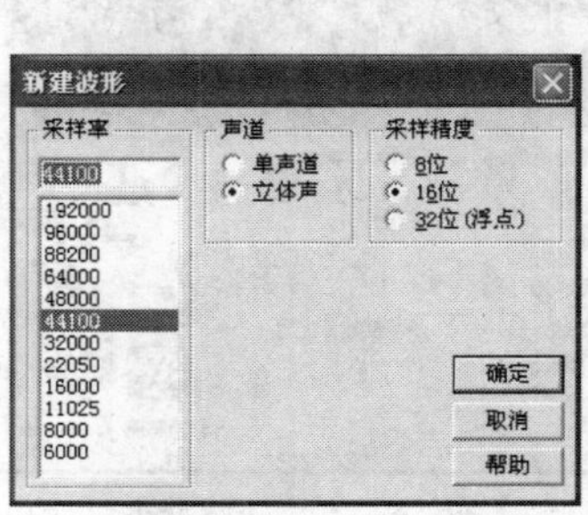

图 10-10　新建波形对话框

（3）点击红色录音按钮，开始录音。

（4）录音结束，保存为 sound2.mp3 文件。

3．使用 COOL Edit Pro 2.1 编辑诗歌朗诵文件 sound1.mp3

（1）选择“文件”→“打开”命令，在单轨编辑模式下打开 sound1.mp3。如图 10-11 所示。

（2）观察波形，前段有较长的一段空白，用鼠标单击并拖动选中，按【Delete】键删除。

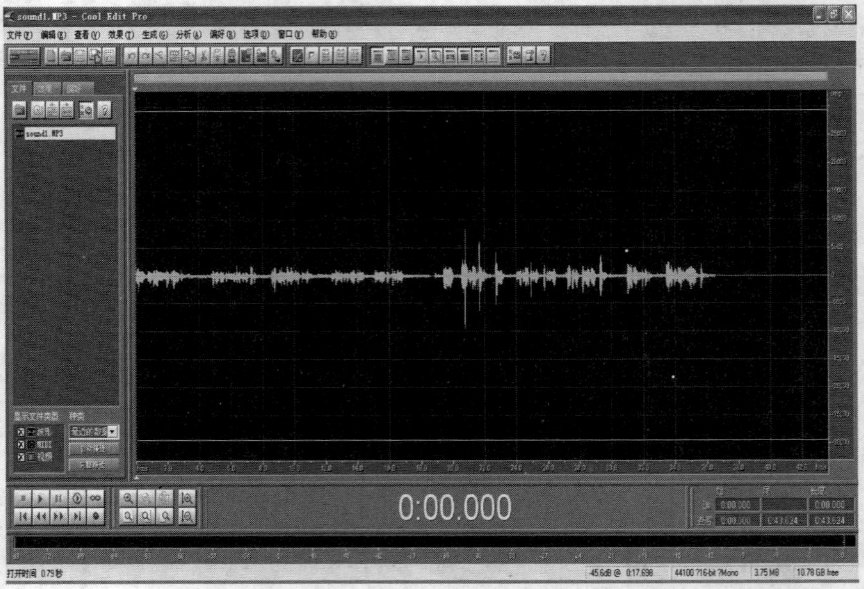

图 10-11　sound1 文件的波形图

（3）试听一下，如果在文件中有明显的噪声，选择“效果”→“噪音消除”→“降噪器”命令，打开如图 10-12 所示的窗口。调整降噪级别的高低，反复试听，直到效果满意为止。

4．使用 COOL Edit Pro 2.1 编辑背景音乐文件 sound2.mp3

（1）打开 sound2.mp3。

（2）选择“效果”→“常用效果器”→“回声“命令，打开如图 10-13 所示对话框，调整衰减和延迟的参数，给背景音乐添加动听的回声效果。

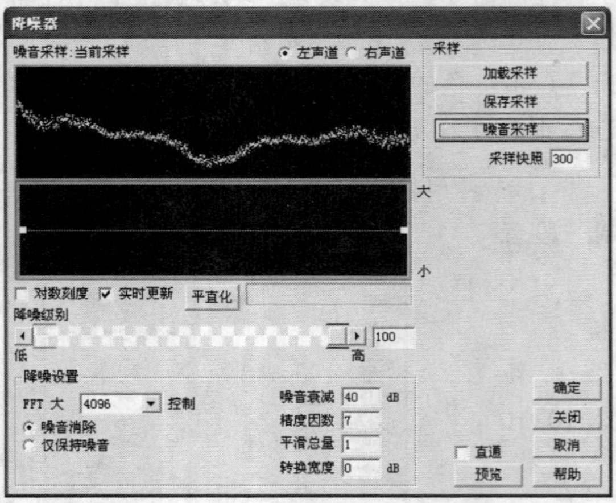

图 10-12　“降噪器”对话框

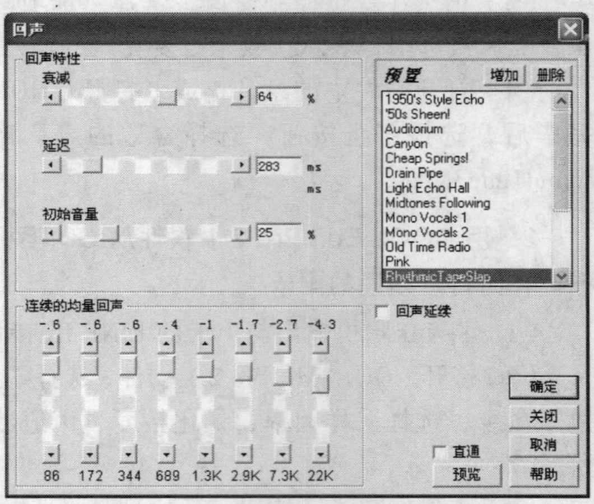

图 10-13　“回声”对话框

（3）如果想制作多个人一起朗诵的效果，可以选择“效果”→“常用效果器”→“合唱”命令，打开如图 10-14 所示的对话框。

（4）选择“文件”→“保存”命令，保存 sound2.mp3 文件。

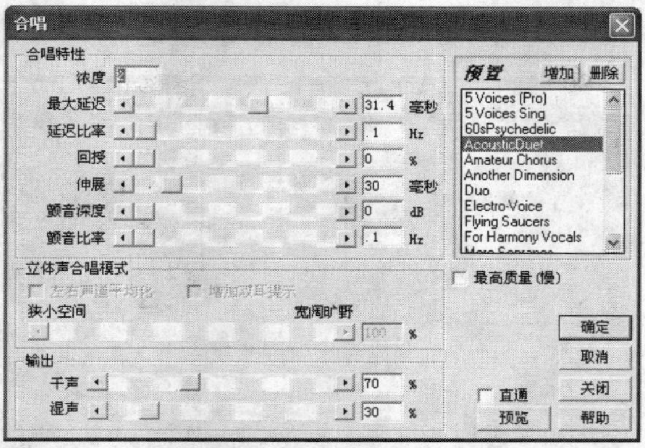

图 10-14 "合唱"对话框

5．使用 COOL Edit Pro2.1 进行混音处理

（1）打开 sound1.mp3 文件，右键单击选择"插入到多轨中"命令，将 sound1 插入多轨模式的第一个音轨中。可以点击左上角的"切换到多轨界面"按钮切换到多轨模式查看波形。如图 10-15 所示。

图 10-15 插入 sound1 后的多轨模式窗口

（2）鼠标选中第二个音轨，切换到单轨模式，打开 sound2.mp3，仍然右键单击选择"插入到多轨中"命令，将 sound2 插入多轨模式的第二个音轨中。

（3）sound1.mp3 声音偏小，右键单击选择"调整音频块音量"命令，打开如图 10-16 所示的窗口，向上拖动滑块即可。

（4）试听效果满意之后，选择"文件→保存"命令保存为 SES 文件，但是该类文件只能在 COOL Edit Pro 2.1 环境下打开，如果想保存为普通的声音文件，要选择"文件"→"混缩另存为"命令，然后选择合适的声音格式保存。这时得到的文件就可以在其他音频播放器中播放了。

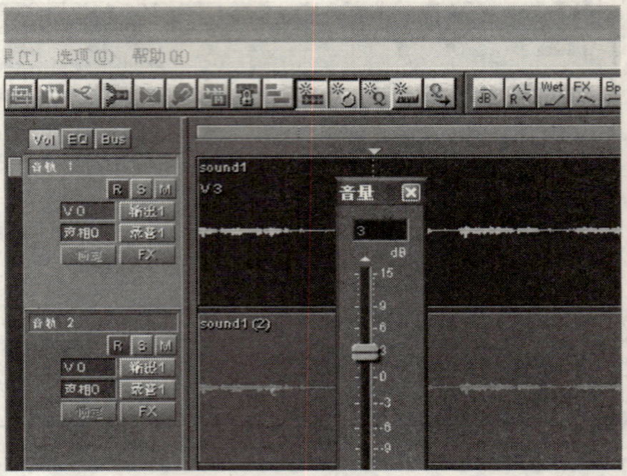

图 10-16 调整音频块音量

五、实训小结

通过本次实训，学生实际操练了一下如何在 COOL Edit Pro 2.1 中录音、编辑、混音输出几项工作，是多媒体软件开发的前期准备环节。

实验三 图像编辑软件 Photoshop CS2 应用实例

一、实验目的

（1）掌握 Photoshop CS2 软件。软件中利用填充、渐变填充以及图层编辑命令。

（2）能够通过选区工具制作出选区和图层选区。

（3）能够配合【Ctrl】、【Alt】和【Shift】键进行选区的加减运算等。

（4）能够熟练使用色彩调整或图层色彩调整等。

（5）学会利用通道和滤镜制作特殊效果。

二、实验准备

（1）具备 256MB 以上内存的计算机。

（2）计算机中需安装 Photoshop CS2。

三、实验要求

（1）制作一个青花瓷盘的外形、质感

使用 Photoshop CS2 软件中相应的填充、图层的编辑命令制作瓷盘的外形，利用相应的选区工具、通道和滤镜命令制作瓷器的质感。

（2）利用素材照片制作出飘逸的烟雾

使用 Photoshop CS2 软件中的通道控制面板制作烟雾。

（3）使用 Photoshop CS2 合成

对青花瓷盘的图层进行合并，将飘逸的烟雾拖至瓷盘文件中进行合并，设计成一个青花瓷盘的特效实例。

四、实验步骤

1. 制作青花瓷盘的外形、质感

（1）新建文件。选择“文件”→“新建”命令，相关设置如图 10-17 所示。

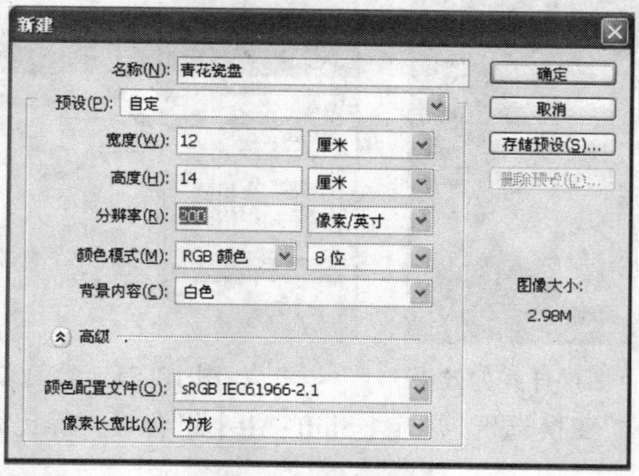

图 10-17　新建文件选项

（2）选择“编辑”→“填充”命令，进行相应设置，如图 10-18 所示。

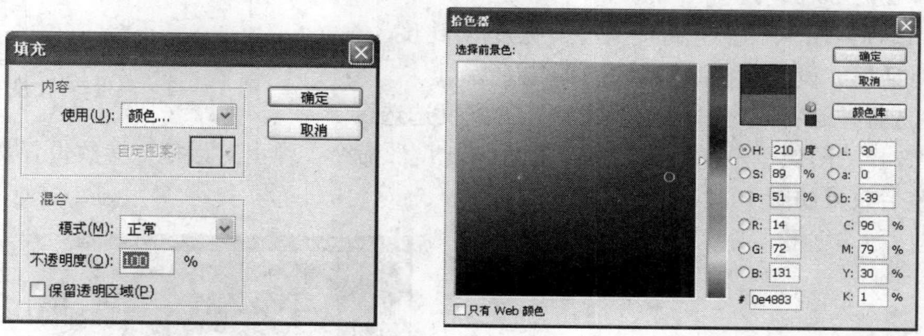

（a）　　　（b）

图 10-18　填充及颜色选项

（3）选择“图层”→“新建”→“图层”命令，并设置图层名称为“瓷盘”。

（4）在工具箱中，选择椭圆选框工具 ，在画布中心画出椭圆选区。

（5）单击前景色，弹出“拾色器”对话框，设置浅灰色（R228、G228、B228），如图 10-19 所示。

图 10-19　“拾色器”对话框

（6）选择“编辑”→“填充”命令，选择前景色进行填充，效果如图 10-20 所示。

（7）选择“图层”→“图层样式”→“斜面和浮雕”命令，参数设置如图 10-21 所示。

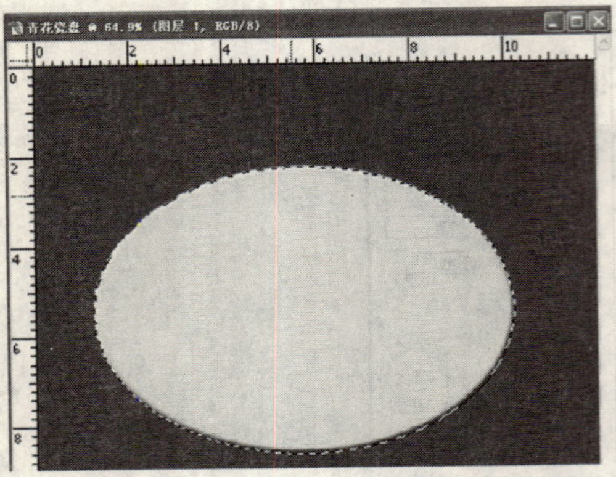

图 10-20 填充颜色、执行图层样式的效果

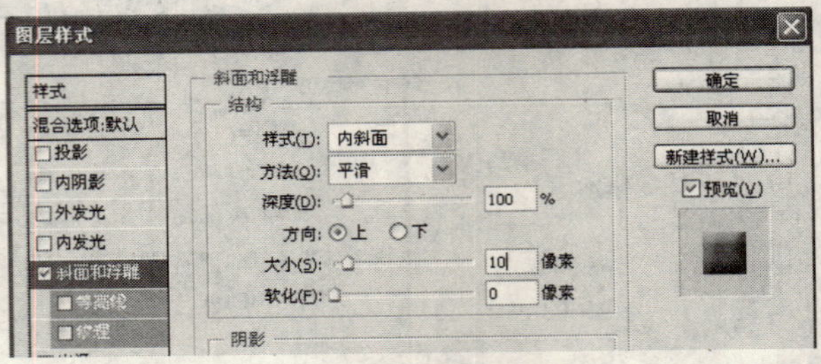

图 10-21 斜面和浮雕参数设置

（8）选择“选择”→“变换选区”，按【Shift+Alt】组合键，等比缩小选区，按【Enter】键确认选区变形。

（9）选择“选择”→“羽化”，弹出羽化选区对话框，设置羽化半径为 20 像素。

（10）选择“图像”→“调整”→“亮度/对比度”命令，弹出对话框，设置调整参数如图 10-22 所示，

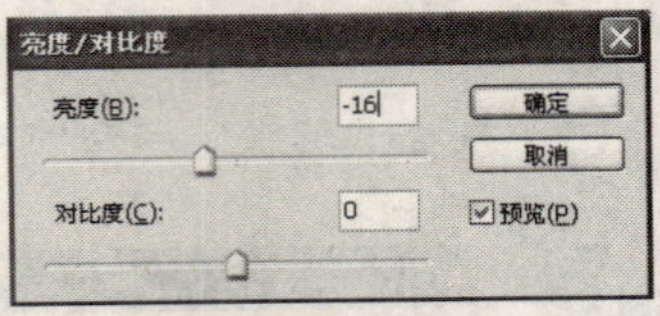

图 10-22 亮度/对比度参数设置

（11）选择“选择”→“反选”命令，得到反选选区。

（12）选择“图像”→“调整”→“亮度/对比度”命令，弹出对话框，参数设置如图 10-23 所示，调整后效果如图 10-24 所示。

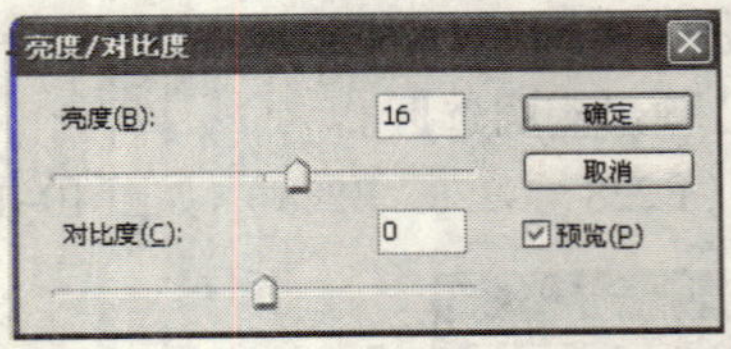

图 10-23 反选区亮度/对比度参数设置

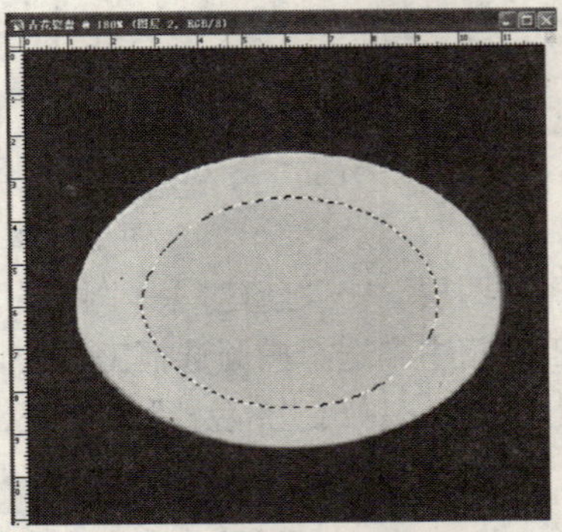

图 10-24 调整完亮度/对比度的数值后的瓷盘效果

2．制作瓷盘的蓝色边线

（1）按住【Ctrl】键单击“瓷盘”图层，产生浮动选区，选择“选择”→“修改”→“收缩”命令，在对话框中设置收缩量为 15 像素。

（2）选择“图层”→“新建”→“图层”命令，命名为“描边图层”。

（3）单击前景色，弹出“拾色器”对话框，设置蓝色（R76、G164、B202）。

（4）选择“编辑”→“描边”命令，设置描边宽度为 4 像素，位置为内部，参数设置如图 10-25 所示，描边后得到图像如图 10-26 所示。

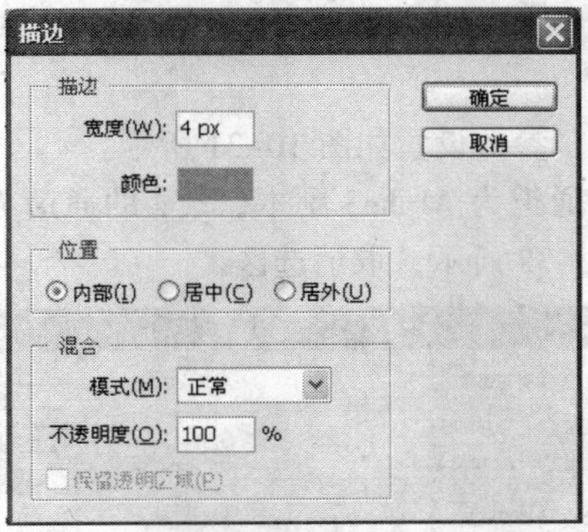

图 10-25　描边对话框设置

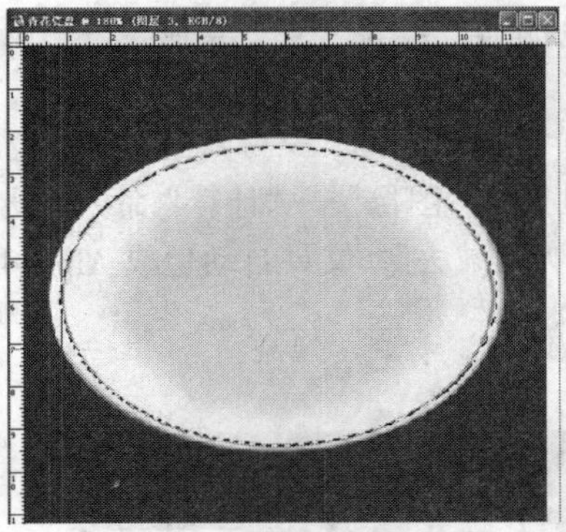

图 10-26　描边后的效果

（5）利用同样的方法制作第二道蓝边，描边宽度为 1 像素，效果如图 10-27 所示。

（6）按住【Ctrl】键，单击“瓷盘”图层，选择“选择”→“变换选区”命令，按【Shift+Alt】组合键，等比缩小选区，按回车键确认选区变形。

（7）新建图层 1，选择“编辑”→“描边”命令，设置描边的宽度为 3 像素，位置内部，其他设置使用默认设置，确定后得到图像效果如图 10-28 所示。

图 10-27　描第二道边后的效果

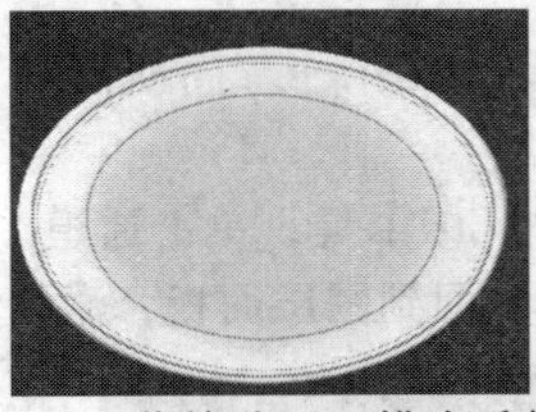

图 10-28　收缩选区，描边后的效果

（8）保存选区，打开通道面板，单击将选区存储为通道按钮，生成 Alpha1 通道。

（9）选择“选择”→“变换选区”命令，按【Shift+Alt】组合键，等比缩小选区，按回车键确认选区变形。

（10）新建图层 2，选择“编辑”→“描边”命令，描边宽度为 3 像素，位置居中，确定后得到图像如图 10-29 所示。

（11）按【D】键，将前景色与背景色切换到默认状态。

（12）打开通道面板，单击将选区存储为通道按钮，生成 Alpha2 通道，按住【Ctrl】键，单击 Alpha1，载入选区，选择“选择”→“修改”→“收缩”命令，设置收缩量为 12 像素，打开通道面板，单击将选区存储为通道按钮，生成通道 Alpha3，复制 Alpha3 产生通道 Alpha3 副本，如图 10-30 所示。

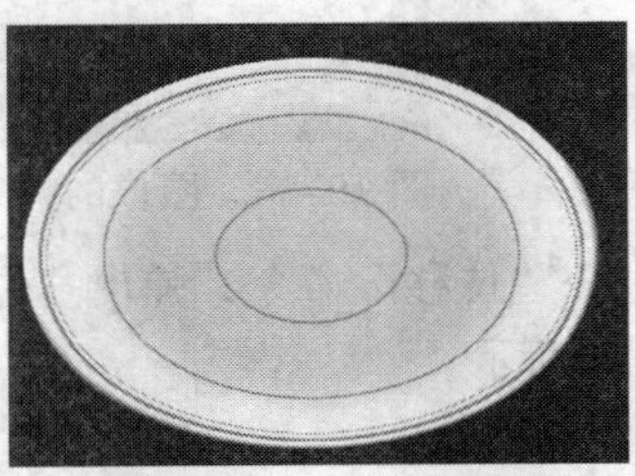

图 10-29　收缩选区，描边后的效果

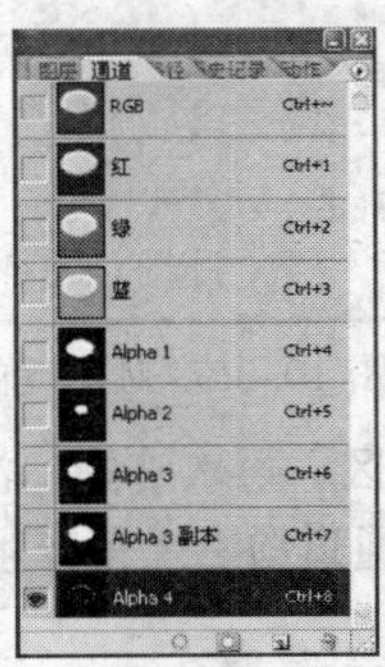

图 10-30　建立通道后的效果

（13）选择“滤镜”→“其他”→“最小值”命令，弹出“最小值”对话框，将半径参数设为 8 像素。

（14）选择“滤镜”→“其他”→“位移”命令，参数设置如图 10-31 所示。

（15）选择“图像”→“计算”命令，设置源 1 的通道为 Alpha3 副本，源 2 的通道为 Alpha3，混合选项为“减去”，文件自动生成 Alpha4，如图 10-32 所示，取消选区。

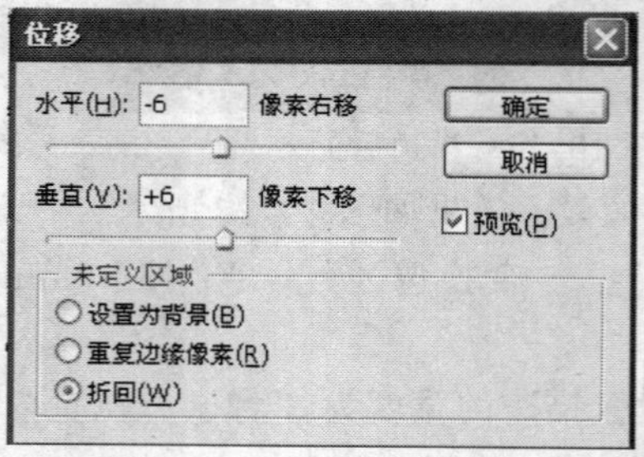

图 10-31　位移的设置

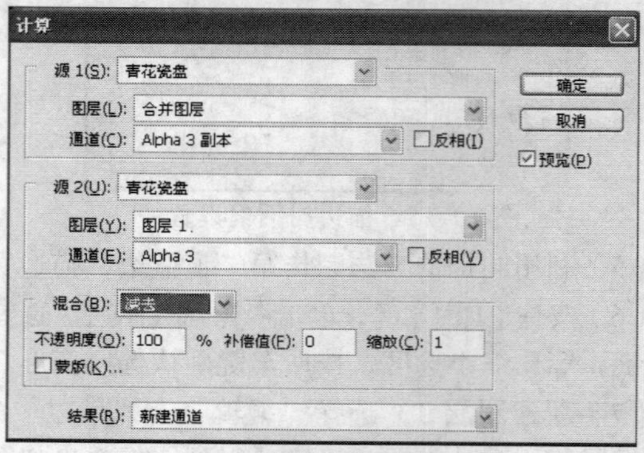

图 10-32　计算的参数设置

（16）选择“滤镜”→“高斯模糊”命令，设置模糊半径为 8 像素，最终效果如图 10-33 所示。

（17）按住【Ctrl】键，单击通道 Alpha4，使其产生浮动选区；单击 RGB 彩色通道，回到彩色图像状态，并回到图层面板，激活“瓷盘”图层，如图 10-34 所示。

图 10-33　高斯模糊后的效果

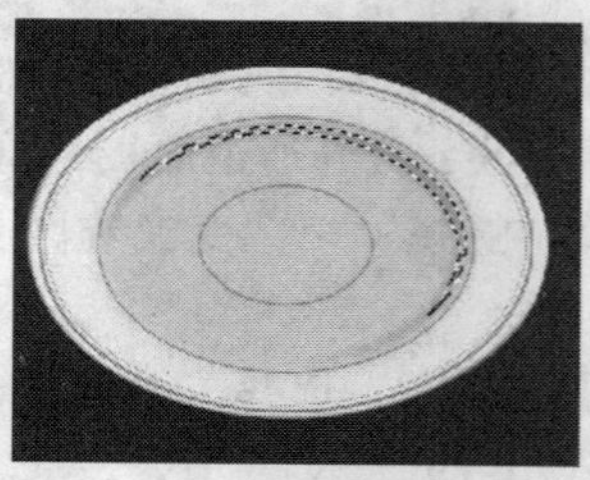

图 10-34　回到彩色图像后的效果

（18）选择“图像”→“调整”→“亮度/对比度”命令，参数如 10-35 所示，图像效果如图 10-36 所示。

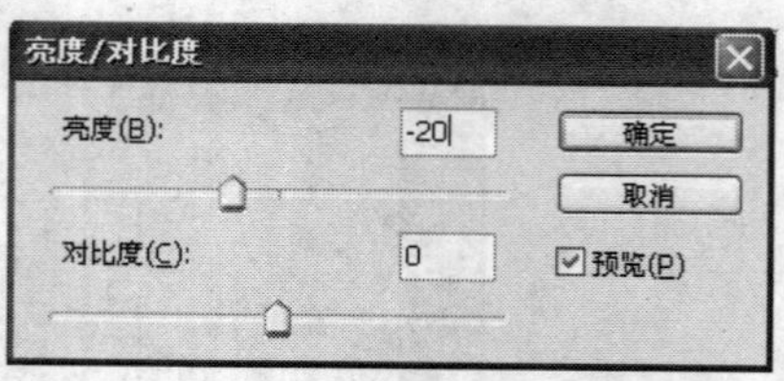

图 10-35　对比度的设置

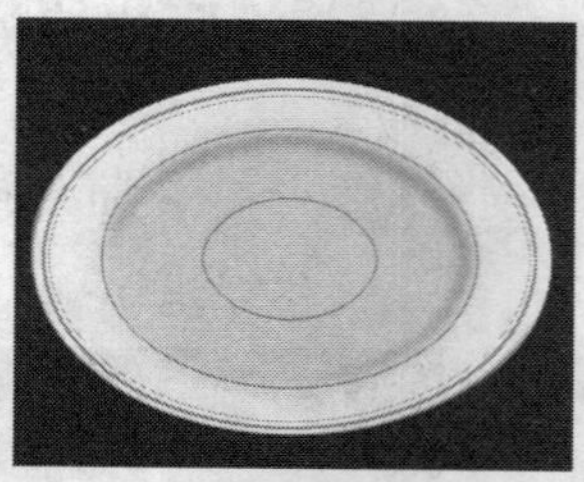

图 10-36　图像的效果

（19）取消选区，再次选择“滤镜”→“其他”→“位移”命令，弹出“位移”对话框，输入数值使 Alpha3 通道向右上角产生位移，如图 10-37 所示。

（20）选择“图像”→“计算”命令，设置源 1 的通道为 Alpha3 副本，源 2 的通道为 Alpha3，混合选项为“减去”，文件自动生成 Alpha5，如图 10-38 所示。

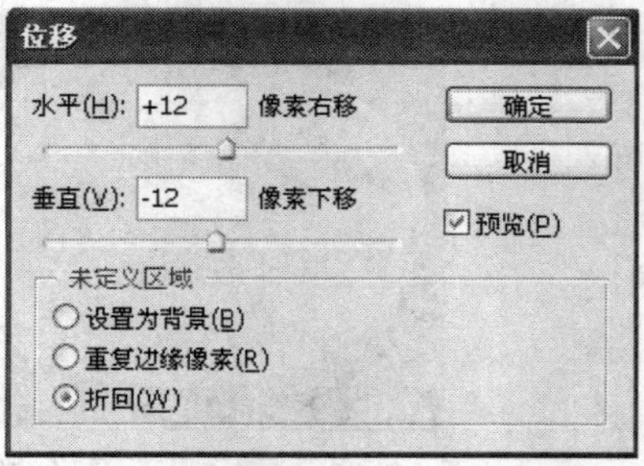

图 10-37 位移的参数

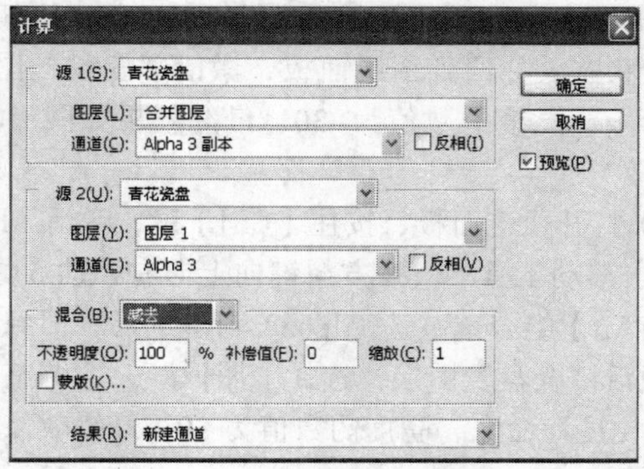

图 10-38 计算的设置

（21）选择“滤镜”→“高斯模糊”命令，设置模糊半径为 8 像素。

（22）按住【Ctrl】键，单击通道 Alpha5，使其产生浮动选区；单击 RGB 彩色通道，回到彩色图像状态，并回到图层面板，激活“瓷盘”图层，将选区用键盘向左向下键调至合适的位置，如图 10-39 所示。

（23）选择“图像”→“调整”→“亮度/对比度”命令，参数如图 10-40 所示。图像效果如图 10-41 所示。

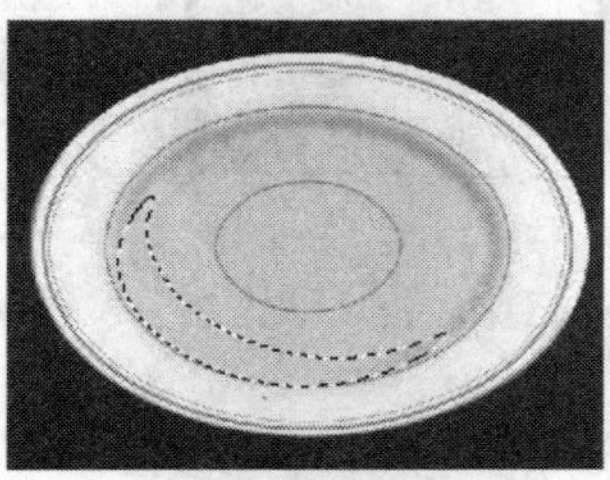

图 10-39 回到彩色图像状态下的效果

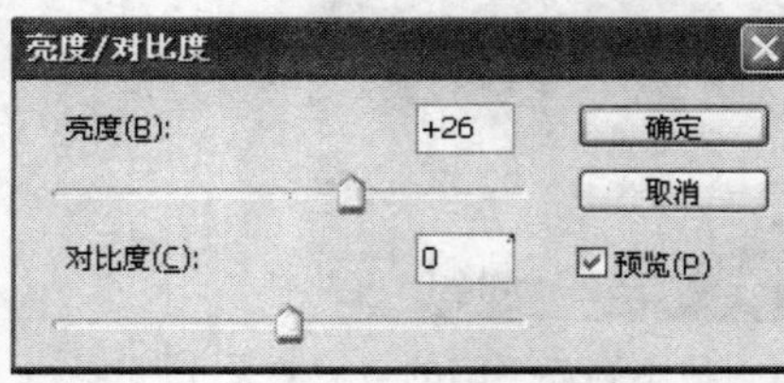

图 10-40 亮度/对比度的设置

（24）图层面板：设置图层 1 的不透明度设置为 60%，图层 2 的不透明度为 50%。

（25）为了让立体感更强烈，给最小的圆环内部也加上明暗对比，除数据外，操作方法与中间圆环相同。在通道面板中复制 Alpha2，产生 Alpha2 副本；选择“滤镜”→“其他”→“最小值”命令，设置最小值为 4；选择“滤镜”→“其他”→“位移”命令，参数设置如图 10-42 所示。

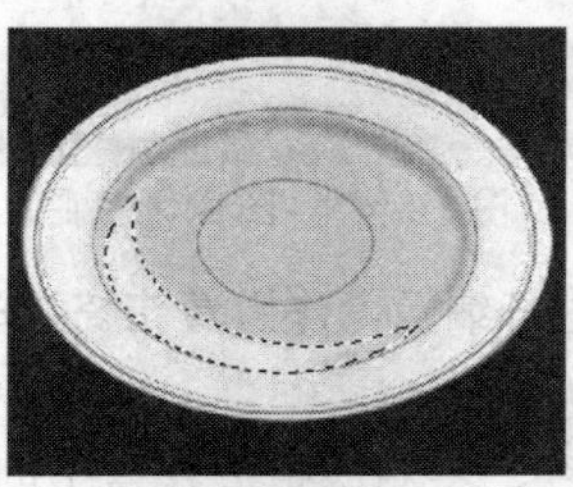

图 10-41 调整亮度/对比度后图像的效果

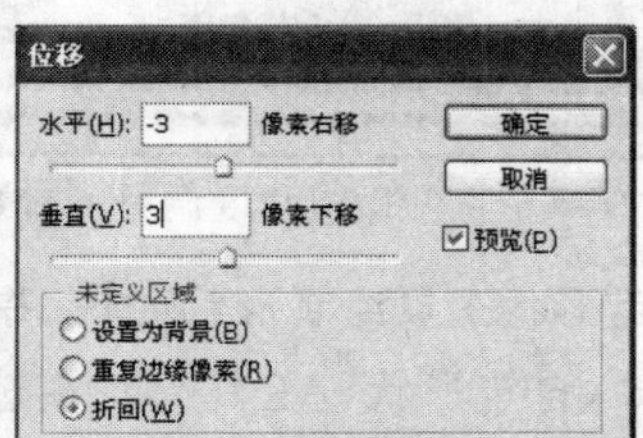

图 10-42 位移参数设置

（26）选择“图像”→“计算”命令，设置源 1 的通道为 Alpha2 副本，源 2 的通道为 Alpha2，混合选项为减去，文件自动生成 Alpha6。

（27）按住【Ctrl】键，单击通道 Alpha6，使其产生浮动选区；单击 RGB 彩色通道，回到彩色图像状态，并回到图层面板，激活“瓷盘”图层；选择“图像”→“调整”→“亮度/对比度”命令，亮度的数值为-30，最终效果如图 10-43 所示。

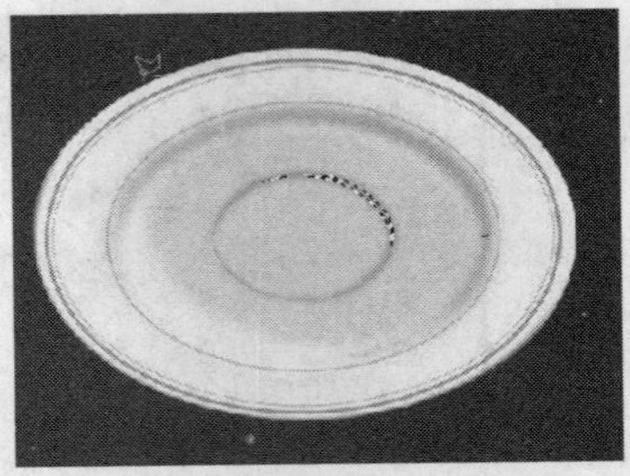

图 10-43 最小圆环下陷的暗部效果

（28）打开通道面板，按住【Ctrl】键，激活 Alpha2 副本，单击移动工具，按方向键向上向右移动 5 像素，按【Ctrl+Alt】组合键减选 Alpha2 副本选区；回到图层面板，激活“瓷盘”图层；选择“图像”→“调整”→“亮度/对比度”命令，亮度的数值为 30，最终效果如图 10-44 所示。

（29）在图层面板中单击图层面板下方的创建新的填充或调整图层按钮，选择“色阶”命令，调整如图 10-45 所示；再次调整“色相/饱和度”，调整如图 10-46 所示；图像的最终效果如图 10-47 所示。

图 10-44 最小圆环下陷的最后效果

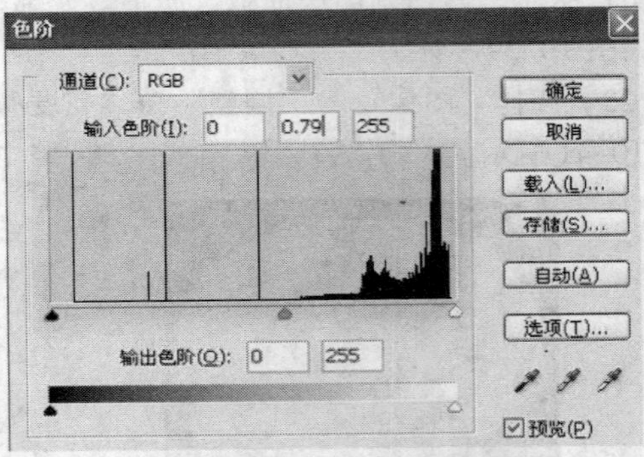

图 10-45 色阶调整的参数

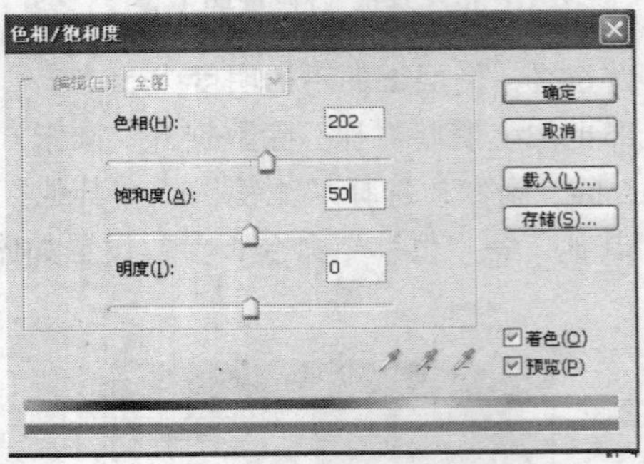

图 10-46 色相/饱和度调整的参数

图 10-47 图像调整后的最终效果

3．用自定形状工具绘制形状，并利用自由变换进行编辑，作为青花瓷盘的多个花边

（1）选择“自定形状”工具，在选项栏中设置颜色为 R44、G188、B161。在图像中拉出大小合适的花边形状；选择“编辑”→“自由变换”命令，将圆心拖放在盘子的中心位置，具体设置如图 10-48 所示。

（2）按【Shift+Ctrl+Alt+T】组合键，旋转复制花边形状，如图 10-49 所示；选择“编辑”

→“自由变换”命令，将花边调至合适的位置，不透明度改为 25%，效果如图 10-50 所示。

（3）设置前景色为白色，选择柔角画笔，画笔直径为 5 像素，新建图层 4，画出瓷盘上的光斑效果，利用“涂抹”、“模糊”工具修饰后，效果如图 10-51 所示。

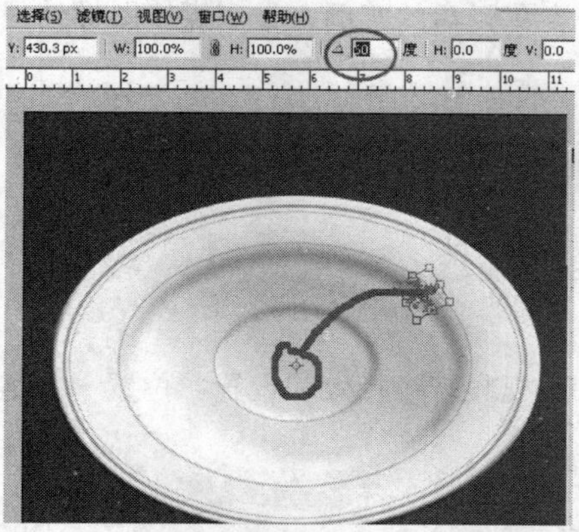

图 10-48 自由变换的设置参数

图 10-49 旋转复制后的效果

图 10-50 自由变换调整位置后的效果

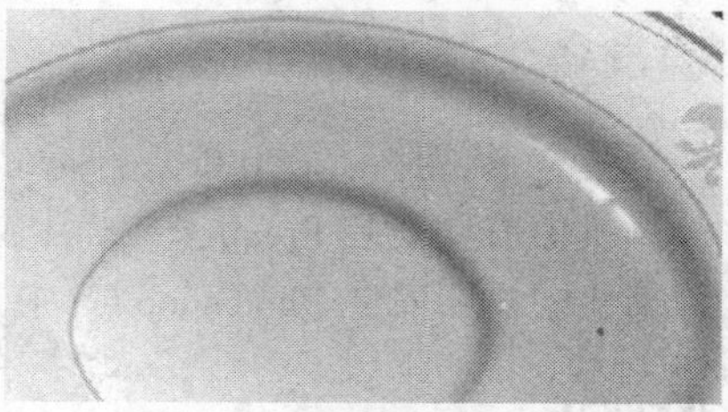

图 10-51 瓷盘上的光斑效果

（4）链接除背景层外的所有图层，选择“图层”→“合并链接图层”命令。

（5）选择“文件”→“保存”命令，将文件保存为“青花瓷盘.psd”。

4. 使用素材“丝绸”，制作飘逸的烟雾效果，与青花瓷盘合并

（1）打开文件“丝绸”；在通道面板中按住【Ctrl】键，单击绿色通道，产生浮动选区，如图 10-52 所示。

（2）选择“选择”→“反选”命令，选择移动工具，将选区图像移动至“青花瓷盘”文件中。

（3）在图层面板中新建图层 2；选择“锁定透明区域”按钮，按【Alt+Delete】组合键，填充前景色（白色），如图 10-53 所示，取消选区。

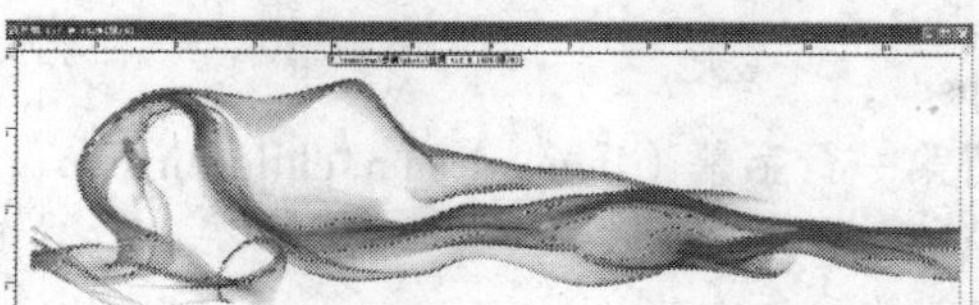

图 10-52 单击绿色通道后的效果

图 10-53 合成烟雾后的效果

（4）选择“文件”→“存储”命令，保存名称为“青花瓷盘特效.psd”。

五、实训小结

通过本次实训，学生实际综合操练了一下在 photoshop CS2 中，如何利用选区工具、图层编辑命令、通道控制面板、滤镜特效等，来制作一个青花瓷盘的实例，是多媒体图像处理软件综合利用的一个重要环节。

实验四　利用 Premiere 制作卡拉 OK 字幕效果

一、实验目的

1. 利用 Premiere Pro 中的 Image Mask(图像遮罩)视频转场特效和设置“位置”关键帧来完成歌词随乐曲变蓝的效果。

2. 利用编号“标记”来定位每一句歌词。

3. 利用 Photoshop 来制作卡拉 OK 歌词字幕。

二、实验准备

1. 一台装有 Windows 2000 Professional 操作系统的计算机。

2. 计算机中需要安装 Premiere Pro 中文版。

3. 计算机中需要安装 Photoshop CS 中文版。

三、实验要求

本例是为一段视频画面添加了卡拉 ok 字幕效果。开始显示的歌词文字是白色的，当唱到该句歌词时，文字会随着歌曲的节奏逐渐变为蓝色。

四、实验步骤

1. 编辑字幕图片

（1）运行 Photoshop，新建图像 720 像素 × 576 像素（或在“预置尺寸”下拉列表框中选择 Std. PAL 720*576）；

（2）进入编辑界面，设置前景色为黑色，选择油漆桶工具，为当前层填充黑色；

（3）利用文字工具新建两个文字层，分别写上两句歌词（In my dream, children sign 和 A song of love for every boy and girl），错开排在两行里；

（4）将当前文件保存为“卡拉 ok 字幕.psd”；

（5）删掉第二行字幕所在图层，只保留第一行字幕（In my dream, children sign），将文件保存为“卡拉 ok 字幕 1.jpg”；

（6）重复步骤 5，删掉第一行字幕，保留第二行字幕（A song of love for every boy and girl），将文件保存为“卡拉 ok 字幕 2.jpg”。

结果如图 10-54、10-55 所示。

图 10-54　制作字幕文件

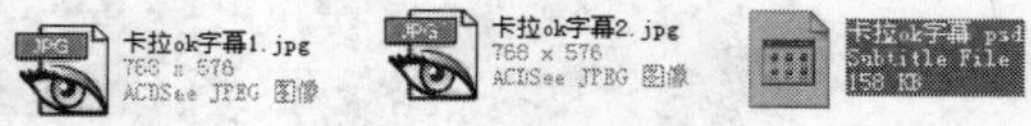

图 10-55　保存字幕文件

2. 准备工作

（1）打开 Premiere，新建项目，选择 DV PAL 48kHz 默认设置。

（2）在项目窗口中导入“tell me why.wmv”视频文件，以及“卡拉 ok 字幕.psd”中的“In my dream, children sing”和“A song of love for every boy and girl”两层。

注意：由于 PSD 类型是分层保存的图像文件，因此向 Premiere 导入.psd 文件时，可以选择“合并图层”导入（此时将图片各层合并后再导入）或“选择图层”导入（此时可以选择图片中各个层，分别导入，用不到的层可以不导入）。如下图 10-56 所示。

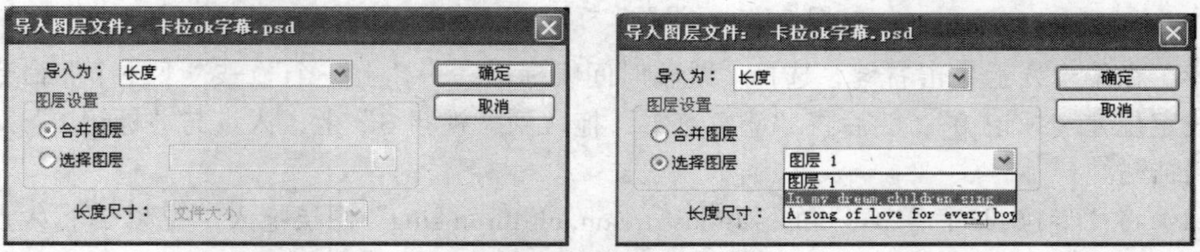

图 10-56　导入 PSD 格式图片

（3）在项目窗口中右键单击鼠标，选择“新建”→color matte（彩色遮罩）命令，在弹出的颜色对话框内选择蓝色。

准备工作结束后，项目窗口内的素材如图 10-57 所示。

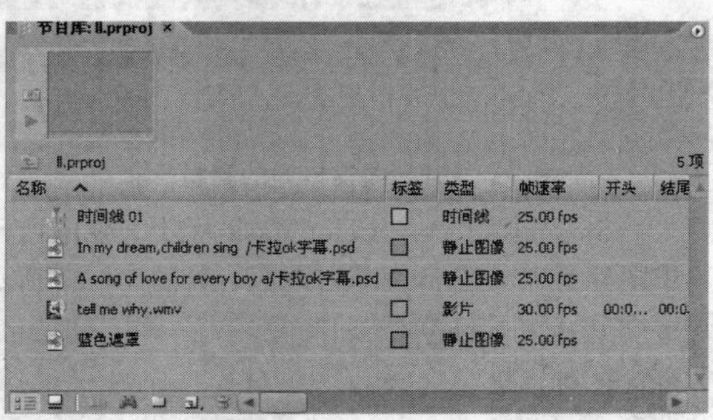

图 10-57　项目窗口内的素材

3. 制作卡拉 OK 字幕效果

（1）将视频文件“tell me why.wmv”导入“视频 1”，播放并监听音乐，在视频中歌手开始演唱的地方按空格键暂停，然后再编辑线上单击右键，选择“设置时间线标记”→“下一个有效编号”命令，创建“标记 0”，效果如图 10-58 所示。

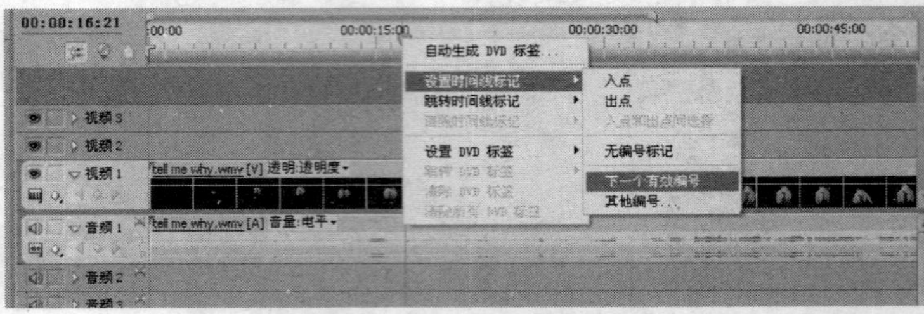

图 10-58 设置时间标记

（2）使用（1）中同样的方法，在唱第二句歌词的时候，按空格键暂停，创建一个新的标记，如图 10-59 所示。

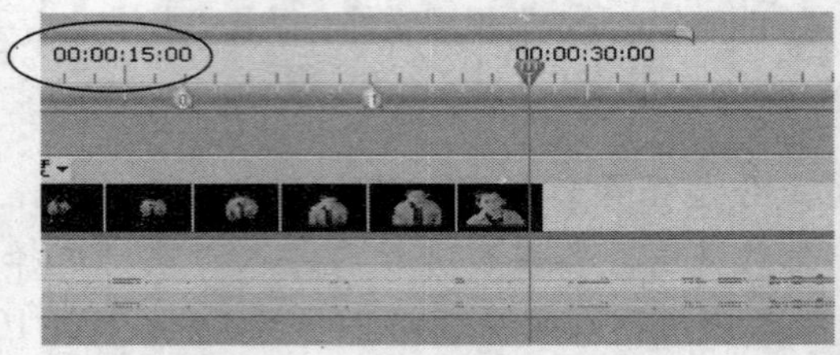

图 10-59 设置“标记 0”“标记 1”

（3）在编辑线上单击右键，选择“跳转时间线标记”→“上一个”→“下一个”命令，将编辑线定位在“标记 0”，然后将“蓝色遮罩”拖入到“视频 3”上，入点与“标记 0”对齐，出点到结尾。

（4）将“卡拉 ok 字幕.psd”的“In my dream, children sing”图层拖入“视频 2”，入点位置比“标记 0”稍微偏左一点（这是因为一般在开始唱歌之前歌词已经出现一会儿了），如图 10-60 所示。

图 10-60 时间线窗口内的素材分布

（5）选择“视频转场”→Special Effects→Color Mask 特效，应用到“蓝色”遮罩的入点处，在弹出的对话框中选择遮罩图片为“卡拉 ok 字幕 1.jpg”，如图 10-61 所示。

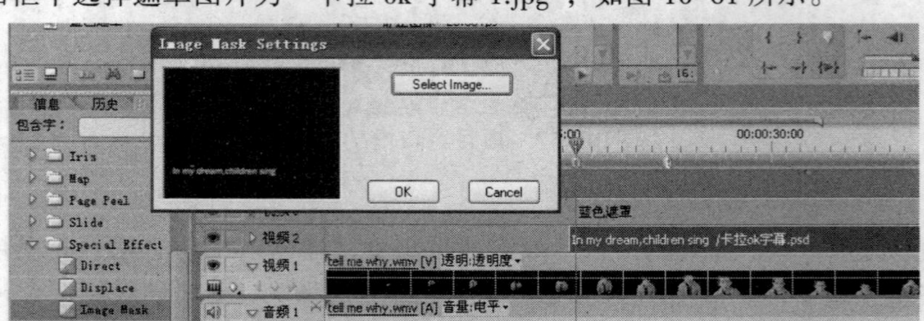

图 10-61 设置转场遮罩图片

（6）在 Image Mask 转场特效的出点处按住鼠标左键向右拖动，使特效的出点与结尾对齐，如图 10-62 所示。

图 10-62　修改特效出点

（7）单击选中“蓝色遮罩”，切换到其“特效控制”窗口，打开其“运动”的下拉菜单，为“位置”参数设置关键帧：监听音乐，随歌手唱的歌词将“蓝色遮罩”拖动到屏幕上歌词的相应位置，尽量使关键帧的运动与歌词保持一致，如图 10-63 所示。

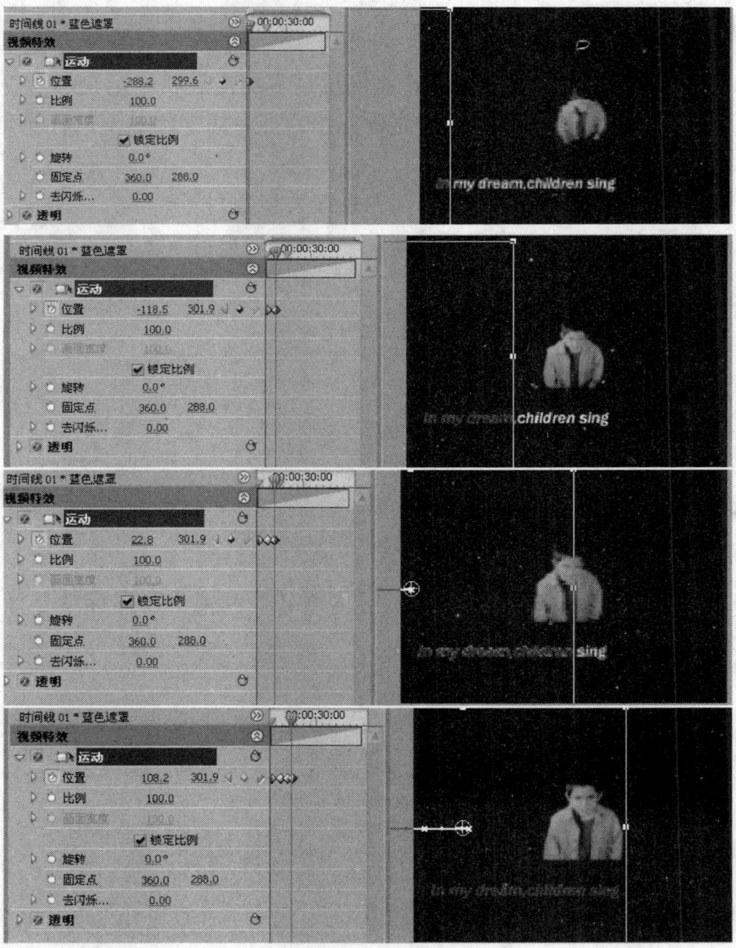

图 10-63　设置“位置关键帧”

（8）同样的方法制作第二句字幕：将第二行字幕所在图层拖入“视频 4”，入点位置比“标记 1”偏左；将“蓝色遮罩”拖动至“视频 5”，入点对齐“标记 1”；同样方法为“视频 5”设置关键帧。

（9）在菜单栏中选择“文件”→“输出”→“影片”命令，设置文件名“卡拉 OK 伴奏.avi”，播放观看效果。

五、实训小结

通过本次实训，实际操练了一下如何利用 Premiere Pro 非线性编辑软件制作特效视频，其中用到了“转场特效”和“关键帧”设置等 Premiere 的特色功能，更熟练地掌握利用此软件制作多媒体视频的方法。

实验五　Authorware 多媒体创作实例

一、实验目的

（1）掌握声音文件的引用以及 WAV 声音文件最基本的播放和停止。

（2）能够熟练掌握移动图标动画制作的几种方法，指向固定路径上的任意点的动画制作

（3）学会用交互图标来控制输入响应。

（4）学会用目标区域控制进行做古诗对句的搭配类型题目。

（5）能够熟练掌握 Authorware 的打包过程。

二、实验准备

（1）具备声卡、显卡的计算机。

（2）需具备音箱、耳机。

（3）计算机中需安装 Authorware 及相关多媒体素材处理软件。

三、实验要求

（1）声音文件最基本的播放和停止

在 Authorware 软件中，能够使用声音图标导入声音，利用交互图标结合计算图标中的函数控制 WAV 声音文件的播放和停止。

（2）指向固定路径上的任意点的动画制作

掌握动画制作的几种方法，指向固定路径上的任意点的移动方式，模拟七星瓢虫在叶片上的爬行动画。

（3）使用交互图标的热区交互来控制输入响应

用热区进行做古诗对句的搭配类型题目。

四、实验

1. 设计课件主界面

（1）在 Authorware 软件里建立一个新的文件为“古今诗词欣赏.a7p”。

（2）从流程线上拖入一个群组图标，起名为“课件主界面”，打开此图标，在流程线上拖入两个显示图标，分别输入名称为“背景”、“标题”。

（3）分别在“背景”图标中导入背景图像，在“标题”中输入文本“多媒体课件”和“古

今诗词欣赏”。

（4）向流程线上拖入一个声音图标起名为“平湖秋月”，双击该图标导入声音文件“平湖秋月.mp3”。通过上面的操作，一个有乐曲、图片和标题（文本）的页面已经做好，如图 10-64 所示。

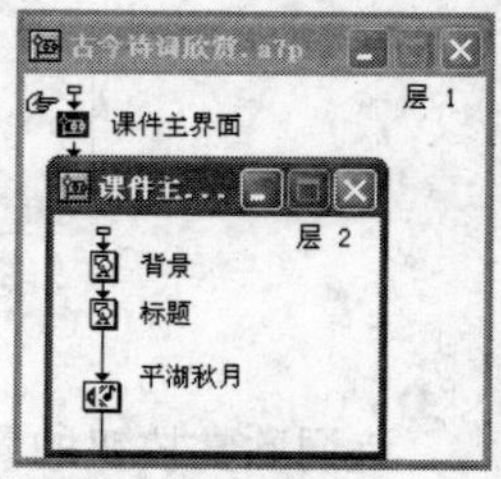

图 10-64　流程线

2．用计算图标的函数控制声音文件最基本的播放和停止

在播放的过程中，可以单击“播放”测试程序。

（1）向流程线上拖入一个交互图标起名为“声音控制”，在其右侧分别放四个计算图标，起名为“音乐播放”、“音乐停止”、“诗词欣赏”、“诗词对句”。点击按钮分支，改变按钮属性。

（2）打开“音乐播放”计算图标，在里面写入如此下函数表达式：MediaPlay(IconID@"平湖秋月")，打开“音乐停止”计算图标，在里面写入如此下函数表达式：MediaPause(IconID@"平湖秋月",TRUE)，打开“诗词欣赏”计算图标，在里面写入如此下函数表达式：MediaPause(IconID@"平湖秋月",TRUE)，打开“诗词对句”计算图标，在里面写入如此下函数表达式：MediaPause(IconID@"平湖秋月",TRUE)，MediaPause(IconID@"平湖秋月",TRUE)GoTo(IconID@"诗词之对句")，如图 10-65、图 10-66、图 10-67、图 10-68 所示。

图 10-65　音乐播放函数

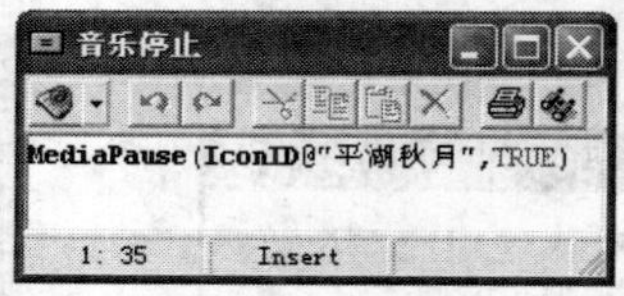

图 10-66　音乐停止函数

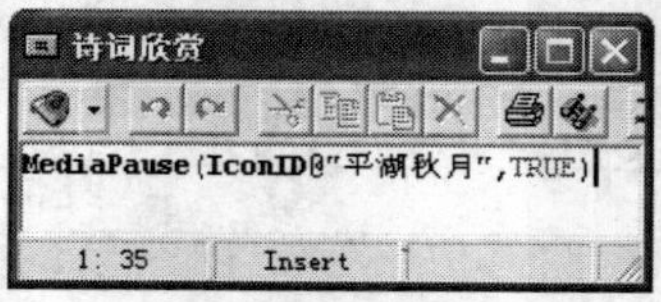

图 10-67　诗词欣赏函数

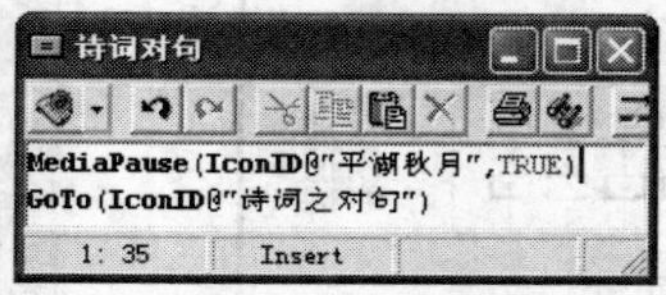

图 10-68　诗词对句函数

上面的函数也可以写成下面的表达式：播放：playsound:=TRUE；停止：playsound:=FALSE。音乐播放按钮的属性设置如图 10-69 所示。

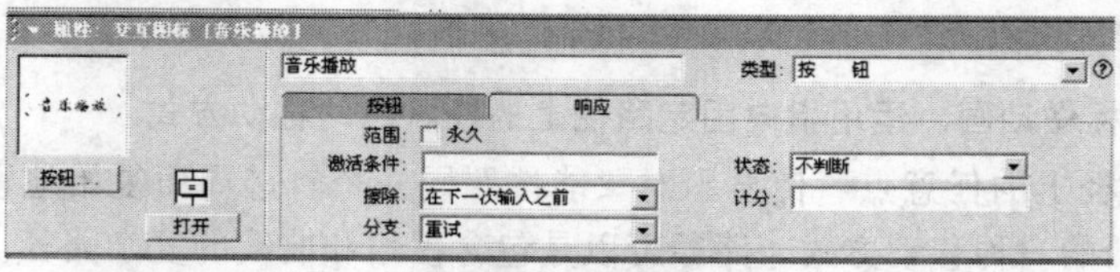

图 10-69　音乐播放按钮的属性

音乐停止按钮的属性设置如图 10-70 所示。

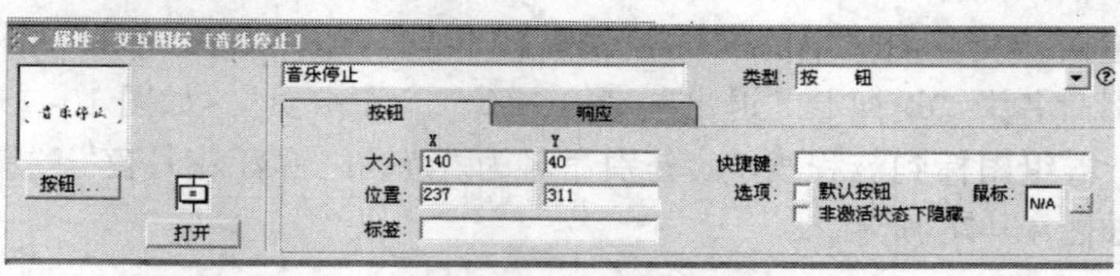

图 10-70　音乐停止按钮的属性

诗词欣赏按钮的属性设置如图 10-71 所示。

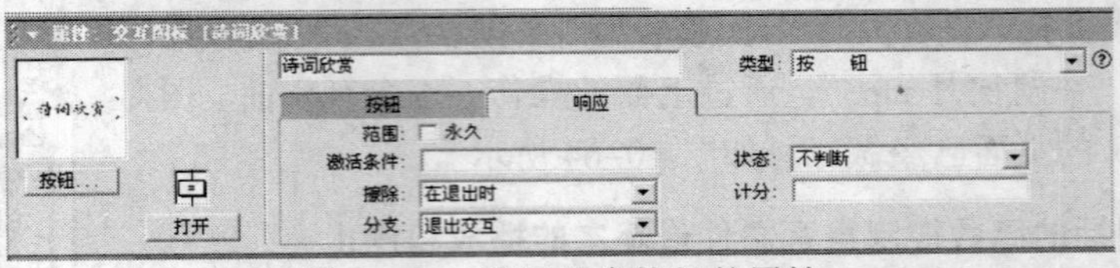

图 10-71　诗词欣赏按钮的属性

诗词欣赏按钮的属性设置如图 10-72 所示。

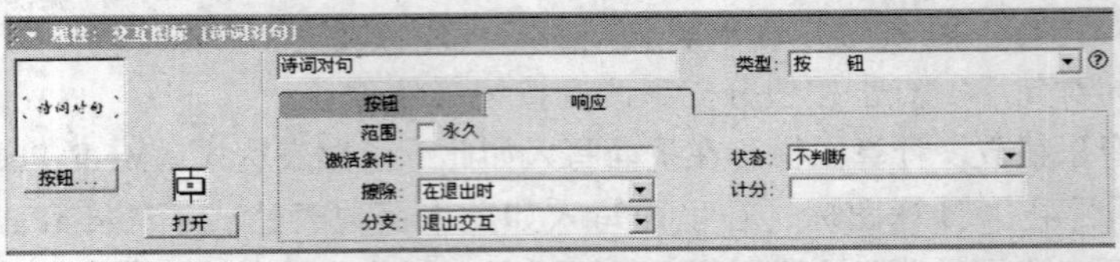

图 10-72　诗词欣赏按钮的属性

（3）整个声音控制的流程图如图 10-73 所示。

（4）点击一下运行控制面板上的播放来测试一下效果。运行页面如图 10-74 所示。

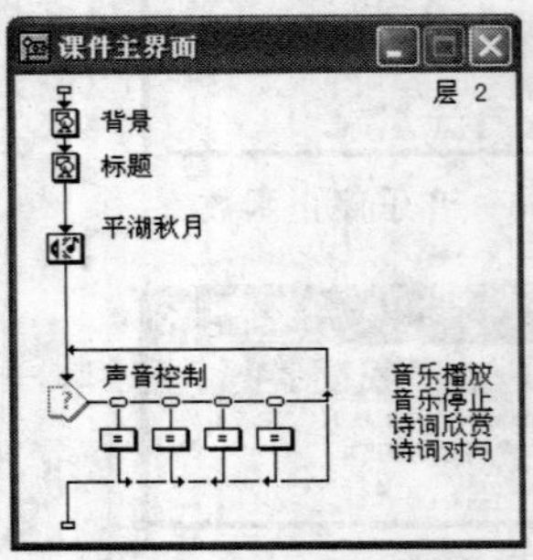

图 10-73　课件主界面流程线

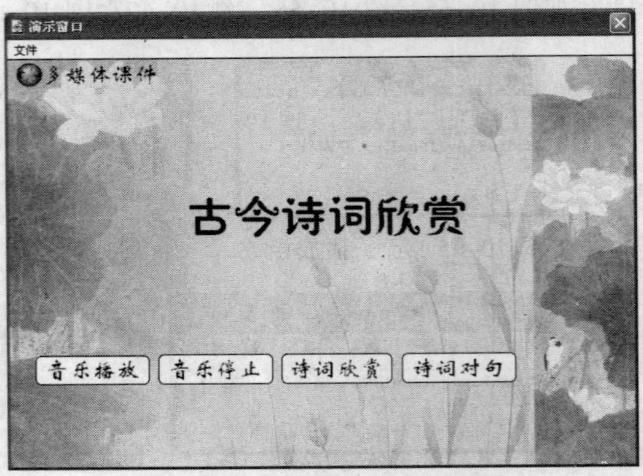

图 10-74　课件主界面

单击播放按钮，能听到乐曲，点击停止按钮乐曲会停下来，再点击播放，乐曲又从头开始播放。点击诗词欣赏按钮，乐曲停止并跳出交互进入诗词欣赏界面。点击诗词对句按钮，乐曲停止并弹出诗词对句交互界面。

3. 用移动图标做动画，运用指向固定路径上的任意点的移动方式

“指向固定路径上的任意点”使显示对象能按照同一个轨迹周而复始地移动，沿路径到终点的移动是最灵活的一种移动方式。路径可以是包含拐角和曲线的复杂路径。以制作爬行的七星瓢虫为例说明这种移动方式。

（1）拖动一个框架图标，命名为“诗词欣赏”，双击打开框架图标，删除灰色导航面板显示图标，删除导航超链接交互图标中的 Recent pages，Find，First page，Last page 响应分支，把其他的响应分支分别命名为“返回”、“退出”、“上一页”、“下一页”。如图 10-75 所示。

（2）拖动三个群组图标到流程线上，分别命名为“诗词之春江花月夜”，“诗词之赤壁怀古”，“诗词之对句”。如图 10-76 所示。

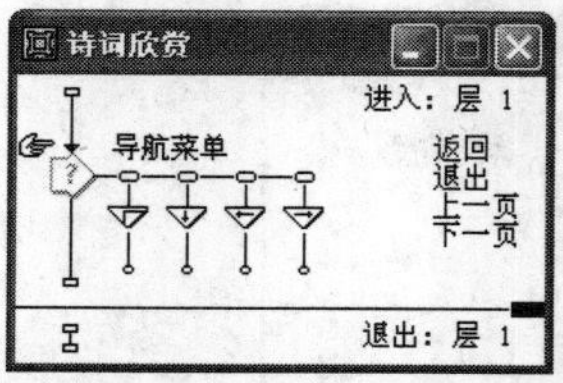

图 10–75　框架图标的流程线

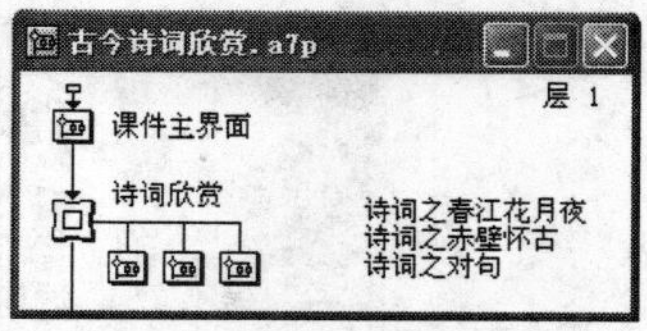

图 10–76　框架图标

（3）在“诗词之春江花月夜”群组中拖动一个擦除图标和四个显示图标到流程线上，命名为“背景”、“树叶”、“瓢虫”、“诗词”。分别在“演示窗口”中引入一个背景、树叶、瓢虫图像，输入春江花月夜诗词的内容。擦除图标擦除掉的是课件主界面的内容。

（4）拖动一个移动图标到流程线上，命名为“爬行”。双击移动图标，打开“移动属性”对话框。将瓢虫导入移动图标作为移动对象，选择“指向固定路径上的任意点”移动方式。

（5）单击“瓢虫”，这时“瓢虫”中间出现一个黑色的三角形，这是路径的起始点。拖动对象（注意不要拖动黑色的三角形）建立一个关键点（圆形或三角形，双击即切换）。在编辑过程中显示一条线，表示移动对象的路径，单击路径上的任一点可添加关键点。三角符号关键点设置直线路径，圆形符号设置弧形路径，如图 10–77 所示。

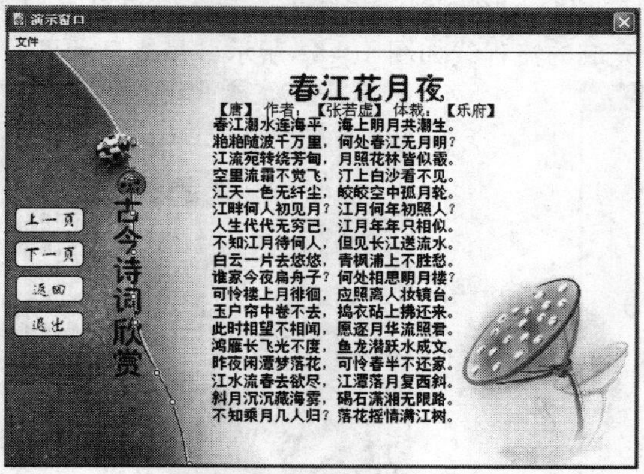

图 10–77　瓢虫的爬行路径

（6）设置为曲线路径后，还需对“移动属性”对话框设置。双击移动图标打开“移动属性”对话框。在属性对话框中，要将“执行方式”下拉列表框做如下设置：

等待直到移动结束：移动图标执行结束后，程序继续执行。

同时：启动移动图标，系统自动同步执行流程线上后面的图标。

永久：不自动删除移动对象，必须用清除图标删除。

在此程序中，我们选择了“同时”项，时间设为 15s，属性如图 10–78 所示。

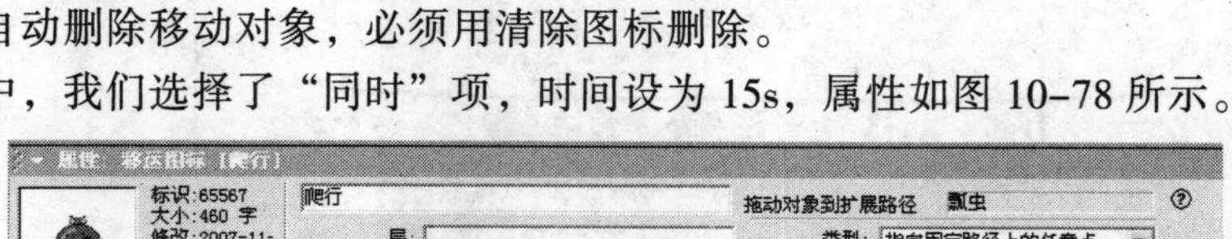

图 10–78　瓢虫的爬行属性

（7）同样，对标题设置移动，路径设置为曲线如图 10–79 所示，属性设置选择了“同时”选项，时间设为 14 秒，如图 10–80 所示。

图 10-79 文字的移动路径

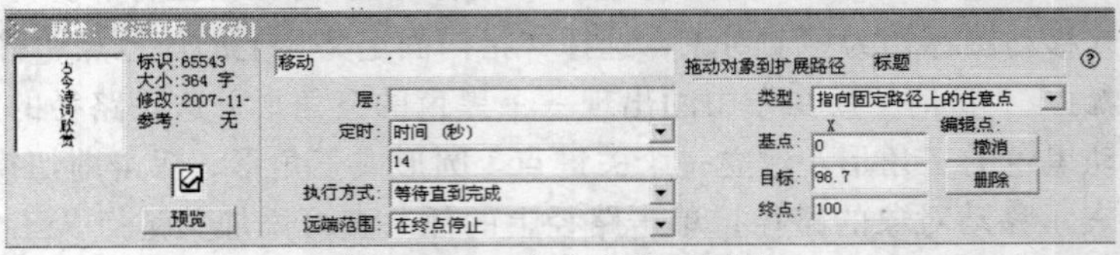

图 10-80 文字的移动属性

（8）拖动一个声音图标和交互图标到流程线上；导入"春江花月夜.mp3"，参照（2）中控制声音的方法进行制作，完成的流程线如图 10-81 所示，最终显示界面如图 10-82 所示。

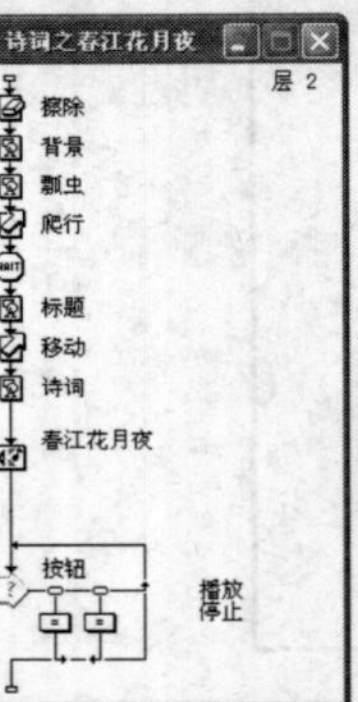

图 10-81 诗词之春江花月夜的流程线

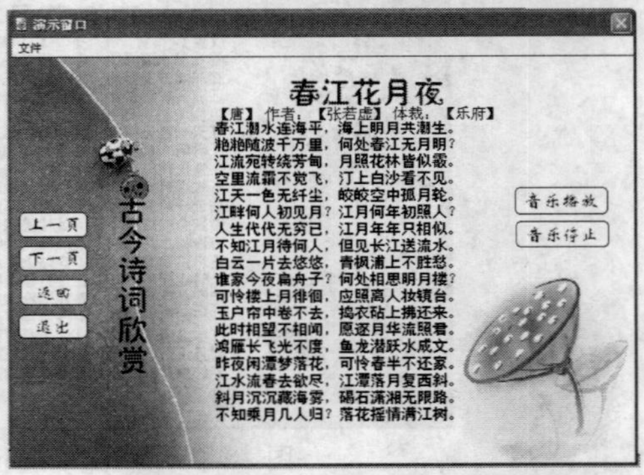

图 10-82 诗词之春江花月夜的界面

（9）诗词之赤壁怀古的做法类似，界面如图 10-83 所示。单击工具栏上的"播放"按钮，浏览一下效果。

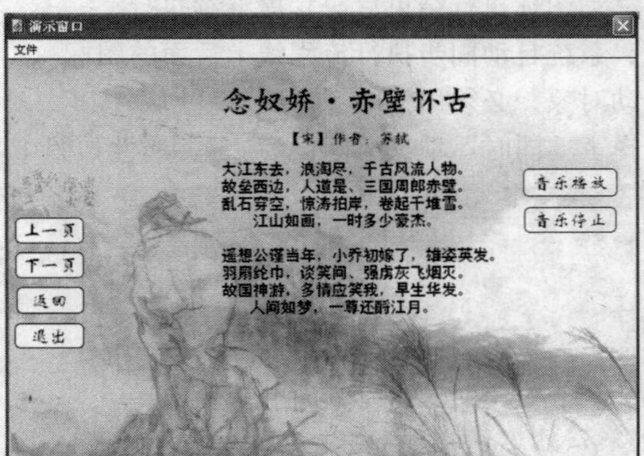

图 10-83 诗词之赤壁怀古的界面

4．用热区做古诗对句的搭配类型题目

（1）在流程线上拖入两个显示图标，分别命名为“对句背景”、“目标区域”。

（2）双击“对句背景”显示图标，选择“文件”→“导入”命令，或使用工具栏上的导入图标，导入图像文件。在目标区域输入诗词文本。

（3）再拖入三个显示图标，分别命名为“王维”、“孟浩然”、“苏轼”，在相应的演示窗口输入诗词原文字。

（4）向流程线上拖入一个交互图标，命名为“判断”。向其右边拖入一个群组图标，命名为“王维正确”，交互响应类型选择“目标区域”。再向“王维正确”右边拖入一个群组图标，命名为“王维错误”。

（5）双击“王维正确”图标上面的图标，演示窗口中将出现一个标有“王维正确”的虚线框，用于标记目标对象应拖动到的目标区域，如图 10-84 所示。

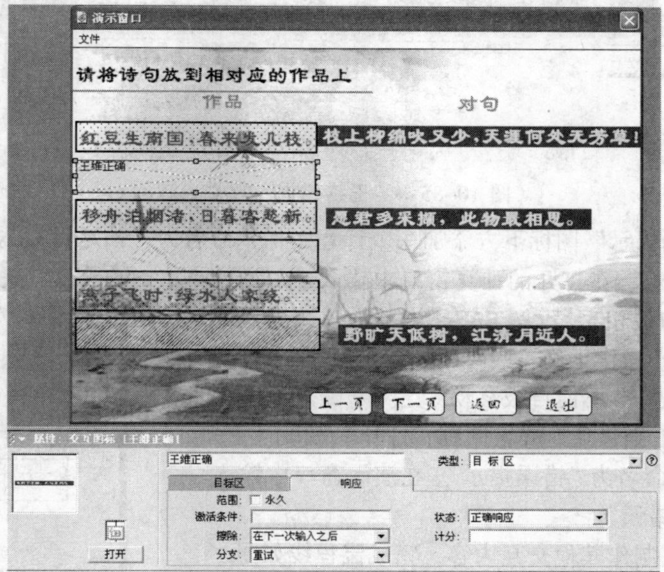

图 10-84　“王维正确”属性设置

（6）根据提示，拖动“愿君多采撷，此物最相思。”文字到“红豆生南国,春来发几枝。”文字的下侧，虚线框将跟随移动，调整虚线框的大小。单击“响应”选项卡，在“状态“下拉列表中选择“正确响应”。

（7）双击“王维错误”图标上面的图标，选择“愿君多采撷，此物最相思。”作为目标对象，拖动到演示窗口的中央位置，调整虚线框的大小，使其充满整个演示窗口。

（8）在“目标区”选项卡中的“放下”下拉列表框选择“返回”选项，在“状态”下拉列表中选择“错误响应”选项，如图 10-85 所示。

（9）则“王维正确”前面增加了一个“+”，“王维错误”前面增加了一个“-”。

（10）双击“+王维正确”群组图标，打开二级设计窗口，添加一个显示图标命名为“正确提示”，在演示窗口中输入一段文字提示“回答正确”。

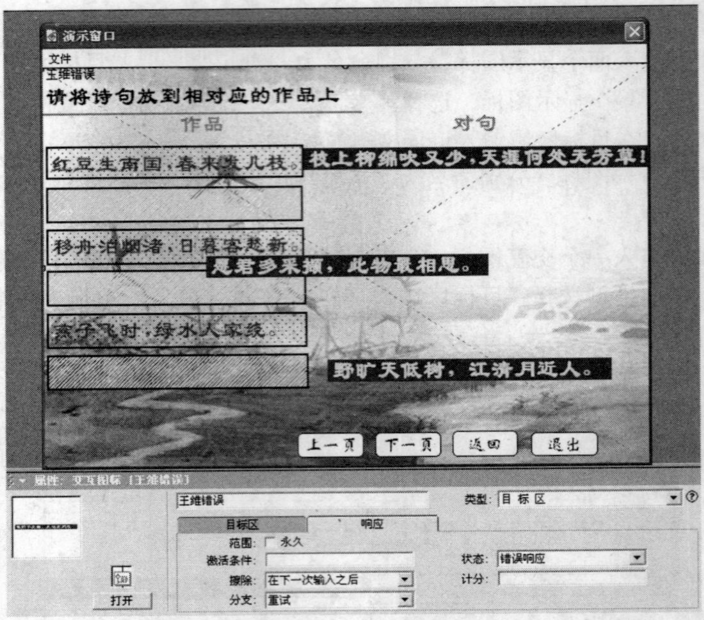

图 10-85 “王维错误”属性设置

（11）在“正确提示”图标下方添加一个计算图标，命名为“锁定目标”。

（12）双击该图标，在打开的计算窗口中输入“Movable@“愿君多采撷，此物最相思。”:=FLASE”，然后关闭窗口，该语句作用是提示用户操作正确，同时用函数定义文字“愿君多采撷，此物最相思。”不能再被移动。

（13）双击“-王维错误”群组图标，打开二级设计窗口，添加一个显示图标命名为“错误提示”，在演示窗口中输入一段文字提示“回答错误”。

（14）同样方法制作其他交互内容，完成流程线如图 10-86 所示，运行该程序。

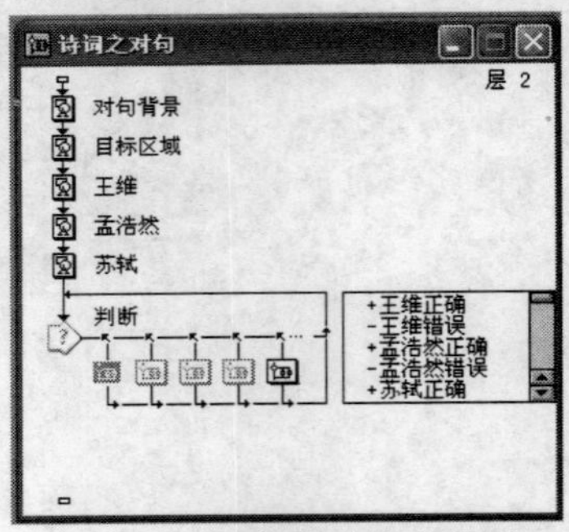

图 10-86 完成后的流程图

5. 制作退出结束页面

（1）在“诗词欣赏”下方，主流程线上拖入一个显示图标，命名为“退出界面”，导入图片并输入文字“谢谢观赏！”。

（2）拖入一个交互图标，命名为“退出交互”，在其右侧拖入两个计算图标，分别命名为“退出”、“返回”。

（3）选择分支图标，修改按钮属性。如图 10-87 和图 10-88 所示。

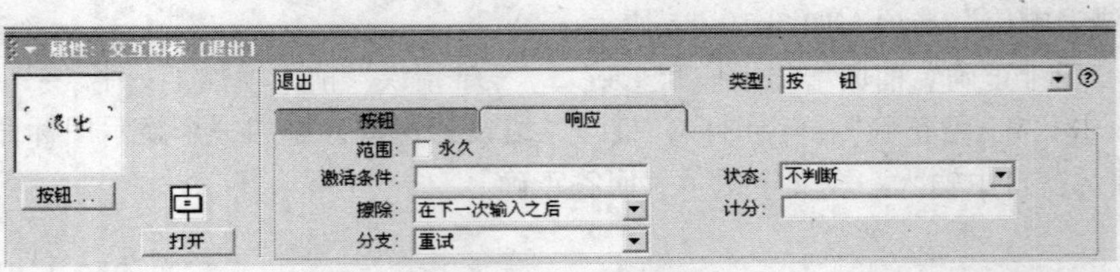

图 10-87 退出按钮属性

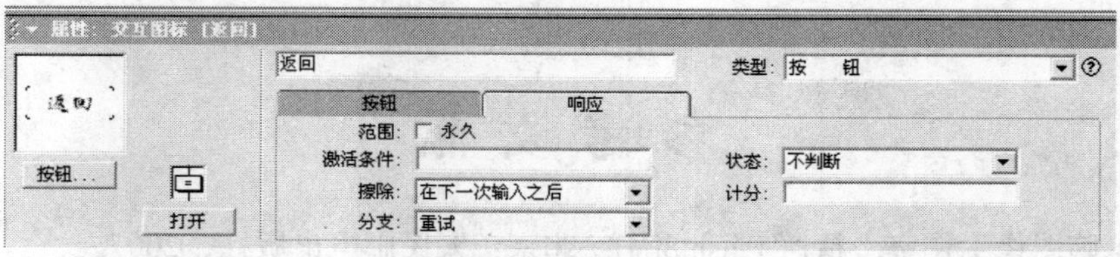

图 10-88 返回按钮属性

（4）双击“退出”分支的计算图标，输入函数“Quit(0)”，如图 10-89 所示双击“返回”分支的计算图标，输入函数：“GoTo(IconID@"课件主界面")”，如图 10-90 所示。单击“退出”按钮时则退出课件，单击“返回”按钮时则返回“课件主界面”。

（5）打开控制面板运行程序，最终流程线如图 10-91 所示。

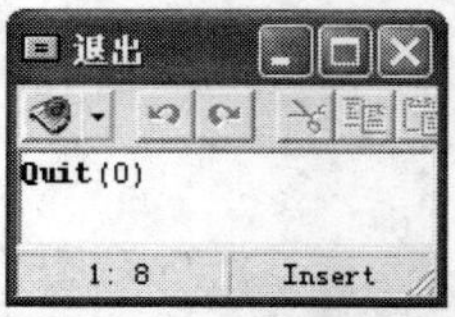

图 10-89 退出按钮函数

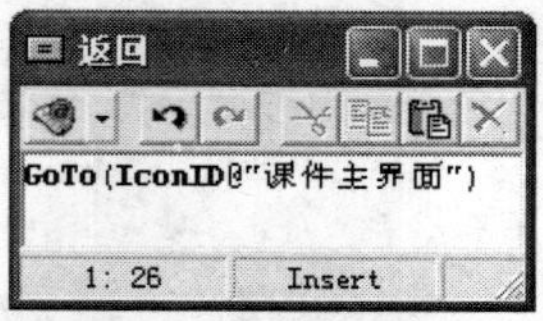

图 10-90 返回按钮函数

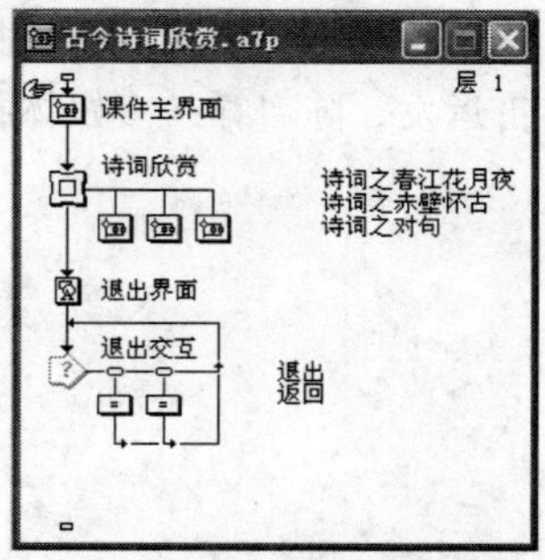

图 10-91 课件流程线

（6）选择“文件”→“发布”→“发布设置”命令进行详细设置，然后通过选择“文件”→“发布“→”打包“命令进行打包。

五、实训小结

通过本次实训，学生实际操练了一下如何在 Authorware 中导入并使用交互图标、计算图标控制声音，使用框架图标、目标区域交互等几项功能，熟练掌握了多媒体软件开发的整个创作环节。

熟练应用以下组合键：【Ctrl+I】将调出图标属性的对话窗口；【Ctrl+E】将调出响应属性的对话窗口；【Ctrl+=】将调出图标附带计算代码编辑窗口；【Ctrl+T】将调出图标过渡转场效果设置窗口。

参 考 文 献

[1] 前沿电脑图像工作室．精通 Flash 8[M]．北京：人民邮电出版社，2007.

[2] 温谦．边学边用 Flash 8 制作动画[M]．北京：人民邮电出版社，2007.

[3] 王庆延，石潇编．多媒体技术与应用[M]．北京：清华大学出版社，2004.

[4] 钟玉琢．多媒体技术[M]．北京：清华大学出版社，1999.

[5] 高文．多媒体数据压缩技术[M]．北京：电子工业出版社，1994.

[6] 马华东．多媒体计算机技术原理[M]．北京：清华大学出版社，1999.

[7] 覃华，姚怡．多媒体应用技术[M]．2 版．北京：中国铁道出版社，2005.

[8] 雷运发，陈启祥．多媒体技术与应用[M]．北京：中国水利水电出版社，2003.